本书由国家重点研发计划“深海和极地关键技术与装备”重点专项
（编号：2022YFC2806603）资助出版

Argo 数据处理
与地球科学大数据平台建设

张俊明　杨荣民　王　坤　戴秀杰　编著

海洋出版社

2023 年 · 北京

图书在版编目(CIP)数据

Argo 数据处理与地球科学大数据平台建设 / 张俊明等编著. — 北京 : 海洋出版社, 2023. 9

ISBN 978-7-5210-0873-9

Ⅰ. ①A… Ⅱ. ①张… Ⅲ. ①数据处理-应用-地球科学 Ⅳ. ①P-39

中国版本图书馆 CIP 数据核字(2021)第 264959 号

审图号：GS 京(2023)1405 号

责任编辑：程净净
责任印制：安　森

海洋出版社　**出版发行**

http：//www. oceanpress. com. cn
北京市海淀区大慧寺路 8 号　邮编：100081
鸿博昊天科技有限公司印刷　　新华书店经销
2023 年 9 月第 1 版　2023 年 9 月第 1 次印刷
开本：787 mm×1092 mm　1/16　印张：25
字数：530 千字　定价：188. 00 元
发行部：010-62100090　邮购部：010-62100072　总编室：010-62100034

序　言

作为海洋科学发展的基础，海洋观测技术和方法一直受到各国的高度重视。在多个全球性计划引领下，国际海洋观测已进入多平台、多传感器集成的立体观测时代，一个综合性的全球海洋立体实时观测系统正逐步完善。国际 Argo 计划在该系统中扮演着重要角色。这个计划被称为海洋学史上的“观测技术革命”，由来自近30个沿海国家的科学家组成的合作团队执行。自1999年布放第一个自动剖面浮标开始，该计划已布放了近16 000个浮标，提供了超过260万余幅海洋温、盐剖面图像，为研究了解海洋动力过程提供了丰富的实测数据。

第75届联合国大会批准了“联合国海洋科学促进可持续发展十年(2021—2030)”(简称“海洋十年”)的实施计划。2021年6月，联合国教科文组织(UNESCO)政府间海洋学委员会公布了“海洋十年”首批60项“十年行动”。至2021年11月，UNESCO批准的十年行动(包括“十年计划”“十年活动”“十年项目”和“十年捐助”等)已达160项。这些行动聚焦于“大规模、多国和变革性十年计划”。

2022年，国际 Argo 指导组(AST)正式宣布，从1999年开始在全球开阔海洋上布设的测量水深2000 m以上海水温、盐度和压力要素的 Argo 观测网，将伸展到包含2000 m以下(至6000 m)水深、重要边缘海和有冰覆盖的两极海域，以及在原有测量物理海洋环境的3个基本要素基础上，再拓展到包括氧含量、硝酸盐、pH和生物光学特性等6个生物地球化学环境要素，涵盖了整个全球、全海深和多学科的 OneArgo 观测网，标志着全球实时海洋的立体观测已经从 Argo 时代进入一个崭新的 OneArgo 时代。

OneArgo 计划通过提高空间/时间分辨率，瞄准全球尺度、全海深的海洋观测缺口，将成为支持新的海洋探索和发现时代的关键观测网络。它将促进对基本海洋过程的了解，并允许对海洋气候状态及其可变性和变化进行更严格的评估；还将支持对极端天气事件、气候振荡(如厄尔尼诺/南方涛动)和其他具有重大影响的海洋/大气现象进行耦合分析和预测建模。站在 Argo 计划实施20年来对海洋和大气等科学领域重大贡献的基础上，OneArgo 将会从海洋上层扩展到整个海洋深度，包括生物地球化学和深海物理特性，并会强化一些重点海域的空间覆盖。

“海洋十年”计划的愿景是“构建我们所需要的科学，打造我们所希望的海洋”。OneArgo是促进海洋科学可持续发展的强大刺激因素。它的特征体现在全海域、全深度、多学科、数据近实时、高质量，并可自由获取与交换等6个方面。OneArgo的出现为更多时空密集型项目提供了广泛的时间和空间背景，从而刺激了更多相关的区域和全球海洋/气候观测。OneArgo的数据质量和可用性将为建模和同化领域的许多新应用提供支持，包括那些支持蓝色经济的应用。海洋科学解决方案的促进是一个反复的过程，OneArgo是指引通往可持续和健康海洋之路的重要一步。OneArgo的免费和开放数据政策，可以提供近实时和延时模式的气候质量数据和元数据，这对实现“海洋十年”的变革使命至关重要。

2022年3月下旬在摩纳哥召开的第23次国际Argo指导组会议(AST-23)上，AST主席的“面向OneArgo实施”主旨报告提出，OneArgo项目获得联合国“海洋十年”批准实施，对于强化海洋研究与业务应用是一件令人十分期待的事情，也吸引了丹麦、葡萄牙和印度尼西亚等国的积极响应并纷纷加入国际Argo计划。但OneArgo实施依然面临着众多挑战，特别是受到全球新冠肺炎疫情的影响，浮标和传感器供应链均受到了一定程度的冲击，再加上各国布放浮标航次有所缩减，导致观测网内浮标数量增加缓慢。况且，Argo数据正变得越来越复杂，各国家的资料中心也都面临着巨大压力。国际Argo组织呼吁未来浮标的布放区域需要更加科学合理的设计，尤其需要强化各成员方之间浮标布放的协调以及与其他观测系统的协作，以便高效利用浮标资源、减少浮标重复布放；期待沿海国家踊跃参与国际Argo计划，并能为OneArgo项目的顺利实施，肩负起每一个成员方的责任和义务，共同为实现“海洋十年”的宏伟目标做出更大贡献。

《Argo数据处理与地球科学大数据平台建设》的出版，是作者长期从事Argo数据处理应用开发的总结，也是未来OneArgo计划大数据应用的起点。很高兴为其作序。

目　　录

第一部分　Argo数据处理概述

第二部分 地球科学大数据平台建设

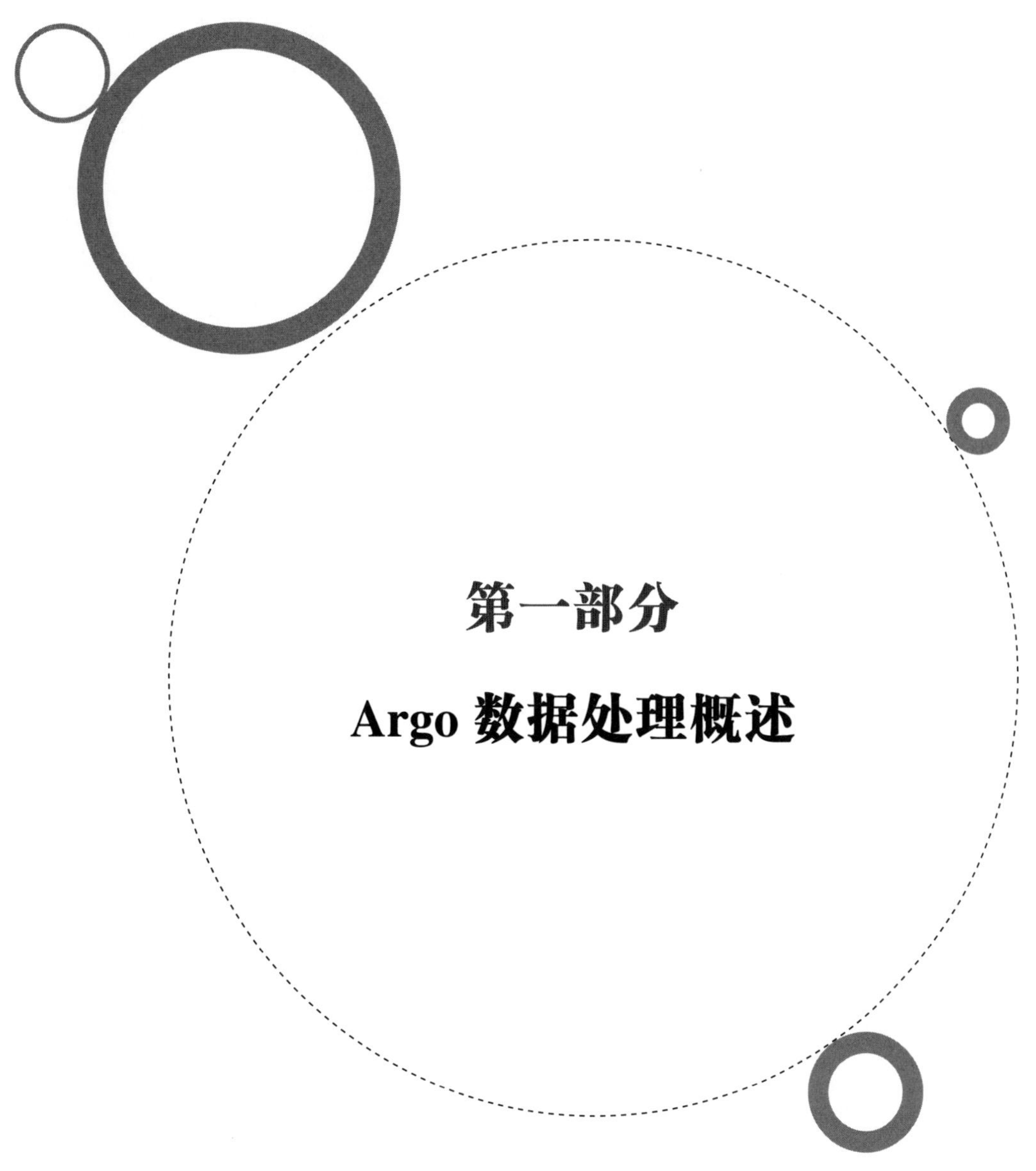

第一部分

Argo 数据处理概述

第1章　概　述

1.1　Argo浮标简介

实时地转海洋学阵计划(Array for Real-time Geostrophic Oceanography，简称Argo)提出用3~5年(2000—2004年)时间，在全球大洋中每隔300 km布放一个Argo浮标，总计为3000个，组成一个庞大的Argo全球海洋观测网，以便快速、准确、大范围收集全球海洋0~2000 m水层的海水温度和盐度剖面资料。Argo浮标的设计寿命为3~5年，最大测量深度为2000 m，会每隔10~14 d自动发送一组实时观测剖面数据。

国家基础研究重大项目前期研究专项“我国新一代海洋实时观测系统——大洋观测网试验”的批准实施，标志着我国Argo计划的全面启动，计划在2002—2005年间我国陆续布放100~150个Argo浮标。

截至2010年12月，已有34个国家和组织参与国际Argo计划，在全球大洋共投放了7252个Argo浮标。这些浮标共获取了约75万个温盐剖面，所有数据都支持全球共享。各国数据中心根据约定，将各自浮标观测的数据在获取72 h内处理完成并上传至国际Argo资料中心(法国和美国)的FTP上进行网络共享发布，同时也通过全球通信系统(Global Telecommunication System，GTS)在全球实现数据共享。

在实施15年后，Argo计划日臻成熟。它给我们提供的可量化信息包括：海洋学结构，从以月为周期到以10年为周期来衡量海洋变化、海洋积累以及运输热量和砂砾的能力。

如今，这一观测网络能否继续保持活跃，是我们在未来所面临的一项挑战。在将来，它要朝着多元化目标的方向发展，包括探索2000 m以下的深海，以及优化洋流湍急区域的网络覆盖。同时，要理解海洋这个大型生态系统，除了温度和盐度外，观测网络还应进行更多种类的测量，包括生物地球化学参数、溶解氧浓度、营养物质及叶绿素等。可以预见，这样的技术创新必将彻底改变海洋学研究方法，并帮助我们在全球气候变化的大环境下，更好地理解地球的动态变化。

Argo全球海洋观测网建设使用的剖面浮标主要有两种类型：一种是由美国Webb公司研制的APEX型浮标；另一种则是由法国Martec集团公司下属的加拿大Metocean分公司生产的PROVOR型浮标(图1-1)。

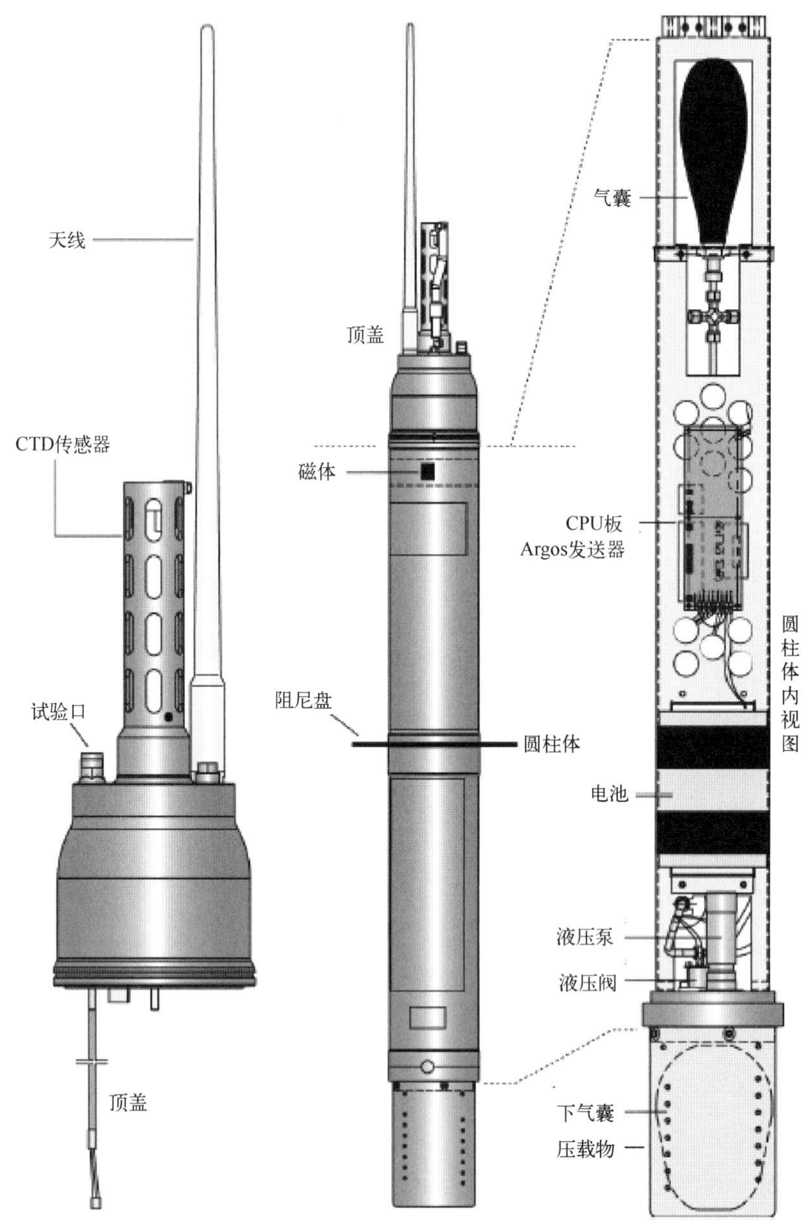

图 1-1　PROVOR 型浮标结构

两者工作原理大致相同，只是 PROVOR 型浮标实现下潜和停留层深度确定的思路与设计令使用者更加方便，出厂前不需要进行压载试验(ballasting test)，只要在投放前通过 PC 设置就可以了。而 APEX 型浮标须在出厂前进行压载试验。据报道，APEX 型浮标实测平均寿命为 52 个周期，而 PROVOR 型浮标实测平均寿命只有 25 个周期。

浮标何以升潜自如呢？关键在于其密度控制系统。浮标的下降和上升取决于浮力，当其密度等于周围水的密度时，浮标处于平衡态。浮标的质量是固定的。一个高压泵和一个螺旋阀构成了精密的液压系统，通过与一个内部的储液囊交换油使外部的气囊膨胀或收缩来调节其容积。

PROVOR 浮标参数如表 1-1 所示。

表 1-1　PROVOR 浮标参数

编号	全名	缩写	范围		缺省值	单位
			最小值	最大值		
01	NUMBER_OF_CYCLES	NOC	1	255	150	—
02	CYCLE_PERIOD	CYP	1	60	10	d
03	REFERENCE_DAY	RED	0	366	0	d
04	ASCENT_TIME	AST	0	23	0	h
05	DELAY_BEFORE_MISSION	DBM	5	60	30	min
06	DESCENT_SAMPLE_PERIOD	DES	0	120	0	s
07	DRIFT_SAMPLE_PERIOD	DRI	0	24	0	h
08	ASCENT_SAMPLE_PERIOD	ASC	0	100	11	s
09	DRIFT_DEPTH	DRD	0	1500	1500	dbar
10	PROFILE_DEPTH	PRD	200	2000	2000	dbar
11	GROUNDING_MODE	GRM	0	1	0	—
12	Argos_PERIOD	ARP	10		30	s
13	Argos_TRANS_DUR	ATD	0	100	12	h
14	Argos_ID	ARI	00000	FFFFF	00000	hexadecimal
15	EXTENT_OF_SHALLOW_PROFILE	ESP	100	1000	400	dbar

由表 1-1 可知：

(1)使用寿命为 1~255 个循环周期，常用设置约为 150 个循环周期；

(2)循环周期为 1~60 d，缺省值为 10 d；

(3)上升时间最大值为 23 h；

(4)上升采样间隔最大值为 100 s；

(5)任务前待时 5~60 min；

(6)下降采样间隔最大值为 120 s；

(7)漂流采样间隔最大值为 24 h；

(8)漂流深度最大值为 1500 dbar①；

(9)剖面深度最大值为 2000 dbar。

① 1 dbar=10^4 Pa。

1.2 Argo 浮标测量循环

一个典型的 Argo 浮标在海洋中要漂流 3 年或更长时间，期间连续地执行测量循环，每一周期持续约 10 d，具体可分 4 步：

(1)从海面以约 180 m/h 的速度匀速下降到某个停泊深度处(例如，压强 1500 dbar)；

(2)在停泊深度水下漂流(例如，10 d)；

(3)自某个确定的深度(例如，压强 2000 dbar)以约 360 m/h 的速度匀速上升到海面；

(4)在海面漂流以定位并将数据发送至卫星，这个过程可能持续 8 h 或更长时间。

剖面测量(例如，温度、盐度、压强测量)在上升期间进行，偶尔也在下降期间进行。在停泊期间有时也进行水下测量，例如，每 12 h 测量一次。浮标投放后，一般经 1~3 h 没入水面。典型的 Argo 浮标测量周期如图 1-2 所示。

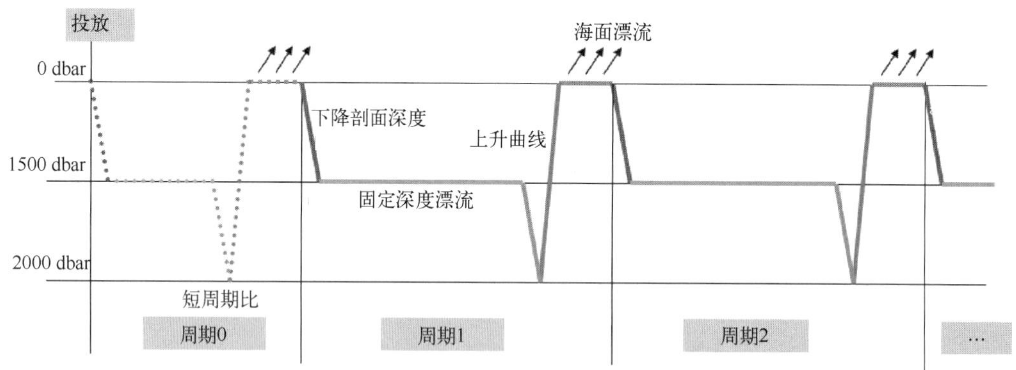

图 1-2　Argo 浮标测量周期

周期 0 包括第一次海面漂流，以发送技术数据或配置信息。这些数据的报告就是技术数据文件。

在任何数据发送之前，如果执行了下降/上升剖面的任务，周期 0 可以包括水下测量。

如果一个下降/上升剖面执行于任何数据发送之前，周期 0 可以包括水下测量。这个周期的时间长度通常较下一个按计划进行的周期短。因此，周期时间是规则的。仅对于更后的剖面，并且在任务期间如果浮标重调程序，周期时间可能会有变化。

图 1-3 为一个 PROVOR 浮标测量期间周期 1 的示意图。表 1-2 为 PROVOR 浮标测量期间周期 1 的时间表。

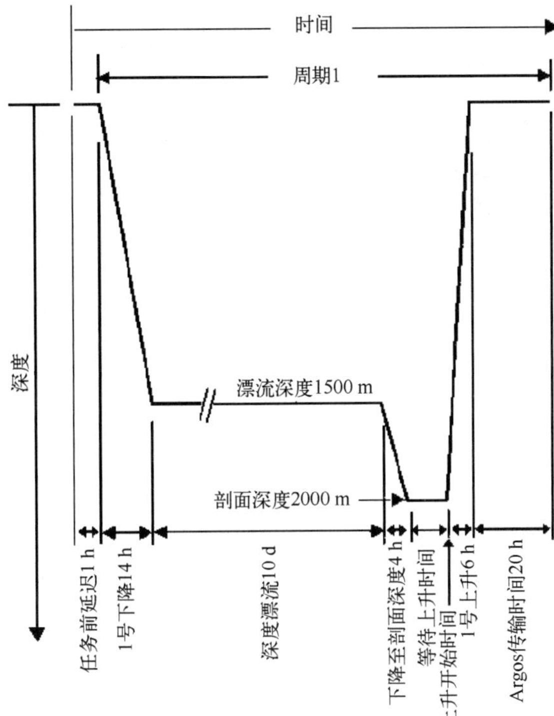

图 1-3　PROVOR 浮标测量期间周期 1 的示意

表 1-2　PROVOR 浮标测量期间周期 1 的时间表

步骤	时间
任务前等待时间	1 h
下降到 1500 m 深	14 h
在 1500 m 深漂流	10 d
下降到 2000 m 深(剖面深度)	4 h
等待上升时间	—
上升开始时间	程序设定
上升剖面	6 h
Argos 发送数据	在 20 h 内完成

1.3　PROVOR CTS3 浮标

1.3.1　剖面分解示意

PROVOR CTS3 浮标剖面分解示意图如图 1-4 所示。

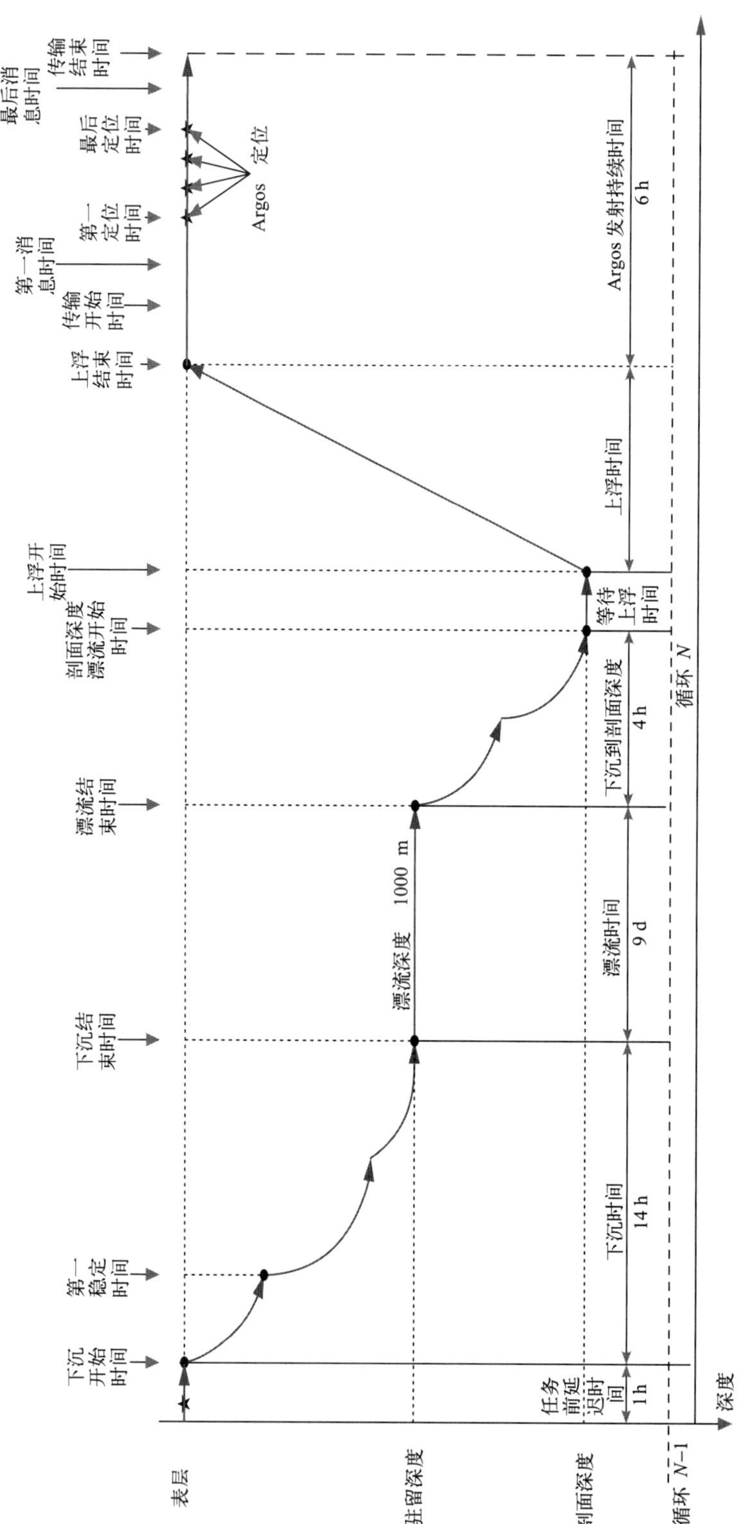

图1-4 PROVOR CTS3 浮标剖面分解示意

1.3.2 剖面时间要素的计算

PROVOR CTS3 浮标剖面时间要素的计算如表 1-3 所示。

表 1-3 剖面时间要素的计算

简写	全称	含义	来源	说明
DSD	Descent Start Date	下降开始时间	Technical 技术信息	descent start time：水下漂流深度下沉开始时间
FSD	First Stabilization Date	第一稳定时间	—	—
DED	Descent End Date	下降结束时间	Technical 技术信息	end of descent time：水下漂流深度结束时间
DPED	Drift Phase End Date	漂流结束时间	Technical 技术信息	profile descent start time：剖面深度下沉开始时间
DDPSD	Deep Drifting Phase Start Date	深层漂流开始时间	Technical 技术信息	profile descent stop time：剖面深度下沉停止时间
ASD	Ascent Start Date	上浮开始时间	Technical 技术信息	profile ascent start time：剖面上浮开始时间
AED	Ascent End Date	上浮结束时间	TSD-16 mins	上浮结束时间减 16 min
TSD	Transmission Start Date	传输开始时间	Technical 技术信息	time at end of ascent：上浮结束时间
FAMD	First Argos Message Date	第一个 Argos 信息传送时间	Argos raw data：Argos 原始数据	—
FALD	First Argos Location Date	第一个 Argos 定位时间	Argos raw data：Argos 原始数据	—
LALD	Last Argos Location Date	最后一个 Argos 定位时间	Argos raw data：Argos 原始数据	—
LAMD	Last Argos Message Date	最后一个 Argos 消息传送时间	Argos raw data：Argos 原始数据	—
TED	Transmission End Date	传输结束时间	—	—

在浮标一个循环中，存储在技术信息里的由浮标观测和发射的一些时间节点，是从原始的测量值按 6 min(0.1 h)截断而来。因此，浮标记录时间为 13:36，事件发生在 13:36 和 13:42 之间。为把此种特性考虑在内，在计算 DSD、FSD、DED、DDPSD、AED 和 TSD 的时候，宜在原始数据上加 3 min(0.05 h)。

1.4 处理内容

1.4.1 实时数据与延时数据的处理流程

来自 Argo 浮标的数据为浮标所发送。在浮标自海面开始报告之后，将尽可能快地通过处理和自动质控程序，其目的是在 24 h 之内尽可能快地发布数据到 GTS(世界气象组织属下的全球通信系统)和全球数据服务器。这些数据被称为实时数据。实时数据也按照发布到全球服务器同样的时间表发布给主要的研究者，这些科学工作者施加其他程序以检查数据质量，其目标是在 6~12 个月内将这些数据归送到全球数据中心。这就构成了延迟模式数据，可简称为延时数据。

校正既施加于延迟模式数据，也施加于实时数据，以为实时用户校正传感器漂移(偏置)。然而，这些实时校正将被延迟模式质控重新计算。

实时数据和延时数据处理在数据接收处理中的情况如图 1-5 所示。

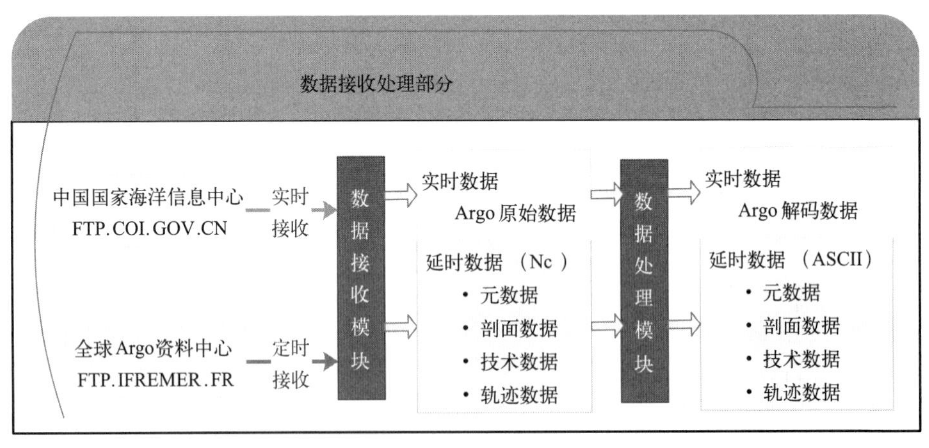

图 1-5 实时数据与延时数据的处理流程

需要指出的是，实时数据也要生成 Nc 文件。

1.4.2 具体处理实时数据包

Argo 实时解码部分要处理的是实时数据，即由自然资源部负责的 Argo 浮标经由 CLS 公司实时传送至国家海洋信息中心的 FTP 服务器(ftp：//ftp. coi. gov. cn)上的浮标探测数据。

这些数据包是文本文件，文件名形如：

PROFILING_ADS_10707_20100713091510_1

PROFILING_ADS_10707_20110611104824_7397

对于中国需下载的文件，“PROFILING_ADS_10707”是固定的，“20100713091510”是年(2010)月(07)日(13)时(09)分(15)秒(10)，末段(1)是文件序号。

每当卫星收到数据便经由 CLS 公司实时传送至国家海洋信息中心，故每当有新的数据包到达便被接收下载至本地并进行下一步处理。

软件自动检测是否有新的数据文件到达，如果有，程序将自动下载并且存储，文件存储目录是：…\ CACHE。实时数据包的结构如图 1-6 所示。其首行是数据包信息与定位信息。各字段所代表的意义如表 1-4 所示。Argos 定位系统如表 1-5 所示。Argos 定位等级如表 1-6 所示。

```
03761 090808 73 31 P 2 2010-07-13 09:06:39 -1.842 86.473 0.000 401652059
2010-07-13 09:03:21 1 61 59 95 8B
91 44 39 85
9F 95 7A 90
F2 9A 8C 29
DC 6F 54 A3
95 FB 92 73
DE F2 8E 35
9E 22 00
2010-07-13 09:04:02 1 09 48 C7 32
2E C0 F4 19
00 5E B0 0D
C0 00 0A A4
08 A4 63 40
0C 7C C5 8D
95 01 8E 01
05 A2 20
2010-07-13 09:05:22 1 69 86 05 6B
AA 43 53 85
93 95 64 90
72 A9 B1 6E
35 0A 0B CE
E5 49 F9 6A
99 5F 2B FF
17 00 00
```

图 1-6　实时数据包

表 1-4　实时数据包首行释义

字段	释义
03761	代表中国
090808	浮标通讯号(Argos_ID)
73	数据包行数
31	数据块字节数
P	定位卫星名
2	定位等级
2010-07-13 09:06:39	定位日期及时间
-1.842	定位纬度
86.473	定位经度
0.000	未用
401652059	卫星接收频率

注：传输频率为 401.650 MHz±30 kHz。

表 1-5　Argos 定位系统

码	描述
Argos	Argos 定位系统
GPS	GPS 定位系统
RAFOS	RAFOS 定位系统

表 1-6　Argos 定位等级

值	经纬度估计精度
0	>1500 m 半径
1	<1500 m 半径
2	<500 m 半径
3	<250 m 半径
G	GPS 定位<100 m

从第二行开始，是浮标的测海日期、时间，以及所测数据。每个数据块有 31 个字节，其中含有浮标状态及所测压强(深度)、温度、盐度等资料。

时间信息之后的“1”，就是 Argos_ID 的数目 PA(3)。PA(3)是 Argos 发送器的地址数目，可利用数多达 4 个。其意义是，各个 Argos 信息的发送间隔为几个 Argos_ID PA(4)所分割。

每个数据块的首位数字，代表该数据块的数据类型。其具体释义如表 1-7 所示。

表 1-7　数据块首位数字释义

数据块首位数字	释义
6	上升剖面数据块
5	漂流信息数据块
4	下降剖面数据块
0	技术信息数据块

所谓实时解码，即对所属各个浮标在不同工作周期、时段所测数据，及时进行选择性地提取、释义、归类、汇集和整理，以方便进一步处理。

1.5　处理目的

数据处理分析流程如下。

(1)软件自动检测国家海洋信息中心网站(ftp：// ftp. coi. gov. cn)是否有新的数据文件到达。

(2)从国家海洋信息中心网站(ftp：// ftp. coi. gov. cn)上下载实时数据文件。

(3)对下载后的数据文件进行循环冗余校验(Cyclic Redundancy Check，CRC)、排重、解码、数据组织、陆地位置检验等相关处理。

(4)生成 Dat 文件和 Nc 文件。

在程序处理完一个浮标一个周期的数据后，自动生成这个浮标的 Dat 文本文件和二进制格式的 Nc 文件。

其中，Nc 文件包括剖面数据文件(_prof. nc 或者单个剖面的 Nc 文件，例如 R2901616_006)①、轨迹数据文件(<FloatID>_traj. nc)、元数据文件(<FloatID>_meta. nc)和技术信息文件(<FloatID>_tech. nc)4 种。

如果将单个剖面的 Nc 文件分出来，说成 5 种 Nc 文件也可以：

①浮标总体剖面数据，里面包含一个浮标多个周期的剖面数据；

②浮标总体轨迹数据，里面包含一个浮标多个周期的轨迹数据；

③浮标元数据，包含此浮标的元数据；

④浮标技术信息，包含此浮标的技术信息数据；

⑤浮标周期剖面数据，此浮标某一周期的剖面数据。

不过，数据类型(DATA_TYPE)只有 Argo profile、Argo trajectory、Argo meta-data、Argo technical data 4 种。

(5)Dat 文件留作中国国内使用，上传至指定网站。

(6)将二进制格式的 Nc 文件整体以数据项嵌入 MySQL 数据库。

(7)对 Nc 文件解码并分项装入 MySQL 数据库。

(8)对 MySQL 数据库中的有关数据进行质控。

(9)对自动质控后的数据进行人工审核。

(10)将经自动质控和人工审核的 Nc 文件数据上传到法国网站：ftp：//ftp. ifremer. fr/ifremer/argo。

(11)下载与处理延时数据。

(12)应用 Argo 数据。

---

① 详见第 4. 2. 1 节剖面数据文件命名。

从全局来看，要达到的目标如图 1-7 所示。

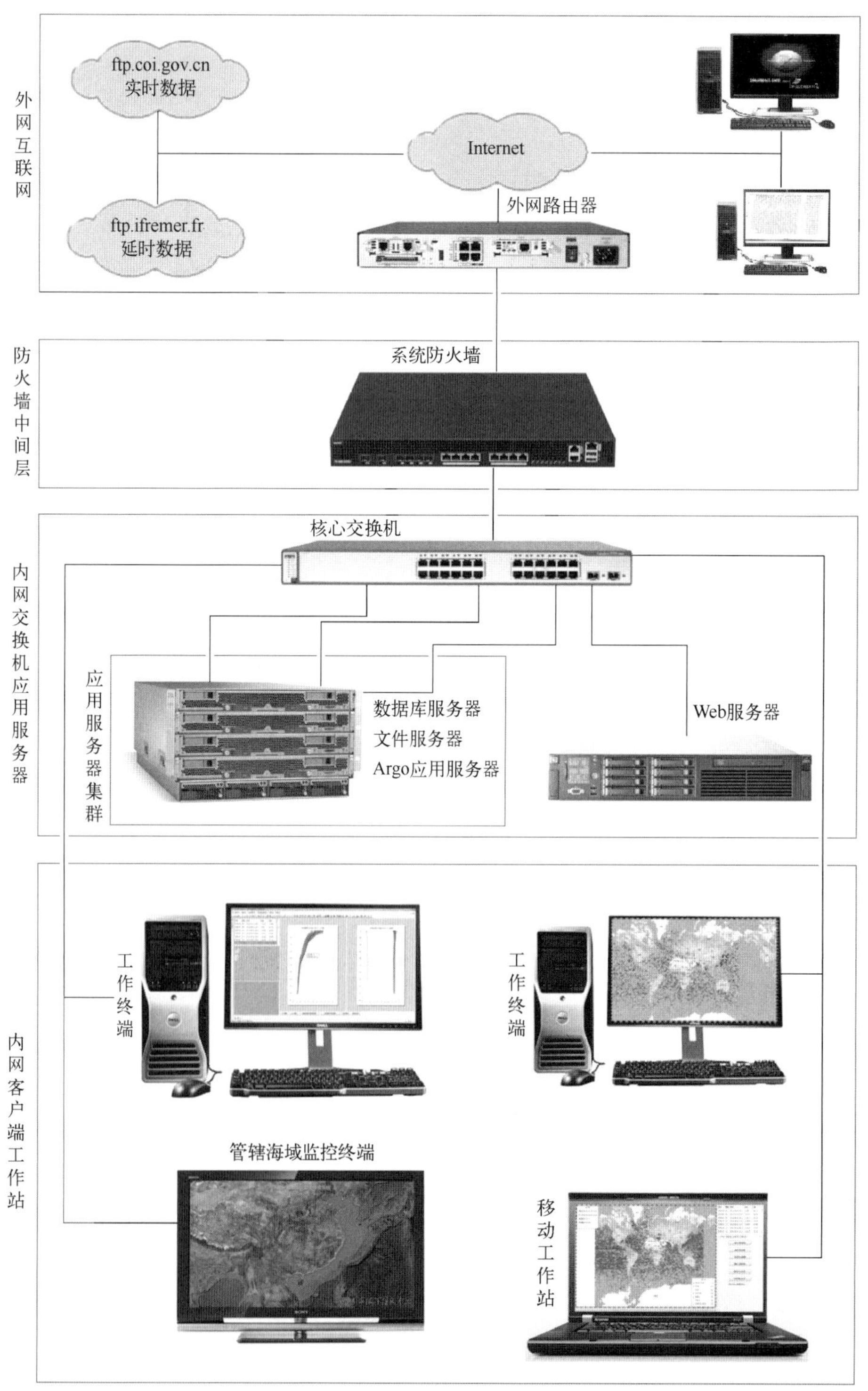

图 1-7　Argo 数据处理与地球科学大数据平台概貌

第 2 章　实时数据下载与数据处理综述

2.1　实时数据下载与处理

古语云：千里之行，始于足下。要实现 Argo 数据处理与地球科学大数据平台建设的目标，必须从接收与处理实时数据/延时数据开始。

2.1.1　实时数据处理文件组

实时数据处理文件组目前共 53 个对象，如图 2-1 所示。其中，实时数据处理应用程序、配置文件、嵌入式数据库如图 2-2 至图 2-4 所示。

名称	修改日期	类型	大小
2901615	2011/12/12 19:02	文件夹	
2901616	2011/12/12 19:02	文件夹	
2901617	2011/12/12 19:02	文件夹	
2901618	2011/12/12 19:02	文件夹	
2901620	2011/12/12 19:02	文件夹	
2901621	2011/12/12 19:02	文件夹	
2901622	2011/12/12 19:02	文件夹	
2901623	2011/12/12 19:02	文件夹	
2901624	2011/12/12 19:02	文件夹	
2901625	2011/12/12 19:02	文件夹	
2901626	2011/12/12 19:02	文件夹	
2901627	2011/12/12 19:02	文件夹	
2901628	2011/12/12 19:02	文件夹	
2901629	2011/12/12 19:02	文件夹	
2901630	2011/12/12 19:02	文件夹	
2901631	2011/12/12 19:02	文件夹	
2901632	2011/12/12 19:02	文件夹	
2901633	2011/12/12 19:02	文件夹	
CACHE	2011/12/17 9:42	文件夹	
CADC	2011/12/16 17:32	文件夹	
Cycle	2011/12/16 17:32	文件夹	
DAT	2011/11/21 12:43	文件夹	
ArgoNcExport.exe	2011/12/5 10:19	应用程序	145 KB
argoputinfo.ini	2011/9/14 11:05	配置设置	1 KB
ArgoService.exe	2011/2/10 12:04	应用程序	21 KB
ArgosServer.exe	2011/11/17 11:09	应用程序	78 KB
DataDecode.exe	2011/12/5 16:23	应用程序	148 KB
decodebackup.db	2011/12/17 8:45	Data Base File	13,265 KB
downlist.s3db	2011/12/17 9:42	S3DB 文件	988 KB
ftpserver.ini	2010/11/29 10:30	配置设置	1 KB
ftptransferdb.db	2011/12/16 17:54	Data Base File	20 KB
Geometry.dll	2010/9/23 17:13	应用程序扩展	63 KB
hdf5_hldll.dll	2010/3/18 15:33	应用程序扩展	89 KB
hdf5dll.dll	2010/3/18 15:33	应用程序扩展	1,844 KB
LandLocationTest.exe	2011/1/22 12:27	应用程序	22 KB
libmysql.dll	2011/2/12 3:14	应用程序扩展	2,304 KB
ncdata.db	2011/12/16 17:58	Data Base File	32 KB
NcDatabase.db	2011/12/16 17:58	Data Base File	10,718 KB
netcdf.dll	2010/6/7 14:36	应用程序扩展	910 KB
provoargs.ini	2010/9/20 14:05	配置设置	1 KB
putinfo.ini	2011/9/17 8:44	配置设置	2 KB
RealTimeArgoSystem.exe	2011/12/6 14:35	应用程序	183 KB
RealTimeArgoSystem.p...	2011/12/6 14:35	PDB 文件	6,339 KB
shapelib.dll	2010/6/21 8:42	应用程序扩展	36 KB
soafloat.dot	2011/12/6 14:24	Microsoft Office...	29 KB
sqlite3.dll	2010/6/21 8:43	应用程序扩展	327 KB
system.ini	2011/7/22 14:52	配置设置	1 KB
szip.dll	2010/3/18 14:33	应用程序扩展	41 KB
trueGrid.dll	2010/8/17 10:18	应用程序扩展	182 KB
world.dbf	2010/11/25 9:01	DBF 文件	38 KB
world.shp	2010/11/25 9:05	SHP 文件	5,780 KB
world.shx	2010/11/25 9:01	SHX 文件	3 KB
zlib1.dll	2010/6/4 20:54	应用程序扩展	74 KB

图 2-1　实时数据处理文件组

名称	修改日期	类型	大小
ArgoNcExport.exe	2011/12/5 10:19	应用程序	145 KB
ArgoService.exe	2011/2/10 12:04	应用程序	21 KB
ArgosServer.exe	2011/11/17 11:09	应用程序	78 KB
DataDecode.exe	2011/12/5 16:23	应用程序	148 KB
LandLocationTest.exe	2011/1/22 12:27	应用程序	22 KB
RealTimeArgoSystem.exe	2011/12/6 14:35	应用程序	183 KB

图 2-2　实时数据处理应用程序

名称	修改日期	类型	大小
system.ini	2011/7/22 14:52	配置设置	1 KB
putinfo.ini	2011/9/17 8:44	配置设置	2 KB
provoargs.ini	2010/9/20 14:05	配置设置	1 KB
ftpserver.ini	2010/11/29 10:30	配置设置	1 KB
argoputinfo.ini	2011/9/14 11:05	配置设置	1 KB

图 2-3　实时数据处理配置文件

名称	修改日期	类型	大小
decodebackup.db	2011/12/17 8:45	Data Base File	13,265 KB
downlist.s3db	2011/12/17 9:42	S3DB 文件	988 KB
ftptransferdb.db	2011/12/16 17:54	Data Base File	20 KB
ncdata.db	2011/12/16 17:58	Data Base File	32 KB
NcDatabase.db	2011/12/16 17:58	Data Base File	10,718 KB

图 2-4　实时数据处理 SQLite 嵌入式数据库

2.1.2　实时数据下载与处理模块功能

本系统由 6 个模块组成，分别是：

(1) ArgoService(Argo 数据处理系统服务管理器)，可以实现自动定时搜索数据服务器，自动下载最新的文件，自动提交数据至相关数据处理模块，进行数据下载、上传工作；

(2) ArgosServer(数据下载模块)；

(3) DataDecode(数据解码模块)，可实现文件完整性检查，文件 CRC 校检，自动解码原始文件，进行自动质控，自动传送文件至指定的文件服务器；

(4) ArgoNcExport(Nc 文件输出模块)，对数据进行初始化操作，包括得到程序运行目录、载入投放信息、打开 Nc 文件数据库、建立通讯网络等处理工作；

(5) LandLocationTest(陆地位置检验模块)；

(6) RealTimeArgoSystem(Argo 数据处理系统服务管理器客户端软件)。

2.1.3　实时数据接收与处理模块监控端口

实时数据接收与处理时有 5 个模块监控，运行中的 5 个模块之间有通讯联络，其监控端口如表 2-1 所示。

表 2-1　Argo 5 个模块的监控端口

模块	监控端口
ArgosServer	10 980
DataDecode	10 987
ArgoNcExport	10 989
LandLocationTest	10 983
RealTimeArgoSystem	10 986

2.1.4　实时数据处理配置文件

system. ini(数据库信息)内容如下：

```
[DATABASE]
SERVER=192. 168. 1. 20(注：实验用户可为 SERVER=127. 0. 0. 1)
USER=root
PASSWORD=truncom
```

putinfo. ini(投放信息)内容如下(目前浮标 19 个)：

```
090811，2901628，-0. 0017，80. 9628，21：31，2010-05-10，OIN-08CH-S3-028
090808，2901625，-0. 0103，82. 9710，10：48，2010-05-11，OIN-08CH-S3-025
090813，2901630，-0. 0027，86. 9529，01：15，2010-05-12，OIN-08CH-S3-030
090804，2901621，0. 0064，86. 9888，14：49，2010-05-12，OIN-08CH-S3-021
090799，2901616，-0. 0277，88. 9868，06：12，2010-05-13，OIN-08CH-S3-016
090802，2901619，0. 0139，90. 9507，19：40，2010-05-13，OIN-08CH-S3-019
090806，2901623，0. 0119，92. 2842，03：11，2010-05-14，OIN-08CH-S3-023
090801，2901618，9. 9975，91. 9975，12：18，2010-04-24，OIN-08CH-S3-018
090807，2901624，10. 0011，90. 4569，07：13，2010-04-25，OIN-08CH-S3-024
090810，2901627，10. 0081，89. 4847，08：50，2010-04-26，OIN-08CH-S3-027
090803，2901620，10. 0014，88. 4767，03：16，2010-04-27，OIN-08CH-S3-020
090809，2901626，9. 9848，85. 5278，17：24，2010-04-28，OIN-08CH-S3-026
090800，2901617，9. 9847，84. 5125，04：09，2010-04-29，OIN-08CH-S3-017
090812，2901629，10. 0369，83. 5528，15：12，2010-04-29，OIN-08CH-S3-029
090805，2901622，8. 9567，94. 0781，14：15，2010-04-23，OIN-08CH-S3-022
```

```
090790，2901631，23.12，133.12，23：38，2011-06-29，OIN-08CH-S3-031
090791，2901632，31.933，145.5，04：30，2011-06-28，OIN-08CH-S3-032
090793，2901633，26.7，137.0781，23：55，2011-06-28，OIN-08CH-S3-033
090798，2901615，26.7，137.0781，03：37，2011-06-28，OIN-08CH-S3-015
```

provoargs.ini(Provor浮标投放参数)内容如下：

```
255
10
10
2
23
0
0
```

ftpserver.ini(国内上传信息)内容如下：

```
192.168.1.7
user
1234
```

argoputinfo.ini(Argo浮标投放ID及时间信息)内容如下(目前浮标19个)：

```
090811，2901628，21：31，2010-05-10
090808，2901625，10：48，2010-05-11
090813，2901630，01：15，2010-05-12
090804，2901621，14：49，2010-05-12
090799，2901616，06：12，2010-05-13
090802，2901619，19：40，2010-05-13
090806，2901623，03：11，2010-05-14
090801，2901618，12：18，2010-04-24
090807，2901624，07：13，2010-04-25
090810，2901627，08：50，2010-04-26
090803，2901620，03：16，2010-04-27
090809，2901626，17：24，2010-04-28
090800，2901617，04：09，2010-04-29
090812，2901629，15：12，2010-04-29
090805，2901622，14：15，2010-04-23
090790，2901631，23：38，2011-06-29
090791，2901632，04：30，2011-06-27
```

090793，2901633，23：55，2011-06-28
090798，2901615，03：37，2011-06-28

2.1.5　实时数据下载与处理流程

打开客户端后，在 Windows 服务里面，进行实时数据下载工作环节。首先从国家海洋信息中心下载相关实时数据信息，然后使用正确数据处理方法进行数据解码，接着进行陆地位置检验，生成 TXT 文件后，输出 Nc 文件，将实时数据 Nc 文件解码入库，接着对实时数据自动质控，然后审核 Nc 文件，审核通过后分别上传国内、国外网站，进行数据发布、上传服务器(图 2-5)。

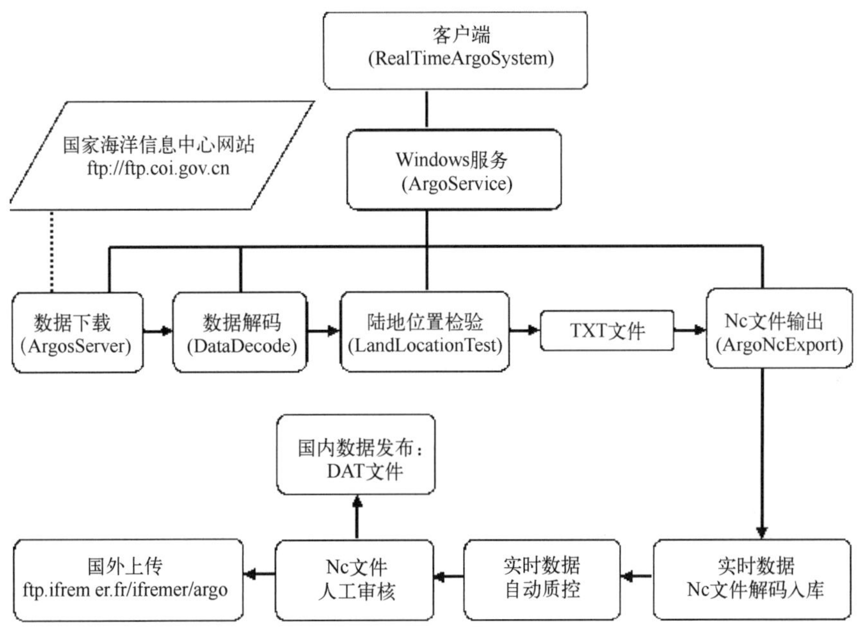

图 2-5　实时数据下载与处理流程

2.1.6　实时数据处理核心模块线程

实时数据处理核心模块线程主要分为四部分：数据下载、数据解码、Nc 文件输出、Nc 文件解码入库。数据下载时，首先进行搜索相关线程，然后检索对应线程，下载线程，最后处理前置；接下来进入数据解码工作环节，首先对数据进行初始化并进行配置文件，接着进行线程处理，并进行陆地位置检验，然后输出 TXT 文件；在 Nc 文件输出阶段，仍是对数据进行初始化处理，创建对应程序运行目录、载入投放信息，打开对应 Nc 文件数据库，建立通讯网络，创建信号量和互斥量，启动工作线程，监听网络端口，完成数据初始化后，接着处理线程，然后中间储存相关数据，嵌入数据库；最终将 Nc 文件解码入库(图 2-6)。

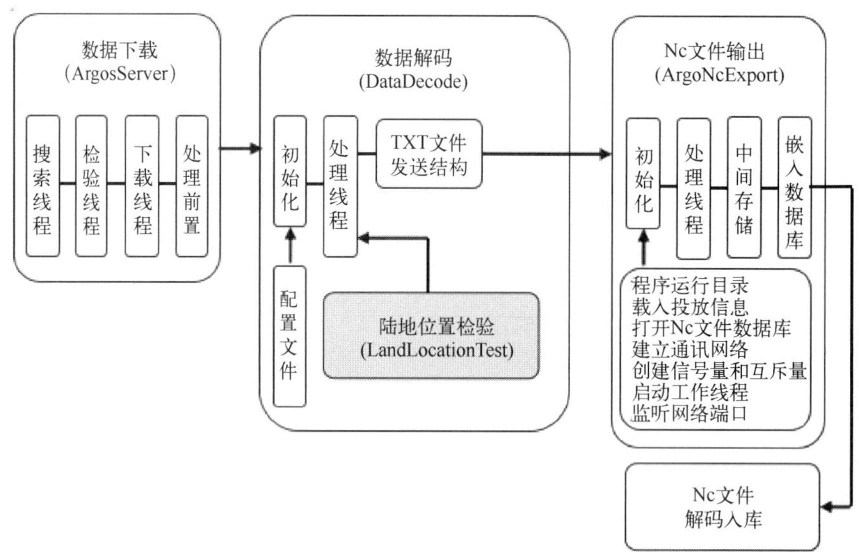

图 2-6　实时数据处理核心模块线程

2.2　Windows 服务：ArgoService

2.2.1　服务管理

同运行 MySQL 时一样，因为 ArgosServer 等模块需要长时间运行，为了能够控制系统中各个模块之间的联系，同时又能够随 Windows 启动而自动加载 Argo 数据处理与地球科学大数据平台，所以采取服务管理的方式。

Windows 服务，即以前的 NT 服务，是一种在后台运行的程序，隶属于 SYSTEM 系统账户，即服务是 Windows 系统的一部分。服务可以在计算机启动时自动启动，而不需要用户登录 Windows。服务可以暂停和重新启动而且不显示任何用户界面。

这使得服务程序适合在服务器上使用，所以 Argo 数据处理与地球科学大数据平台非常适合用服务来编写。Argo 业务化运行服务的进程名称为 ArgoService，Argo 服务的客户端为 RealTimeArgoSystem。

2.2.2　服务注册

Argo 数据处理与地球科学大数据平台的服务注册方式非常简单，在 Windows 控制台(命令提示符)窗口下进入文件 ArgoService. exe 所在目录，执行 ArgoService. exe/install (图 2-7)。

```
2011/08/17  09:34           29,696 ncdata.db
2011/07/24  10:53           11,264 ncdata2.db
2011/08/08  08:41        8,012,800 NcDatabase - 副本.db
2011/08/17  09:34        8,012,800 NcDatabase.db
2010/06/07  14:36          931,840 netcdf.dll
2010/09/20  14:05               24 provoargs.ini
2011/07/06  11:17            1,411 putinfo.ini
2011/08/08  14:41          165,376 RealTimeArgoSystem.exe
2011/08/08  14:41        4,901,888 RealTimeArgoSystem.pdb
2010/06/21  08:42           36,352 shapelib.dll
2010/06/21  08:43          334,848 sqlite3.dll
2011/07/22  14:52               60 system.ini
2010/03/18  14:33           41,472 szip.dll
2010/08/17  10:18          186,368 trueGrid.dll
2010/11/25  09:01           38,258 world.dbf
2010/11/25  09:05        5,917,724 world.shp
2010/11/25  09:01            2,052 world.shx
2010/06/04  20:54           75,264 zlib1.dll
              35 个文件     45,299,147 字节
              25 个目录 58,753,687,552 可用字节

E:\ArgoS>argoservice/install
Install ArgoService Sucessfull

E:\ArgoS>
```

图 2-7　服务注册方式_命令行

当服务注册成功以后，会出现提示：Install ArgoService Successful。服务注册成功以后就可以对服务进行管理了，并且在 Windows 服务管理器中可以查看 ArgoService 服务的状态。也可选定 ArgoService 服务，双击打开服务属性对话框，或者右击鼠标，选择属性命令，进入属性对话框(图 2-8)。

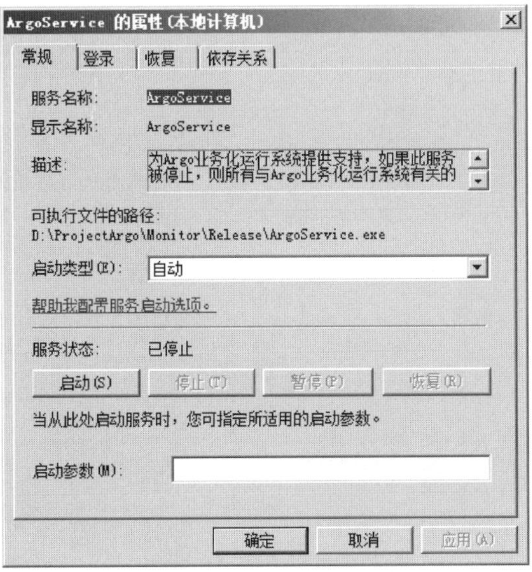

ArgoService 的属性(本地计算机)

常规 | 登录 | 恢复 | 依存关系

服务名称: ArgoService
显示名称: ArgoService
描述: 为Argo业务化运行系统提供支持，如果此服务被停止，则所有与Argo业务化运行系统有关的
可执行文件的路径:
D:\ProjectArgo\Monitor\Release\ArgoService.exe
启动类型(E): 自动
帮助我配置服务启动选项。
服务状态: 已停止
启动(S)　停止(T)　暂停(P)　恢复(R)
当从此处启动服务时，您可指定所适用的启动参数。
启动参数(M):
确定　取消　应用(A)

图 2-8　查看服务状态

通常，随着计算机的启动，ArgoService 服务是否被注册并启动，取决于上次关机前的状态。如果上次关机前该项服务是已注册的，那么重新开机后，ArgoService 服务会被自动注册并启动。如果上次关机前该项服务已被卸载，那么重新开机后，ArgoService 服务便不会被注册。

2.2.3 启动服务

Argo 数据处理与地球科学大数据平台服务注册成功以后，并未开始运行，可以通过下面的方式启动服务。

(1)启动 Windows 命令提示符程序，输入“net start argoservice”命令。如果系统安装了 ArgoService 服务，则会启动此服务(图 2-9)。

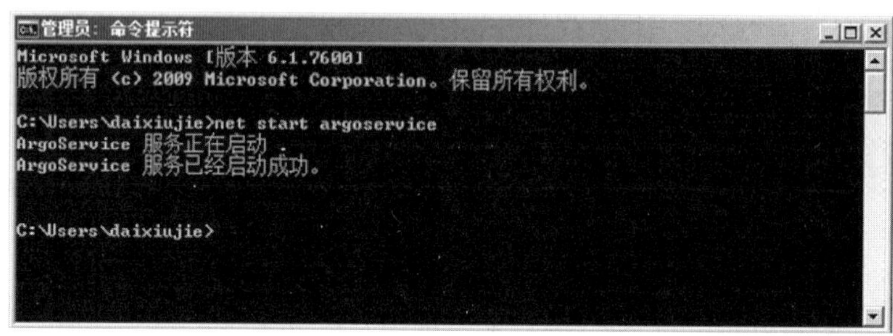

图 2-9　服务启动方式_命令行

(2)启动 Windows 服务管理程序，找到 ArgoService 服务，双击打开服务属性对话框，点击启动按钮，可启动 ArgoService 服务(图 2-10)。

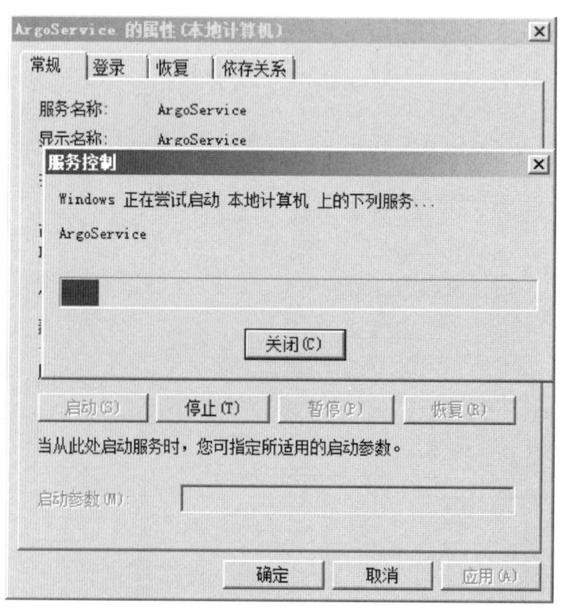

图 2-10　服务启动方式_服务属性

或者，单击 Argo 数据处理系统服务管理器/服务对话框中的启动服务链接，稍等片刻，上述选项卡中“Argo 服务已停止”字样变成“Argo 服务正在运行中”(图 2-11 和图 2-12)。

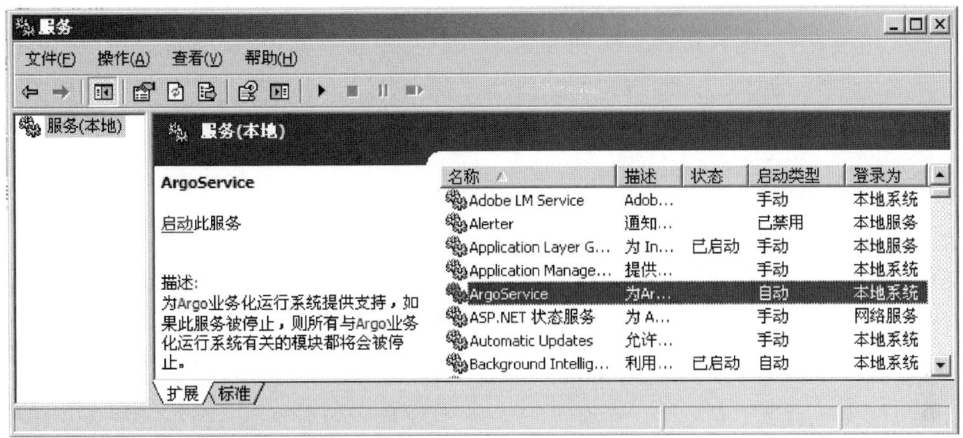

图 2-11　ArgoService_已注册_未启动

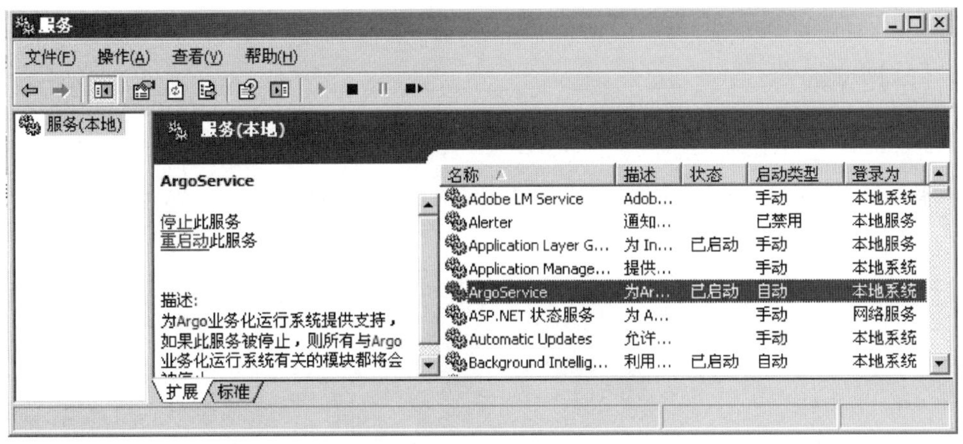

图 2-12　ArgoService_已启动

启动服务以后，Sqlite3. dll 文件不可删除，这说明服务在调用 Sqlite3. dll。

2.2.4　停止服务

当 Argo 数据处理与地球科学大数据平台处于正在运行的系统状态时，如果想停止系统的运行，可以使用如下方式。

(1)启动 Windows 命令提示符程序，输入“net stop argoservice”命令，若 ArgoService 服务正在运行中，则会停止此服务。

(2)在 Windows 服务管理器中找到 ArgoService 服务，双击打开服务属性对话框，然后点击“停止”按钮。

2.2.5 卸载服务

Argo 数据处理与地球科学大数据平台的服务卸载方式非常简单，在 Windows 控制台窗口下进入文件 ArgoService. exe 所在目录，执行 ArgoService. exe /uninstall，即可卸载 ArgoService 服务。如果此时服务正在运行中，首先会停止服务运行，然后再卸载服务。

2.3 实时数据下载

实时数据下载模块是 ArgosServer，可实现自动定时搜索数据服务器，自动下载最新的文件，自动提交数据处理模块进行数据处理。

该模块内部采用了多线程的处理方式，工作线程随模块进程的启动而自动启动。该模块包括 4 个线程(或称为“流水线”)：搜索线程、检验线程(数据筛选)、下载线程、数据处理线程。各线程间的数据是相互独立的，同时又通过互斥量和信号量相互联系。例如，当搜索线程完成对服务器中所有文件的搜索以后可以产生一个检验信号，从而进行数据的检验。

2.3.1 搜索线程

搜索线程的工作是搜索原始文件服务器上的所有文件，并且把文件状态结构(类似于 C:\ Argo \ CACHE 目录文件列表,图 2-13)下载至本地存放，为数据检验线程提供依据。

搜索线程用户可设定搜索时间间隔。系统默认为每 20 s 扫描服务器 1 次。

名称	大小	创建日期	修改日期
PROFILING_ADS_10707_20100713091510_1	2 KB	2011-3-7 14:30	2011-3-7 14:30
PROFILING_ADS_10707_20100713093832_2	2 KB	2011-3-7 14:30	2011-3-7 14:30
PROFILING_ADS_10707_20100713100402_3	2 KB	2011-3-7 14:30	2011-3-7 14:30
PROFILING_ADS_10707_20100713100712_4	1 KB	2011-3-7 14:30	2011-3-7 14:30
PROFILING_ADS_10707_20100713102016_5	1 KB	2011-3-7 14:30	2011-3-7 14:30
PROFILING_ADS_10707_20100713110250_6	2 KB	2011-3-7 14:30	2011-3-7 14:30
PROFILING_ADS_10707_20100713195639_7	3 KB	2011-3-7 14:30	2011-3-7 14:30
PROFILING_ADS_10707_20100714064514_8	3 KB	2011-3-7 14:30	2011-3-7 14:30
PROFILING_ADS_10707_20100714065855_9	4 KB	2011-3-7 14:30	2011-3-7 14:30
PROFILING_ADS_10707_20100714072233_10	2 KB	2011-3-7 14:30	2011-3-7 14:30
PROFILING_ADS_10707_20100714073857_11	4 KB	2011-3-7 14:30	2011-3-7 14:30
PROFILING_ADS_10707_20100714075015_12	1 KB	2011-3-7 14:30	2011-3-7 14:30
PROFILING_ADS_10707_20100714081901_13	4 KB	2011-3-7 14:30	2011-3-7 14:30
PROFILING_ADS_10707_20100714083410_14	4 KB	2011-3-7 14:30	2011-3-7 14:30

图 2-13 Argo \ CACHE 目录文件列表

2.3.2　检验线程(数据筛选)

检验线程的工作就是把经过搜索线程处理得到的服务器文件状态数组进行筛选，从而筛选出本地系统中未处理的文件，以便于进行数据下载操作。

检验线程的核心是进行数据筛选。筛选的依据是将本地已经下载的文件状态和经过搜索线程得到的服务器上的文件状态进行对比。文件状态分为文件名称、文件大小、创建时间、修改时间四项，只有这四项完全相等时，才判定文件是同一个文件而不需下载；只要有一项不满足条件时，都将划分到需要下载的文件列表。

2.3.3　下载线程

经过检验线程的处理以后，系统会生成一个待下载的文件列表。里面包含需下载的服务器文件。下载线程的工作就是从这个列表中一一下载文件，并且在本地用数据库记录下载的文件状态(FILE_STAT)。关键的一项是处理状态，下载完毕未进行数据处理时此项状态为 0，成功经过处理以后此项状态被修改为 1，此时标志着一个文件被完全处理。

数据状态指示如表 2-2 所示。

表 2-2　数据状态指示

品级	说明
0	数据是仪器的原始输出，没有校准，且不一定转换到工程单位；这些数据罕有调换
1	数据已转换到独立于错综复杂的仪器知识的值；可能进行自动校准；数据的地球空间与时间的参照可能不完备，但有足够的信息作为测点数据的唯一参考
2	数据的地球空间与时间基准是完备的；信息可能已被压缩(例如，补样、平均，等等)，但变异标度的设定或热力学的关系未被用于处理
3	依据变异标度或热力学关系的设定处理数据；依据固定的时间和空间间隔放置噪声增强信号

2.3.4　数据处理线程

数据处理线程严格意义上并不属于数据下载模块。但是数据处理线程相当于数据处理模块的消息泵，它负责驱动数据处理模块，并且数据处理线程要接收文件的处理状态。

下载至本地的文件，是通过数据处理线程来发送至数据处理模块并进行数据处理操作的。

2.4 数据处理(解码)

数据处理模块的进程名称为 DataDecode. exe，可实现文件完整性检查、文件 CRC 校验、自动解码原始文件、进行自动质控和自动传送文件至指定的文件服务器。

数据处理是整个业务系统的核心，同时也是开发难度最大、开发周期最长的模块。整个模块的处理流程将在以下小节进行分述。

2.4.1 进程初始化

DataDecode 模块启动以后，工作线程随之启动，数据处理模块中共有 3 个独立的线程，分别是数据处理线程、DAT 文件上传线程、Nc 文件处理线程。

在模块启动的过程中加载系统配置文件。

2.4.2 接收处理任务

DataDecode 模块启动成功以后，会监听网络端口 10987。当收到消息类型为数据处理消息时，进行单个文件的处理。

单个文件由函数 ProcessFile 来处理。在 ProcessFile 函数中，首先进行预处理操作，判断文件是否符合格式。如果文件不符合格式则退出函数，并且报告状态给 ArgosServer 模块。如果符合格式要求，则进行数据重组操作，就是把 ASCII 码(美国标准信息交换码)文件重新组合为完整的 16 进制数据包，每个数据包 31 个字节。

在数据打包的过程中，还应该根据时间信息和浮标的投放信息计算浮标的周期。重新打包完成以后，进行单个数据包的处理。

数据包用 CProvoCts3Decode 类来进行处理，包括数据校验、解码、整合等操作。具体步骤如下。

模块维护一个全局链表，里面存储 CProvoCts3Decode 类的一个实例。首先根据浮标号码和周期来检索此包数据位于哪一个类的实例中。在遍历整个链表过程中，如果浮标号和周期已经存在则使用当前类的实例进行处理。如果没有找到合适的类，则用函数 new，即一个新类来进行处理，并且把类加入到链表中。

CProvoCts3Decode 类用来对原始数据包进行处理，所有操作都在函数 AddBuffer 中进行。

单个文件处理完毕以后，DataDecode 模块会向 ArgosServer 模块发送状态报告，ArgosServer 处理此报告，根据处理结果判断是否进行下一个文件的处理。

2.4.3 输出解析文件

类中接收的原始数据包满足一个剖面时，就可进行数据的解码、整合、输出操作。

当前阶段经过 DataDecode 解码以后会输出两种文件格式，分别为综合 TXT 文件和 DAT 文件。它们都是一个浮标的单周期剖面文件。其中，DAT 文件是国内通用的一种数据格式，存在 \ DAT 子目录下；TXT 文件是一种中间数据，存在 \ Cycle 子目录下，当输出 Nc 文件时会使用此文件。

2.4.4　Nc 文件处理

Nc 文件处理线程为工作线程，随模块启动而自动启动，负责把一个浮标某一周期的综合 TXT 中间数据生成国际 Argo 组织使用的 Nc 文件。此线程并不进行具体的 Nc 文件处理，而只是向 Nc 文件处理模块发送待处理的文件结构，具体的处理操作由模块 ArgoNcExport 负责进行。

2.5　Nc 文件输出

2.5.1　进程初始化

ArgoNcExport 模块启动后，进行初始化操作，包括得到程序运行目录、载入投放信息、打开 Nc 文件数据库、建立通讯网络、创建信号量和互斥量、启动工作线程、监听网络端口等。

顺利完成进程的初始化操作之后，程序才可正常运行。当在进程初始化的过程中出现错误时，程序则会自动退出。进程完成初始化后会进入网络监听状态，这时在屏幕上显示状态“NcExport 1.7.6 is Running”，标志进程已经启动成功。

2.5.2　接收处理任务

模块 ArgoNcExport 完成进程初始化后，会监听网络端口 10989，当此端口收到消息类型为 MSGDATADECODE 时，进行 Nc 输出操作。

Nc 输出操作由函数 ProcessNcFile 来完成。此函数的返回值为 BOOL 类型，返回 TRUE 表示文件正确输出，返回 FALSE 表示在文件处理过程中有错误产生。当 Nc 文件正确输出以后，向模块 DataDecode 发送处理状态。DataDecode 处理此状态，判断是否进行新的文件发送。

在函数 ProcessNcFile 中，首先要进行文件加载入库，用数据库进行统一存储，在此模块中使用嵌入式数据库 Sqlite 进行数据的存储。

2.5.3　文件生成

Nc 文件生成由函数 ExportNcFile 来实现，调用此函数会生成所有的 Nc 文件，现阶段需生成的 Nc 文件有 5 种：

(1)浮标总体剖面数据，里面包含一个浮标多个周期的剖面数据；

(2)浮标总体轨迹数据，里面包含一个浮标多个周期的轨迹数据；

(3)浮标元数据，包含此浮标的元数据；

(4)浮标技术信息，包含此浮标的技术信息数据；

(5)浮标周期剖面数据，此浮标某一周期的剖面数据。

本模块生成的 Argo Nc 文件依据 *Argo Data Management User's Manual* 2.3 版本的规定来实现。

5 种 Nc 文件采取顺序生成的方式，存放于以浮标号为名称的模块运行的目录中。当没有此目录时，模块会自动创建此目录，并且单个周期的剖面数据存放于 Profiles 子目录中，命名规则与网站 ftp. ifremer. fr 中的命名规则一致。

模块 ArgoNcExport 生成的 Nc 文件，中间存储如图 2-14 所示。

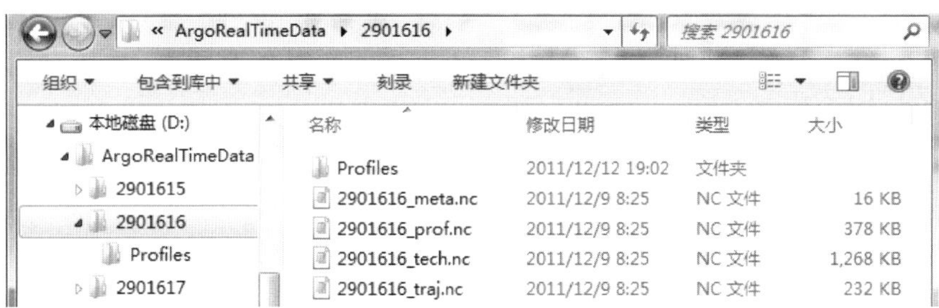

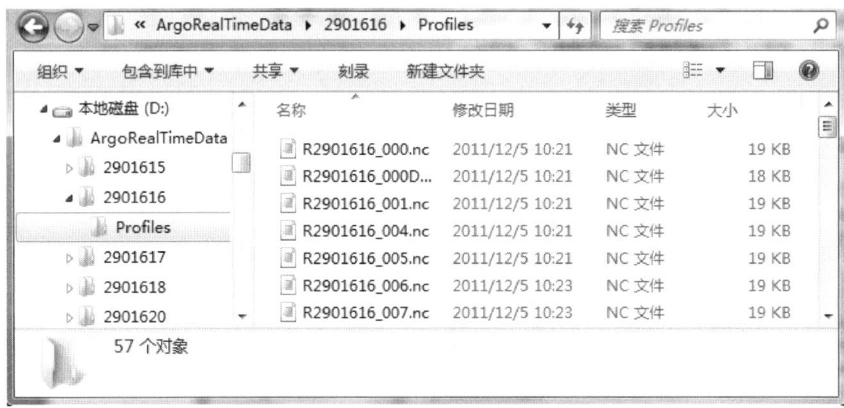

图 2-14　Nc 文件存储目录

其中，2901616_prof. nc 是浮标总体剖面数据，里面包含一个浮标多个周期的剖面数据；2901616_traj. nc 是浮标总体轨迹数据，里面包含一个浮标多个周期的轨迹数据；2901616_meta. nc 是浮标元数据，包含此浮标的元数据；2901616_tech. nc 是浮标技术信息，包含此浮标的技术信息数据；Profiles 子目录中存放的是浮标单个周期剖面数据。

2.5.4　客户端界面化管理

实时数据的接收与处理本来是在后台进行的，为提升客户体验，可建立界面化管理，如图 2-15 至图 2-18 所示，包括系统运行监控界面、数据接收界面、数据处理界面和浮标状态监控界面。

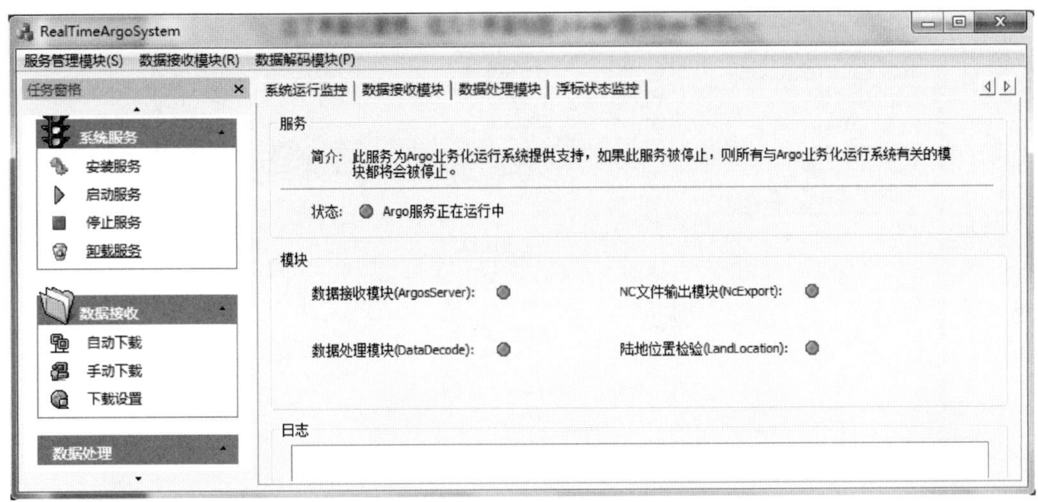

图 2-15　实时数据处理_系统运行监控界面

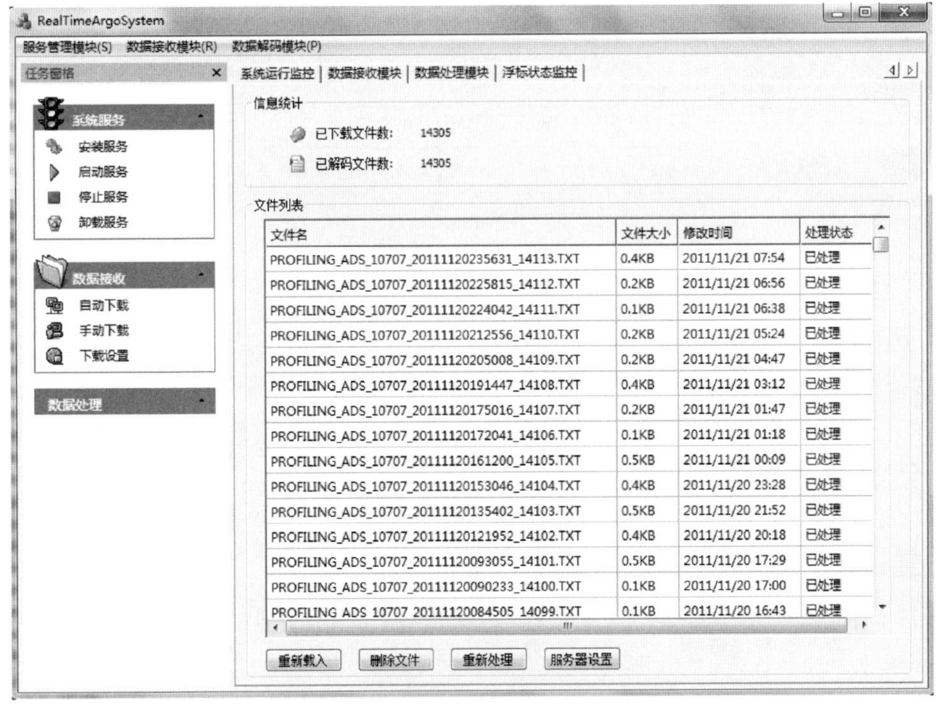

图 2-16　实时数据处理_数据接收界面

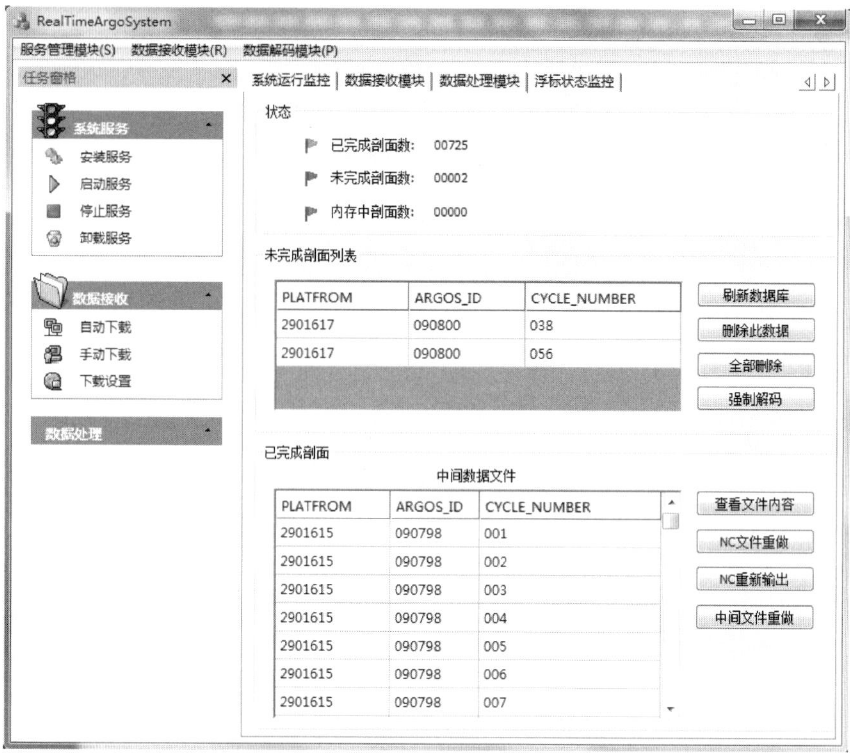

图 2-17　实时数据处理_数据处理界面

图 2-18　实时数据处理_浮标状态监控界面

第 3 章　实时数据下载文件预处理与解码

3.1　读取文件信息及预处理

3.1.1　读取文件信息

对于接收到的数据文件，程序将读取每个文件中记录的定位信息以及每个数据包的信息。

在一个数据文件中，可能有好几个浮标发送的数据包。所以，首先要判断数据包所属的浮标。

浮标的投放信息如表 3-1 所示。浮标的投放信息简表如表 3-2 所示。

表 3-1　浮标的投放信息

通讯号(Argos_ID)	平台识别码	投放纬度(°)	投放经度(°)	投放时间	投放日期
090811	2901628	-0.001 7	80.962 8	21:31	2010-05-10
090808	2901625	-0.010 3	82.971 0	10:48	2010-05-11
090813	2901630	-0.002 7	86.952 9	1:15	2010-05-12
090804	2901621	0.006 4	86.988 8	14:49	2010-05-12
090799	2901616	-0.027 7	88.986 8	6:12	2010-05-13
090802	2901619	0.013 9	90.950 7	19:40	2010-05-13
090806	2901623	0.011 9	92.284 2	3:11	2010-05-14
090801	2901618	9.997 5	91.997 5	12:18	2010-04-24
090807	2901624	10.001 1	90.456 9	7:13	2010-04-25
090810	2901627	10.008 1	89.484 7	8:50	2010-04-26
090803	2901620	10.001 4	88.476 7	3:16	2010-04-27
090809	2901626	9.984 8	85.527 8	17:24	2010-04-28
090800	2901617	9.984 7	84.512 5	4:09	2010-04-29
090812	2901629	10.036 9	83.552 8	15:12	2010-04-29
090805	2901622	8.956 7	94.078 1	14:15	2010-04-23

注：正值表示北纬或东经，负值表示南纬或西经。

表 3-2　浮标的投放信息简表

通讯号(Argos_ID)	平台识别码(WMO code)	投放时间	投放日期
090811	2901628	21:31	2010-05-10
090808	2901625	10:48	2010-05-11
090813	2901630	1:15	2010-05-12
090804	2901621	14:49	2010-05-12
090799	2901616	6:12	2010-05-13
090802	2901619	19:40	2010-05-13
090806	2901623	3:11	2010-05-14
090801	2901618	12:18	2010-04-24
090807	2901624	7:13	2010-04-25
090810	2901627	8:50	2010-04-26
090803	2901620	3:16	2010-04-27
090809	2901626	17:24	2010-04-28
090800	2901617	4:09	2010-04-29
090812	2901629	15:12	2010-04-29
090805	2901622	14:15	2010-04-23

通讯号与平台识别码(WMO code)是一一对应的。在下载的数据文件中，出现的是前者。

需要指出的是，浮标的投放信息简表也是模块 ArgosServer 的配置文件(不包括表格线)。

判断数据包所属浮标的方法是：数据包属于其前面第一个通讯号 Argos_ID(或平台识别码)对应的浮标；如果其前面没有通讯号，数据包无效。

对于下降剖面或者上升剖面，ID 仅由日期和 CTD 测量的首个压强确定。对于水下漂流，ID 仅由信息中 CTD 测量的首个日期和时间确定。

当收到信息之后，程序判断浮标的平台识别码是否正确。

根据卫星收到数据包的时间信息、浮标的投放信息和投放参数计算出数据包所属浮标的当前周期(参见 3.1.1.3 节)。

在此处需要检验的内容包括：①接收日期是否符合标准；②检验定位信息是否正确；③检验浮标漂流的速度是否符合规定。

此处需要记录的数据包括：①收到一个浮标一个周期第一条信息的时间(本地计算机时间)；②卫星收到此数据块(以位的方式存储)的时间；③其他信息，包括定位等级、定位时间、定位经纬度；④读取数据块的前四个位，判断数据块的信息类型。

此处需要统计的内容包括：①收到的一个浮标一个周期的数据包的总数；②其中

技术信息数据包的数量；③其中上升剖面信息数据包的数量；④其中下降剖面信息数据包的数量；⑤其中漂流采样信息数据包的数量。

3.1.1.1　技术数据选择

如果只接收到一个技术信息，并且通过 CRC 校验，使用此信息。如果接收到多于一个技术信息，并且都通过 CRC 校验，使用第一个接收到的技术信息。如果接收到的技术信息都不通过 CRC 校验，则不使用此技术信息。这种情况下，由浮标提供的时间将会丢失，因而漂流 CTD 测量的顺序也不能被判定。

3.1.1.2　数据选择

如果只接收到一个信息，并且通过 CRC 校验，则使用此信息。如果接收到多个信息，并且都通过 CRC 校验，使用第一个接收到的信息。如果没有接收到通过 CRC 校验的信息，则①如果收到一个或两个重复信息，此 ID 无可用信息；②如果多于两个重复信息，则丢弃第一个接收的信息，由余下重复信息计算最有可能的发射信息(按位依次选取，每次选取重复最多的那个)；③用 CRC 校验重建的信息，如果成功，则使用重新构建的信息，如果失败，此 ID 无可用信息。

3.1.1.3　浮标周期计算方法

1)计算用到浮标投放任务参数文件中的几项参数

(1)最大周期数 PM0，缺省值 255。

(2)周期时间 PM1，缺省值 10，单位为天。周期时间指浮标完成下降、水下漂流、上浮、发送一个循环的时间段。浮标在漂流深度潜行需等待必要的时间长度，以使其满足所选定的周期值。

(3)基准日(reference day)PM2，也称参考日，即第一个剖面日，缺省值 3，单位为天。定义基准日的目的是配置一组浮标，使其都能够在相同的时间处理各自的剖面。这个参数定义一个特别的日子，在这一天做第一个剖面。当浮标内部时钟的天数等于基准日时，将引导浮标做第一个剖面。当任务开始时，浮标内部时钟的天数归零。设置基准日时，建议在开展工作与达到剖面深度之间留有足够的时间。将基准日至少设为 2，可以确保第一个剖面的完成。

基准日 PM2=浮标的第一次上浮日期-浮标的下降日期。

(4)开始上浮时间(ascent time)PM3，缺省值 23，单位为小时。系根据 24 h 制，某天中上升剖面开始的时间。浮标每个周期的上升开始时间在浮标投放时就已经确定，此即 PM3。

(5)任务开始前的延迟时间 PM4，缺省值 0，单位为分。

(6)下降采样间隔 PM5，缺省值 0，单位为秒。

(7)Argos_ID，PA4，也称 Argos 发射机识别码，由 7 位 16 进制字符组成。

2)Argo 浮标当前周期计算步骤

(1)统一时制：将浮标投放信息中的投放日期信息转化为 UTC 日期信息，设为 UTCDATE；将浮标投放信息中的投放时分秒信息转化为 UTC 时分秒信息，设为 UTC-TIME。

(2)计算浮标第一次下降日期及时间：将 UTCDATE 及 UTCTIME 加上任务开始的延迟时间 PM4(单位为分)，计算出浮标第一次下降的日期及时间。

(3)计算浮标第一次上浮日期并明确上升开始时间：将浮标的下降日期(不考虑时分秒信息)加上基准日 PM2(单位为天)，可以计算出浮标第一次上浮日期，设为 DATE-BASIC，时分秒信息为开始上浮时间 PM3。

(4)计算浮标每个周期的上浮日期：后面浮标每个周期的上浮日期都为(DATEBASIC+周期号×周期时间 PM1)，注意周期从 0 开始计数。

(5)无效时间检验：如果卫星收到数据包的时间小于第 0 个周期浮标上浮的时间，那么数据无效。

(6)判断数据包所属周期：如果卫星收到数据包的时间大于第 N 个周期浮标上浮的时间且小于第(N+1)个周期的浮标上浮的时间，那么判定收到的数据包为第 N 个周期的数据。

3.1.2 进行 CRC 校验

为了保证数据的正确性，需要将收到的数据块进行 CRC 校验。此处需要记录：①一个浮标一个周期通过校验的数据块的总数；②其中技术信息数据块数量；③其中上升剖面信息数据块的数量；④其中下降剖面信息数据块的数量；⑤其中漂流信息数据块数量。

CRC 校验的数学原理如下。

CRC 校验的对象是数据块，每一个数据块都包含 31 个字节，248 位的数据。

数据文件中总共有 4 种数据包类型，即①上升剖面信息数据包；②下降剖面信息数据包；③漂流信息数据包；④技术信息数据包。

这 4 种类型的数据包在进行 CRC 校验时没有任何区别。

数据块示例如下：

0110**0001010110011001**01011000101110010001010001000011100110000101100111111 0010101011110101001000011110010100110101000110000101001110111000110111101010100101000111001010111111011100100100111001111011110111100101000111000110101100111100010001000000000

详细的校验步骤如下。

(1)读取循环校验码。数据循环校验码在数据块的 5~20 位，总共 16 位信息。在示例数据中循环校验码为 0001010110011001。将此校验码保存，便于后面与我们生成的校验码进行核对。

(2)将数据中循环校验码位(5~20 位)的值赋为 0。变换后的数据如下：

0110**0000000000000000**0101100010111001000101000100001110011000010110011111100101010111101010010000111100101001101010001100001010011101110001101111010101001010001110010101111110111001001001110011110111101111001010001110001101011001111000100010000000000

(3)循环校验码由 256 位数据生成，所以生成校验码的数据由上面的 248 位再在后面加上 8 个 0。改正后的数据如下：

0110**0000000000000000**0101100010111001000101000100001110011000010110011111100101010111101010010000111100101001101010001100001010011101110001101111010101001010001110010101111110111001001001110011110111101111001010001110001101011001111000100010000000000**00000000**

(4)上面的 256 位数据，根据循环校验码的生成多项式 X16+X12+X5+1 生成校验码。具体的生成算法如下：

①首先将上面的数据乘以 X16(因为生成多项式中的最高位为 X16)，简单地说，就是再在数据后面加上 16 个 0(注意此处加的 16 个 0 与上面第三步中加的 8 个 0 的依据是不同的)。改正后的数据如下：

0110**0000000000000000**0101100010111001000101000100001110011000010110011111100101010111101010010000111100101001101010001100001010011101110001101111010101001010001110010101111110111001001001110011110111101111001010001110001101011001111000100010000000000**000000000000000000000000**

②将上面的数据与 10001000000100001 进行除法运算，即异或运算，得到的 16 位余数，即生成的循环校验码，与第一步中保存的校验码进行比较，如果两组数据完全相同，说明循环校验结果正确，数据传输正确，否则说明数据传输不正确。

3.1.3　排重

排重的对象为一个浮标一个周期通过 CRC 校验的数据块。

为了保证数据的完整性，浮标在跟卫星通信时，会发送大量的重复数据包，因此对收到的数据包进行排重是十分必要的。

将接收到的数据块与已有的数据块进行比较，如果与已有的数据块完全相同则不保存，否则保存数据块以及收到的时间。记录不重复的数据块的数量、上升剖面数据块数量、下降剖面数据块数量、漂流信息数据块数量。

上升剖面数据块、下降剖面数据块和漂流信息数据块的排重方法一样。具体方法为，将接收到的数据块与已有的数据块进行比较，如果与已有的数据块完全相同则视为数据块重复，否则数据块不重复；如果数据块不重复，那么保存数据块以及卫星收到此数据块的时间；记录不重复的数据块的数量、上升剖面数据块数量、下降剖面数据块数量和漂流信息数据块数量。

技术信息数据块的排重方法为，一个浮标同一周期内技术信息基本一致，取其中的一个即可；需要注意的是，要同时记录卫星收到此数据块的时间，用于时间校正，一般情况下是取收到的第一个技术信息数据包。时间校正的方法为，将卫星收到此数据块的时间与技术信息中记录的时间进行求差，凡是依据浮标的时间记录的时间信息都要依据这个时间差进行时间校正。

3.2 开始解码的条件

数据解码是以单个浮标的单个周期为单位的。

在接收数据时，可能会遇到两种情况：

(1)有效数据都能收到；

(2)有效数据接收不完全。

3.2.1 有效数据都能收到

这是一种理想情况，在这种情况下，数据是最完整的。

当程序接收到一包数据的时候，会首先判断此数据的浮标以及周期，然后存入数据库中。对于一个浮标一个周期并且通过 CRC 校验的第一个技术信息数据包直接进行解码，在技术信息中记录着有效数据包的个数。

程序会统计通过 CRC 校验的不重复的数据包的个数，当此数量与技术信息中记录的数据包数量相等时，程序将开始数据的解码处理。

3.2.2 有效数据接收不完全

这是一种不理想的情况，但也是在数据接收过程中不可避免的情况。

在这种情况下，有效的数据包不能接收完全。

如果在收到一个浮标一个周期第一条信息 24 h 后有效信息还没有收集完全，程序也将开始数据的解码处理。

3.3 对数据进行解码

这一节所说的解码是指对原始数据块依据规则进行解译，得出数据块中二进制代码所表示的实际意义。

解码的对象是数据块，每个数据块有 31 个字节，248 位数据。

至于数据块解码之后，将一个浮标一个周期的数据进行组织将在 3.4 节中进行说明。

解码时，首先读取数据块的前 4 位，这 4 位数据说明数据块的信息类型：

(1) 如果为 0110，说明数据为上升剖面信息；

(2) 如果为 0101，说明数据为漂流信息；

(3) 如果为 0100，说明数据为下降剖面信息；

(4) 如果为 0000，说明数据为技术信息。

在进行数据解码时，以上四种类型数据的算法有所不同，下面进行分类介绍。

3.3.1　上升剖面数据块解码

首先给出一个上升剖面信息的数据块示例，如下所示：

01101001100001100000010101101011101010100100001101010011100001011001001 11
0010101011001001001000001110010101010011011000101101110001101010000101000001 0
111100111011100101010010011111100101101010100110010101111110010101111111111000
1011100000000000000000

1~4 位为信息类型。此处为 0110，表示信息类型为上升剖面信息。

01101001100001100000010101101011101010100100001101010011100001011001001 11
0010101011001001001000001110010101010011011000101101110001101010000101000001 0
111100111011100101010010011111100101101010100110010101111110010101111111111000
1011100000000000000000

5~20 位为循环校验码。

0110**1001100001100000**010101101011101010100100001101010011100001011001001 11
0010101011001001001000001110010101010011011000101101110001101010000101000001 0
111100111011100101010010011111100101101010100110010101111110010101111111111000
1011100000000000000000

21~29 位总共 9 位数据为本数据块中第一次 CTD 测量的时间信息。

01101001100001100000**010101101**011101010100100001101010011100001011001001 11
0010101011001001001000001110010101010011011000101101110001101010000101000001 0
111100111011100101010010011111100101101010100110010101111110010101111111111000
1011100000000000000000

30~40 位总共 11 位为本数据包第一次压强测量值，单位为 dbar。此处这 11 位的值为 01110101010，换算成十进制数为 938，则压强实际值为 938(dbar)。

01101001100001100000010101101**01110101010**010000110101001110000101100100111
0010101011001001001000001110010101010011011000101101110001101010000101000001 0
1111001110111001010100100111111001011010101001100101011111001010111111111000
10111000000000000000000

注意：在没有特别说明的情况下，文档中的二进制码均为二进制原码，在二进制换算十进制时依据二进制原码换算成十进制的算法进行换算。

41~55 位总共 15 位为本数据包第一次温度测量值，分辨率为 0.001℃，偏移量为 -2℃，单位为℃。此处这 15 位的值为 010000110101001，换算成十进制数为 8617，则温度实际值为 8617×0.001-2=6.617(℃)。

0110100110000110000001010110101110101010**010000110101001**110000101100100111
0010101011001001001000001110010101010011011000101101110001101010000101000001 0
1111001110111001010100100111111001011010101001100101011111001010111111111000
10111000000000000000000

56~70 位总共 15 位为本数据包第一次盐度测量值，分辨率为 0.001，偏移量为 10。此处这 15 位的值为 110000101100100，换算成十进制数为 24 932，则盐度实际值为 24 932×0.001+10=34.932。

0110100110000110000001010110101110101010010000110101001**110000101100100**111
0010101011001001001000001110010101010011011000101101110001101010000101000001 0
1111001110111001010100100111111001011010101001100101011111001010111111111000
10111000000000000000000

说明：

(1)在这类浮标数据中，三种类型的测量值为一组，且测量值都是以压强、温度、盐度的顺序排列，每一组数据中都有这三种测量值；

(2)数据包中第一组测量值中的三种类型的数据都是绝对值，无需进行判断。

为了便于下面的解码说明，首先解释会用到的几个名称的含义。

绝对值：指文件中存储的压强(11 位)、温度(15 位)、盐度(15 位)的值，例如二进制 110000101100100，十进制数为 24 932。

相对值：这个值是相对于绝对值的一个偏移量。偏移量可正可负。相对值与绝对值的关系在不同的信息类型中不同，详细内容在后面解释。

实际值：顾名思义，这个值是三种测量参数的实际值。例如 34.932。

实际值与绝对值的关系如下。

压强：压强实际值=压强绝对值，单位 dbar。

温度：温度实际值=温度绝对值×0.001(分辨率)-2(偏移量)，单位℃。

盐度：盐度实际值=盐度绝对值×0.001(分辨率)+10(偏移量)。

从 71~248 位为压强、温度、盐度的测量值，从本数据包的第二组 CTD 测量值开始(第一组前面已经介绍)。一个数据块中具体有多少组数据视具体情况而定，数据不足的最后几位补零。

0110100110000110000001010110101110101010010000110101001110000101100100**111**
0010101011001001001000001110010101010011011000101101110001101010000101000001011110011101110010101001001111110010110101010011001010111110010101111111111000
1011100000000000000000

从第二组 CTD 测量值开始，每个压强、温度、盐度的测量值数据位之前都有一个格式位，用来表示后面的是相对值还是绝对值。

相对值和绝对值所占的数据位数量是不同的，如表 3-3 所示。

表 3-3　相对值和绝对值占位

测量值	绝对值		相对值	
	格式位	数据位	格式位	数据位
压强	1 位，值为 0	11 位	1 位，值为 1	6 位
温度	1 位，值为 0	15 位	1 位，值为 1	10 位
盐度	1 位，值为 0	15 位	1 位，值为 1	8 位

由表 3-3 可见，从第二组数据开始的一组数据，最少可能占 27(1+6+1+10+1+8)位，最多可能占 44(1+11+1+15+1+15)位。

具体的解码方式如下。

(1)首先判断第 71 位的值：如果第 71 位的值为 0，那么说明后面的压强值为绝对值，数据占 11 位，即 72~82 位；如果第 71 位的值为 1，那么说明后面的压强值为相对值，数据占 6 位，即 72~77 位。

(2)接着再判断温度是相对值还是绝对值：如果压强值为绝对值，那么就需要判断第 83 位的值是 0(绝对值)还是 1(相对值)；如果压强值为相对值，那么就需要判断第 78 位的值是 0(绝对值)还是 1(相对值)；后面的判断以此类推。

说明：

(1)在同一组数据中，可能既有绝对值又有相对值，比如压强为绝对值，而温度和盐度为相对值；

(2)不同组的数据中，相同类型的数据可能既有绝对值又有相对值，比如第二组中的压强为绝对值，但第三组中的压强为相对值；

(3)相对值是参照上一组数据中的值，比如第二组中的压强为相对值，那么要参照第一组中的压强计算出绝对值，如果第三组中的压强也为相对值，需要依据第二组中的压强的绝对值(已经依据第一组数据计算得出)计算出绝对值。

根据相对值计算绝对值的具体算法如下。

压强：当前压强绝对值=前一组压强绝对值-当前压强相对值。

温度：当前温度绝对值=前一组温度绝对值-100+当前温度相对值。

盐度：当前盐度绝对值=前一组盐度绝对值-25+当前盐度相对值。

计算出测量数据的绝对值之后，就可以进一步计算出实际值。

示例数据块的解码结果如表 3-4 所示。

表 3-4 上升剖面示例数据块的解码结果

0110	1001100001100000	010101101	01110101010	010000110101001
数据类型	循环校验码	时间信息	第一组压强值	第一组温度值
110000101100100	1	110010	1	0101100100
第一组盐度值	格式位	第二组压强值	格式位	第二组温度值
1	00100000	1	110010	1
格式位	第二组盐度值	格式位	第三组压强值	格式位
0101001101	1	00010110	1	110001
第三组温度值	格式位	第三组盐度值	格式位	第四组压强值
1	0101000010	1	00000101	1
格式位	第四组温度值	格式位	第四组盐度值	格式位
110011	1	0111001010	1	00100111
第五组压强值	格式位	第五组温度值	格式位	第五组盐度值
1	110010	1	1010101001	1
格式位	第六组压强值	格式位	第六组温度值	格式位
00101011	1	110010	1	0111111111
第六组盐度值	格式位	第七组压强值	格式位	第七组温度值
1	00010111	0000000000000000		
格式位	第七组盐度值	补零值		

解码后实际值如下所示。

Message type：Ascent

Date of the first CTD measurement：173

pressure1：938.000 temperature1：6.617 salinity1：34.932

pressure2：888.000 temperature2：6.873 salinity2：34.939

pressure3：838.000 temperature3：7.106 salinity3：34.936

pressure4：789.000 temperature4：7.328 salinity4：34.916

pressure5：738.000 temperature5：7.686 salinity5：34.930

pressure6：688.000 temperature6：8.267 salinity6：34.948

pressure7：638.000 temperature7：8.678 salinity7：34.946

需要注意的是，本数据块中第一次 CTD 测量的时间信息，“173”意为 17.3 时，即 17 时 18 分。

3.3.2　下降剖面数据块解码

首先给出一个下降剖面信息的数据块示例，如下所示。

01000100010001111001000000000000000011101111110000000111010011100000101010
01001000110010001100001000111101010101100100100101000101001010100011011101001
0001011000110000100010101000110011000011110100001000101010001011100011100111 0
0000001100000000000000

1~4 位为信息类型。此处为 0100，表示信息为下降剖面信息。

01000100010001111001000000000000000011101111110000000111010011100000101010
01001000110010001100001000111101010101100100100101000101001010100011011101001
0001011000110000100010101000110011000011110100001000101010001011100011100111 0
0000001100000000000000

5~20 位为循环校验码。

0100**0100010001111001**000000000000000011101111110000000111010011100000101010
01001000110010001100001000111101010101100100100101000101001010100011011101001
0001011000110000100010101000110011000011110100001000101010001011100011100111 0
0000001100000000000000

21~29 位总共 9 位数据为本数据块中第一次 CTD 测量的时间信息。

01000100010001111001**000000000**0000000111011111100000001110100111000001010 1
01001000110010001100001000111101010101100100100101000101001010100011011101001
0001011000110000100010101000110011000011110100001000101010001011100011100111 0
0000001100000000000000

30~40 位总共 11 位为第一次压强测量值，单位为 dbar。此处这 11 位的值为 00000001110，换算成十进制数为 14，则压强实际值为 14(dbar)。

01000100010001111001000000000**00000001110**111111000000011101001110000010101
01001000110010001100001000111101010101100100100101000101001010100011011101001
0001011000110000100010101000110011000011110100001000101010001011100011100111 0
0000001100000000000000

41~55 位总共 15 位为第一次温度测量值，分辨率为 0.001℃，偏移量为-2℃，单位为℃。此处这 15 位的值为 111111000000011，换算成十进制数为 32 259，则温度实际值为 32 259×0.001-2=30.259(℃)。

010001000100011110010000000000000000001110**111111000000011**101001110000010101
0100100011001000110000100011110101010110010010010100010100101010001101110100 1
000101100011000010001010100011001100001111010000100010101000101110001110011 10
0000011000000000000000

56~70 位总共 15 位为第一次盐度测量值，分辨率为 0.001，偏移量为 10。此处这 15 位的值为 101001110000010，换算成十进制数为 21 378，则盐度实际值为 21 378×0.001+10=31.378。

010001000100011110010000000000000000001110111111000000011**101001110000010**101
01001000110010001100001000111101010101100100100101000101001010100011011101001
00010110001100001000101010001100110000111101000010001010100010111000111001110
0000011000000000000000

说明：

(1)在这类浮标数据中，三种类型的测量值为一组，且测量值都是以压强、温度、盐度的顺序排列，每一组数据中都有这三种测量值；

(2)数据包中第一组测量值中三种类型的数据都是绝对值，无需进行判断。

为了便于下面的解码说明，首先解释会用到的几个名称的含义。

绝对值：指文件中存储的压强(11 位)、温度(15 位)、盐度(15 位)的值，例如二进制 110000101100100，十进制数为 24 932。

相对值：这个值是相对于绝对值的一个偏移量。偏移量可正可负。相对值与绝对值的关系在不同的信息类型中不同，详细内容在后面解释。

实际值：顾名思义，这个值是三种测量参数的实际值。例如 34.932。

实际值与绝对值的关系如下。

压强：压强实际值=压强绝对值，单位 dbar。

温度：温度实际值=温度绝对值×0.001-2，单位℃。

盐度：盐度实际值=盐度绝对值×0.001+10。

71~248 位为压强、温度、盐度的测量值，从本数据包的第二组 CTD 测量值开始(第一组前面已经介绍)。一个数据块中具体有多少组数据视具体情况而定，数据不足的最后几位补零。

01000100010001111001000000000000000000111011111100000001110100111000001**0101**
01001000110010001100001000111101010101100100100101000101001010100011011101001
00010110001100001000101010001100110000111101000010001010100010111000111001110
0000011000000000000000

具体的解码方式如下。

(1)首先判断第 71 位的值：如果第 71 位的值为 0，那么说明后面的压强值为绝对值，数据占 11 位，即 72~82 位；如果第 71 位的值为 1，那么说明后面的压强值为相对值，数据占 6 位，即 72~77 位。

(2)接着再判断温度是相对值还是绝对值：如果压强值为绝对值，那么就需要判断第 83 位的值是 0(绝对值)还是 1(相对值)；如果压强值为相对值，那么就需要判断第 78 位的值是 0(绝对值)还是 1(相对值)；后面的判断以此类推。

压强、温度、盐度的相对值以及绝对值占的字节数如表 3-5 所示。

表 3-5　相对值和绝对值占位

测量值	绝对值		相对值	
	格式位	数据位	格式位	数据位
压强	1 位，值为 0	11 位	1 位，值为 1	6 位
温度	1 位，值为 0	15 位	1 位，值为 1	10 位
盐度	1 位，值为 0	15 位	1 位，值为 1	8 位

由表 3-5 可见，一组数据中，最少可能占 27(1+6+1+10+1+8)位，最多可能占 44(1+11+1+15+1+15)位。

说明：

(1)在同一组数据中，可能既有绝对值又有相对值，比如压强为绝对值，而温度和盐度为相对值；

(2)不同组的数据中，相同类型的数据可能既有绝对值又有相对值，比如第二组中的压强为绝对值，但第三组中的压强为相对值；

(3)相对值是参照上一组数据中的值，比如第二组中的压强为相对值，那么要参照第一组中的压强计算出绝对值；如果第三组中的压强也为相对值，需要依据第二组中的压强的绝对值(已经依据第一组数据计算得出)计算出绝对值。

根据相对值计算绝对值的具体算法如下。

压强：当前压强绝对值=前一组压强绝对值+当前压强相对值。

温度：当前温度绝对值=前一组温度绝对值+100-当前温度相对值。

盐度：当前盐度绝对值=前一组盐度绝对值+25-当前盐度相对值。

需要注意的是，此算法与上升剖面数据块解码中的相应算法不同，其中的加减号正好相反。

计算出绝对值后便可以进一步计算出实际值。示例数据块解码结果如表 3-6 所示。

表 3-6　下降剖面示例数据块的解码结果

0100	0100010001111001	000000000	00000001110	111111000000011
数据类型	循环校验码	时间信息	第一组压强值	第一组温度值

续表

101001110000010	1	010100	1	0001100100
第一组盐度值	格式位	第二组压强值	格式位	第二组温度值
0	110000100011110	1	010101	1
格式位	第二组盐度值	格式位	第三组压强值	格式位
0010010010	1	00010100	1	010100
第三组温度值	格式位	第三组盐度值	格式位	第四组压强值
0	110111010010001	0	110001100001000	1
格式位	第四组温度值	格式位	第四组盐度值	格式位
010100	0	110011000011110	1	00001000
第五组压强值	格式位	第五组温度值	格式位	第五组盐度值
1	010100	0	101110001110011	1
格式位	第六组压强值	格式位	第六组温度值	格式位
00000011		00000000000000		
第六组盐度值		补零值		

解码后实际值如下所示。

Message type：Descent

Date of the first CTD measurement：0

pressure1：14.000 temperature1：30.259 salinity1：31.378

pressure2：34.000 temperature2：30.259 salinity2：34.862

pressure3：55.000 temperature3：30.213 salinity3：34.867

pressure4：75.000 temperature4：26.305 salinity4：35.352

pressure5：95.000 temperature5：24.142 salinity5：35.369

pressure6：115.000 temperature6：21.667 salinity6：35.391

3.3.3 漂流信息数据块解码

首先给出一个漂流数据信息的数据块示例，如下所示：

0101010101001101000111011001000011111011100100000100000001100001010110111
00010010010110111100001000111111010000001011100000000100000111111110000100000
00011111101000010111111000000101000100111111111101000000001100000111111110000011
1111101000000000000000

1~4 位为信息类型。此处为 0101，表示信息为漂流数据信息。

0101010101001101000111011001000011111011100100000100000001100001010110111
00010010010110111100001000111111010000001011100000000100000111111110000100000
00011111101000010111111000000101000100111111111101000000001100000111111110000011
1111101000000000000000

5~20 位为循环校验码。

0101**0101010011010001**1101100100001111101110010000010000000110000101011 0111
000100100101101111000010011111101000000101110000000001000001111111100001000000
001111110100001011111000000101000100111111111101000000001100000111111100000111
1111010000000000000000

21~26 位总共 6 位数据，为本数据包中第一次 CTD 测量的日期信息。

记录的日期值为距第 0 个周期下降开始日期的天数以 64 进制计算的尾数。

01010101010011010001**110110**010000111110111001000001000000011000010101101111
000100100101101111000010001111110100000010111000000000100000111111110000100000
0001111110100001011111100000010100010011111111110100000000110000011111110000011
11111010000000000000000

27~31 位总共 5 位数据为本数据包中第一次 CTD 测量的时间信息。

01010101010011010001110110**01000**01111101110010000010000000110000101011 0111
000100100101101111000010001111110100000010111000000000100000111111110000100000
0001111110100001011111100000010100010011111111110100000000110000011111110000011
11111010000000000000000

32~42 位总共 11 位数据为本数据包第一次压强测量值，单位为 dbar。此处这 11 位的值为 01111101110，换算成十进制数为 1006，则压强实际值为 1006(dbar)。

0101010101001101000111011001000**01111101110**0100000100000001100001010110111
000100100101101111000010001111110100000010111000000000100000111111110000100000
0001111110100001011111100000010100010011111111110100000000110000011111110000011
11111010000000000000000

43~57 位总共 15 位为本数据包第一次温度测量值，分辨率为 0. 001℃，偏移量为 -2℃，单位为℃。此处这 15 位的值为 010000010000000，换算成十进制数为 8320，则温度实际值为 8320×0. 001-2=6. 320(℃)。

010101010100110100011101100100001111101110**010000010000000**1100001010110111
000100100101101111000010001111110100000010111000000000100000111111110000100000
0001111110100001011111100000010100010011111111110100000000110000011111110000011
11111010000000000000000

58~72 位总共 15 位为本数据包第一次盐度测量值，分辨率为 0. 001，偏移量为 10。此处这 15 位的值为 110000101011011，换算成十进制数为 24 923，则盐度实际值为 24 923×0. 001+10=34. 923。

0101010101001101000111011001000011111011100100000100000000**110000101011011**1
000100100101101111000010001111110100000010111000000000100000111111110000100000
000111111010000101111110000000101000100111111111101000000001100000111111110000011
1111101000000000000000

说明：

(1)在这类浮标数据中，三种类型的测量值为一组，且测量值都是以压强、温度、盐度的顺序排列，每一组数据中都有这三种测量值；

(2)数据包中第一组测量值中的三种类型的数据都是绝对值，无需进行判断。

为了便于下面的解码说明，首先解释会用到的几个值的名称。

绝对值：指文件中存储的压强(11 位)、温度(15 位)、盐度(15 位)的值，例如二进制 110000101100100，十进制数为 24 932。

相对值：这个值是相对于绝对值的一个偏移量。偏移量可正可负。相对值与绝对值的关系在不同的信息类型中不同，详细内容在后面解释。

实际值：顾名思义，这个值是三种测量参数的实际值。例如 34. 932。

实际值与绝对值的关系如下。

压强：压强实际值=压强绝对值，单位 dbar。

温度：温度实际值=温度绝对值×0. 001-2，单位℃。

盐度：盐度实际值=盐度绝对值×0. 001+10。

73~248 位为压强、温度、盐度的测量值，从本数据包的第二组 CTD 测量值开始(第一组前面已经介绍)，具体有多少组数据视具体情况而定，数据不足的最后几位补零。

0101010101001101000111011001000011111011100100000100000000110000101011011**1**
000100100101101111000010001111110100000010111000000000100000111111110000100000
000111111010000101111110000000101000100111111111101000000001100000111111110000011
1111101000000000000000

从第二组 CTD 测量值开始，每个压强、温度、盐度的测量值数据位之前都有一个格式位，用来表示后面的是相对值还是绝对值。相对值和绝对值所占的数据位数量是不同的，如表 3-7 所示。

表 3-7　相对值和绝对值占位

测量值	绝对值		相对值	
	格式位	数据位	格式位	数据位
压强	1 位，值为 0	11 位	1 位，值为 1	6 位
温度	1 位，值为 0	15 位	1 位，值为 1	10 位
盐度	1 位，值为 0	15 位	1 位，值为 1	8 位

由表 3-7 可见，从第二组数据开始的一组数据，最少可能占 27(1+6+1+10+1+8)位，最多可能占 44(1+11+1+15+1+15)位。

具体的解码方式如下。

(1)首先判断第 73 位的值：如果第 73 位的值为 0，那么说明后面的压强值为绝对值，数据占 11 位，即 74~84 位；如果第 73 位的值为 1，那么说明后面的压强值为相对值，数据占 6 位，即 74~79 位。

(2)接着再判断温度是相对值还是绝对值：如果压强值为绝对值，那么就需要判断第 85 位的值是 0(绝对值)还是 1(相对值)；如果压强值为相对值，那么就需要判断第 80 位的值是 0(绝对值)还是 1(相对值)；后面的判断以此类推。

说明：

(1)在同一组数据中，可能既有绝对值又有相对值，比如压强为绝对值，而温度和盐度为相对值；

(2)不同组的数据中，相同类型的数据可能既有绝对值又有相对值，比如第二组中的压强为绝对值，但第三组中的压强为相对值；

(3)相对值是参照上一组数据中的值，比如第二组中的压强为相对值，那么要参照第一组中的压强计算出绝对值，如果第三组中的压强也为相对值，需要依据第二组中的压强的绝对值(已经依据第一组数据计算得出)计算出绝对值；

(4)与上面两种信息类型不同的是，这种类型中的相对值用二进制补码表示，在根据相对值计算绝对值前，应先将相对值的补码转换为原码后再进行计算。

具体的计算方法为：正数(符号位为 0)的原码等于正数的补码；负数(符号位为 1)的原码等于补码减 1，然后再将除了符号位的其他位取反。

由于前面的绝对值都是无符号数，所以在进行负数补码计算原码的运算时根据上面的原理进行下面的修正：负数的原码等于补码减 1，然后全部按位取反。

因此根据相对值计算绝对值的具体算法分为两小部分。

(1)当相对值符号位为 0 时，即相对值为正数时：

当前压强绝对值=前一组压强绝对值+当前压强相对值(原码)；

当前温度绝对值=前一组温度绝对值+当前温度相对值(原码)；

当前盐度绝对值=前一组盐度绝对值+当前盐度相对值(原码)。

(2)当相对值符号位为 1 时，即相对值为负数时：

当前压强绝对值=前一组压强绝对值-当前压强相对值(原码)；

当前温度绝对值=前一组温度绝对值-当前温度相对值(原码)；

当前盐度绝对值=前一组盐度绝对值-当前盐度相对值(原码)。

计算出测量数据的绝对值之后，就可以进一步计算出实际值。

示例数据块的解码结果如表 3-8 所示。

表 3-8 漂流信息示例数据块的解码结果

0101	0101010011010001	110110	01000	01111101110
数据类型	循环校验码	日期信息	时间信息	第一组压强值
010000010000000	1110000101011011	1	000100	1
第一组温度值	第一组盐度值	格式位	第二组压强值	格式位
0010110111	1	00001000	1	111110
第二组温度值	格式位	第二组盐度值	格式位	第三组压强值
1	0000001011	1	00000000	1
格式位	第三组温度值	格式位	第三组盐度值	格式位
000001	1	1111110000	1	00000000
第四组压强值	格式位	第四组温度值	格式位	第四组盐度值
1	111110	1	0000101111	1
格式位	第五组压强值	格式位	第五组温度值	格式位
00000010	1	000100	1	1111111110
第五组盐度值	格式位	第六组压强值	格式位	第六组温度值
1	00000001	1	000001	1
格式位	第六组盐度值	格式位	第七组压强值	格式位
1111100000	1	11111101	00000000000000	
第七组温度值	格式位	第七组盐度值	补零值	

解码后实际值如下所示。

Message type：Submerged Drift message

Date of the first CTD measurement：54

Time of first CTD measurement：8

pressure1：1006.000 temperature1：6.320 salinity1：34.923

pressure2：1010.000 temperature2：6.503 salinity2：34.931

pressure3：1008.000 temperature3：6.514 salinity3：34.931

pressure4：1009.000 temperature4：6.498 salinity4：34.931

pressure5：1007.000 temperature5：6.545 salinity5：34.933

pressure6：1011.000 temperature6：6.543 salinity6：34.934

pressure7：1012.000 temperature7：6.511 salinity7：34.931

3.3.4 技术信息数据块解码

首先给出一个技术信息的数据块示例，如下所示。

0000100101001000110001110011001000101110110000001111010000011001000000000
1011110101100000000110111000000000000000000101010100100000010001010010001 1000
1101000000000011000111110011000101100011011001010100000001100011100000000 1000
0010110100010001 00000

技术信息各个位的含义比较明确，如表 3-9 所示。

表 3-9　技术信息各个位的含义

数据	位数	位号
Message type(type=0000) 信息类型	4 bits	1~4
CRC 循环校验码	16 bits	5~20
descent start time 下降开始时间	8 bits	21~28
number of valve actions at the surface 在海面时运行的阀门数量	7 bits	29~35
float stabilisation time 浮标稳定时间	8 bits	36~43
float stabilisation pressure 浮标稳定压强	8 bits	44~51
number of valve actions in descent 下降时运行的阀门数量	4 bits	52~55
number of pump actions in descent 下降时运行的泵数量	4 bits	56~59
end of the descent time 下降结束时间	8 bits	60~67
number of repositions 换位次数	4 bits	68~71
time at end of ascent 上升结束时间	8 bits	72~79
number of pump actions in ascent 上升时运行的泵数量	5 bits	80~84
number of descent CTD messages 下降过程中 CTD 信息数量	5 bits	85~89
number of drift CTD messages 漂流时 CTD 信息数量	5 bits	90~94
number of ascent CTD messages 上升时 CTD 信息数量	5 bits	95~99
number of descent slices in shallow zone 下降时在浅水区的切片数量	7 bits	100~106
number of descent slices in deep zone 下降时在深水区的切片数量	8 bits	107~114
number of ascent slices in shallow zone 上升时在浅水区的切片数量	7 bits	115~121
number of ascent slices in deep zone 上升时在深水区的切片数量	8 bits	122~129
number of CTD measurements in drift 漂流时 CTD 测量的数量	8 bits	130~137
float's time：hh(5bits)+mm(6bits)+ss(6bits)漂流时间：时(5 位)+分(6 位) +秒(6 位)	17 bits	138~154
pressure sensor offset 压强传感器偏移	6 bits	155~160
internal pressure 内部压强	3 bits	161~163
max pressure in descent to parking depth 下降停靠深度的最大压强	8 bits	164~171
profile ascent start time 剖面上升开始时间	8 bits	172~179
number of entrance in drift target range(descent)漂流目标区域入口的数量(下降)	3 bits	180~182
minimum pressure in drift(bars)漂流最小压强(巴)	8 bits	183~190
maximum pressure in drift(bars)漂流最大压强(巴)	8 bits	191~198
grounding detected(grounding=1，No grounding=0)检测到触底否(触底=1，未触底=0)	1 bits	199

续表

数据	位数	位号
number of hydraulic valve action in descent profile 下降剖面运行的液压阀数量	4 bits	200~203
number of pump action in descent profile 下降剖面运行的泵的数量	4 bits	204~207
max pressure in descent or drift toPprofile(bars)下降或者漂移到剖面的最大压强(巴)	8 bits	208~215
number of re-positionning in profile stand-by 备用剖面换位的数量	3 bits	216~218
batteries voltage drop at Pmax, pump ON(with regard to Unom=10.0V)(in dV)开泵时电池电压下降的最大值	5 bits	219~223
profile descent start time 剖面下降开始时间	8 bits	224~231
profile descent stop time 剖面下降结束时间	8 bits	232~239
RTC state indicator(normal=0, failure=1) RTC 状态指示	1 bits	240
number of entrance in profile target range(descent)剖面目标区域入口的数量(下降)	3 bits	241~243
not used 未使用	5 bits	244~248

示例技术信息数据块解码结果如表 3-10 所示。

表 3-10　示例技术信息数据块解码结果

0000	1001010010001100	01110011	0010001
数据类型	循环校验码	下降开始时间	在表面运行的阀门数量
01110110	00000111	1010	0000
浮标稳定时间	漂流稳定压强	下降时运行的阀门数量	下降时运行的泵数量
11001000	0000	00101111	01011
下降结束时间	复位次数	上升结束时间	上升时运行的泵数量
00000	00011	01110	0000000
下降过程中的 CTD 信息数量	漂流过程中的 CTD 信息数量	上升过程中的 CTD 信息数量	下降时在浅水区域的切片数量
00000000	0010101	01001000	00010001
下降时在深水区域的切片数量	上升时在浅水区域的切片数量	上升时在深水区域的切片数量	漂流过程中 CTD 测量的数量
01001000110001101	000000	000	01100011
漂流时间	压强传感器偏移	内部压强	下降停放深度的最大压强
11100110	001	01100011	01100101
剖面上升开始时间	漂流目标区间入口的数量	漂流最小压强	漂流最大压强
0	1000	0000	11000111
检测到触底	下降剖面运行的液压阀数量	下降剖面运行的泵数量	下降或者漂移到剖面的最大压强

续表

000	00000	10000010	11010001
备用剖面复位的数量	电池电压下降的最大值	剖面下降开始时间	剖面下降结束时间
0	001	00000	
RTC 状态指示	剖面目标区域入口的数量	未使用	

示例技术信息数据块解码后实际值如下。

Message type：technical message
descent start time：115
number of valve actions at the surface：17
float stabilisation time：118
float stabilisation pressure：7
number of valve actions in descent：10
number of pump actions in descent：0
end of the descent time：200
number of repositions：0
time at end of ascent：47
number of pump actions in ascent：11
number of descent CTD messages：0
number of drift CTD messages：3
number of ascent CTD messages：14
number of descent slices in shallow zone：0
number of descent slices in deep zone：0
number of ascent slices in shallow zone：21
number of ascent slices in deep zone：72
number of CTD measurements in drift：17
float's time：9：6：13
pressure sensor offset：0
internal pressure：0
max pressure in descent to parking depth：99
profile ascent start time：230
number of entrance in drift target range(descent)：1
minimum pressure in drift(bars)：99
maximum pressure in drift(bars)：101

grounding detected：0

number of hydraulic valve action in descent profile：8

number of pump action in descent profile：0

max pressure in descent or drift to profile(bars)：199

number of re-positionning in profile stand-by：0

batteries voltage drop at Pmax，pump ON：0

profile descent start time：130

profile descent stop time：209

RTC state indicator：0

number of entrance in profile target range：1

其中，漂流时间的格式为 float's time：hh(5bits)+mm(6bits)+ss(6bits)。

其他时间格式为十进制的时间，分辨率为 0.1 时。

3.4 解码数据的后处理

本节主要是对 3.3 节解码后的数据进行整理，以一个浮标一个周期为单位。主要包括数据的时间计算，对解码后的数据进行自动质控等。

3.4.1 日期及时间信息计算

由于浮标第 0 个周期比较特殊，周期时间比较短，第一次测量有统一的时间要求，所以日期及时间信息的计算分为第 0 个周期的日期及时间信息计算和其他周期的日期及时间信息计算两部分。

说明：

(1)以下提到的时间均为 UTC 时间，其他类型的时间在运算前需要转换为 UTC 时间；

(2)为了便于说明，以下提到的时间仅指时分秒信息，日期仅指日期信息。

3.4.1.1 第 0 周期日期及时间信息计算

1)技术信息数据块中记录的时间信息

技术信息数据块中记录的时间信息如表 3-11 所示。

表 3-11 技术信息数据块中记录的时间信息

时间项目	格式
下降开始时间	十进制，分辨率为 0.1 时
浮标稳定时间	十进制，分辨率为 0.1 时

续表

时间项目	格式
下降结束时间(漂流开始时间)	十进制，分辨率为 0.1 时
上升结束时间	十进制，分辨率为 0.1 时
漂流时间	hh：mm：ss
剖面上升开始时间	十进制，分辨率为 0.1 时
剖面下降开始时间	十进制，分辨率为 0.1 时
剖面下降结束时间	十进制，分辨率为 0.1 时

2)第 0 周期的下降开始日期及时间

浮标第 0 周期的下降开始日期及时间，等于浮标的投放日期及时间加上任务开始前的延迟时间。如果能够得到浮标第 0 周期的技术信息，那么下降时间以技术信息中记录的时间为准。

技术信息中记录的时间格式为十进制的时间，分辨率为 0.1 时。例如，技术信息中记录的时间为 135，即 13.5 时，那么换算成时分秒信息为 13 时 30 分。

3)第 0 周期的下降稳定日期及时间

浮标第 0 周期的下降开始日期及时间，等于浮标的投放日期及时间加上任务开始前的延迟时间。如果能够得到浮标第 0 周期的技术信息，那么下降开始时间以技术信息中记录的时间为准。

浮标稳定时间在技术信息中有记录。记录格式为十进制的时间。例如，示例技术信息数据块中，浮标稳定时间为 118，即 11.8 时。

日期信息的计算方法为，将浮标稳定时间的时间信息与下降开始时间的时间信息进行比较，如果浮标稳定时间的时间信息大于下降开始时间的时间信息，那么二者日期相同；否则浮标稳定时间的日期比下降开始时间的日期多一天。例如，示例技术信息数据块中，浮标稳定时间(118)大于下降开始时间(115)，说明二者日期相同。

4)第 0 周期的下降结束日期及时间/漂流开始日期及时间

之所以将这两个日期及时间信息写在一起，是因为它们之间有着密切的联系。具体介绍如下。

(1)在技术信息中记录着一个下降结束时间，通过查看资料，发现此时间并不是浮标下降到指定漂流深度的时间，而是指漂流开始时间，而且在文档中也没有要求给出具体的下降结束时间，简单地说，一般情况下浮标早于这个下降结束时间下降到漂流深度。

(2)需要特别说明一点，虽然这个时间是漂流开始时间，但是并不是第一个漂流采样的时间。

日期信息的计算方法为，将下降结束时间的时间信息与下降开始时间的时间信息进行比较，如果下降结束时间的时间信息大于下降开始时间的时间信息，那么二者日期相同；否则下降结束时间的日期比下降开始时间的日期多一天。例如，示例技术信息数据块中，下降结束时间(200)大于下降开始时间(115)，说明二者日期相同。

5)第0周期的上升开始日期及时间

浮标上升开始时间与剖面上升开始时间为同一个时间。

将浮标第0个周期的下降日期加上基准日PM2(单位为天)，可以计算出浮标第一次上升日期。上升开始时间(即剖面上升开始时间)在技术信息(十进制表示)或浮标投放参数中可以获得。如果两个都有，那么以技术信息中记录的时间为准。

6)第0周期下降到上升剖面起始深度的开始日期及时间

此日期及时间为上升开始日期及时间减去剖面上升开始时间前的延迟时间(投放参数中有记录，单位为小时)。该时间信息(剖面上升开始时间)在技术信息中有记录(十进制格式)。如果两个都有，那么以技术信息中记录的时间为准。不过，在示例技术信息数据块中，并没有载明这个“剖面上升开始时间前的延迟时间”。

7)第0周期下降到上升剖面起始深度的结束日期及时间

该时间信息其实就是剖面上升开始时间，在技术信息中有记录，格式为十进制格式。

日期的计算方法为，将此时间信息与下降到上升剖面起始深度开始时间相比较(差一个延迟时间)，如果下降到上升剖面起始深度结束时间大于下降到上升剖面起始深度开始时间，那么日期相等；否则下降到上升剖面起始深度结束日期比下降到上升剖面起始深度开始日期多一天。

8)第0周期上升结束日期及时间

上升结束时间在技术信息中有记录，格式为十进制格式。

日期信息的计算方法为，将上升结束时间与上升开始时间进行比较，如果上升结束时间大于上升开始时间，那么两者日期相等；否则上升结束日期比上升开始日期多一天。例如，示例技术信息数据块中，上升结束时间(47)小于上升开始时间(230)，说明上升结束时间是在第二天。

3.4.1.2 其他周期日期及时间信息计算

1)下降开始日期及时间

下降开始时间在技术信息中有记录(十进制格式)。

日期信息可以根据上一个周期开始上浮日期及时间进行计算。具体方法为，将第N个周期的下降开始时间(不包括日期)与第$N-1$个周期的上升开始时间(不包括日期)进行比较，如果第N个周期的下降开始时间大于第$N-1$个周期的上升开始时间，则第N个周期的下降开始日期与第$N-1$个周期的上升开始日期相同；如果第N个周期的下降开始时间小于第$N-1$个周期的上升开始时间，则第N个周期的下降开始日期比第

$N-1$ 个周期的上升开始日期多一天。

需要注意的是，上面的方法也适用于第 N 个周期的下降开始时间与卫星收到的第 $N-1$ 个周期的最后一包数据的时间或者第 $N-1$ 个周期的上升结束时间进行比较。但是上面的两种数据不是每次都能获得。

2) 下降稳定日期及时间

漂流(下降)稳定时间的时间信息在技术信息中记录(十进制格式)。

日期信息的计算方法为，将漂流(下降)稳定时间的时间信息与下降开始时间的时间信息进行比较，如果下降稳定时间的时间信息大于下降开始时间的时间信息，那么二者日期相同；否则下降稳定时间的日期比下降开始时间的日期多一天。

3) 下降结束日期及时间/漂流开始日期及时间

之所以将这两个时间写在一起，是因为它们之间有着密切的联系，具体介绍如下。

(1) 在技术信息中记录着一个下降结束时间，通过查看资料，发现此时间并不是浮标下降到指定漂流深度的时间，而是指漂流开始时间，而且在文档中也没有要求给出具体的下降结束时间，简单地说，一般情况下浮标早于这个时间下降到漂流深度。

(2) 需要特别说明一点，虽然这个时间是漂流开始时间，但是并不是第一个漂流采样的时间。

此时间的时间信息在技术信息中有记录(十进制格式)。

日期信息的计算方法为，将下降结束时间的时间信息与下降开始时间的时间信息进行比较，如果下降结束时间的时间信息大于下降开始时间的时间信息，那么二者日期相同；否则下降结束时间的日期比下降开始时间的日期多一天。

4) 上升开始日期及时间

浮标每个周期的上升开始时间在浮标投放时就已经确定，在技术信息中也有记录。如果二者都有，以技术信息中的时间信息(十进制格式)为准。具体的计算方法为，前面已经计算出浮标第 0 个周期开始上浮的日期及时间，以后每一个周期的上浮日期都是在前一个周期基础上加上浮标的循环周期(浮标的投放参数中有记录)，或者基于第 0 个周期上浮日期进行计算；上浮时间在投放信息或者技术信息中都有记录，一般情况下两者相同，若不同，以技术信息中记录的时间为准。

5) 下降到上升剖面起始深度开始日期及时间

此时间为一个周期上升开始日期及时间减去 10 h，便可得出该日期及时间信息。上升开始时间信息在技术信息中也有记录(十进制格式)。如果两个时间信息不同，那么以技术信息中的时间信息为准。

6) 下降到上升剖面开始深度结束日期及时间

该时间信息其实就是剖面上升开始时间，此时间信息在技术信息中有记录，格式为十进制格式。

日期的计算方法为，将此时间信息与下降到上升剖面起始深度开始时间相比较，如果下降到上升剖面起始深度结束时间大于下降到上升剖面起始深度开始时间，那么日期相等；否则下降到上升剖面起始深度结束日期比下降到上升剖面起始深度开始日期多一天。

7)上升结束日期及时间

上升结束时间在技术信息中有记录，格式为十进制格式。

日期信息的计算方法为，将上升结束时间与上升开始时间进行比较，如果上升结束时间大于上升开始时间，那么两者日期相等；否则上升结束日期比上升开始日期多一天。

3.4.2 采样数据的组织

3.4.2.1 漂流采样数据的组织

漂流采样数据的组织主要包括漂流采样数据的日期和时间信息的计算，以及漂流数据排列。但漂流是在某一压强处，故不宜根据压强的大小值进行排列。

进行日期及时间信息的计算之前，首先要明白漂流数据如何打包。具体的打包过程参见浮标技术手册，在此只做简单介绍。

如果共采集17组数据(每组数据包括压强、温度、盐度三个测量参数)，按时间顺序命名为date1、date2、…、date17，那么数据打包的顺序为date1、date3、…、date17；date2、date4、…、date16。

此项技术可使因任一数据信息丢失所产生的影响减至最小。譬如，第一分包中的一个数据丢失了，由于不宜进行插值计算，至多弃用第一分包数据，第二分包数据仍然可用。

具体分成多少个数据包进行发送要根据数据的实际情况(相对值与绝对值的数量)。这样就可能导致出现以下情况：第一分包数据为date1、date3、…、date13；第二分包数据为date15、date17、date2、date4、date6、date8；第三分包数据为date10、date12、date14、date16。

因此，一个数据包中数据的时间信息不能进行简单的加减运算。计算此时间需要用到浮标投放信息中的几个参数设定，包括浮标周期时间、基准日、开始上浮时间、漂流采样周期、剖面前等候时间。具体的方法如下。

(1)首先根据以上信息计算出下降到剖面上升开始深度的开始日期及时间。

(2)每一包漂流数据中记录的日期及时间信息，为这个数据包中第一组采样值的日期及时间信息，记录的日期值为距第0个周期下降开始日期的天数，与几点投放无关。例如，浮标为5月1日13时投放，只要过了5月2日0时就记一天，时间值为24 h制的具体时间。

此处需要注意的是，漂流信息中记录日期数据所用的位数为 6 位，也就是说漂流信息中记录的日期最大为 63；如果大于 63，那么数据将从 0 重新开始。因此，需要判断日期信息是 64 的多少倍，即溢出过几次。

具体的计算方法如下。

假设漂流信息中记录的日期为 B(64 进制的尾数，准确)。

当前周期浮标上升开始的日期与时间信息已知(程序设定)，浮标第 0 个周期的下降开始的日期与时间信息已知，使用当前周期的浮标上升开始日期减去浮标第 0 个周期的下降开始日期计算出两个日期的天数差，假设为 num 天(多算了小于等于一个周期的天数)，使用 num 除以 64，得出倍数 N 以及余数 A。

由于 num 多算了小于等于一个周期的天数，故除以 64 后，如果这个小于等于一个周期的天数有助于多进位，A 会小于 B，此时 $B-A$ 会大于浮标循环周期；否则 A 会大于 B，此时 $A-B$ 会小于等于浮标循环周期(浮标投放参数中记录，即 $PM1$)。

(1)如果 $A-B$ 小于等于浮标循环周期，那么实际天数 $=N\times64+B$。

注：这里条件同 $A\geqslant T$ 一致。

(2)如果 $A-B$ 的绝对值大于浮标循环周期，那么实际天数 $=(N-1)\times64+B$。

注：这里条件同 $A<T$ 一致。

在一整包数据中的第 N(压强、温度、盐度)组数据的采样日期及时间计算方法如下。

令 time = 第 $N-1$ 组数据的采样日期及时间加上两倍的漂流采样周期，如果 time 小于下降到剖面上升开始深度的开始日期及时间，那么第 N 组数据的日期及时间为 time；如果 time 大于下降到剖面上升开始深度的开始日期及时间，那么说明第 N 组数据为 date2。

其(date2)日期及时间的计算方法如下。

(1)如果采集的漂流数据数量 num 为偶数，那么第 N 组数据的日期及时间为第 $N-1$ 组数据日期及时间减去(num−3)乘以漂流采样周期。

注：倒退 $2T\times(\text{num}/2-1)$，再加一个采样周期。

(2)如果采集的漂流数据数量 num 为奇数，那么第 N 组数据的日期及时间为第 $N-1$ 组数据日期及时间减去(num−2)乘以漂流采样周期。

注：倒退 $2T\times[(\text{num}+1)/2-1]$，再加一个采样周期。

漂流采样数据可以根据日期及时间顺序直接进行排列。

3.4.2.2　上升剖面采样数据的组织

上升剖面采样数据的组织主要包括剖面上升采样数据日期及时间信息的计算，以及剖面上升采样数据的排列。

每个周期的剖面上升开始日期及时间的计算前面已经做了介绍。

在每一包的剖面上升数据中第一组采样值的时间已经给出。这个值就是采样时间相对于剖面上升开始日期及时间的时间差。所以每包数据第一组采样值的日期及时间为剖面上升开始日期及时间(日期，时间)加上这个时间差。

其他采样值的日期及时间信息并没有要求计算。如果需要，可以根据已知采样值的日期及时间信息与压强值进行差分得出。这样计算的依据是浮标在上升过程中的速度基本保持一致。

剖面上升采样数据可以根据压强的大小值进行排列。

3.4.2.3 下降剖面采样数据的组织

下降剖面采样数据的组织主要包括剖面下降采样数据日期及时间信息的计算，以及剖面下降采样数据的排列。

每个周期的剖面下降开始日期及时间的计算前面已经做了介绍。

在每一包的剖面下降数据中第一组采样值的时间已经给出，这个值就是采样时间相对于剖面下降开始日期及时间的时间差。所以每包数据第一组采样值的日期及时间为下降剖面开始日期及时间(日期，时间)加上这个时间差。

其他采样值的日期及时间信息并没有要求计算。如果需要，可以根据已知采样值的日期及时间信息与压强值进行差分得出。这样计算的依据是浮标在下降过程中的速度基本保持一致。

剖面下降采样数据可以根据压强的大小值进行排列。

3.4.3 质量控制概述

3.4.3.1 实时数据检验名称和代码表

实时数据检验名称和代码如表3-12所示。

表3-12 实时数据检验名称和代码

检验数码	QC检验二进制ID	检验名称(英文)	检验名称(中文)
1	2	Platform Identification test	平台识别码检验
2	4	Impossible Date test	不可能的日期检验
3	8	Impossible Location test	不可能的位置检验
4	16	Position on Land test	陆上位置检验
5	32	Impossible Speed test	不可能的速度检验
6	64	Global Range test	全球范围检验
7	128	Regional Global Parameter test	区域范围检验
8	256	Pressure Increasing test	压强递增检验
9	512	Spike test	尖峰检验
10	1024	*Top and Bottom Spike test (obsolete)*	剖面顶部和底部的尖峰检验(弃用)
11	2048	Gradient test	梯度检验

续表

检验数码	QC 检验二进制 ID	检验名称(英文)	检验名称(中文)
12	4096	Digit Rollover test	数位翻转检验
13	8192	Stuck Value test	黏滞检验(嵌入值测试)
14	16384	Density Inversion test	密度反转检验
15	32768	Grey List test	灰度表检验
16	65536	Gross Salinity or Temperature Sensor Drift test	盐度和温度传感器漂移检验
17	131072	Visual QC test	可视化检验
18	262144	Frozen profile test	相同剖面检验
19	524288	Deepest pressure test	最大压强检验

注：新增一项检验是气候学检验(Climatology test)。

3.4.3.2　测量标识的分级

质量标识用于指示一项观测的质量。

在下属网站(http://www.argodatamgt.org/Media/Argo－Data－Management/Argo－Documentation/General-documentation/Argo-Quality-Control-manual)上载有《Argo 质量控制手册》。根据该手册，质量标识赋予实时数据或延迟模式数据。

测量标识的分级如表 3-13 所示。

表 3-13　测量标识的分级

n	意义	实时评注	延迟模式评注
0	未行 QC	未行 QC	未行 QC
1	好数据	通过所有 Argo 实时 QC 检验	调整值是统计学上的协调，并给出一个统计学误差估计
2	准好数据	不用于实时数据	准好数据
3	坏数据 但有可能正确	检验 15 或检验 16 或检验 17 失败且所有其他实时 QC 检验通过，未经科学修正这些数据不能使用； 在附加的可视化检验时，一个操作者可能将其标识赋值为 3，对于这样的坏数据，在延迟模式可能被校正	可施以调整，但有可能仍是坏数据
4	坏数据	在实时 QC 检验中(除了检验 16)，一项或更多数据失败，在附加的可视化检验时，一个操作者可能将其标识赋值为 4，这样的坏数据，不能被校正	坏数据，不可调整； 检验 16 是盐度和温度传感器漂移检验
5	调整值	调整值	调整值

续表

n	意义	实时评注	延迟模式评注
6	未用	未用	未用
7	未用	未用	未用
8	插值	插值	插值
9	丢值	丢值	丢值

中国 Argo 资料中心(China Argo Data Center, CADC)提供的测量要素质量控制符的含义与全球《Argo 质量控制手册》中的基本一致。质量符具体含义归纳如表 3-14 所示。

表 3-14 质量符的具体含义

质控符	意义
0	数据没有进行质控
1	数据看起来是正确的
2	可能正确
3	可能错误
4	错误数据
5	数据在质控时被更改
6	没有应用
7	没有应用
8	插值数据
9	丢失数据

注：关于质控符“2”，《Argo 质量控制手册》参考表 2 称“不用于实时数据”(not used in real-time)。中国 Argo 资料中心并无如此限制。

3.4.3.3 剖面质量标识(附计算示例)

剖面质量标识如表 3-15 所示。

表 3-15 剖面质量标识

N	意义
“”	未行 QC
A	N=100%；剖面各层均含好数据
B	75%≤N<100%
C	50%≤N<75%
D	25%≤N<50%
E	0%<N<25%
F	N=0%；剖面各层均不含好数据

N 定义为带有好数据分级的百分比。

QC 标识值为 1、2、5 或 8 的数据为好数据。QC 标识值为 6、7、9 的数据不被计算。QC 标识值为 3、4 的数据是坏数据。

计算将从<PARAM_ADJUSTED_QC>中获取可用数据，或者另从<PARAM_QC>中获取可用数据。

示例：

一个温度剖面有 60 层，其中 3 层含丢失数据，45 层标识值为 1，5 层标识值为 2，7 层标识值为 4，好层数百分比 = [(45+5)/57]×100 = 87.7%，PROFILE_TEMP_QC = “B”。剖面总质控符为“B”。

3.4.3.4　不可能日期检验

浮标的观测日期和时间必须是合理的。具体如下：年份大于 1997 年；月份在 1 月和 12 月之间；日期在月份的天数之间；小时在 0~23 之间；分在 0~59 之间。

作用：如果上述任何一个条件没有满足，就将数据标为坏数据，剖面的数据就不能往 GTS 上发送。

3.4.3.5　不可能的浮标位置检验

要求浮标观测位置的经度和纬度合理。具体如下：纬度范围为-90°—90°；经度范围为-180°—180°。

作用：如果经度或者纬度没有通过检验，浮标位置应当标为坏数据，此浮标的数据不能往 GTS 上发送。

3.4.3.6　陆上位置检验

要求浮标观测的纬度和经度位于海上。

作用：如果数据位置不在海上，那么此位置应标为坏数据并且不能往 GTS 上发送。

3.4.3.7　不可能速度检验

浮标的漂移速度可以用浮标在海面上和两个剖面之间的位置和时间推算得到。在任何情况下，都认为浮标的漂流速度不会超过 3 m/s。如果速度超过这个值，那么意味着浮标的位置或时间有误，或者浮标被标识错误了。利用正常情况下所获得的浮标在海面的不同位置，通常会容易看出错误的地点或者时间。

作用：如果所获取的一组地点和时间数据中，某一时间和位置是合理的，则数据可以发送到 GTS，否则，要把位置、时间或者两者都标上错误标志，且数据不能发送到 GTS 上。

3.4.3.8　全球范围检验

该检验对温度和盐度的观测值进行粗略判断。观测值应当在海洋可能的极值范围之内：温度范围为-2.5~40.0℃；盐度范围为 2.0~41.0。

作用：如果一个观测值没有通过检验，则该观测值应标上错误标志，且此观测值应当从 GTS 上剔除。如果同一深度上的温度和盐度都没有通过检验，则该深度的温度和盐度值都应标上错误标记，深度、温度和盐度数据都要从发布至 GTS 的 TESAC 上剔除。

3.4.3.9 区域范围检验

此项检验适用于那些有更为严格的制约条件的特殊区域。既然如此，地中海和红海的特定观测区域进一步严格限制那些合理值。红海观测区定位 10°N、40°E，20°N、50°E，30°N、30°E，10°N、40°E 4 点连线范围之内；地中海观测区定为 30°N、40°E，40°N、35°E，42°N、20°E，50°N、15°E，40°N、5°E，30°N、6°W 6 点连线范围之内。

红海：温度范围为 21.7~40.0℃；盐度范围为 2~41.0。

地中海：温度范围为 10.0~40.0℃；盐度范围为 2~40.0。

作用：如果单个的观测值没有通过检验，则该观测值应标上错误标志，且此观测值应当从发布至 GTS 的 TESAC 上剔除。如果同一深度上的温度和盐度都没有通过检验，则该深度、温度和盐度值都要从发布至 GTS 的 TESAC 上剔除。

3.4.3.10 气候学检验

将需要检测的温度(或盐度)数据，与年平均温度(或盐度)数据及偏差数据进行比较，然后作出一定的判断。

假设需要检测的数据为 a，年平均温度为 b，温度偏差为 c，允许偏差的倍数为 d，如果 $(b-c\times d)\leqslant a\leqslant(b+c\times d)$，则待检测数据通过该检验，将质量控制符标记为 1；否则待检测数据不能通过该检验，将质量控制符标记为 3。

3.4.3.11 压强增加检验

该检验要求观测剖面所反映的压强值是单调增加的(假定压强从最小向最大排列)。

作用：如果出现压强值不变的区域，则除了第一个值被保留外，该连续序列的其余数据都应当被标为坏数据。如果在某一区域上压强值出现反转，则在剖面上所有反转的压强值都应当标上出错标志。所有标上出错标志的压强及所有相应的温度和盐度数据都要从发布至 GES 的 TESAC 上剔除。

3.4.3.12 尖峰检验

在一组采样值中，出现某个值的大小与相邻值完全不同，这个值被称为尺度和梯度的尖峰。该检验没有考虑深度的变化，而是采用一个采样点，该采样点的温度、盐度值随深度而变化。该检验要求利用下面的温度和盐度剖面计算公式来完成：

$$\text{检验值}=|V2-(V3+V1)/2|-|(V3-V1)/2|$$

其中，$V2$ 是尖峰值，$V1$ 和 $V3$ 是前后两次的观测值。

对于温度，当出现如下情况时，$V2$ 标记为错误：

(1)在检验值超过 6.0℃时，压强值小于 500 dbar；

(2)在检验值超过 2.0℃时，压强大于或等于 500 dbar。

对于盐度，当出现如下情况时，$V2$ 标记为错误：

(1)检验值超过 0.9 时，压强小于 500 dbar；

(2)检验值超过 0.3 时，压强大于或等于 500 dbar。

作用：没有通过检验的观测值都应标上出错标志并且从发布至 GTS 的 TESAC 上剔除。如果同一深度上的温度和盐度值都没有通过测试，则应该标上出错标志，且该深度、温度和盐度数据都要从发布至 GTS 的 TESAC 上剔除。

3.4.3.13　梯度检验

当垂直相邻的两次观测值相差太大时就不能通过该检验。该检验没有考虑深度的变化，而是采用一个采样点，该采样点的温度、盐度值随深度而变化。该检验利用下面的温度和盐度剖面计算公式：

$$检验值 = |V2-(V3+V1)/2|$$

(1)在检验值超过 9.0℃时，压强值小于 500 dbar；

(2)在检验值超过 3.0℃时，压强大于或等于 500 dbar。

对于盐度，当出现如下情况时，$V2$ 标记为错误：

(1)检验值超过 1.5 时，压强小于 500 dbar。

(2)检验值超过 0.5 时，压强大于或等于 500 dbar。

作用：如果观测值(即 $V2$)没有通过测试，则标上出错标志，并从发布至 GTS 的 TESAC 上剔除。如果同一深度上的温度和盐度都没有通过测试，则该深度上的温度和盐度数据都要标上出错标志，且都要从 GTS 上剔除。

3.4.3.14　数位反转测试

在剖面浮标中只有有限的数位用来存储温度值，而用这些有限的数位可能不足以容括海洋中遇到的所有情况。当存储值超过该数位的范围时，存储值会翻转，会到此范围的低端；当剖面是构建自浮标数据流，可检测出这种翻转并进行弥补。该检验用于确保检测出这种翻转：相邻深度的温差大于 10℃；相邻深度的盐差大于 5。

作用：如果观测值没有通过测试，则标上出错标志，并从发布至 GTS 的 TESAC 上剔除。如果同一深度上的温度和盐度都没有通过测试，则该深度上的温度和盐度数据都要标上出错标志，且都要从发布至 GTS 的 TESAC 上剔除。

3.4.3.15　嵌入值检测

该检测检查剖面上相同的温度或盐度值。

作用：如果存在这种情况，所有这些受影响的变量值需要标上出错标志，从发布至 GTS 的 TESAC 上剔除。如果温度和盐度数据受到影响，所有的观测值都应标上出错标志，该浮标的所有数据都不发送至 GTS。

3.4.3.16 密度反转检验

该检验使用同一压强层上的温盐值计算出密度。该检验使用 1983 年第 44 期《海洋科学》的联合国教科文组织技术论文中公布的算法。从两个方向(即从剖面顶部到剖面底部和从剖面底部到剖面顶部)读一个剖面连续层的密度进行比较。

作用：从顶部到底部时，如果在压强较大处计算得到的密度值小于压强较小处的密度值，则温度和盐度值都应当标上出错标志。当从底部到顶部时，如果在压强较小处计算得到的密度值大于压强较大处的密度值，则温度和盐度值都应当标上出错标志。从而，这一压强层的深度、温度和盐度数据都要从发布至 GTS 的 TESAC 上剔除。

3.4.3.17 灰色表检验

该检验用于防止未能正常工作的传感器的测量结果的实时发布。

灰色表包括下面 7 项：

(1)浮标识别码(浮标标识符)；

(2)参数，灰色表参数名称；

(3)起始日期，从该日起该参数的所有测量值被标识为坏数据或可能是坏的数据；

(4)结束日期，从该日起该参数的所有测量值不再被标记为坏数据或可能是坏的数据；

(5) QC 标识，该标记的值应用于参数的所有测量值；

(6)注释，PI(主要研究者)对问题的注释；

(7) DAC，该浮标的数据整合中心。

每个 DAC 都管理着一个黑色列表，并发送至 GDAC。合并后的黑色表可从 GDAC 获取。由 PI(主要研究者)来决定在向灰色表中插入浮标参数，浮标参数信息如表 3-16 所示。

表 3-16 浮标参数信息

浮标标识符	参数	起始日期	结束日期	QC 标识	注释	Dac
1900206	PSAL	20030925	—	3	—	IF

灰色表格式：ASCII csv(comma separated values，逗号分割的值)

命名协定：xxx_greylist. csv

xxx：DAC name(例：aoml_greylist. csv，coriolis_greylist. csv，jma_greylist. csv)

PLATFORM，PARAMETER，START_DATE，END_DATE，QC，COMMENT，DAC

4900228，TEMP，20030909，，3，，AO

1900206，PSAL，20030925，，3，，IF

3.4.3.18 明显出错的盐度或温度传感器漂移检验

该检验用于检测突然或显著的传感器漂移。该检验计算出某一剖面和以前的良好剖面的前 100 dbar 的平均盐度。只使用具有良好质量控制的测量值。

作用：如果两个平均值之间的差大于 0.5，则对于该参数的所有测量都标记为可能出错(标记为"3")。

同样的检验还用于温度：如果两个平均值之间的差大于 1℃，则对于该参数的所有测量都标记为可能出错(标记为"3")。

3.4.3.19 直观质量控制检验

操作者个人对浮标进行的主观直观检测。

为了数据的及时发布，在实时发布前，不强制进行此项检验。

3.4.3.20 固定剖面检验

该检验能检测出反复产生同一剖面(只有极小的偏差)的浮标。具有代表性的是两个剖面的盐度差异为 0.001，温度差异为 0.00℃。

(1)对原始剖面进行平均计算，得到每个剖面每 50 dbar 的均值(Tprof，T_previous_prof and Sprof)，以此得出温度和盐度剖面。由于浮标不会在每个剖面的相同层面取样，所以上述做法很有必要。

(2)减去温度和盐度的两个结果剖面来获得绝对差剖面。

DeltaT=abs(Tprof-T_previous_prof)

DeltaS=abs(Sprof-S_previous_prof)

(3)推出温度和盐度绝对差异的最大值、最小值和平均值。

mean(deltaT)，max(deltaT)，min(deltaT)

mean(deltaS)，max(deltaS)，min(deltaS)

(4)出现下述情况，则表明未能通过检测。

max(deltaT)<0.3

min(deltaT)<0.001

mean(deltaT)<0.02

max(deltaS)<0.3

min(deltaS)<0.001

mean(deltaS)<0.004

作用：如果剖面未能通过检验，则对该参数的所有测量结果都要标记为出错(标记为"4")。如果浮标连续 5 个周期未能通过检验，则将此浮标加入灰色表中。

3.4.3.21 最深压强检验

该检验要求剖面的压强不能超过最深压强(DEEPEST_PRESSURE)的 110%。

DEEPEST_PRESSURE 值来自浮标的元数据文件。

作用：如果存在一个压强不正确的区域，则所有的压强和相应的测量都应当标记为出错(标记为“4”)。所有被标记为出错的压强及相关的温度、盐度将从发布至 GTS 的 TESAC 上剔除。

3.4.4 中间文件(单周期综合 TXT 文件)

中间文件是指解码后生成的浮标单周期的剖面文件。

这些中间文件存放于 C:\...\Cycle 目录中。

文件的名字由三部分组成：PROFILE_平台识别码_周期号。

例如，文件名 PROFILE_2901626_008，意为平台使识别码为 2901626 的浮标第 8 周期的剖面文件。

现在让我们看一看这些中间文件的组织。

3.4.4.1 第一部分(附任务时间计算示例)

第一部分如图 3-1 所示。

```
ProvorCts3Decode:powerd by truncom
ArgosId:090809,Platform:2901626,Cycle:8
LATITUDE:9.0660,LONGITUDE:85.4840,ASCTIME:1279551876,DESCTIME:1278732876,ASCENDTIME:
1279572396,DESCENDTIME:1278765276,STARTTRANSTIME:1279577837
```

图 3-1 解码中间文件_浮标基本信息

首行的意思为 Provor CTS3 型浮标解码。

第二行的意思为 Argos ID：090809，平台识别码：2901626，周期：8。

第三、四行为纬度、经度、上升时间、下降时间、上升结束时间、下降结束时间、开始发送时间，时间均以秒为单位。

示例：任务时间的计算

(1)(上升结束时间-下降开始时间)/3600/24

=(1 279 572 396-1 278 732 876)/3600/24

=9.712(天)

(2)(发送开始时间-下降开始时间)/3600/24

=(1 279 577 837-1 278 732 876)/86 400

=9.780(天)

3.4.4.2 第二部分

第二部分如图 3-2 所示。此为头文件。在头文件中，报告了 CRC 错误数、CRC 通过数、重复数据数、上升剖面数、下降剖面数、漂流剖面数、技术信息数。

```
Begin Header--------------------------------------------------
CRC Error:12 CRC OK:64 Duplicate:41
Asc Profile:14 Desc Profile:0 Drift Profile:3 TechMessage:6
End Header---------------------------------------------------
```

图 3-2　解码中间文件_头文件

3.4.4.3　第三部分

第三部分如图 3-3 所示。此为上升剖面数据，从深处到海面，第一列为压力(深度)，第二列为温度，第三列为盐度。在这个示例中，0~200 m，约为 10 m 一个采样；200~2000 m，约为 25 m 一个采样。

```
Begin AscProfile-------------------
2013.000000,2.777000,34.771999
1988.000000,2.821000,34.773998
1964.000000,2.869000,34.776001
1938.000000,2.918000,34.778000
1914.000000,2.986000,34.780998
1889.000000,3.046000,34.784000
1863.000000,3.112000,34.785999
1838.000000,3.190000,34.790001
1813.000000,3.270000,34.792999
1788.000000,3.363000,34.797001
```

图 3-3　解码中间文件_上升剖面

3.4.4.4　第四部分

第四部分如图 3-4 所示。此为上升剖面的自动质控。

其中，第一行“1,1”中的前一个“1”，表明剖面上升日期合乎要求；“1,1”中的后一个“1”，表明剖面位置(即上浮到海面后的第一个位置信息)符合要求，具体在下述范围之内：纬度范围为-90°—90°；经度范围为-180°—180°。

下面的每一行均分别为压强、温度、盐度的质控标识，是浮标实时数据的原始质控标识。

```
Begin AscQC---
1,1
1,1,1
1,1,1
1,1,1
1,1,1
1,1,1
1,1,1
```

图 3-4　解码中间文件_上升剖面 QC

3.4.4.5 第五部分

第五部分如图 3-5 所示。下降剖面无数据，格式与上升剖面相同。

```
Begin DescProfile---------------------------------------
End DescProfile---------------------------------------
```

图 3-5 解码中间文件_下降剖面

3.4.4.6 第六部分

第六部分为漂流剖面的时间和压强、温度、盐度数据，如图 3-6 所示。浮标在近 1000 m 深处漂流，所测数据与在上升剖面中所得相似。

```
Begin DriftProfile---------------------------------------
2010-07-11 08:04:36,1001.000000,6.903000,34.923000
2010-07-11 20:04:36,994.000000,6.682000,34.917000
2010-07-12 08:04:36,995.000000,6.679000,34.918999
2010-07-12 20:04:36,996.000000,6.791000,34.925999
2010-07-13 08:04:36,1001.000000,6.834000,34.925999
2010-07-13 20:04:36,998.000000,6.738000,34.925999
2010-07-14 08:04:36,996.000000,6.678000,34.924999
2010-07-14 20:04:36,998.000000,6.861000,34.933998
2010-07-15 08:04:36,1000.000000,6.927000,34.933998
2010-07-15 20:04:36,998.000000,6.861000,34.931000
2010-07-16 08:04:36,997.000000,6.888000,34.935001
2010-07-16 20:04:36,995.000000,6.844000,34.933998
2010-07-17 08:04:36,995.000000,6.755000,34.932999
2010-07-17 20:04:36,998.000000,6.865000,34.931999
2010-07-18 08:04:36,1002.000000,6.876000,34.932999
2010-07-18 20:04:36,1004.000000,6.889000,34.933998
2010-07-19 08:04:36,999.000000,6.878000,34.931999
End DriftProfile---------------------------------------
```

图 3-6 解码中间文件_漂流

3.4.4.7 第七部分

第七部分是坐标定位，如图 3-7 所示。其中，第一列是纬度，第二列是经度，第三列是定位卫星名，第四列是定位级别，第五列是时间，第六列是日期。

```
Begin Coordinate------------------------------
9.066000,85.484000,P,2,08:01:48,2010-07-20
9.067000,85.486000,P,2,07:59:50,2010-07-20
9.076000,85.523000,K,2,10:37:37,2010-07-20
End Coordinate--------------------------------
```

图 3-7 解码中间文件_坐标

3.4.4.8 第八部分

第八部分为技术信息，如图 3-8 所示。其中，PSAL 指盐度。

```
Begin TechMsg---------------------------------------
CLOCK_EndAscentToSurface_DDMMYYYYHHMMSS,20072010044636
CLOCK_EndAscentToSurface_DecimalHour,4.78
CLOCK_EndDescentProfile_DDMMYYYYHHMMSS,10072010203436
CLOCK_EndDescentToPark_DecimalHour,20.58
CLOCK_EndDescentToProfile_DecimalHour,20.78
CLOCK_FloatTimeCorrection_MMSS,0436
CLOCK_FloatTime_HHMMSS,080233
CLOCK_InitialStabilizationDuringDescentToPark_DecimalHour,11.88
CLOCK_Satellite_HHMMSS,080709
CLOCK_StartAscentToSurface_DDMMYYYYHHMMSS,19072010230436
CLOCK_StartAscentToSurface_DecimalHour,23.08
CLOCK_StartDescentProfile_DDMMYYYYHHMMSS,10072010113436
CLOCK_StartDescentProfile_DecimalHour,11.58
CLOCK_StartDescentToProfile_DecimalHour,13.08
CLOCK_TransmissionStart_DDMMYYYYHHMMSS,20072010061717
FLAG_Grounded_NUMBER,0
FLAG_RTCStatus_NUMBER,0
FLAG_StartDescentToProfile_NUMBER,2
FLAG_StatusEndAscentToSurface_NUMBER,2
FLAG_StatusEndDescentToProfile_NUMBER,2
FLAG_StatusStartAscentToSurface_NUMBER,2
FLAG_StatusStartTransmission_NUMBER,2
NUMBER_ArgospositioningClass0_COUNT,0
NUMBER_ArgospositioningClass1_COUNT,0
NUMBER_ArgospositioningClass2_COUNT,3
NUMBER_ArgospositioningClass3_COUNT,0
NUMBER_ArgospositioningClassA_COUNT,0
NUMBER_ArgospositioningClassB_COUNT,0
NUMBER_ArgospositioningClassZ_COUNT,0
NUMBER_ArgospositioningTotal_COUNT,3
NUMBER_AscendingPSALSamplesAbsolute_COUNT,24
NUMBER_AscendingPSALSamplesRelative_COUNT,70
```

图 3-8　解码中间文件_技术信息

3.4.4.9　第九部分

第九部分为原始数据块文件名，如图 3-9 所示。这些都是 C:\...\CACHE 目录中的文件。

```
Begin OrigFile---------------------------------------
D:\ProjectArgo\RealTimeArgoSystem\Release\\CACHE\PROFILING_ADS_10707_20100720072001_94.TXT
D:\ProjectArgo\RealTimeArgoSystem\Release\\CACHE\PROFILING_ADS_10707_20100720081806_95.TXT
D:\ProjectArgo\RealTimeArgoSystem\Release\\CACHE\PROFILING_ADS_10707_20100720083531_96.TXT
D:\ProjectArgo\RealTimeArgoSystem\Release\\CACHE\PROFILING_ADS_10707_20100720085417_97.TXT
D:\ProjectArgo\RealTimeArgoSystem\Release\\CACHE\PROFILING_ADS_10707_20100720090900_98.TXT
D:\ProjectArgo\RealTimeArgoSystem\Release\\CACHE\PROFILING_ADS_10707_20100720094527_99.TXT
D:\ProjectArgo\RealTimeArgoSystem\Release\\CACHE\PROFILING_ADS_10707_20100720100446_100.TXT
D:\ProjectArgo\RealTimeArgoSystem\Release\\CACHE\PROFILING_ADS_10707_20100720104458_101.TXT
D:\ProjectArgo\RealTimeArgoSystem\Release\\CACHE\PROFILING_ADS_10707_20100720113553_102.TXT
End OrigFile---------------------------------------
```

图 3-9　解码中间文件_原始数据块文件名

3.4.5　单周期 CADC 格式文件①

在<磁盘驱动器号>：\...\CADC 目录中保存的是 CADC（中国 Argo 资料中心）Argo 数据格式文件。

① 现在 DAT 文件已经不在 DataDecode 模块中生成了。只有经过人工审核后在数据发布服务模块中自动生成，并且上传至 FTP 服务器。

文件按照剖面进行组织，即一个浮标一个剖面为一个文件。

文件名的构成为：R<平台识别码>_周期数(码)，其中 R2901626_008 如图 3-10 所示。图中显示的是压强质控数据的一部分，接着还有温度以及盐度质控数据部分。压强、温度、盐度的测值均为 94 个。

```
CADC ARGO DATA FORMAT VERSION 1.0 (2006)
------------- PROFILE HEADER -------------
PLATFORM_NUMBER      = 2901626
CYCLE_NUMBER         = 8
DIRECTION            = A
JULD                 = 22115.19902778
REFERENCE_DATE_TIME  = 19500101000000
OBSERVATION_DATE_TIME = 20100720044636
JULD_QC              = 11
LATITUDE             = 9.066
LONGITUDE            = 85.484
POSITION_QC          = 11
N_PARAM              = 3
STATION_PARAMETERS   = PRES,TEMP,PSAL
N_LEVELS             = 94
DATA_MODE            = R
DATA_CENTRE          = NM
------------------ PRES ------------------
PROFILE_PRES_QC = AA
   PRES  QC  ADJUSTED  QC  ADJUST_ERR
    0.0  11   99999.0   9    99999.0
    6.0  11   99999.0   9    99999.0
   16.0  11   99999.0   9    99999.0
   26.0  11   99999.0   9    99999.0
   36.0  11   99999.0   9    99999.0
   47.0  11   99999.0   9    99999.0
   56.0  11   99999.0   9    99999.0
   66.0  11   99999.0   9    99999.0
   76.0  11   99999.0   9    99999.0
   86.0  11   99999.0   9    99999.0
   96.0  11   99999.0   9    99999.0
  106.0  11   99999.0   9    99999.0
  115.0  11   99999.0   9    99999.0
```

图 3-10　CADC Argo 数据格式文件

3.4.5.1　文件术语解读

文件术语解读如表 3-17 所示。

表 3-17　文件术语解读

项目	示例值	释义
PLATFORM_NUMBER	2901626	平台识别码
CYCLE_NUMBER	8	周期数(码)
DIRECTION	A	上升剖面是 A，下降剖面是 B
JULD	22115.19902778	定位或测量的儒略历(即当前使用的阳历)日时。整数部分相应于天，分数部分相应于时间
REFERENCE_DATE_TIME	19500101000000	儒略历的参考时间，即 1950 年 1 月 1 日 00:00:00
OBSERVATION_DATE_TIME	20100720044636	观测日期和时间

续表

项目	示例值	释义
JULD_QC	11	在儒略历日时上建立的质控标志，11 对应于中外双质控，标志均为好数据
LATITUDE	9.066	纬度
LONGITUDE	85.484	经度
POSITION_QC	11	对位置观测设置的质控标志
N_PARAM	3	压强采样中，参数测量或计算的最大数
N_PROF		文件所含剖面数
STATION_PARAMETERS	PRES，TEMP，PSAL	该剖面所含参数列表，如压强、温度、盐度
N_LEVELS	94	一个剖面中所含压强测值的最大数目
DATA_MODE	R	实时数据为 R，延时模式数据为 D，调整过的实时数据用 A 表示
DATA_CENTRE	IF	数据来源，IF 为 Ifremer，France 之缩写
ADJUSTED	99999.0	由参数原值得到的调整值；若无调整值，则插入填充值，99999.0 即填充值
ADJUST_ERR	99999.0	由参数原值得到的调整值；若无调整值，则插入填充值，压强、温度、盐度的填充值均为 99999.0

3.4.5.2　数据中心所在和机构代码

数据中心所在和机构代码如表 3-18 所示。

表 3-18　数据中心所在和代码

代码	所在
AO	AOML，USA
BO	BODC，United Kingdom
CI	Institute of Ocean Sciences，Canada
CS	CSIRO，Australia
GE	BSH，Germany
GT	GTS：used for data coming from WMO GTS network
HZ	CSIO，China Second Institute of Oceanography
IF	Ifremer，France
IN	INCOIS，India
JA	JMA，Japan
JM	Jamstec，Japan
KM	KMA，Korea
KO	KORDI，Korea

续表

代码	所在
ME	MEDS, Canada
NA	NAVO, USA
NM	NMDIS, China
PM	PMEL, USA
RU	Russia
SI	SIO, Scripps, USA
SP	Spain
UW	University of Washington, USA
VL	Far Eastern Regional Hydrometeorological Research Institute of Vladivostock, Russia
WH	Woods Hole Oceanographic Institution, USA

3.4.5.3 关于填充值(_FillValue)

填充值如表 3-19 所示。

表 3-19 填充值

_FillValue	项目
_FillValue = 999999. f	JULD
_FillValue = 99999. f	LATITUDE
_FillValue = 99999. f	LONGITUDE
_FillValue = 99999. f	PRES
_FillValue = 99999. f	TEMP
_FillValue = 99999. f	PSAL
_FillValue = 99999. f	CNDC
_FillValue = 99999. f	_ADJUSTED
_FillValue = 99999 f	_ADJUSTED_ERROR
_FillValue = 99999. f	VALUE
_FillValue = 99999. f	REPETITION
_FillValue = 99999. f	ACCURACE
_FillValue = 99999. f	RESOLUTION
_FillValue = 99999. f	TIME
_FillValue = 99999. f	DESCENDING

注："．f"为浮点数，小数点后有若干个 0。

3.4.5.4 Argo 剖面数据文件格式的说明

剖面数据文件格式的说明如表 3-20 所示。

表 3-20　剖面数据文件格式的说明

Argo 剖面资料数据文件行	行	说明
CADC Argo DATA FORMAT VERSION 1.0 (2006)	1	生成该数据文件的质量控制系统版本标识
----------PROFILE HEADER ----------	2	图 3-10 中 2~17 行为测量剖面的头信息，是对剖面的浮标所属、测量时间、位置、剖面整体质量的描述；符号“=”左边为标识，右边为该标识对应的值
PLATFORM_NUMBER=4900248	3	浮标号，采用国际统一的 WMO 标识，左对齐，不补空格
CYCLE_NUMBER=6	4	剖面循环序号，周期数；由中国 Argo 资料中心标识，按照时间，在该浮标所有测量剖面中的顺序号，不包括剔除的无效剖面
DIRECTION=A	5	测量方向，该剖面资料是在浮标上升还是下降过程中测量：如果是上升，取值为“A”；如果是下降，则取值为“D”；如果标识为“U”，则说明该测量方向不确定
JULD=19369.60069444	6	儒略历日，本剖面资料获取时的日期用儒略历日表示，单位为“天”
REFERENCE_DATE_TIME=19500101000000	7	参考时间，儒略历日计算的开始日期
OBSERVATION_DATE_TIME=20030112142500	8	观测日期，本剖面的测量日期
JULD_QC=11	9	观测日期质控符，意义同数据质控符，参见 Argo 资料质量控制符
LATITUDE=47.405	10	纬度，剖面所在纬度，范围为-90°—90°
LONGITUDE=-38.501	11	经度，剖面所在经度，范围为-180°—180°
POSITION_QC=11	12	经纬度质控符，意义同数据质控符；参见 Argo 资料质量控制符
N_PARAM=3	13	观测要素(参数)个数，1 个字符
STATION_PARAMETERS=PRES，TEMP，PSAL	14	测量要素（参数）代码，本剖面测量的要素；PRES、TEMP 和 PSAL 分别代表压力、温度和盐度，三项之间用逗号分开
N_LEVELS=72	15	测量层数(层面)，本剖面的观测层数
DATA_MODE=D	16	数据模式，R：实时数据；D：延时数据；A：实时数据的订正值
DATA_CENTRE=ME	17	数据中心资料的来源
----------------PRES ---------------	18	图 3-10 中 18 行以后为观测数据值，按剖面观测要素依次排列；PRES：压强；TEMP：温度；PSAL：盐度；DOXY：溶解氧；CNDC：电导率；下面为压强剖面
PROFILE_PRES_QC=AA	19	压强剖面总质控符，算法及意义参见 Argo 资料质量控制符

续表

Argo 剖面资料数据文件行	行	说明
PRES QC ADJUSTED QC ADJUST_ERR	20	显示的数据项(域名)，分别为观测值、观测值质控符、订正值、订正值质控符、订正误差
8.6 11 8.6 11 2.4	21	观测数据
9.7 11 9.7 11 2.4	22	观测数据
19.4 11 19.4 11 2.4	23	观测数据
……	24	……
--------------TEMP --------------	25	温度剖面总质控符，算法及意义参见 Argo 资料质量控制符，下面为温度剖面
PROFILE_TEMP_QC=AA	26	温度剖面总质控符
TEMP QC ADJUSTED QC ADJUST_ERR	27	显示的数据项(域名)，分别为观测值、观测值质控符、订正值、订正值质控符、订正误差
14.348 11 14.348 11 0.002	28	观测数据

3.4.5.5 Argo 剖面数据质量控制符说明

中国 Argo 资料中心分发的 Argo 资料，其质量控制符一般由两个字符构成。第一个是原单位质量控制符，第二个是中国 Argo 资料中心的质量控制符。中国 Argo 资料中心质量控制符是在多种质量控制方法控制基础上综合形成的。这就是为什么单项质控符形如“11”、剖面质控符形如“AA”的缘故。

3.4.6 DAT 目录文件

本目录存放的 DAT 文件是仿法国浮标数据文本格式，曾是国内浮标数据文本格式。

在 C:\...\DAT 目录中存放的是 TRUNCOM PROFILER DECODER V1.0 生成的 DAT 文件。文件名的构成是：平台识别码_周期数(码)。文件 2901626_009.TXT 示例如下。

#NMDIS PROFILER DECODER V1.0, 2011/06/12 16:05:51, www.nmdis.gov.cn

#Type	Version	Name	WMO code	Parameters	Float Cycle
PROVOR	4.20	PROVOR Profiling Float	2901626	PTSD	9

#DESCENDING VERTICAL PROFILE

#Date	Time	Date QC	Latitude	Longitude	Pos. QC	Mes. Nb	Max Press.
#yyyy/mm/dd	hh24:mi:ss	IGOSS scale	S:-,N:+	W:-,E:+	IGOSS scale	dBar	
2010/07/20	11:40:45	1	9999.0000	9999.0000	1	0	

#ASCENDING VERTICAL PROFILE

#Date	Time	Date QC	Latitude	Longitude	Pos. QC	Mes. Nb	Max Press.
#yyyy/mm/dd	hh24:mi:ss	IGOSS scale	S:-,N:+	W:-,E:+	IGOSS scale	dBar	
2010/07/30	04:46:46	1	8.7450	85.4040	1	87	2006
#Date	Time	Pressure	Temperature	Salinity	Density		
#yyyy/mm/dd	hh24:mi:ss	dBar	degree	P. S. U.	kg/dm^3		
2010/07/29	23:04:46	2006	2.755	34.772	1.036933		
2010/07/29	23:07:46	1987	2.797	34.773	1.036843		
		1963	2.853	34.775	1.036729		
		1938	2.917	34.778	1.036610		
		1913	2.975	34.781	1.036492		
		1889	3.045	34.784	1.036376		
		1864	3.113	34.787	1.036257		
		1838	3.193	34.790	1.036131		
		1813	3.285	34.794	1.036009		
		1788	3.394	34.799	1.035885		
		1763	3.497	34.803	1.035761		
		1738	3.603	34.807	1.035637		
		1713	3.682	34.811	1.035516		
		1688	3.779	34.815	1.035393		
2010/07/30	00:00:46	1663	3.891	34.819	1.035268		
2010/07/30	00:03:46	1638	3.983	34.823	1.035145		
		1613	4.096	34.826	1.035019		
		1588	4.208	34.831	1.034894		
		1564	4.287	34.833	1.034776		
		1539	4.369	34.836	1.034654		
		1513	4.463	34.840	1.034527		
		1488	4.558	34.843	1.034403		
		1463	4.646	34.846	1.034280		
		1438	4.752	34.850	1.034155		
		1415	4.853	34.854	1.034040		
		1388	4.961	34.858	1.033905		
		1363	5.069	34.862	1.033780		
		1338	5.172	34.866	1.033655		
2010/07/30	00:55:46	1313	5.275	34.870	1.033531		
2010/07/30	00:59:46	1289	5.410	34.875	1.033406		

		1263	5.520	34.879	1.033276
		1238	5.609	34.882	1.033152
		1214	5.724	34.887	1.033031
		1189	5.839	34.891	1.032904
		1164	5.962	34.896	1.032776
		1138	6.081	34.901	1.032645
		1113	6.190	34.905	1.032519
		1088	6.293	34.910	1.032394
		1063	6.383	34.912	1.032269
		1038	6.535	34.917	1.032137
		1013	6.672	34.922	1.032007
		988	6.807	34.928	1.031878
2010/07/30	01:54:46	963	6.974	34.933	1.031743
		914	7.302	34.948	1.031482
		863	7.576	34.958	1.031216
		814	7.842	34.967	1.030959
		763	8.254	34.979	1.030670
		714	8.576	34.991	1.030405
		664	8.906	35.001	1.030132
2010/07/30	02:52:46	613	9.219	35.008	1.029854
2010/07/30	02:56:46	588	9.384	35.012	1.029716
		563	9.616	35.017	1.029567
		538	9.827	35.020	1.029420
		513	10.028	35.022	1.029273
		487	10.239	35.025	1.029120
		463	10.364	35.028	1.028992
		438	10.561	35.030	1.028846
		413	10.785	35.029	1.028692
		389	11.049	35.029	1.028535
		363	11.306	35.031	1.028371
		338	11.559	35.031	1.028211
		313	11.967	35.031	1.028020
		288	12.452	35.029	1.027810
2010/07/30	03:51:46	262	13.077	35.015	1.027557
2010/07/30	03:54:46	238	13.754	34.993	1.027292

		213	15. 077	34. 968	1. 026873
		196	15. 965	34. 937	1. 026572
		186	16. 906	34. 924	1. 026297
		178	17. 243	34. 908	1. 026168
		166	17. 593	34. 904	1. 026027
		156	18. 499	34. 893	1. 025750
		145	19. 548	34. 898	1. 025436
		136	20. 495	34. 893	1. 025141
		126	21. 307	34. 881	1. 024867
		116	21. 795	34. 874	1. 024683
2010/07/30	04:16:46	106	21. 986	34. 886	1. 024595
2010/07/30	04:17:46	96	22. 320	34. 894	1. 024464
		86	23. 468	34. 889	1. 024086
		76	24. 931	34. 950	1. 023652
		66	26. 516	34. 913	1. 023089
		56	27. 975	34. 599	1. 022341
		46	28. 516	34. 485	1. 022035
		36	28. 715	34. 437	1. 021890
		26	28. 721	34. 436	1. 021845
		16	28. 724	34. 436	1. 021801
		6	28. 741	34. 433	1. 021750
		0	28. 774	34. 422	1. 021705

#IMMERSION DRIFT

#Start date	Time	Date QC	Mes. Nb		
#yyyy/mm/dd	hh24:mi:ss	IGOSS scale			
2010/07/20	20:10:46	1	17		
#Date	Time	Pressure	Temperature	Salinity	Density
#yyyy/mm/dd	hh24:mi:ss	dBar	degree	P. S. U.	kg/dm^3
2010/07/21	08:04:46	983	6. 937	34. 936	1. 031841
2010/07/21	20:04:46	986	6. 915	34. 932	1. 031855
2010/07/22	08:04:46	992	6. 907	34. 931	1. 031882
2010/07/22	20:04:46	990	6. 814	34. 929	1. 031887
2010/07/23	08:04:46	993	6. 934	34. 932	1. 031883
2010/07/23	20:04:46	988	6. 925	34. 932	1. 031862
2010/07/24	08:04:46	992	6. 915	34. 932	1. 031882

```
  2010/07/24    20:04:46     988     6.766     34.928    1.031885
  2010/07/25    08:04:46     990     6.881     34.930    1.031877
  2010/07/25    20:04:46     994     6.854     34.930    1.031899
  2010/07/26    08:04:46     992     6.899     34.931    1.031884
  2010/07/26    20:04:46     989     6.815     34.927    1.031880
  2010/07/27    08:04:46     989     6.749     34.928    1.031892
  2010/07/27    20:04:46     992     6.900     34.935    1.031887
  2010/07/28    08:04:46     987     6.718     34.926    1.031886
  2010/07/28    20:04:46     990     6.833     34.930    1.031884
  2010/07/29    08:04:46     987     6.766     34.933    1.031884
#SURFACE DRIFT
#Mes. Nb
   8
   #Date          Time       Latitude   Longitude    Pos. QC
 #yyyy/mm/dd    hh24:mi:ss   S:-,N:+    W:-,E:+     Argos scale
  2010/07/30    06:18:12
  2010/07/30    06:15:33     8.7450     85.4040        1
  2010/07/30    07:56:50     8.7580     85.4170        1
  2010/07/30    07:56:50     8.7580     85.4180        1
  2010/07/30    09:41:00     8.7590     85.4080        1
  2010/07/30    08:00:49     8.7540     85.4000        2
  2010/07/30    09:55:20     8.7680     85.4080        2
  2010/07/30    09:44:00
#Argo TRAJECTORY INFORMATION
#Descent information
   #Start date    Start time    Start status    End date    End time    End status
  2010/07/20    11:40:45    2-Transmitted  2010/07/20    20:10:46    2-Transmitted
#Ascent information
   #Start date    Start time    Start status    End date    End time    End status
  2010/07/29    23:04:46    2-Transmitted  2010/07/30    04:46:46    2-Transmitted
#Transmission information
   #Start date    Start time    Start status
  2010-07-30    06:15:33    2-Transmitted
#Reception information
   #Start date    Start time    Start status    End date    End time    End status
```

```
  2010/07/30       06:18:12    2-Transmitted  2010/07/30    09:44:00   2-Transmitted
Miscellaneous information
#Grounded
No
#TECHNICAL STATUS
#Time correction:
    #Internal          Argos time          Time
      #time                               correction
  #hh24:mi:ss        hh24:mi:ss           mi:ss
    07:44:23          07:49:09           -04:46
    #Sensors:
    #Pressure            Internal
      #offset            pressure
      #dBar                mBar
        0                <=725
#Descent float control:
#Start time     End time    Surface valve   First stab.     First stab.     Depth valve   Depth pump     Max
 Entries in
      #                        actions           time          pressure        actions        actions      pressure
 gap order
#hh24:mi       hh24:mi       hh24:mi           dBar            dBar
  11:41          20:11          17            11:53             40             10              0           980
#Immersion drift float control:
    #Depth              Min              Max          Grounded
  #corrections        pressure          pressure
        #                                dBar            dBar
        0                                970              990              No
#Descent to profile float control:
#Start time     End time    Depth valve   Depth pump      Depth          Max          Battery        RTC
 Entries in
      #                       actions        actions       corrections      pressure       voltage        state
 gap order
#hh24:mi       hh24:mi                                                      dBar
  13:05          20:53          7              0              0            2000           9.7           OK
#Ascent float control:
```

```
#Start time     End time     Depth pump
#                                         actions
#hh24:mi        hh24:mi
 23:05           04:46        11
#Descending profile reduction:
#NTS            NTF
 0                     0
#Ascending profile reduction:
#NTS            NTF
 21                    73
#Descending profile temperature measurements:
#Profile        Profile       Profile
#total          relative      absolute
 0                     0               0
#Descending profile salinity measurements:
#Profile        Profile       Profile
#total          relative      absolute
 0                     0               0
#Immersion drift temperature measurements:
#Internal       Drift         Drift         Drift
#counter        total         relative      absolute
 17                    17              14              3
#Immersion drift salinity measurements:
#Internal       Drift         Drift         Drift
#counter        total         relative      absolute
 17                    17              14              3
#Ascending profile temperature measurements:
#Profile        Profile       Profile
#total          relative      absolute
 87                    60              27
#Ascending profile salinity measurements:
#Profile        Profile       Profile
#total          relative      absolute
 87                    66              21
#Positionning (ArgoS message):
```

```
#Total    Class 3    Class 2    Class 1
6         0          2          4
#Total transmission (Profiler frames):
#Received    Complete    CRC OK    Recombined    Technical fr.    Technical OK
7            117         86        0             9
#Descending profile transmission (Profiler frames):
#Received    Complete    CRC OK    Recombined    Distinct    Emitted
0            0           0         0             0           0
#Immersion drift transmission (Profiler frames):
#Received    Complete    CRC OK    Recombined    Distinct    Emitted
26           26          18        0             3           3
#Ascending profile transmission (Profiler frames):
#Received    Complete    CRC OK    Recombined    Distinct    Emitted
97           97          77        0             13          14
#Decoder version number:
#TRUNCOM PROFILER DECODER V1.0
```

第 4 章　Nc 文件

4.1　Nc 文件综述

在模块 DataDecode 处理完一个浮标一个周期的数据，并经过实时质控，交由模块 ArgoNcExport 生成 Nc 文件。

NetCDF(Network Common Data Format)，即网络通用数据格式。最早是由美国国家科学委员会资助计划 Unidata 所发展，其用意是在 Unidata 计划中不同的应用项目下，提供一种可以通用的数据存取方式，数据的形状包括单点的观测值、时间序列、规则排列的网格以及人造卫星或雷达的影像档案。

NetCDF 可简单地视为一种存取接口。NetCDF 的存储格式是二进制格式，存储有许多多维度的、具有标准名称的变量，包括长短的整数、单倍与双倍精度的实数、字符等，且每一个变量都有其自我介绍的数据，包括量度的单位、全名及意义等文字说明，在此摘要性的文件头之后，才是真正的数据本身。任何使用 NetCDF 存取格式的档案都可称为 NetCDF 档案。NetCDF 这套软件的功能，在于提供 C、Fortran、C++、Perl 或其他语言 I/O 的链接库，以让程序员可以读写数据文件，其本身具有说明的能力，并且可以跨越平台和机器的限制。

NetCDF 接口是一种多维的数据分布系统。由这个接口所产生的档案，具有多维的数据格式，当你需要其中的某一笔数据时，程序将不会从第一笔数据读到你所需要的数据处，而是由 NetCDF 软件直接存取那一个数据。如此将会大量地降低模式运算时数据存取的时间。但也正是因为这样，NetCDF 所需要的空间是很大的，因为加了很多自解释的说明。

在 Windows 系统下有专门用于 NetCDF 文件操作的 C/C++接口，形式为 dll 动态链接库，借助于此动态链接库可以很方便地读写 NetCDF 文件。

4.2　Nc 文件命名

4.2.1　剖面数据文件命名

下面描述 Argo 全球数据中心的文件命名习惯。

如果浮标在每个周期中只采集到一个上升和一个下降剖面的数据，则剖面文件可以命名为<R/D><FloatID>_<XXX><D>. nc，第一个 R 表示实时数据，第一个 D 表示延迟模式数据，XXX 是周期数，第二个 D 表示是下降剖面(若无这个 D 说明是在上升期间采集的数据)。

如果浮标在每个周期中采集到两个或更多个上升或下降剖面的数据，则剖面文件可以命名为<R/D><FloatID>_<XXX><D><_YY>. nc，第一个 R 表示实时数据，第一个 D 表示延迟模式数据，XXX 是周期数，第二个 D 表示是下降剖面(若无这个 D 说明是在上升期间采集的数据)，YY 分别对多重的上升/下降剖面层(层面)予以计数。

因为浮标可以在两个数据模式之间更迭，故文件命名沿用上述两个惯例。

示例：

a）R1900045_003. nc，R1900045_003D. nc

b）R1900046_007_01. nc，R1900067_007_02. nc，R1900067_007_03. nc

c）R1900046_007D_01. nc，R1900067_007D_02. nc，R1900067_007D_03. nc

d）R1900045_003. nc，R1900045_004_01. nc，R1900045_004_02. nc，R1900045_004_03. nc，R1900045_004_04. nc，R1900045_005. nc

4.2.2　轨迹文件命名

轨迹文件命名格式：<FloatID>_traj. nc。

示例：1900045_traj. nc

4.2.3　元数据文件命名

元数据文件命名格式：<FloatID>_meta. nc。

示例：1900045_meta. nc

4.2.4　技术信息文件命名

技术信息文件命名格式：<FloatID>_tech. nc。

示例：1900045_tech. nc

4.3　Nc 文件变量类别

Argo 变量有 4 个类别：维度和定义；综合信息；数据部分；历史部分。

Argo NetCDF 不含任何全局属性。

4.3.1　剖面数据文件概述

一个 Argo 剖面文件含有一组剖面，至少含有一个剖面，但未定义剖面的最大数量。

一个剖面包含经由一个 Argo 浮标在不同压强下实施的测量。

作为典型，一个剖面含有 100 次测量，从 0 dbar(海面)到 2000 dbar(约 2000 m 深)。

对于每一次压强采样，测量或计算参数的数量是确定的，就像温度、盐度或电导率。

在模块 DataDecode 处理完一个浮标一个周期的数据后，依据处理完成后的数据以及其他统计信息，即自动输出 DAT 文件，并通知模块 ArgoNcExport，自动生成 Nc 文件。

Nc 文件为上传到 GDACs 的数据格式。

ArgoNcExport. exe 是文件输出模块的进程名称，可实现剖面数据、轨迹数据、元数据、技术信息 4 种完整的 Argo Nc 文件输出，文件内容的二进制格式存储，数据库内容的统一管理，可上传至用户指定的文件服务器。

文件输出是整个系统中较复杂的一个模块，读写 4 种 Nc 文件的代码是非常多的，同时程序出错的机会也就比较大，故应该严格地测试，以确保系统的稳定。

4.3.2 维度和定义

Argo 变量维度和定义内容如表 4-1 所示。

表 4-1 Argo 变量维度和定义

名称	值	定义
DATE_TIME	DATE_TIME = 14	该维度是 ASCII 日期和时间值的长度。 Date_time 惯例是：YYYYMMDDHHMISS · YYYY：年 · MM：月 · DD：天 · HH：时（0~23） · MI：分（0~59） · SS：秒（0~59） 日期和时间值沿用世界协调时(UTC)。 示例： 20010105172834：January 5th 2001 17：28：34 19971217000000：December 17th 1997 00：00：00
STRING256 STRING64 STRING32 STRING16 STRING8 STRING4 STRING2	STRING256 = 256； STRING64 = 64； STRING32 = 32； STRING16 = 16； STRING8 = 8； STRING4 = 4； STRING2 = 2	字符串的维度为 2~256

续表

名称	值	定义
N_PROF	N_PROF=<int value>	文件中含有的剖面数，其大小取决于数据包，一个文件至少含有一个剖面，在此没有定义文件中剖面的最大数。 示例：N_PROF=100
N_PARAM	N_PARAM=< int value>	对于一次压强采样，测量或计算参数的最大数，其大小取决于数据包。 示例： （压强，温度），N_PARAM=2； （压强，温度，盐度），N_PARAM=3 （压强，温度，电导率，盐度），N_PARAM=4
N_LEVELS	N_LEVELS=<int value>	一个剖面所含压强层面的最大数，其大小取决于数据包。 示例：N_LEVELS=100
N_CALIB	N_CALIB=<int value>	一个剖面实施校准的最大数，其大小取决于数据包。 示例：N_CALIB=10
N_HISTORY	N_HISTORY =不限	历史记录数

4.3.3　剖面文件的综合信息

Argo 剖面文件中综合信息数据的名称、定义及说明如表 4-2 所示，这一部分含有关于整个文件的信息。

表 4-2　剖面文件综合信息

名称	定义	说明
DATA_TYPE	char DATA_TYPE(STRING16)；DATA_TYPE：comment="Data type"； DATA_TYPE：_FillValue=" "	该域含有文件中所有数据的数据类型。 示例：Argo 剖面，Argo 轨迹，Argo 元数据，Argo 技术数据
FORMAT_VERSION	char FORMAT_VERSION(STRING4)； FORMAT_VERSION：comment="File format version"； FORMAT_VERSION：_FillValue=" "	文件格式版本
HANDBOOK_VERSION	char HANDBOOK_VERSION(STRING4)； HANDBOOK_VERSION：comment=" Data handbook version"；HANDBOOK_VERSION：_FillValue=" "	数据手册版本数。 该域指明文件里所含数据，是根据在《Argo 数据管理手册》中描述的方法所管理的

续表

名称	定义	说明
REFERENCE_DATE_TIME	char REFERENCE_DATE_TIME(DATE_TIME); REFERENCE_DATE_TIME: comment = "Date of reference for Julian days"; REFERENCE_DATE_TIME: conventions = "YYYYMMDDHHMISS"; REFERENCE_DATE_TIME: _FillValue = " "	基准日期使用儒略历。 建议参考日时为, "19500101000000": January 1st 1950 00:00:00
DATE_CREATION	char DATE_CREATION(DATE_TIME); DATE_CREATION: comment = " Date of file creation "; DATE_CREATION: conventions = " YYYYMMDDHHMISS"; DATE_CREATION: _FillValue = " "	创建文件的日期和时间(UTC)。 格式: YYYYMMDDHHMISS 示例: 20011229161700: December 29th 2001 16:17:00
DATE_UPDATE	char DATE_UPDATE(DATE_TIME); DATE_UPDATE: long_name = " Date of update of this file"; DATE_UPDATE: conventions = " YYYYMMDDHHMISS"; DATE_UPDATE: _FillValue = " "	修改文件的日期和时间(UTC)。 格式: YYYYMMDDHHMISS 示例: 20011230090500: December 30th 2001 09:05:00

4.3.4 每一剖面的综合信息

这一部分含有每一剖面的综合信息，具体内容如表 4-3 所示。

这一部分的每一项均含 N_PROF（剖面数）维度。

表 4-3 剖面数据信息

名称	定义	说明
PLATFORM_NUMBER	char PLATFORM_NUMBER(N_PROF, STRING8); PLATFORM_NUMBER: long_name = "Float unique identifier"; PLATFORM_NUMBER: conventions = " WMO float identifier: A9IIIII"; PLATFORM_NUMBER: _FillValue = " "	WMO 识别码，WMO 是世界气象组织之缩写，该平台识别码是唯一的。 示例: 6900045, 2901616
PROJECT_NAME	char PROJECT_NAME(N_PROF, STRING64); PROJECT_NAME: comment = " Name of the project"; PROJECT_NAME: _FillValue = " "	操作实施剖面的剖面浮标计划的名称。 示例: GYROSCOPE（欧盟的 Argo 计划）
PI_NAME	char PI_NAME (N_PROF, STRING64); PI_NAME: comment = " Name of the principal investigator"; PI_NAME: _FillValue = " "	承担剖面浮标的主要研究者的名称。 示例: Yves Desaubies

续表

名称	定义	说明
STATION_PARAMETERS	char STATION_PARAMETERS(N_PROF, N_PARAM, STRING16); STATION_PARAMETERS: long_name = " List of available parameters for the station"; STATION_PARAMETERS: conventions = " Argo reference table 3"; STATION_PARAMETERS: _FillValue = " "	该剖面包含的参数列表。 参数名称示例：TEMP，PSAL，CNDC TEMP：温度 PSAL：实际盐度 CNDC：电导率
CYCLE_NUMBER	int CYCLE_NUMBER(N_PROF); CYCLE_NUMBER: long_name = "Float cycle number"; CYCLE_NUMBER: conventions = "0。。N，0: launch cycle (if exists)，1: first complete cycle"; CYCLE_NUMBER: _FillValue = 99999	浮标周期数 剖面浮标的实施周期，在每一个周期里，它进行一个上升垂直剖面，一个水下漂流和一个海面漂流，有时它也进行一个下降垂直剖面。 0 是浮标下水开始的周期数，0 周期的水下漂流可以不被完成；1 是第一个完整的周期。 示例：10：周期数为 10
DIRECTION	char DIRECTION(N_PROF); DIRECTION: long_name = "Direction of the station profiles"; DIRECTION: conventions = " A: ascending profiles, D: descending profiles "; DIRECTION: _FillValue = " "	进行测量的剖面类型。 A：上升剖面 D：下降剖面
DATA_CENTRE	char DATA_CENTRE(N_PROF, STRING2); DATA_CENTRE: long_name = "Data centre in charge of float data processing"; DATA_CENTRE: conventions = "Argo reference table 4"; DATA_CENTRE: _FillValue = " "	承担管理责任的数据中心代码。 示例：ME 就是 MEDS
DC_REFERENCE	char DC_REFERENCE(N_PROF, STRING32); DC_REFERENCE: long_name = "Station unique identifier in data centre"; DC_REFERENCE: conventions = "Data centre convention"; DC_REFERENCE: _FillValue = " "	数据中心里剖面的唯一识别者。各数据中心可以有不同的识别路线，因此，跨越数据中心，DC_REFERENCE 是不唯一的
DATA_STATE_INDICATOR	char DATA_STATE_INDICATOR(N_PROF, STRING4); DATA_STATE_INDICATOR: long_name = " Degree of processing the data have passed through"; DATA_STATE_INDICATOR: conventions = "Argo reference table 6"; DATA_STATE_INDICATOR: _FillValue = " "	合格数据的处理程度

续表

名称	定义	说明
DATA_MODE	char DATA_MODE(N_PROF); DATA_MODE: long_name="Delayed mode or real time data"; DATA_MODE: conventions="R: real time; D: delayed mode; A: real time with adjustment"; DATA_MODE: _FillValue=" "	指示剖面是否含有实时数据，延迟模式数据或调整数据。 R：实时数据； D：延迟模式数据； A：被调整过的实时数据
INST_REFERENCE	Char INST_REFERENCE(N_PROF, STRING64); INST_REFERENCE: long_name="Instrument type"; INST_REFERENCE: conventions="Brand, type, serial number"; INST_REFERENCE: _FillValue=" "	参考仪器：商标，型号，系列号。 示例：APEX-SBE 259
FIRMWARE_VERSION	char FIRMWARE_VERSION(N_PROF, STRING10); FIRMWARE_VERSION: long_name="Instrument version"; FIRMWARE_VERSION: conventions=" "; FIRMWARE_VERSION: _FillValue=" "	浮标的固件版本号。 示例："013108"
WMO_INST_TYPE	char WMO_INST_TYPE(N_PROF, STRING4); WMO_INST_TYPE: long_name="Coded instrument type"; WMO_INST_TYPE: conventions="Argo reference table 8"; WMO_INST_TYPE: _FillValue=" "	来自WMO码表1770的仪器型号。 WMO码表1770的一个子集 示例： 846：Webb 探测浮标，海鸟(SEA-BIRD)传感器
JULD	double JULD(N_PROF); JULD: long_name="Julian day (UTC) of the station relative to REFERENCE_DATE_TIME"; JULD: units="days since 1950-01-01 00:00:00 UTC"; JULD: conventions="Relative julian days with decimal part (as parts of day)"; JULD: _FillValue=999999	剖面的儒略历日。 整数部分表示剖面的日期，分数部分表示剖面的时间。 日期和时间是世界协调时。 儒略历相对于REFERENCE_DATE_TIME。 示例： 18833.8013889885：July 25 2001 19:14:00
JULD_QC	char JULD_QC(N_PROF); JULD_QC: long_name="Quality on Date and Time"; JULD_QC: conventions="Argo reference table 2"; JULD_QC: _FillValue=" "	属于儒略历日期和时间的质量标识。 该标识的品级描述示例： 1：日期和时间看似正确

续表

名称	定义	说明
JULD_LOCATION	double JULD_LOCATION(N_PROF); JULD: long_name = "Julian day (UTC) of the location relative to REFERENCE_DATE_TIME"; JULD: units="days since 1950-01-01 00:00:00 UTC"; JULD: conventions="Relative julian days with decimal part (as parts of day)"; JULD: _FillValue=999999	剖面定位的儒略历日。 整数部分表示剖面的日期，分数部分表示剖面的时间； 日期和时间是世界协调时； 儒略历相对于 REFERENCE_DATE_TIME 示例： 18833.8013889885：July 25 2001 19:14:00
LATITUDE	double LATITUDE(N_PROF); LATITUDE: long_name="Latitude of the station, best estimate"; LATITUDE: units="degree_north"; LATITUDE: _FillValue=99999°; LATITUDE: valid_min=-90°; LATITUDE: valid_max=90°	剖面的纬度，单位：(°)，N。 该域含有最好的估算纬度，在延迟模式中，该纬度值可能改善；在轨迹文件中，浮标的测量定位被确定。 示例：44.4991：44° 29′ 56.76″N
LONGITUDE	double LONGITUDE(N_PROF); LONGITUDE: long_name = "Longitude of the station, best estimate"; LONGITUDE: units="degree_east"; LONGITUDE: _FillValue=99999°; LONGITUDE: valid_min=-180°; LONGITUDE: valid_max=180°	剖面的经度，单位：(°)，E。 该域含有最好的估算经度，在延迟模式中，该经度值可能改善；在轨迹文件中，浮标的测量定位被确定。 示例：16.7222：16° 43′19.92″E
POSITION_QC	char POSITION_QC(N_PROF); POSITION_QC: long_name = "Quality on position (latitude and longitude)"; POSITION_QC: conventions="Argo reference table 2"; POSITION_QC: _FillValue=" "	属于位置的质量标识。 根据(纬度，经度)质量设置该位置标识。 该标识描述示例： 1：位置看似正确
POSITIONING_SYSTEM	char POSITIONING_SYSTEM(N_PROF, STRING8); POSITIONING_SYSTEM: long_name="Positioning system"; POSITIONING_SYSTEM: _FillValue=" "	担负定位浮标位置的系统的名称。 示例：Argos
PROFILE_<PARAM>_QC	char PROFILE_<PARAM>_QC(N_PROF); PROFILE_<PARAM>_QC: long_name="Global quality flag of <PARAM> profile"; PROFILE_<PARAM>_QC: conventions = "Argo reference table 2a"; PROFILE_<PARAM>_QC: _FillValue=" "	属于 PARAM 剖面的全球质量标识。 PARAM 在 STATION_PARAMETERS 中间，全部的表示设置用于指示在剖面中好数据的百分比。 示例： PROFILE_TEMP_QC=A：仅温度剖面含有好的值； PROFILE_PSAL_QC=C：盐度剖面含有 50%~75%好值

4.3.5 每一剖面的测量

这一部分含有每一剖面每一层面的信息，并且这一部分的每一变量均含 N_PROF(剖面数)及 N_LEVELS(压强层面)维度。

<PARAM>含有从浮标传送的原始值，所以<PARAM>的值不能改变。

<PARAM>_QC 含有 QC 附属于<PARAM>的标识，<PARAM>_QC 中的值最初通过自动实时检验被置于“R”和“A”模式，因为经由实时过程设置的 QC 标识可能不正确，<PARAM>_QC 的品级在“D”模式中被修改。

每一参数都可能在延迟模式里或适用于实时过程中被调整。这样，<PARAM>_ADJUSTED 就会含有调整值。经由调整过程，<PARAM>_ADJUSTED_QC 便含有 QC 标识，并且<PARAM>_ADJUSTED_ERROR 含有调整的不确定性。

一个带有未调整数据的实时数据文件，会有一个带有填充值的被调整部分(<PARAM>_ADJUSTED，<PARAM>_ADJUSTED_QC 和<PARAM>_ADJUSTED_ERROR)。Argo 剖面延迟模式 QC 的描述可见《Argo 质量控制手册》。

具体剖面测量信息内容如表 4-4 所示。

表 4-4 剖面测量信息

名称	定义	说明
<PARAM>	float <PARAM>(N_PROF, N_LEVELS); <PARAM>: long_name="<X>"; <PARAM>: _FillValue=<X>; <PARAM>: units="<X>"; <PARAM>: valid_min=<X>; <PARAM>: valid_max=<X>; <PARAM>: comment="<X>"; <PARAM>: C_format="<X>"; <PARAM>: FORTRAN_format="<X>"; <PARAM>: resolution=<X>	—
<PARAM>_QC	char <PARAM>_QC(N_PROF, N_LEVELS); <PARAM>_QC: long_name="quality flag"; <PARAM>_QC: conventions="Argo reference table 2"; <PARAM>_QC: _FillValue=" "	适用于每一<PARAM>值的质量标识

续表

名称	定义	说明
<PARAM>_ ADJUSTED	float <PARAM>_ADJUSTED(N_PROF, N_LEVELS); <PARAM>_ADJUSTED: long_name="<X>"; <PARAM>_ADJUSTED: _FillValue=<X>; <PARAM>_ADJUSTED: units="<X>"; <PARAM>_ADJUSTED: valid_min=<X>; <PARAM>_ADJUSTED: valid_max=<X>; <PARAM>_ADJUSTED: comment="<X>"; <PARAM>_ADJUSTED: C_format="<X>"; <PARAM>_ADJUSTED: FORTRAN_format="<X>"; <PARAM>_ADJUSTED: resolution= <X>	<PARAM>_ADJUSTED 含有从参数的原始值导出的调整值; <PARAM>_ADJUSTED 是强迫性质的; 当无调整被实施时，则插入填充值
<PARAM>_ ADJUSTED_ QC	char <PARAM>_ADJUSTED_QC(N_PROF, N_LEVELS); <PARAM>_ADJUSTED_QC: long_name="quality flag"; <PARAM>_ADJUSTED_QC: conventions="Argo reference table 2"; <PARAM>_ADJUSTED_QC: _FillValue=" "	质量标志适用于每一<PARAM>_ADJUSTED 值; <PARAM>_ADJUSTED_QC 是强迫性质的; 当无调整被实施时，则插入填充值
<PARAM>_ ADJUSTED_ ERROR	float <PARAM>_ADJUSTED_ERROR(N_PROF, N_LEVELS); <PARAM>_ADJUSTED_ERROR: long_name="<X>"; <PARAM>_ADJUSTED_ERROR: _FillValue=<X>; <PARAM>_ADJUSTED_ERROR: units="<X>"; <PARAM>_ADJUSTED_ERROR: comment="Contains the error on the adjusted values as determined by the delayed mode QC process."; <PARAM>_ADJUSTED_ERROR: C_format="<X>"; <PARAM>_ADJUSTED_ERROR: FORTRAN_format="<X>"; <PARAM>_ADJUSTED_ERROR: resolution= <X>	<PARAM>_ADJUSTED_ERROR 含有属于参数调整值的错误; <PARAM>_ADJUSTED_ERROR 是强迫性质的; 当无调整实施时，则插入填充值

实施温度测量时带有温度调整值的浮标剖面示例如下。

参数定义：PRES，TEMP，TEMP_ADJUSTED

```
float PRES(N_PROF, N_LEVELS);
PRES: long_name="SEA PRESSURE (sea surface=0)";
PRES: _FillValue=99999.f;
PRES: units="decibar"; PRES: valid_min=0.f;
PRES: valid_max=1200.f;
PRES: comment="In situ measurement, sea surface=0";
PRES: C_format="7.1f" ;
PRES: FORTRAN_format= "F7.1";
PRES: resolution= 0.1f;
```

续表

```
char PRES_QC(N_PROF, N_LEVELS);
PRES_QC: long_name="quality flag"; PRES_QC: conventions="Argo reference table 2";
PRES_QC: _FillValue=" ";
float TEMP(N_PROF, N_LEVELS);
TEMP: long_name="SEA TEMPERATURE";
TEMP: _FillValue=99999. f;
TEMP: units="degree_Celsius"; TEMP: valid_min=-2. f;
TEMP: valid_max=40. f;
TEMP: comment="In situ measurement";
TEMP: C_format="%9. 3f";
TEMP: FORTRAN_format="F9. 3";
TEMP: resolution=0. 001f;
char TEMP_QC(N_PROF, N_LEVELS);
TEMP_QC: long_name="quality flag";
TEMP_QC: conventions="Argo reference table 2";
TEMP_QC: _FillValue=" ";
float TEMP_ADJUSTED(N_PROF, N_LEVELS);
TEMP_ADJUSTED: long_name="ADJUSTED SEA TEMPERATURE";
TEMP_ADJUSTED: _FillValue=99999. f;
TEMP_ADJUSTED: units="degree_Celsius"; TEMP_ADJUSTED: valid_min=-2. f;
TEMP_ADJUSTED: valid_max=40. f;
TEMP_ADJUSTED: comment="Adjusted parameter";
TEMP_ADJUSTED: C_format="%9. 3f";
TEMP_ADJUSTED: FORTRAN_format= "F9. 3";
TEMP_ADJUSTED: resolution= 0. 001f;
char TEMP_ADJUSTED_QC(N_PROF, N_LEVELS);
TEMP_ADJUSTED QC: long_name="quality flag";
TEMP_ADJUSTED QC: conventions="Argo reference table 2";
TEMP_ADJUSTED_QC: _FillValue=" ";
float TEMP_ADJUSTED_ERROR(N_PROF, N_LEVELS);
TEMP_ADJUSTED_ERROR: long_name="ERROR ON ADJUSTED SEA TEMPERATURE";
TEMP_ADJUSTED_ERROR: _FillValue=99999. f;
TEMP_ADJUSTED_ERROR: units="degree_Celsius"; TEMP_ADJUSTED_ERROR: comment="Contains the error on
the adjusted values as determined
by the delayed mode QC process. ";
TEMP_ADJUSTED_ERROR: C_format="%9. 3f";
TEMP_ADJUSTED_ERROR: FORTRAN_format= "F9. 3";
TEMP_ADJUSTED_ERROR: resolution= 0. 001f;
```

4.3.6　每一剖面的校准信息

校准适用于建立调整参数的参数。通过组合处理 Argo 数据，不同的校准方法将被使用。当应用一种方法时，其描述被存在下面的域里。

这一部分含有每一剖面每一参数的校准信息。其每一项目均有一个 N_PROF(剖面数)、N_CALIB(校准数)、N_PARAM(参数数)维度。如果不需用校准，N_CALIB 被置为 1，校准部分的所有值被置为填充值。

剖面校准信息内容如表 4-5 所示。

表 4-5　剖面校准信息

名称	定义	说明
PARAMETER	char PARAMETER (N _ PROF, N _ CALIB, N _ PARAM, STRING16); PARAMETER: long_name = " List of parameters with calibration information"; PARAMETER: conventions = " Argo reference table 3"; PARAMETER: _FillValue = " "	被校准参数的名字。 示例: PSAL
SCIENTIFIC_ CALIB_ EQUATION	Char SCIENTIFIC_CALIB_EQUATION(N_PROF, N_CALIB, N_PARAM, STRING256); SCIENTIFIC_CALIB_EQUATION: long_name = " Calibration equation for this parameter"; SCIENTIFIC_CALIB_EQUATION: _FillValue = " "	校准方程施加到参数。 示例: Tc = a1×T+a0
SCIENTIFIC_ CALIB_ COEFFICIENT	Char SCIENTIFIC_CALIB_COEFFICIENT(N_PROF, N_CALIB, N_PARAM, STRING256); SCIENTIFIC_CALIB_COEFFICIENT: long_name = " Calibration coefficients for this equation"; SCIENTIFIC_CALIB_COEFFICIENT: _FillValue = " "	这个方程的校准系数。 示例: a1 = 0.999 97, a0 = 0.002 1
SCIENTIFIC_ CALIB_ COMMENT	Char SCIENTIFIC_CALIB_COMMENT(N_PROF, N_CALIB, N_PARAM, STRING256); SCIENTIFIC _ CALIB _ COMMENT: long _ name = " Comment applying to this parameter calibration"; SCIENTIFIC_CALIB_COMMENT: _FillValue = " "	关于校准的说明。 示例: 这个传感器不稳定
CALIBRATION_ DATE	Char CALIBRATION_DATE (N_PROF N_CALIB, N_PARAM, DATE_TIME) CALIBRATION_DATE: _FillValue = " "	校准日期。 示例: 20011217161700

4.3.7 每一剖面的历史信息

这一部分含有通过数据中心在每一剖面对于每一动作执行的历史信息。其每一项目有一个 N_HISTORY(历史记录数)及 N_PROF(剖面数)维度。当在剖面有活动发生时历史记录被创建。记录活动形成代码，并经由参考表 4-6 被描述为历史代码表。

在全球数据中心，多剖面历史部分是个空白，以缩小文件尺寸。历史部分在单剖面文件上是可用的，或者从网页数据选择分配在多剖面文件里。

每一剖面的历史信息内容格式说明介绍如表 4-6 所示。

表 4-6 剖面历史信息

名称	定义	说明
HISTORY_ INSTITUTION	char HISTORY_INSTITUTION (N_HISTORY, N_PROF, STRING4); HISTORY_INSTITUTION: long_name="Institution which performed action"; HISTORY_INSTITUTION: conventions="Argo reference table 4"; HISTORY_INSTITUTION: _FillValue=" "	实施行动的机构。 机构代码描述示例：ME for MEDS
HISTORY_ STEP	char HISTORY_STEP (N_HISTORY, N_PROF, STRING4); HISTORY_STEP: long_name="Step in data processing"; HISTORY_STEP: conventions="Argo reference table 12"; HISTORY_STEP: _FillValue=" "	数据处理中对于历史记录的步伐代码。 历史步伐代码描述示例： ARGQ：实时制执行中所报数据的自动质控
HISTORY_ SOFTWARE	Char HISTORY_SOFTWARE (N_HISTORY, N_PROF, STRING4); HISTORY_SOFTWARE: long_name="Name of software which performed action"; HISTORY_SOFTWARE: conventions="Institutiondependent"; HISTORY_SOFTWARE: _FillValue=" "	实施行动的软件的名称。 这个代码是机构所属。 示例：WJO
HISTORY_ SOFTWARE_ RELEASE	Char HISTORY_SOFTWARE_RELEASE (N_HISTORY, N_PROF, STRING4); HISTORY_SOFTWARE_RELEASE: long_name="Version/release of software which performed action"; HISTORY_SOFTWARE_RELEASE: conventions="Institution dependent"; HISTORY_SOFTWARE_RELEASE: _FillValue=" "	软件的版本。 这个名称是机构所属

续表

名称	定义	说明
HISTORY_ REFERENCE	char HISTORY _ REFERENCE (N _ HISTORY, N _ PROF, STRING64); HISTORY_REFERENCE: long_name = "Reference of database"; HISTORY_REFERENCE: conventions = "Institution dependent"; HISTORY_REFERENCE: _FillValue = " "	在同软件连接中用于质控的参考数据库代码。 这个代码是机构所属。 示例: WOD2001
HISTORY_ DATE	char HISTORY_DATE(N_HISTORY, N_PROF, DATE_TIME); HISTORY_DATE: long_name = "Date the history record was created"; HISTORY_DATE: conventions = "YYYYMMDDHHMISS"; HISTORY_DATE: _FillValue = " "	行为的日期。 示例: 20011217160057
HISTORY_ ACTION	char HISTORY_ACTION(N_HISTORY, N_PROF, STRING4); HISTORY_ACTION: long_name = "Action performed on data"; HISTORY_ACTION: conventions = "Argo reference table 7"; HISTORY_ACTION: _FillValue = " "	行为的名称。 行为代码描述示例: 用于质控失败的 QCF $
HISTORY_ PARAMETER	char HISTORY_PARAMETER(N_HISTORY, N_PROF, STRING16); HISTORY_PARAMETER: long_name = "Station parameter action is performed on"; HISTORY_PARAMETER: conventions = "Argo reference table 3"; HISTORY_PARAMETER: _FillValue = " "	在其上实施行为的参数名称。 示例: PSAL
HISTORY_ START_PRES	float HISTORY_START_PRES(N_HISTORY, N_PROF); HISTORY_ START _ PRES: long _ name = " Start pressure action applied on"; HISTORY_START_PRES: _FillValue = 99999. f; HISTORY_START_PRES: units = "decibar"	实施行为的开始压力。 示例: 1500. 0
HISTORY_ STOP_PRES	float HISTORY_STOP_PRES(N_HISTORY, N_PROF); HISTORY_STOP_PRES: long_name = "Stop pressure actionapplied on"; HISTORY_STOP_PRES: _FillValue = 99999. f; HISTORY_STOP_PRES: units = "decibar"	实施行为的停止压, 该压力较 START_PRES 为大。 示例: 1757. 0
HISTORY_ PREVIOUS_ VALUE	float HISTORY_PREVIOUS_VALUE(N_HISTORY, N_PROF); HISTORY_PREVIOUS_VALUE: long_name = "Parameter/Flag previous value before action"; HISTORY_PREVIOUS_VALUE: _FillValue = 99999. f	行为前参数或标识的值。 示例: 2 (准好数据) 这个标识已被改变到 1 (好数据)

续表

名称	定义	说明
HISTORY_QCTEST	char HISTORY_QCTEST(N_HISTORY, N_PROF, STRING16); HISTORY_QCTEST: long_name = "Documentation of tests performed, tests failed (in hex form)"; HISTORY_QCTEST: conventions = "Write tests performed when ACTION = QCP $; tests failed when ACTION = QCF $"; HISTORY_QCTEST: _FillValue = " "	当 ACTION 置到 QCP $（质控被执行）时，这个域记录检验被执行；当 ACTION 置到 QCF $（质控失败）时，该检验失败。 QCTEST 代码描述示例：0A（16 进制）

历史部分的用处请见《使用 Argo NetCDF 结构的历史部分》。

4.4 轨迹格式

一个 Argo 轨迹文件包含一个 Argo 浮标所有接收的定位信息。每个浮标都有一个轨迹文件。

除了定位之外，一个轨迹文件可以包含在一些或所有位置进行的诸如温度、盐度或电导率测量的信息。

文件的命名惯例参见 4.2 节。

4.4.1 维度和定义

Argo 轨迹浮标上传生成的轨迹文件名称、定义及说明如表 4-7 所示。

表 4-7 轨迹格式数据文件

名称	定义	说明
DATE_TIME	DATE_TIME = 14	该维度是 ASCII 日期和时间值的长度。 Date_time 惯例是：YYYYMMDDHHMISS · YYYY：年 · MM：月 · DD：天 · HH：时（0~23） · MI：分（0~59） · SS：秒（0~59） 日期和时间值沿用世界协调时(UTC)。 示例： 20010105172834：January 5th 2001 17:28:34 19971217000000：December 17th 1997 00:00:00

续表

名称	定义	说明
STRING256 STRING64 STRING32 STRING16 STRING8 STRING4 STRING2	STRING256=256; STRING64=64; STRING32=32; STRING16=16; STRING8=8; STRING4=4; STRING2=2	字符串的维度为 2~256
N_PARAM		对于一次压强采样，测量或计算参数的最大数。 示例： (压强，温度)：N_PARAM=2 (压强，温度，盐度)：N_PARAM=3 (压强，温度，电导率，盐度)：N_PARAM=4
N_MEASUREMENT	N_MEASUREMENT=unlimited	这个维度是所记录文件的定位和测量的数
N_CYCLE	N_CYCLE=<int value>	浮标所实施的周期数。 示例：N_CYCLE=100
N_HISTORY	N_HISTORY=<int value>	定位历史记录的最大数。 这个维度取决于数据包。 示例：N_HISTORY=10

4.4.2　轨迹文件的综合信息

这部分包含整个文件的信息，如表 4-8 所示。

表 4-8　轨迹文件综合信息

名称	定义	说明
DATA_TYPE	char DATA_TYPE(STRING16); DATA_TYPE: comment="Data type"; DATA_TYPE: _FillValue=" "	这个域含有文件所包括的数据类型。 可接收的数据类型示例：Argo 轨迹
FORMAT_VERSION	char FORMAT_VERSION(STRING4); FORMAT_VERSION: comment="File format version"; FORMAT_VERSION: _FillValue=" "	文件格式版本

续表

名称	定义	说明
HANDBOOK_VERSION	char HANDBOOK_VERSION(STRING4); HANDBOOK_VERSION: comment="Data handbook version"; HANDBOOK_VERSION: _FillValue=" "	数据手册的版本数。 这个域指示文件中所含数据系根据《Argo 数据管理手册》中描述的策略管理的
REFERENCE_DATE_TIME	char REFERENCE_DATE_TIME(DATE_TIME); REFERENCE_DATE_TIME: comment="Date of reference for Julian days"; REFERENCE_DATE_TIME: conventions="YYYYMMDDHHMISS"; REFERENCE_DATE_TIME: _FillValue=" "	基准日期是儒略历日。 推荐的基准日期和时间是19500101000000: January 1st 1950 00:00:00
DATE_CREATION	char DATE_CREATION(DATE_TIME); DATE_CREATION: comment="Date of file creation"; DATE_CREATION: conventions="YYYYMMDDHHMISS"; DATE_CREATION: _FillValue=" "	这个文件创建的日期和时间(UTC)。 格式: YYYYMMDDHHMISS 示例: 20011229161700: December 29th 2001 16:17:00
DATE_UPDATE	char DATE_UPDATE(DATE_TIME); DATE_UPDATE: long_name="Date of update of this file"; DATE_UPDATE: conventions="YYYYMMDDHHMISS"; DATE_UPDATE: _FillValue=" "	这个文件修改的日期和时间(UTC)。 格式: YYYYMMDDHHMISS 示例: 20011230090500: December 30th 2001 09:05:00

4.4.3 浮标的综合信息

这部分含有浮标的综合信息，如表 4-9 所示。

表 4-9 浮标综合信息

名称	定义	说明
PLATFORM_NUMBER	char PLATFORM_NUMBER(STRING8); PLATFORM_NUMBER: long_name="Float unique identifier"; PLATFORM_NUMBER: conventions="WMO float identifier: A9IIIII"; PLATFORM_NUMBER: _FillValue=" "	WMO 浮标识别码，WMO 是世界气象组织之缩写。 这个平台识别码是唯一的。 示例: 6900045

续表

名称	定义	说明
PROJECT_NAME	char PROJECT_NAME(STRING64); PROJECT_NAME：comment="Name of the project"; PROJECT_NAME：_FillValue=" "	完成该轨迹的浮标所做轨迹的名称。 示例：GYROSCOPE（欧盟方案 for Argo 计划）
PI_NAME	char PI_NAME（STRING64）; PI_NAME：comment="Name of the principal investigator"; PI_NAME：_FillValue=" "	承担浮标责任的主要研究者的名字。 示例：Yves Desaubies
TRAJECTORY_PARAMETERS	char TRAJECTORY_PARAMETERS(N_PARAM, STRING16); TRAJECTORY_PARAMETERS：long_name=" "	包括在这个轨迹文件中的参数列表。 参数名称示例：TEMP，PSAL，CNDC TEMP：温度 PSAL：实际盐度

4.4.4　浮标的定位与测量

这部分包含对一个 Argo 浮标的定位，也可以包括沿着轨迹进行的测量。这部分里每个域有一个 N_MEASUREMENT 维度。N_MEASUREMENT 是来自浮标的定位(或测量)数。

当沿着轨迹无参数被测量时，N_PARAM（参数数)以及带有一个 N_PARAM 维度的任何域，被从下述文件中除去：PARAM，PARAM_QC，PARAM_ADJUSTED，PARAM_ADJUSTED_QC，PARAM_ADJUSTED_ERROR 和 TRAJECTORY_PARAMETERS。

<PARAM>含有从浮标遥测发送的原始值。

<PARAM>中的值决不会改变。<PARAM_QC>含有 QC 标识，它们附属于在<PARAM>里的值。在<PARAM_QC>里的值，最初在“R”和“A”模式经由自动实时检验被设置。

此后在“D”模式里，在经由实时程序不正确设置 QC 标识的层面上它们被修改，并且在那里错误的数据不被实时程序发觉。

每一参数可能被调整。这时，<PARAM>_ADJUSTED 含有调整值，<PARAM>_ADJUSTED_QC 含有经由延迟模式过程设置的 QC 标识，并且<PARAM>_ADJUSTED_ERROR 含有调整的不确定性。

具有未调整数据的一个文件含有以填充值(<PARAM>_ADJUSTED，<PARAM>_ADJUSTED_QC 和<PARAM>_ADJUSTED_ERROR)的调整部分。相关数据信息如

表 4-10 所示。

表 4-10 浮标的定位与测量信息

名称	定义	说明
DATA_MODE	char DATA_MODE(N_MEASUREMENT); DATA_MODE: long_name = "Delayed mode or real time data"; DATA_MODE: conventions = "R: real time; D: delayed mode; A: real time with adjustment"; DATA_MODE: _FillValue = " "	如果剖面含有实时或延迟模式数据，则提示 R：实时数据 D：延迟模式数据 A：带调整值的实时数据
DC_REFERENCE	char DC_REFERENCE(N_MEASUREMENT STRING32); DC_REFERENCE: long_name = "Location unique identifier in data centre"; DC_REFERENCE: conventions = "Data centre convention"; DC_REFERENCE: _FillValue = " "	数据中心定位的唯一识别器码; 数据中心可以有不同的识别方案，因此，DC_REFERENCE 不总是唯一的数据访问中心
JULD	double JULD(N_MEASUREMENT); JULD: long_name = "Julian day (UTC) of each measurement relative to REFERENCE_DATE_TIME"; JULD: units = "days since 1950-01-01 00:00:00 UTC"; JULD: conventions = "Relative julian days with decimal part (as parts of the day)"; JULD: _FillValue = 999999	定位或测量的儒略历日; 整数部分表示测量日期，分数部分表示测量时间; 日期和时间是协调世界时; 儒略历的天象对应 REFERENCE_DATE_TIME 示例: 18833. 8013889885: July 25 2001 19:14:00
JULD_QC	char JULD_QC(N_MEASUREMENT); JULD_QC: long_name = "Quality on date and time"; JULD_QC: conventions = "Argo reference table 2"; JULD_QC: _FillValue = " "	儒略历日期和时间的质量标识; 品级示例: 1：日期和时间看似正确
LATITUDE	double LATITUDE(N_MEASUREMENT); LATITUDE: long_name = "Latitude of each location"; LATITUDE: units = "degree_north"; LATITUDE: _FillValue = 99999°; LATITUDE: valid_min = -90°; LATITUDE: valid_max = 90°	定位或测量的纬度，单位：(°)，N。 示例：44. 4991 即 44° 29′56. 76″N

续表

名称	定义	说明
LONGITUDE	double LONGITUDE(N_MEASUREMENT); LONGITUDE: long_name="Longitude of each location"; LONGITUDE: units="degree_east"; LONGITUDE: _FillValue=99999°; LONGITUDE: valid_min=-180°; LONGITUDE: valid_max=180°	定位或测量的经度，单位：(°)，E。 示例：16.7222 即 16° 43′19.92″E
POSITION_ ACCURACY	char POSITION_ACCURACY(N_MEASUREMENT); POSITION_ACCURACY: long_name="Estimated accuracy in latitude and longitude"; POSITION _ ACCURACY: conventions = " Argo reference table 5"; POSITION_ACCURACY: _FillValue=" "	从定位系统接收的定位精度； Argos 的定位等级描述示例：3：纬度和经度<150 m
POSITION_QC	char POSITION_QC(N_MEASUREMENT); POSITION_QC: long_name="Quality on position"; POSITION_QC: conventions="Argo reference table 2"; POSITION_QC: _FillValue=" "	位置的质量标识； 根据（纬度，经度，儒略历）质量，位置表示被设置； 标识品级描述示例：1：位置看似正确
CYCLE_ NUMBER	int CYCLE_NUMBER(N_MEASUREMENT); CYCLE_NUMBER: long_name="Float cycle number of the measurement"; CYCLE_NUMBER: conventions="0..N, 0: launch cycle, 1: first complete cycle"; CYCLE_NUMBER: _FillValue=99999	浮标这次测量的周期数； 在一个周期中，通常有若干定位/测量被接收； 示例：17：浮标第 17 周期执行测量
CYCLE_STAGE	int CYCLE_STAGE (N_MEASUREMENT); CYCLE_STAGE: long_name="Stage of the measurement in the cycle"; CYCLE_STAGE: conventions = " 100: descending, 200: parking pressure, 300: descent to maximum pressure; ascent to surface, 500: surface drift"; CYCLE_STAGE: _FillValue=99999	每一次测量周期中所提供的步骤； 一个周期内的进程的惯例示例： 200：在停泊雅强期间进行的测量
<PARAM>	float <PARAM>(N_MEASUREMENT); <PARAM>: long_name="<X>"; <PARAM>: _FillValue=<X>; <PARAM>: units="<X>"; <PARAM>: valid_min=<X>; <PARAM>: valid_max=<X>; <PARAM>: comment="<X>"; <PARAM>: C_format="<X>"; <PARAM>: FORTRAN_format="<X>"; <PARAM>: resolution=<X>	<PARAM>参考表 3 所列参数含有的原始值

续表

名称	定义	说明
<PARAM>_QC	char <PARAM>_QC(N_MEASUREMENT); <PARAM>_QC：long_name="quality flag"; <PARAM>_QC：conventions="Argo reference table 2"; <PARAM>_QC：_FillValue=" "	适用于每一参数<PARAM>值的质量标识
<PARAM>_ ADJUSTED	float <PARAM>_ADJUSTED(N_MEASUREMENT); <PARAM>_ADJUSTED：long_name="<X>"; <PARAM>_ADJUSTED：_FillValue=<X>; <PARAM>_ADJUSTED：units="<X>"；<PARAM>_ADJUSTED：valid_min=<X>; <PARAM>_ADJUSTED：valid_max=<X>; <PARAM>_ADJUSTED：comment="<X>"; <PARAM>_ADJUSTED：C_format="<X>"; <PARAM>_ADJUSTED：FORTRAN_format="<X>"; <PARAM>_ADJUSTED：resolution= <X>	<PARAM>_ADJUSTED 含有从参数原始值导出的调整值； <PARAM>_ADJUSTED 是强迫性的，若无调整时，则插入填充值
<PARAM>_ ADJUSTED_QC	char <PARAM>_ADJUSTED_QC(N_MEASUREMENT); <PARAM>_ADJUSTED_QC：long_name="quality flag"; <PARAM>_ADJUSTED_QC：conventions="Argo reference table 2"; <PARAM>_ADJUSTED_QC：_FillValue=" "	质量标识应用于每一<PARAM>_ADJUSTED 值； <PARAM>_ADJUSTED_QC 是强迫性的。若无调整值时，插入填充值
<PARAM>_ ADJUSTED_ ERROR	float <PARAM>_ADJUSTED_ERROR(N_MEASUREMENT); <PARAM>_ADJUSTED_ERROR：long_name="<X>"; <PARAM>_ADJUSTED_ERROR：_FillValue=<X>; <PARAM>_ADJUSTED_ERROR：units="<X>"；<PARAM>_ADJUSTED_ERROR：comment="Contains the error on the adjusted values as determined by the delayed mode QC process."; <PARAM>_ADJUSTED_ERROR：C_format="<X>"; <PARAM>_ADJUSTED_ERROR：FORTRAN_format="<X>"; <PARAM>_ADJUSTED_ERROR：resolution= <X>	<PARAM>_ADJUSTED_ERROR 含有参数调整值上的错误； <PARAM>_ADJUSTED_ERROR 是强迫性的，无调整值时，插入填充值

4.4.5　浮标的周期信息

这部分含有关于浮标履行的周期信息。如表 4-11 所示。

这部分的每一个域有一个 N_CYCLE 维度。

N_CYCLE 是浮标履行的周期数。

当一个周期被丢失(如无接收数据)时，所有的周期信息接收为填充值。

表 4-11　浮标的周期信息

名称	定义	说明
JULD_ ASCENT_START	double JULD_ASCENT_START(N_CYCLE); JULD_ASCENT_START: long_name = "Start date of the ascending profile"; JULD_ASCENT_START: units = "days since 1950-01-01 00:00:00 UTC"; JULD_ASCENT_START: conventions = "Relative julian days with decimal part (as part of day)"; JULD_ASCENT_START: _FillValue = 999999	上升剖面开始的日期(UTC); 示例: 18833.8013889885: July 25 2001 19:14:00
JULD_ASCENT_ START_STATUS	Char JULD_ASCENT_START_STATUS(N_CYCLE); JULD_ASCENT_START_STATUS: conventions = "0: Nominal, 1: Estimated, 2: Transmitted"; JULD_ASCENT_START_STATUS: _FillValue = " "	0: 自浮标元数据的日期 1: 算日期 2: 由浮标发送的日期 9: 知日期
JULD_ ASCENT_ END	double JULD_ASCENT_END(N_CYCLE); JULD_ASCENT_END: long_name = "End date of the ascending profile"; JULD_ASCENT_END: units = "days since 1950-01-01 00: 00: 00 UTC"; JULD_ASCENT_END: conventions = "Relative julian days with decimal part (as part of day)"; JULD_ASCENT_END: _FillValue = 999999	上升剖面结束的日期(UTC); 示例: 18833.8013889885: July 25 2001 19:14:00
JULD_ASCENT_ END_STATUS	Char JULD_ASCENT_END_STATUS(N_CYCLE); JULD_ASCENT_END_STATUS: conventions = "0: Nominal, 1: Estimated, 2: Transmitted"; JULD_ASCENT_END_STATUS: _FillValue = " "	0: 自浮标元数据的日期 1: 算日期 2: 经由浮标发送的日期 9: 知日期

续表

名称	定义	说明
JULD_DESCENT_START	double JULD_DESCENT_START(N_CYCLE); JULD_DESCENT_START: long_name = " Descent start date of the cycle"; JULD_DESCENT_START: units = " days since 1950-01-01 00: 00: 00 UTC"; JULD _ DESCENT _ START: conventions = " Relative julian days with decimal part (as part of day)"; JULD_DESCENT_START: _FillValue = 999999	下降剖面开始的日期(UTC); 示例: 18833. 8013889885: July 25 2001 19:14:00
JULD_DESCENT_START_STATUS	Char JULD_DESCENT_START_STATUS(N_CYCLE); JULD_DESCENT_START_STATUS: conventions = "0: Nominal, 1: Estimated, 2: Transmitted"; JULD_DESCENT_START_STATUS: _FillValue = " "	0: 自浮标元数据的日期 1: 算日期 2: 由浮标发送的日期 9: 知日期
JULD_DESCENT_END	double JULD_DESCENT_END(N_CYCLE); JULD_DESCENT_END: long_name = " Descent end date of the cycle"; JULD_DESCENT_END: units = " days since 1950-01-01 00: 00: 00 UTC"; JULD_DESCENT_END: conventions = " Relative julian days with decimal part (as part of day) "; JULD_DESCENT_END: _FillValue = 999999	下降剖面结束的日期(UTC); 示例: 18833. 8013889885: July 25 2001 19:14:00
JULD_DESCENT_END_STATUS	char JULD_DESCENT_END_STATUS(N_CYCLE); JULD _ DESCENT _ END _ STATUS: conventions = "0: Nominal, 1: Estimated, 2: Transmitted"; JULD_DESCENT_END_STATUS: _FillValue = " "	0: 自浮标元数据的日期 1: 算日期 2: 由浮标发送的日期 9: 知日期
JULD_START_TRANSMISSION	double JULD_START_TRANSMISSION(N_CYCLE); JULD_START _ TRANSMISSION: long _ name = " Start date of transmssion"; JULD_START_TRANSMISSION: units = " days since 1950-01-01 00:00:00 UTC"; JULD _ START _ TRANSMISSION: conventions = " Relative julian days with decimal part (as part of day)"; JULD_START_TRANSMISSION: _FillValue = 999999	数据发送开始的日期(UTC); 示例: 18833. 8013889885: July 25 2001 19:14:00

续表

名称	定义	说明
JULD_START_TRANSMISSION_STATUS	char JULD_START_TRANSMISSION_STATUS(N_CYCLE); JULD_START_TRANSMISSION_STATUS: conventions =“0: Nominal, 1: Estimated, 2: Transmitted"; JULD_START_TRANSMISSION_STATUS: _FillValue =" "; GROUNDED: conventions="Y, N, U"; GROUNDED: _FillValue=" "	0：自浮标元数据的日期 1：算日期 2：由浮标发送的日期 9：知日期
GROUNDED	char GROUNDED(N_CYCLE); GROUNDED: long_name =" Did the profiler touch the ground for that cycle”	GROUNDED 指示在一个周期中浮标是否触底(地)； 格式：Y，N，U 示例： Y：浮标触底 N：未触底 U：未知
CONFIGURATION_PHASE_NUMBER	int CONFIGURATION_PHASE_NUMBER (N_CYCLE); CONFIGURATION_PHASE_NUMBER: long_name =" Phase number of unique cycles performed by the float”; CONFIGURATION_PHASE_NUMBER: _FillValue =" "	配置参数的状态数
CYCLE_NUMBER	int CYCLE_NUMBER(N_CYCLE); CYCLE_NUMBERc: long_name =" Float cycle number of the measurement"; CYCLE_NUMBER: conventions="0…N, 0: launch cycle, 1: first complete cycle"; CYCLE_NUMBER: _FillValue=99999	浮标的周期数； 在这样一个周期里，进行有用数据记录的收集 i(例如触底与否)； 示例：17，在浮标的第 17 周期中，测量被实行
DATA_MODE	char DATA_MODE(N_ CYCLE); DATA_MODE: long_name="Delayed mode or real time data"; DATA_MODE: conventions="R: real time; D: delayed mode; A: real time with adjustment"; DATA_MODE: _FillValue=" "	I 如果剖面含有实时或延迟模式数据，则提示： R：实时数据 D：延迟模式数据 A：带调整值的实时数据

4.4.6 历史信息

这部分含有对于每一测量中每一行为实施的历史信息。

这部分的每一项均含有一个 N_MEASUREMENT（定位或测量数）和 N_HISTORY（历史记录数）维度，如表 4-12 所示。

表 4-12 浮标的历史信息

名称	定义	说明
HISTORY_INSTITUTION	char HISTORY_INSTITUTION（N_HISTORY，STRING4）; HISTORY_INSTITUTION：long_name = " Institution which performed action" ; HISTORY_INSTITUTION：conventions = " Argo reference table 4" ; HISTORY_INSTITUTION：_FillValue = " "	实施行为的院所； I 院所代码描述示例： ME，即 MEDS
HISTORY_STEP	char HISTORY_STEP（N_HISTORY，STRING4）; HISTORY_STEP：long_name = " Step in data processing" ; HISTORY_STEP：conventions = " Argo reference table 12" ; HISTORY_STEP：_FillValue = " "	数据处理中对于历史记录的步伐代码，历史步伐代码描述示例： ARGQ：实时制执行中所报数据的自动质控
HISTORY_SOFTWARE	Char HISTORY_SOFTWARE（N_HISTORY，STRING4）; HISTORY_SOFTWARE：long_name = " Name of software which performed action" ; HISTORY_SOFTWARE：conventions = " Institution dependent" ; HISTORY_SOFTWARE：_FillValue = " "	实施行动的软件的名称； 这个代码是机构所属； 示例：WJO
HISTORY_SOFTWARE_RELEASE	Char HISTORY_SOFTWARE_RELEASE（N_HISTORY，STRING4）; HISTORY_SOFTWARE_RELEASE：long_name = " Version/release of software which performed action" ; HISTORY_SOFTWARE_RELEASE：conventions = " Institution dependent" ; HISTORY_SOFTWARE_RELEASE：_FillValue = " " char HISTORY_REFERENCE（N_HISTORY，STRING64）;	软件的版本； 这个名称是机构所属； 示例：1.0
HISTORY_REFERENCE	HISTORY_REFERENCE：long_name = " Reference of database" ; HISTORY_REFERENCE：conventions = " Institution dependent" ; HISTORY_REFERENCE：_FillValue = " "	在同软件连接中用于质控的参考数据库代码； 这个代码是机构所属； 示例：WOD2001

续表

名称	定义	说明
HISTORY_ DATE	char HISTORY_DATE(N_HISTORY, DATE_TIME); HISTORY_DATE: long_name = " Date the history record was created"; HISTORY_DATE: conventions = " YYYYMMDDHHMISS"; HISTORY_DATE: _FillValue = " "	行为日期; 示例: 20011217160057
HISTORY_ ACTION	char HISTORY_ACTION (N_HISTORY, STRING64); HISTORY_ACTION: long_name = " Action performed on data"; HISTORY_ACTION: conventions = " Argo reference table 7"; HISTORY_ACTION: _FillValue = " "	行为的名称; 行为代码描述 示例: 用于质控失败的 QCF $
HISTORY_ PARAMETER	Char HISTORY_PARAMETER(N_HISTORY, STRING16); HISTORY_PARAMETER: long_name = " Station parameter action is performed on"; HISTORY_PARAMETER: conventions = " Argo reference table 3"; HISTORY_PARAMETER: _FillValue = " "	在其上实施行为的参数名称; 示例: PSAL
HISTORY_ PREVIOUS_ VALUE	Float HISTORY_PREVIOUS_VALUE(N_HISTORY); HISTORY_PREVIOUS_VALUE: long_name = " Parameter/Flag previous value before action"; HISTORY_PREVIOUS_VALUE: _FillValue = 99999. f	行为前参数或标识的值; 示例: 2 (准好数据) 这个标识已被改变到 1 (好数据)
HISTORY_ INDEX_ DIMENSION	char HISTORY_INDEX_DIMENSION(N_HISTORY)	相应于 HISTORY_START_INDEX 及 HISTORY_STOP_INDEX 维度名称 C: N_CYCLE M: N_MEASUREMENT
HISTORY_ START_ INDEX	int HISTORY_ START_INDEX (N_HISTORY); HISTORY_START_INDEX: long_name = " Start index action applied on"; HISTORY_START_INDEX: _FillValue = 99999	施加行为的开始索引; 此索引相应于 N_MEASUREMENT 或 N_CYCLE, 取决于正确的参数; 示例: 100
HISTORY_ STOP_ INDEX	int HISTORY_ STOP_INDEX (N_HISTORY); HISTORY_STOP_INDEX: long_name = " Stop index action applied on"; HISTORY_STOP_INDEX: _FillValue = 99999	施加行为的停止索引, 此索引相应于 N_MEASUREMENT 或 N_CYCLE, 取决于正确的参数 示例: 150

续表

名称	定义	说明
HISTORY_QCTEST	char HISTORY_QCTEST(N_HISTORY, STRING16); HISTORY_QCTEST: long_name = " Documentation of tests performed, tests failed (in hex form)"; HISTORY_QCTEST: conventions = " Write tests performed when ACTION=QCP $; tests failed when ACTION=QCF $ "; HISTORY_QCTEST: _FillValue = " "	当 ACTION 被设置到 QCP $ 时(执行质控), 这个域报告被执行的检验; 当 ACTION 被设置到 QCF $ 时(质控失败), 这个检验失败; QCTEST 描述示例: 0A (16 进制格式)

历史部分的用处详见《使用 Argo NetCDF 结构的历史部分》。

4.5 元数据格式 V2.2

一个元数据文件含有关于一个 Argo 浮标的信息。

文件命名惯例见 4.2 节。

4.5.1 维度和定义

例如，当定义名称如 DATE_TIME 文件格式时，可使 DATE_TIME = 14，其维度是指 ASCII 日期和时间值的长度。例如，20010105172834：January 5th 2001 17:28:34 。

表 4-13 元数据格式 V2.2 数据信息

名称	定义	说明
DATE_TIME	DATE_TIME = 14	该维度是 ASCII 日期和时间值的长度; Date_time 惯例是: YYYYMMDDHHMISS · YYYY: 年 · MM: 月 · DD: 天 · HH: 时 (0~23) · MI: 分 (0~59) · SS: 秒 (0~59) 日期和时间值沿用世界协调时(UTC); 示例: 20010105172834: January 5th 2001 17:28:34 19971217000000: December 17th 1997 00:00:00

续表

名称	定义	说明
STRING256 STRING64 STRING32 STRING16 STRING8 STRING4 STRING2	STRING256=256; STRING64=64; STRING32=32; STRING16=16; STRING8=8; STRING4=4; STRING2=2	字符串的维度为 2~256(由 8 种减为 7 种)
N_CYCLES	N_CYCLES=<int value>	不同的按计划进行的周期数; 这个值通常置为 1：所有的周期被程式化为相同的，然而，一些浮标可能执行具有不同规划的周期; 示例：一个浮标被规划以有规律的执行 4 个周期 400 dbar 剖面，并且第 5 周期是 2000 dbar 剖面，在这种情况下，N_CYCLE 设置为 2. N_CYCLES=2 第一个 N_CYCLE 有一个 4 的重复率 REPETITION_RATE =4，而第二个 N_CYCLE 中，REPETITION_RATE =1
N_PARAM	N_PARAM=<int value>	对于一个压强采样，测量或校准的参数数目 示例： (压强，温度)：N_PARAM=2 (压强，温度，盐度)：N_PARAM=3 (压强，温度，电导率，盐度)：N_PARAM=4

4.5.2　元数据文件的综合信息

这部分含有关于整个文件的信息，如表 4-14 所示。

表 4-14　元数据格式 V2.2 综合信息

名称	定义	说明
DATA_TYPE	char DATA_TYPE(STRING16); DATA_TYPE: comment="Data type"; DATA_TYPE: _FillValue=" "	这个域含有文件中所含数据的类型，可接受数据类型 示例：Argo 元数据
FORMAT_VERSION	char FORMAT_VERSION(STRING4); FORMAT_VERSION: comment = " File format version "; FORMAT_VERSION: _FillValue=" "	文件格式版本

续表

名称	定义	说明
HANDBOOK_VERSION	char HANDBOOK_VERSION(STRING4); HANDBOOK_VERSION: comment="Data handbook version"; HANDBOOK_VERSION: _FillValue=" "	数据手册的版本数; 这个域指示文件中所含数据系根据《Argo数据管理手册》中描述的策略管理的
DATE_CREATION	char DATE_CREATION(DATE_TIME); DATE_CREATION: comment = " Date of file creation "; DATE_CREATION: conventions = " YYYYMMDDHHMISS"; DATE_CREATION: _FillValue=" "	这个文件创建的日期和时间(UTC); 格式: YYYYMMDDHHMISS 示例: 20011229161700: December 29th 2001 16:17:00
DATE_UPDATE	char DATE_UPDATE(DATE_TIME); DATE_UPDATE: long_name = " Date of update of this file"; DATE_UPDATE: conventions = " YYYYMMDDHHMISS"; DATE_UPDATE: _FillValue=" "	这个文件修改的日期和时间(UTC); 格式: YYYYMMDDHHMISS 示例: 20011230090500: December 30th 2001 09:05:00

4.5.3 浮标的特性

这部分含有浮标的主要特性。数据信息内容介绍如表 4-15 所示。

表 4-15 浮标的特性相关数据信息

名称	定义	说明
PLATFORM_NUMBER	char PLATFORM_NUMBER(STRING8); PLATFORM_NUMBER: long_name = " Float unique identifier"; PLATFORM_NUMBER: conventions="WMO float identifier: A9IIIII"; PLATFORM_NUMBER: _FillValue=" "	WMO 平台识别码; WMO 是世界气象组织; 平台识别码是唯一的; 示例: 6900045
PTT	char PTT (STRING256); PTT: long_name="Transmission identifier (Argos, ORBCOMM, etc.)"; PTT: _FillValue=" "	浮标的发送识别码; 逗号分隔列用于多信标发送; 示例: 22507: 浮标配备有一个 Argos 信标; 22598, 22768: 浮标配备有两个 Argos 信标

续表

名称	定义	说明
TRANS_SYSTEM	char TRANS_SYSTEM(STRING16); TRANS_SYSTEM：long_name = " The telecommunications system used"; TRANS_SYSTEM：_FillValue = " "	由参考表 10 所得电信系统的名称； 示例：Argos
TRANS_SYSTEM_ID	char TRANS_SYSTEM_ID(STRING32); TRANS_SYSTEM_ID：long_name = " The programidentifier used by the transmission system"; TRANS_SYSTEM_ID：_FillValue = " "	电信预定的程序识别码； 当无应用时，使用 N/A.（1 例如铱星或轨道通讯卫星）； 示例： 对于所有 Argos 信标的客户，38511 是一个预定程序码
TRANS_FREQUENCY	char TRANS_FREQUENCY(STRING16); TRANS_FREQUENCY：long_name = " The frequency of transmission from the float"; TRANS_FREQUENCY：units = " hertz"；TRANS_FREQUENCY：_FillValue = " "	从浮标发送的频率； 单位：Hz 示例：1/44
TRANS_REPETITION	float TRANS_REPETITION; TRANS_REPETITION：long_name = " The repetition rate of transmission from the float"; TRANS_REPETITION：units = " second"；TRANS_REPETITION：_FillValue = 99999. f	发送系统的重复率； 单位：s 示例：40（每 40s 测量重复）
POSITIONING_SYSTEM	char POSITIONING_SYSTEM(STRING8); POSITIONING_SYSTEM：long_name = " Positioning system"; POSITIONING_SYSTEM：_FillValue = " "	来自定位系统； Argos 或 GPS 是两个定位系统。 示例：Argos
CLOCK_DRIFT	float CLOCK_DRIFT; CLOCK_DRIFT：long_name = " The rate of drift of the float clock"; CLOCK_DRIFT：units = " decisecond/day"; CLOCK_DRIFT：_FillValue = " 99999. f"	浮标内部时钟的漂移率； 单位：decisecond/d （十进制秒/天，分秒/天） 示例：1. 57
PLATFORM_MODEL	char PLATFORM_MODEL (STRING16); PLATFORM_MODEL：long_name = " Model of the float "; PLATFORM_MODEL：_FillValue = " "	浮标的型号； 示例：APEX-SBE

续表

名称	定义	说明
PLATFORM_MAKER	char PLATFORM_MAKER (STRING256); PLATFORM_MAKER: long_name = "The name of the manufacturer "; PLATFORM_MAKER: _FillValue = " "	制造商名称; 示例: Webb research (Webb 探测)
INST_REFERENCE	char INST_REFERENCE(STRING64); INST_REFERENCE: long_name = " Instrument type"; INST_REFERENCE: conventions = " Brand, type, serial number"; INST_REFERENCE: _FillValue = " "	参考仪器: 商标, 型号, 列号 示例: APEX-SBE 259
WMO_INST_TYPE	char WMO_INST_TYPE(STRING4); WMO_INST_TYPE: long_name = " Coded instrument type"; WMO_INST_TYPE: conventions = " Argo reference table 8"; WMO_INST_TYPE: _FillValue = " "	来自 WMO 码表 1770 的仪器型号; WMO 表 1770 的一个子集见参考表 8; 示例: 846: Webb 探测浮标, 海鸟(SEABIRD)传感器
DIRECTION	char DIRECTION; DIRECTION: long_name = " Direction of the profiles"; DIRECTION: conventions = " A: ascending profiles, B: descending and ascending profiles"; DIRECTION: _FillValue = " "	浮标剖面的方向; A: 仅上升剖面 B: 下降和上升剖面
PROJECT_NAME	char PROJECT_NAME(STRING64); PROJECT_NAME: long_name = " The program under which the float was deployed"; PROJECT_NAME: _FillValue = " "	执行剖面的浮标剖面规划的名称; 示例: GYROSCOPE (对于 Argo 计划的欧盟规划)
DATA_CENTRE	char DATA_CENTRE(STRING2); DATA_CENTRE: long_name = " Data centre in charge of float real-time processing"; DATA_CENTRE: conventions = " Argo reference table 4"; DATA_CENTRE: _FillValue = " "	为浮标数据管理担责的数据中心代码; 数据中心代码 示例: ME 就是 MEDS
PI_NAME	char PI_NAME (STRING64); PI_NAME: comment = " Name of the principal investigator"; PI_NAME: _FillValue = " "	剖面浮标主要研究者的名称; 示例: Yves Desaubies

续表

名称	定义	说明
ANOMALY	char ANOMALY(STRING256); ANOMALY：long_name = "Describe any anomalies or ocationproblems the float may have had. "; ANOMALY：_FillValue = " "	这个域描述任何异常或浮标可能含有的问题； 示例："水下漂流是不稳定的"

4.5.4　浮标的部署和任务信息

浮标的部署和任务信息文件名称及定义、说明，如表 4-16 所示。

表 4-16　浮标的部署和任务信息相关数据

名称	定义	说明
LAUNCH_DATE	char LAUNCH_DATE(DATE_TIME); LAUNCH_DATE：long_name = "Date (UTC) of the deployment"; LAUNCH_DATE：conventions = "YYYYMMDDHHMISS"; LAUNCH_DATE：_FillValue = " "	浮标投放的日期和时间(UTC)； 格式：YYYYMMDDHHMISS 示例： 20011230090500：December 30th 2001 03:05:00
LAUNCH_LATITUDE	double LAUNCH_LATITUDE; LAUNCH_LATITUDE：long_name = "Latitude of the float when deployed"; LAUNCH_LATITUDE：units = "degrees_north"; LAUNCH_LATITUDE：_FillValue = 99999°; LAUNCH_LATITUDE：valid_min = -90°; LAUNCH_LATITUDE：valid_max = 90°	投放的纬度； 单位：(°)，N。 示例：44.4991：44° 29′56.76″N
LAUNCH_LONGITUDE	double LAUNCH_LONGITUDE; LAUNCH_LONGITUDE：long_name = "Longitude of the float when deployed"; LAUNCH_LONGITUDE：units = "degrees_east"; LAUNCH_LONGITUDE：_FillValue = 99999°; LAUNCH_LONGITUDE：valid_min = -180°; LAUNCH_LONGITUDE：valid_max = 180°	投放的经度； 单位：(°)，E。 示例：16.7222：16° 43′19.92″E
LAUNCH_QC	char LAUNCH_QC; LAUNCH_QC：long_name = "Quality on launch date, time and location"; LAUNCH_QC：conventions = "Argo reference table 2"; LAUNCH_QC：_FillValue = " "	投放日期，时间，定位的质量标识； 标识的品级描述示例： 1：投放定位看似正确

续表

名称	定义	说明
START_DATE	char START_DATE(DATE_TIME); START_DATE: long_name="Date (UTC) of the first descent of the float."; START_DATE: conventions="YYYYMMDDHHMISS"; START_DATE: _FillValue=" "	浮标第一次下降的日期和时间(UTC); 格式: YYYYMMDDHHMISS 示例: 20011230090500: December 30th 2001 06:05:00
START_DATE_QC	char START_DATE_QC; START_DATE_QC: long_name="Quality on start date"; START_DATE_QC: conventions="Argo reference table 2"; START_DATE_QC: _FillValue=" "	开始日期的质量标识; 标识品级描述示例: 1: 开始日期看似正确
DEPLOY_PLATFORM	char DEPLOY_PLATFORM(STRING32); DEPLOY_PLATFORM: long_name="Identifier of the deployment platform"; DEPLOY_PLATFORM: _FillValue=" "	部署平台的识别码; 示例: L' ATALANTE
DEPLOY_MISSION	char DEPLOY_MISSION(STRING32); DEPLOY_MISSION: long_name="Identifier of the mission used to deploy the float"; DEPLOY_MISSION: _FillValue=" "	任务识别码，用于部署平台; 示例: POMME2
DEPLOY_AVAILABLE_PROFILE_ID	char DEPLOY_AVAILABLE_PROFILE_ID(STRING256); DEPLOY_AVALAIBLE_PROFILE_ID: long_name="Identifier of stations used to verify the first profile"; DEPLOY_AVAILABLE_PROFILE_ID: _FillValue=" "	CTD 识别码或 XBT 测点识别码用于校验第一剖面; 示例: 58776, 58777
END_MISSION_DATE	char END_MISSION_DATE (DATE_TIME); END_MISSION_DATE: long_name="Date (UTC) of the end of mission of the float"; END_MISSION_DATE: conventions="YYYYMMDDHHMISS"; END_MISSION_DATE: _FillValue=" "	浮标任务的结束日期(UTC); 格式: YYYYMMDDHHMISS 示例: 20011230090500: December 30th 2001 03:05:00
END_MISSION_STATUS	char END_MISSION_STATUS; END_MISSION_STATUS: long_name="Status of the end of mission of the float"; END_MISSION_STATUS: conventions="T: No more transmission received, R: Retrieved"; END_MISSION_STATUS: _FillValue=" "	浮标任务结束的状态

注: XBT 为抛弃式温深仪。

4.5.5　浮标传感器信息

这部分含有关于浮标传感器的信息，如表 4-17 所示。

表 4-17　浮标传感器信息

名称	定义	说明
SENSOR	char SENSOR(N_PARAM, STRING16); SENSOR: long_name = "List of sensors on the float "; SENSOR: conventions = "Argo reference table 3"; SENSOR: _FillValue = " "	经由浮标传感器测量的参数； 参数名称示例： TEMP, PSAL, CNDC TEMP：摄氏温度 PSAL：实际盐度 CNDC：电导率，单位：mhos/m
SENSOR_MAKER	char SENSOR_MAKER(N_PARAM, STRING256); SENSOR_MAKER: long_name = "The name of the manufacturer "; SENSOR_MAKER: _FillValue = " "	传感器制造商的名称； 示例：SEABIRD(海鸟)
SENSOR_MODEL	char SENSOR_MODEL (N_PARAM, STRING256); SENSOR_MODEL: long_name = "Type of sensor"; SENSOR_MODEL: _FillValue = " "	传感器型号； 示例：SBE41
SENSOR_SERIAL_NO	char SENSOR_SERIAL_NO(N_PARAM, STRING16); SENSOR_SERIAL_NO: long_name = "The serial number of the sensor"; SENSOR_SERIAL_NO: _FillValue = " "	传感器的系列号； 示例：2646 036 073
SENSOR_UNITS	char SENSOR_UNITS(N_PARAM, STRING16); SENSOR_UNITS: long_name = "The units of accuracy and resolution of the sensor"; SENSOR_UNITS: _FillValue = " "	传感器的准确单位； 示例：PSU
SENSOR_ACCURACY	float SENSOR_ACCURACY(N_PARAM); SENSOR_ACCURACY: long_name = "Theaccuracy of the sensor"; SENSOR_ACCURACY: _FillValue = 99999. f	传感器的精度； 示例：0. 005
SENSOR_RESOLUTION	float SENSOR_RESOLUTION(N_PARAM); SENSOR_RESOLUTION: long_name = "The resolution of the sensor"; SENSOR_RESOLUTION: _FillValue = 99999. f	传感器的分辨率； 示例：0. 001

4.5.6 浮标校准信息

这部分含有剖面校准的信息。这部分所描述的校准是仪器校准。基于数据分析的延迟模式校准在剖面格式中描述。如表 4-18 所示。

表 4-18 浮标校准信息

名称	定义	说明
PARAMETER	char PARAMETER(N_PARAM, STRING16); PARAMETER: long_name = " List of parameters with calibration information"; PARAMETER: conventions = " Argo reference table 3"; PARAMETER: _FillValue = " "	这个浮标的测量参数; 被校准参数的名字参见参数表; 示例: TEMP, PSAL, CNDC TEMP: 摄氏温度 PSAL: 实际盐度, 单位: PSU CNDC: 电导率, 单位: mhos/m
PREDEPLOYMENT_ CALIB_EQUATION	char PREDEPLOYMENT_CALIB_EQUATION (N_PARAM, STRING256); PREDEPLOYMENT_CALIB_EQUATION: long_name = " Calibration equation for this parameter"; PREDEPLOYMENT_CALIB_EQUATION: _FillValue = " "	这个参数的校准方程; 示例: Tc = a1 * T+a0
PREDEPLOYMENT_ CALIB_ COEFFICIENT	char PREDEPLOYMENT_CALIB_COEFFICIENT (N_PARAM, STRING256); PREDEPLOYMENT_CALIB_COEFFICIENT: long_name = " Calibration coefficients for this equation"; PREDEPLOYMENT_CALIB_COEFFICIENT: _FillValue = " "	方程的校准系数; 示例: a1 = 0.999 97, a0 = 0.0021
PREDEPLOYMENT_ CALIB_COMMENT	char PREDEPLOYMENT_CALIB_COMMENT (N_PARAM, STRING256); PREDEPLOYMENT_CALIB_COMMENT: long_name = " Comment applying tothis parameter calibration"; PREDEPLOYMENT_CALIB_COMMENT: _FillValue = " "	用于这个参数校准的说明; 示例: 该传感器不稳定

4.5.7 浮标的周期信息

这部分含有关于浮标周期特性的信息。这部分里包括的值被规划或估算，它们未被测量。每一值有一个 N_CYCLES 维度。每一 N_CYCLE 描述一周期配置。如

表 4-19 所示。

表 4-19　浮标周期信息

名称	定义	说明
REPETITION_RATE	int REPETITION_RATE(N_CYCLES); REPETITION_RATE: long_name="The number of times this cycle repeats"; REPETITION_RATE: units="number"; REPETITION_RATE: _FillValue=99999	这个周期重复次数的数目； 通常，REPETITION_RATE 和 N_CYCLE 设置为 1：所有的周期被程式化为相同的； 然而，一些浮标可能执行具有不同规划的周期； 示例： 一个浮标被规划以有规律地执行 4 个周期 400 dbar 剖面，并且第 5 周期是 2000 dbar 剖面；在这种情况下，N_CYCLE 设置为 2；N_CYCLES=2， 第一个 N_CYCLE 有一个 4 的重复率 REPETITION_RATE =4，而第二个 N_CYCLE 中，REPETITION_RATE =1
CYCLE_TIME	float CYCLE_TIME(N_CYCLES); CYCLE_TIME: long_name="The total time of a cycle: descent + parking + ascent + surface"; CYCLE_TIME: units="decimal hour"; CYCLE_TIME: _FillValue=99999. f	一个周期的总时间； 这个时间包括下降时间，停泊时间，上升时间和海面时间； 单位：十进制小时 示例：一个 10 d 的周期是 240 h
PARKING_TIME	float PARKING_TIME(N_CYCLES); PARKING_TIME: long_name="The time spent at the parking pressure"; PARKING_TIME: units="decimal hour"; PARKING_TIME: _FillValue=99999. f	待在停泊压强处的时间； 这个时间不包括下降和上升时间； 单位：十进制小时 示例：222，即在停泊压强处呆了 9 d 又 6 h
DESCENDING_PROFILING_TIME	float DESCENDING_PROFILING_TIME(N_CYCLES); DESCENDING_PROFILING_TIME: long_name="The time spent sampling the descending profile"; DESCENDING_PROFILING_TIME: units="decimal hour"; DESCENDING_PROFILING_TIME: _FillValue=99999. f	消耗在下降的时间； 单位：十进制小时 示例：8. 5，即 8 h 又 30 min 的时间用于下降

续表

名称	定义	说明
ASCENDING_PROFILING_TIME	float ASCENDING_PROFILING_TIME(N_CYCLES); ASCENDING_PROFILING_TIME: long_name = "The time spent sampling the ascending profile"; ASCENDING_PROFILING_TIME: units = "decimal hour"; ASCENDING_PROFILING_TIME: _FillValue = 99999. f	消耗在上升的时间； 单位：十进制小时 示例：7.5，即 7 h 又 30 min 用于上升
SURFACE_TIME	float SURFACE_TIME(N_CYCLES); SURFACE_TIME: long_name = "The time spent at the surface."; SURFACE_TIME: units = "decimal hour"; SURFACE_TIME: _FillValue = 99999. f	待在海面的时间(海面漂流)； 单位：十进制小时 示例：10，海面漂流 10 h
PARKING_PRESSURE	float PARKING_PRESSURE(N_CYCLES); PARKING_PRESSURE: long_name = "The pressure of subsurface drifts"; PARKING_PRESSURE: units = "decibar"; PARKING_PRESSURE: _FillValue = 99999. f	海面漂流的压强； 单位：dbar 示例：1500.0，在 1500.0 dbar 处行水下漂流
DEEPEST_PRESSURE	float DEEPEST_PRESSURE(N_CYCLES); DEEPEST_PRESSURE: long_name = "The deepest pressure sampled in the ascending profile"; DEEPEST_PRESSURE: units = "decibar"; DEEPEST_PRESSURE: _FillValue = 99999. f	在上升剖面采样时的最大压强； 单位：dbar 示例：2000.0，在 2000.0 dbar 处上升剖面开始
DEEPEST_PRESSURE_DESCENDING	float DEEPEST_PRESSURE_DESCENDING(N_CYCLES); DEEPEST_PRESSURE_DESCENDING: long_name = "The deepest pressure sampled in the descending profile"; DEEPEST_PRESSURE_DESCENDING: units = "decibar"; DEEPEST_PRESSURE_DESCENDING: _FillValue = 99999. f	在下降剖面采样时的最大压强； 单位：dbar 示例：500.0，在 500.0 dbar 处下降剖面结束

4.5.8 非常满意的元数据参数

按照表 4-20，填写非常满意的元数据参数。

表 4-20　元数据参数内容

非常满意的元数据	必守格式	示例
DATA_TYPE	" Argo meta-data"	DATA_TYPE = " Argo meta-data"
FORMAT_VERSION	"2. 2 "	FORMAT_VERSION = "2. 2 "
HANDBOOK_VERSION	"1. 2 "	HANDBOOK_VERSION = " 1. 2 "
DATE_CREATION	YYYYMMDDHHMISS	DATE_CREATION = " 20040210124422"
DATE_UPDATE	YYYYMMDDHHMISS	DATE_UPDATE = " 20040210124422"
PLATFORM_NUMBER	XXXXX 或 XXXXXXX	PLATFORM_NUMBER = " 5900077 "
PTT	不空	PTT = " 23978 "
TRANS_SYSTEM		TRANS_SYSTEM = " Argos "
TRANS_SYSTEM_ID	不空	TRANS_SYSTEM_ID = " 14281"
POSITIONING_SYSTEM		POSITIONING_SYSTEM = " Argos"
PLATFORM_MODEL	不空	PLATFORM_MODEL = " SOLO"
DIRECTION	" A" 或" D"	DIRECTION = " A"
DATA_CENTRE		DATA_CENTRE = " AO
LAUNCH_DATE	YYYYMMDDHHMISS	LAUNCH_DATE = " 20010717000100"
LAUNCH_LATITUDE	不空，-90 <= real <= 90	LAUNCH_LATITUDE = -7. 91400003433228
LAUNCH_LONGITUDE	不空，-180 <= real <= 180	LAUNCH_LONGITUDE = -179. 828338623047
LAUNCH_QC		LAUNCH_QC = " 1"
START_DATE	YYYYMMDDHHMISS	START_DATE = " 20010702000000"
START_DATE_QC		START_DATE_QC = " 2"
PARAMETER		PARAMETER = " PRES" , " TEMP" , " PSAL"
CYCLE_TIME	不空	CYCLE_TIME = 10
DEEPEST_PRESSURE	不空	DEEPEST_PRESSURE = 1092
PARKING_PRESSURE	不空	PARKING_PRESSURE = 1000

4. 6　元数据格式 V2. 3

Argo 元数据格式版本 2. 3 将逐渐替换版本 2. 2。在演变期间，两种格式均有效。然而，当一个数据集成中心 DAC（Data Assembly Center）用新的版本 2. 3 格式生成源数据文件，其所有源数据文件必须以版本 2. 3 提供。

一个 Argo 元数据文件含有关于 Argo 浮标的信息。

文件命名惯例见 4. 2 节。

4.6.1 维度和定义

Argo 元数据文件数据信息内容如表 4-21 所示。

表 4-21 无数据格式 V2.3 数据文件

名称	定义	说明
DATE_TIME	DATE_TIME=14	该维度是 ASCII 日期和时间值的长度； Date_time 惯例是：YYYYMMDDHHMISS · YYYY：年 · MM：月 · DD：天 · HH：时（0~23） · MI：分（0~59） · SS：秒（0~59） 日期和时间值沿用世界协调时(UTC)。 示例： 20010105172834：January 5th 2001 17:28:34 19971217000000：December 17th 1997 00:00:00
STRING256 STRING64 STRING32 STRING16 STRING8 STRING4 STRING2	STRING256=256； STRING64=64； STRING32=32； STRING16=16； STRING8=8； STRING4=4； STRING2=2	字符串的维度为 2~256(由 8 种减为 7 种)
N_PARAM	N_PARAM=<int value>	对于一次压强采样，测量或计算参数的最大数； 示例： (压强，温度)：N_PARAM=2 (压强，温度，盐度)：N_PARAM=3 (压强，温度，电导率，盐度)：N_PARAM=4
N_CONF_PARAM	N_CONF_PARAM=<int value>	配置参数的数目

4.6.2 元数据文件的综合信息

这部分含有整个文件的信息。如表 4-22 所示。

表 4-22　元数据格式 V2.3 综合信息

名称	定义	说明
DATA_TYPE	char DATA_TYPE(STRING16); DATA_TYPE: comment="Data type"; DATA_TYPE: _FillValue=" "	这个域含有文件中所含数据的类型; 可接受数据类型 示例: Argo 元数据
FORMAT_VERSION	char FORMAT_VERSION(STRING4); FORMAT_VERSION: comment="File format version"; FORMAT_VERSION: _FillValue=" "	文件格式版本; 示例: 2.3
HANDBOOK_VERSION	char HANDBOOK_VERSION(STRING4); HANDBOOK_VERSION: comment="Data handbook version"; HANDBOOK_VERSION: _FillValue=" "	数据手册的版本数; 这个域指示文件中所含数据系根据《Argo 数据管理手册》中描述的策略管理的; 示例: 1.0
DATE_CREATION	char DATE_CREATION(DATE_TIME); DATE_CREATION: comment="Date of file creation"; DATE_CREATION: conventions="YYYYMMDDHHMISS"; DATE_CREATION: _FillValue=" "	这个文件创建的日期和时间(UTC); 格式: YYYYMMDDHHMISS 示例: 20011229161700: December 29th 2001 16:17:00
DATE_UPDATE	char DATE_UPDATE(DATE_TIME); DATE_UPDATE: long_name="Date of update of this file"; DATE_UPDATE: conventions="YYYYMMDDHHMISS"; DATE_UPDATE: _FillValue=" "	这个文件修改的日期和时间(UTC); 格式: YYYYMMDDHHMISS 示例: 20011230090500: December 30th 2001 09:05:00

4.6.3　浮标的特性

这部分含有浮标的主要特性。数据信息内容介绍如表 4-23 所示。

表 4-23　浮标的特性相关数据信息

名称	定义	说明
PLATFORM_NUMBER	PLATFORM_NUMBER(STRING8); PLATFORM_NUMBER: long_name="Float unique identifier"; PLATFORM_NUMBER: conventions="WMO float identifier: A9IIIII"; PLATFORM_NUMBER: _FillValue=" "	WMO 平台识别码; WMO 是世界气象组织; 平台识别码是唯一的; 示例: 6900045

4.6.4 配置参数

这部分含有一个浮标的配置参数(表 4-24)。对于每一配置参数，参数的名称和其值各作为一个 128 位字符串被记录。

状态用于记录周期到周期的变化信息。状态 0 含有有效的元数据，其在浮标存活期间不会改变。

表 4-24 配置参数数据内容

名称	定义	说明
CONFIGURATION_PARAMETER_NAME	char CONFIGURATON_PARAMETER_NAME(N_CONF_PARAM, STRING128) CONFIGURATON_PARAMETER_NAME: long_name = "Name of configuration parameter"; CONFIGURATON_PARAMETER_NAME: _FillValue = " "	配置参数的名称； 示例："CONFIG_ParkPressure_dBAR"
CONFIGURATION_PARAMETER_VALUE	char CONFIGURATON_PARAMETER_VALUE(N_CONF_PARAM, STRING128) CONFIGURATON_PARAMETER_VALUE: long_name = "Value of configuraton parameter"; CONFIGURATON_PARAMETER_VALUE: _FillValue = " "	配置参数的值； 示例："1500"
CONFIGURATION_PHASE_NUMBER	int CONFIGURATION_PHASE_NUMBER(N_CONF_PARAM); CONFIGURATION_PHASE_NUMBER: long_name = "Phase number of unique cycles performed by the float"; CONFIGURATION_PHASE_NUMBER: conventions = "0..N, 0: launch phase (if exists), 1: first complete phase"; CONFIGURATION_PHASE_NUMBER: _FillValue = 99999	配置参数的状态数； 示例：0 具有多重配置的浮标请见注释
CONFIGURATION_PHASE_COMMENT	char CONFIGURATION_PHASE_COMMENT (N_CONF_PARAM, STRING128) CONFIGURATION_PHASE_COMMENT: long_name = "Comment on configuration"; CONFIGURATION_PHASE_COMMENT: _FillValue = " "	配置状态的说明； 示例： "在停泊期间，这个状态紧接着 1000 dbar 的干预" 注：meddie 疑为 meddle

具有多重配置的浮标的注释：通常，一个 Argo 浮标配置在浮标的整个试用期内都是有效的。每个周期重复相同的动作(基本配置)；然而，一些浮标可有配置以改变其

周期到周期的行为(可变配置)。

如表 4-24 所示，对于基本配置，CONFIGURATION_PHASE_NUMBER 置为 1，所有周期的程序是相同的；对于可变配置，CONFIGURATION_PHASE_NUMBER 用于描述一个配置(图 4-1)。

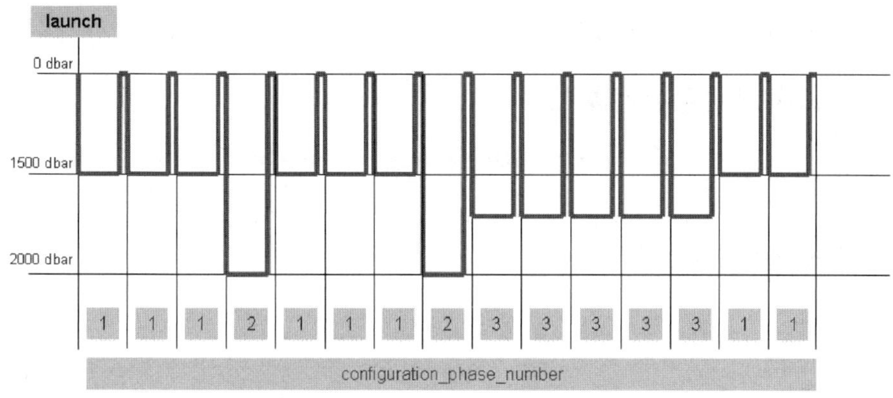

图 4-1　配置阶段数量描述

在上面的示例中，记录有 3 个配置状态。

CONFIGURATION_PARAMETER_NAME =“PRES_ParkPressure_dBAR”

CONFIGURATION_PARAMETER_VALUE = "1500"

CONFIGURATION_PHASE_NUMBER = 1

CONFIGURATION_PARAMETER_NAME =“PRES_ParkPressure_dBAR”

CONFIGURATION_PARAMETER_VALUE = "2000"

CONFIGURATION_PHASE_NUMBER = 2

CONFIGURATION_PARAMETER_NAME =“PRES_ParkPressure_dBAR”

CONFIGURATION_PARAMETER_VALUE = "1700"

CONFIGURATION_PHASE_NUMBER = 3

注意，对于铱浮标，其配置可在任何时间改变。

当实时模式不可用时，此配置在后面可被浮标数据重建。

创建一个配置状态，配置状态说明是：CONFIG_PHASE_COMMENT = "The configuration is not available in real-time"。

当此配置在实时模式经由浮标发送时，创建一个配置状态，配置状态说明是：CONFIG_PHASE_COMMENT = "The changing configuration is available in technical file"。

4.6.5　浮标传感器信息

这部分含有关于剖面传感器的信息。无数据格式 V2.3 的传感器信息与元数据格式

V2. 2 的相同，如表 4-17 所示。

4. 6. 6　浮标校准信息

这部分含有关于剖面校准的信息。这部分描述的校准是仪器校准，与元数据格式 V2. 2 相同，如表 4-18 所示。

基于数据分析的延迟模式校准描述于剖面格式。

4. 6. 7　非常满意的元数据参数

按照表 4-20 所示，填写非常满意的元数据参数。

4. 7　技术信息格式 V2. 2

一个 Argo 技术文件含有一个 Argo 浮标的信息。这个信息被记录用于经由浮标执行的每一个周期。

从一型浮标到另一种，技术信息的数量和类型是不同的。换言之，对于每一周期，参数的名称与其值被记录。因此，从一型浮标到另一种，被记录参数的名称可能变化。

文件命名惯例见 4. 2 节。

4. 7. 1　维度和定义

此部分数据内容如表 4-25 所示。

表 4-25　技术信息格式 V2. 2 数据信息

名称	定义	说明
DATE_TIME	DATE_TIME = 14	该维度是 ASCII 日期和时间值的长度； Date_time 惯例是：YYYYMMDDHHMISS · YYYY：年 · MM：月 · DD：天 · HH：时（0~23） · MI：分（0~59） · SS：秒（0~59） 日期和时间值沿用世界协调时(UTC)； 示例： 20010105172834：January 5th 2001 17:28:34 19971217000000：December 17th 1997 00:00:00

续表

名称	定义	说明
STRING256 STRING128, STRING64, STRING32 STRING16, STRING8 STRING4 STRING2	STRING256=256; STRING128=128; STRING64=64; STRING32=32; STRING16=16; STRING8=8; STRING4=4; STRING2=2	字符串的维度为 2~256
N_TECH_PARAM	N_TECH_PARAM = <int value>	技术参数的数目； 示例： N_TECH_PARAM=25 对于每一周期记录有 25 个不同的参数
N_CYCLE	N_CYCLE=UNLIMITED	经由浮标执行的周期数目

4.7.2　技术数据文件的综合信息

这部分含有关于技术数据文件本身的信息，如表 4-26 所示。

表 4-26　技术信息格式 V2.2 综合信息

名称	定义	说明
PLATFORM_NUMBER	char PLATFORM_NUMBER(STRING8); PLATFORM_NUMBER: long_name="Float unique identifier"; PLATFORM_NUMBER: conventions = " WMO float identifier: A9IIIII"; PLATFORM_NUMBER: _FillValue=" "	WMO 浮标识别码； WMO 是世界气象组织； 这个平台号是唯一的； 示例：6900045
DATA_TYPE	char DATA_TYPE(STRING32); DATA_TYPE: comment ="Data type"; DATA_TYPE: _FillValue=" "	这个与含有文件所含数据的类型； 可接受的数据类型列表是参考表 1； 示例："Argo 技术数据"
FORMAT_VERSION	char FORMAT_VERSION(STRING4); FORMAT_VERSION: comment="File format version "; FORMAT_VERSION: _FillValue=" "	文件格式版本； 示例：2.2

续表

名称	定义	说明
HANDBOOK_VERSION	char HANDBOOK_VERSION(STRING4); HANDBOOK_VERSION: comment = " Data handbook version"; HANDBOOK_VERSION: _FillValue = " "	数据手册版本数; 这个域指示文件中所含数据系根据《Argo 数据管理手册》中描述的策略管理的
DATA_CENTRE	char DATA_CENTRE(STRING2); DATA_CENTRE: long_name = " Data centre in charge of float data processing"; DATA_CENTRE: conventions = " Argo reference table 4"; DATA_CENTRE: _FillValue = " "	承担管理责任的数据中心代码; 数据中心代码描述; 示例: ME 即 MEDS
DATE_CREATION	char DATE_CREATION(DATE_TIME); DATE_CREATION: comment = " Date of file creation "; DATE_CREATION: conventions = " YYYYMMDDHHMISS"; DATE_CREATION: _FillValue = " "	这个文件创建的日期和时间(UTC); 格式: YYYYMMDDHHMISS 示例: 20011229161700: December 29th 2001 16:17:00
DATE_UPDATE	char DATE_UPDATE(DATE_TIME); DATE_UPDATE: long_name = " Date of update of this file"; DATE_UPDATE: conventions = " YYYYMMDDHHMISS"; DATE_UPDATE: _FillValue = " "	这个文件修改的日期和时间(UTC); 格式: YYYYMMDDHHMISS 示例: 20011230090500: December 30th 2001 09:05:00

4.7.3 技术数据

这部分含有一套每一剖面的技术数据。

对于每一周期记录的技术参数是 N_TECH_PARAM（示例：25）。

对于每一周期，对于每一技术参数，参数的名称及其值均被记录。

参数的名称及其值各以 32 位字符串被记录。

如表 4-27 所示，对于 TECHNICAL_PARAMETER_NAME 的命名惯例是，只用大写字母；名称里不含空格（使用下划线“_”）。

表 4-27　技术信息格式 V2.2 技术数据内容

名称	定义	说明
TECHNICAL_PARAMETER_NAME	char TECHNICAL_PARAMETER_NAME(N_CYCLE, N_TECH_PARAM, STRING32) TECHNICAL_PARAMETER_NAME: long_name = " Name of technical parameters for this cycle"; TECHNICAL_PARAMETER_NAME: _FillValue = " "	技术参数的名称; 示例: “BATTERY_VOLTAGE”

续表

名称	定义	说明
TECHNICAL_PARAMETER_VALUE	char TECHNICAL_PARAMETER_VALUE(N_CYCLE, N_TECH_PARAM, STRING32) TECHNICAL_PARAMETER_VALUE: long_name = "Value of technical parameters for this cycle"; TECHNICAL_PARAMETER_VALUE: _FillValue = " "	技术参数之值； 示例："11.5"

4.8　技术信息格式 V2.3

Argo 技术数据格式版本 2.3 将逐渐替换版本 2.2。在演变期间，两种格式均有效。然而，当一个数据集成中心 DAC(Data Assembly Center)用新的版本 2.3 格式生成技术文件，其所有技术文件必须以版本 2.3 提供。

一个 Argo 技术文件含有关于一个 Argo 浮标的技术信息。经由浮标执行的每一周期，这个信息均被登记。

从一型浮标到另一个，技术信息的数目和类型是不同的。换言之，对于每一周期，参数名称及其值被记录。因此，从一型浮标到另一个，被记录的参数名称可能有变化。

文件命名惯例见 4.2 节。

4.8.1　维度和定义

此部分数据内容如表 4-28 所示。

表 4-28　技术信息格式 V2.3 数据信息

名称	定义	说明
DATE_TIME	DATE_TIME = 14	该维度是 ASCII 日期和时间值的长度； Date_time 惯例是：YYYYMMDDHHMISS · YYYY：年 · MM：月 · DD：天 · HH：时 (0~23) · MI：分 (0~59) · SS：秒 (0~59) 日期和时间值沿用世界协调时(UTC)； 示例： 20010105172834：January 5th 2001 17:28:34 19971217000000：December 17th 1997 00:00:00

续表

名称	定义	说明
STRING128, STRING32 STRING8 STRING4 STRING2	STRING128=128; STRING32=32; STRING8=8; STRING4=4; STRING2=2	字符串的维度为2~128(由8种减为5种)
N_TECH_PARAM	N_TECH_PARAM=UNLIMITED	技术参数的数目

4.8.2 技术数据文件的综合信息

这部分含有关于技术数据文件本身的信息，如表4-29所示。

表4-29 技术信息格式V2.3综合信息

名称	定义	说明
PLATFORM_NUMBER	char PLATFORM_NUMBER(STRING8); PLATFORM_NUMBER: long_name="Float unique identifier"; PLATFORM_NUMBER: conventions=" WMO float identifier: A9IIIII"; PLATFORM_NUMBER: _FillValue=" "	WMO浮标识别码; WMO是世界气象组织; 这个平台号是唯一的; 示例: 6900045
DATA_TYPE	char DATA_TYPE(STRING32); DATA_TYPE: comment="Data type"; DATA_TYPE: _FillValue=" "	这个与含有文件所含数据的类型; 可接受的数据类型列表示例: “Argo技术数据”
FORMAT_VERSION	char FORMAT_VERSION(STRING4); FORMAT_VERSION: comment="File format version "; FORMAT_VERSION: _FillValue=" "	文件格式版本
HANDBOOK_VERSION	char HANDBOOK_VERSION(STRING4); HANDBOOK_VERSION: comment="Data handbook version"; HANDBOOK_VERSION: _FillValue=" "	数据手册版本数; 这个域指示文件中所含数据系根据《Argo数据管理手册》中描述的策略管理的
DATA_CENTRE	char DATA_CENTRE(STRING2); DATA_CENTRE: long_name="Data centre in charge of float data processing"; DATA_CENTRE: conventions="Argo reference table 4"; DATA_CENTRE: _FillValue=" "	承担管理责任的数据中心代码; 数据中心代码描述; 示例: ME即MEDS

续表

名称	定义	说明
DATE_CREATION	char DATE_CREATION(DATE_TIME); DATE_CREATION：comment="Date of file creation "; DATE_CREATION：conventions="YYYYMMDDHHMISS"; DATE_CREATION：_FillValue=" "	这个文件创建的日期和时间(UTC)； 格式：YYYYMMDDHHMISS 示例： 20011229161700：December 29th 2001 16:17:00
DATA_UPDATE	char DATE_UPDATE(DATE_TIME); DATE_UPDATE：long_name="Date of update of this file"; DATE_UPDATE：conventions="YYYYMMDDHHMISS"; DATE_UPDATE：_FillValue=" "	这个文件修改的日期和时间(UTC)； 格式：YYYYMMDDHHMISS 示例： 20011230090500：December 30th 2001 09:05:00

4.8.3 技术数据

这部分含有一套每一剖面的技术数据，如表 4-30 所示。

对于每一周期，对于每一技术参数，参数的名称及其值均以 128 位字符串被记录。

表 4-30　技术信息格式 V2.3 技术数据内容

名称	定义	说明
TECHNICAL_PARAMETER_NAME	char TECHNICAL_PARAMETER_NAME(N_TECH_PARAM, STRING128) TECHNICAL_PARAMETER_NAME：long_name="Name of technical parameter"; TECHNICAL_PARAMETER_NAME：_FillValue=" "	技术参数的名称； 示例： "CLOCK_FloatTime_HHMMSS"
TECHNICAL_PARAMETER_VALUE	char TECHNICAL_PARAMETER_VALUE(N_TECH_PARAM, STRING128) TECHNICAL_PARAMETER_VALUE：long_name="Value of technical parameter"; TECHNICAL_PARAMETER_VALUE：_FillValue=" "	技术参数值； 示例："125049"
CYCLE_NUMBER	int CYCLE_NUMBER(N_TECH_PARAM); CYCLE_NUMBER：long_name="Float cycle number"; CYCLE_NUMBER：conventions="0..N, 0：launch cycle (if exists), 1：first complete cycle"; CYCLE_NUMBER：_FillValue=99999	技术参数的周期数； 示例：1

4.9 GDAC FTP 目录文件格式

4.9.1 剖面目录文件格式

剖面目录文件描述 GDAC ftp 网站上所有单个的剖面文件。其格式是一个自描述的以逗号分隔值的 ASCII 文件。

目录文件含有一个具有一列综合信息的头，包括标题、描述、计划名称、格式版本、修改日期、ftp 根地址、GDAC 节点；一个具有 GDAC ftp 网站每一文件描述的表，该表是一个逗号分割的一览表。

剖面目录格式定义：

Title：Profile directory file of the Argo Global Data Assembly Center

Description：The directory file describes all individual profile files of the argo GDAC ftp site.

Project：Argo

Format version：2. 0

Date of update：YYYYMMDDHHMISS

FTP root number 1：ftp：//ftp. ifremer. fr/ifremer/argo/dac

FTP root number 2：ftp：//usgodae. usgodae. org/pub/outgoing/argo/dac

GDAC node：CORIOLIS

file，date，latitude，longitude，ocean，profiler_type，institution，date_update

· file：path and file name on the ftp site. The file name contain the float number and the cycle number. Fill value：none，this field is mandatory

· date：date of the profile，YYYYMMDDHHMISS Fill value：" "（blank）

· latitude，longitude：location of the profile Fill value：99999.

· ocean：code of the ocean of the profile as described in reference table 13 Fill value：" "（blank）

· profiler_type：type of profiling float as described in reference table 8 Fill value：" "（blank）

· institution：institution of the profiling float described in reference table 4 Fill value：" "（blank）

· date_update：：date of last update of the file，YYYYMMDDHHMISS Fill value：" "（blank）

Each line describes a file of the gdac ftp site.

剖面目录格式示例：

```
# Title: Profile directory file of the Argo Global Data Assembly Center
# Description: The directory file describes all profile files of the argo GDAC ftp site.
# Project: Argo
# Format version: 2.0
# Date of update: 20031028075500
# FTP root number 1: ftp://ftp.ifremer.fr/ifremer/argo/dac
# FTP root number 2: ftp://usgodae.usgodae.org/pub/outgoing/argo/dac
# GDAC node: CORIOLIS
file, date, latitude, longitude, ocean, profiler_type, institution, date_update
aoml/13857/profiles/R13857_001.nc, 199707292003, 0.267, -16.032, A, 0845, AO, 20030214155117
aoml/13857/profiles/R13857_002.nc, 199708091921, 0.072, -17.659, A, 0845, AO, 20030214155354
aoml/13857/profiles/R13857_003.nc, 199708201845, 0.543, -19.622, A, 0845, AO, 20030214155619
jma/29051/profiles/R29051_025.nc, 200110250010, 30.280, 143.238, P, 846, JA, 20030212125117
jma/29051/profiles/R29051_026.nc, 200111040004, 30.057, 143.206, P, 846, JA, 20030212125117
```

4.9.2　剖面目录文件格式 V2.1

剖面目录文件描述 GDAC ftp 网站上所有单个的剖面文件。其格式是一个自描述的以逗号分隔值的 ASCII 文件，较之先前的版本 2.0，这个目录文件格式更为详尽，最终将取代前者。

该目录文件含有一个具有一列综合信息的头，包括标题、描述、计划名称、格式版本、修改日期、ftp 根地址、GDAC 节点；一个具有 GDAC ftp 网站每一文件描述的表，该表是一个逗号分割的一览表。

详细的索引文件限于核心任务“Argo 采样方案”：温度、盐度和氧气观测。剖面目录文件以 gzip 被压缩。对于目录文件的每一修订，遂产生一个 MD5 签名。MD5 签名文件允许用户检查，它通过 ftp 收集的文件等同于原始文件。

命名惯例：

- etc/argo_profile_detailled_index.txt.gz

· etc/argo_profile_detailled_index. txt. gz. md5

详细剖面目录格式定义：

Title：Profile directory file of the Argo Global Data Assembly Center

Description：The directory file describes all individual profile files of the argo GDAC ftp site.

Project：Argo

Format version：2. 1

Date of update：YYYYMMDDHHMISS

FTP root number 1：ftp：//ftp. ifremer. fr/ifremer/argo/dac

FTP root number 2：ftp：//usgodae. usgodae. org/pub/outgoing/argo/dac

GDAC node：CORIOLIS

file，date，latitude，longitude，ocean，profiler_type，institution，date_update，profile_temp_qc，profile_psal_qc，profile_doxy_qc，ad_psal_adjustment_mean，ad_psal_adjustment_deviation，gdac_date_creation，gdac_date_update，n_levels

· file：path and file name on the ftp site. The file name contain the float number and the cycle number. Fill value：none，this field is mandatory

· date：date of the profile，YYYYMMDDHHMISS Fill value：" "（blank）

· latitude，longitude：location of the profile Fill value：99999.

· ocean：code of the ocean of the profile as described in reference table 13 Fill value：" "（blank）

· profiler_type：type of profiling float as described in reference table 8 Fill value：" "（blank）

· institution：institution of the profiling float described in reference table 4 Fill value：" "（blank）

· date_update：date of last update of the file，YYYYMMDDHHMISS Fill value：" "（blank）

· profile_temp_qc，profile_psal_qc，profile_doxy_qc：global quality flag on temperature，salinity and oxygene profile. Fill value：" "（blank）

· ad_psal_adjustment_mean：for delayed mode or adjusted mode Mean of psal_adjusted – psal on the deepest 500 meters with good psal_adjusted_qc（equal to 1）Fill value：" "（blank）

· ad_psal_adjustment_deviation：for delayed mode or adjusted mode Standard deviation of psal_adjusted – psal on the deepest 500 meters with good psal_adjusted_qc（equal to 1）Fill value：" "（blank）

· gdac_date_creation：création date of the file on GDAC，YYYYMMDDHHMISS

· gdac_date_update：update date of the file on GDAC，YYYYMMDDHHMISS

· n_levels：maximum number of pressure levels contained in a profile

Fill value：" "（blank）

Each line describes a file of the gdac ftp site.

剖面目录格式示例：

Title：Profile directory file of the Argo Global Data Assembly Center

Description：The directory file describes all individual profile files of the argo GDAC ftp site.

Project：Argo

Format version：2. 1

Date of update：20081025220004

FTP root number 1：ftp：//ftp. ifremer. fr/ifremer/argo/dac

FTP root number 2：ftp：//usgodae. usgodae. org/pub/outgoing/argo/dac

GDAC node：CORIOLIS

file，date，latitude，longitude，ocean，profiler _ type，institution，date _ update，profile_temp_qc，profile_psal_qc，profile_doxy_qc，ad_psal_adjustment_

aoml/13857/profiles/R13857 _ 001. nc，19970729200300，0. 267，－16. 032，A，845，AO，20080918131927，A，，，，

aoml/13857/profiles/R13857 _ 002. nc，19970809192112，0. 072，－17. 659，A，845，AO，20080918131929，A，，，，

aoml/13857/profiles/R13857_003. nc，19970820184545，0. 543，－19. 622，A，845，AO，20080918131931，A，，，，…

meds/3900084/profiles/D3900084_099. nc，20050830130800，-45. 74，-58. 67，A，846，ME，20060509152833，A，A，，0. 029，0. 000

meds/3900084/profiles/D3900084_103. nc，20051009125300，－42. 867，－56. 903，A，846，ME，20060509152833，A，A，，-0. 003，0. 000

4. 9. 3　轨迹目录格式

轨迹目录文件描述GDAC ftp网站上所有的轨迹文件。其格式是一个自描述的以逗号分隔值的ASCII文件。

目录文件含有一个具有一列综合信息的头，包括标题、描述、计划名称、格式版本、修改日期、ftp根地址、GDAC节点；一个具有GDAC ftp网站每一文件描述的表，该表是一个逗号分割的一览表。

轨迹目录格式定义：

Title：Trajectory directory file of the Argo Global Data Assembly Center

Description：The directory file describes all trajectory files of the argo GDAC ftp site.

Project：Argo

Format version：2.0

Date of update：YYYYMMDDHHMISS

FTP root number 1：ftp：//ftp.ifremer.fr/ifremer/argo/dac

FTP root number 2：ftp：//usgodae.usgodae.org/pub/outgoing/argo/dac

GDAC node：CORIOLIS

file, latitude_max, latitude_min, longitude_max, longitude_min, profiler_type, institution, date_update

· file：path and file name on the ftp site Fill value：none, this fiel is mandatory

· latitude_max, latitude_min, longitude_max, longitude_min：extreme locations of the float Fill values：99999.

· profiler_type：type of profiling float as described in reference table 8 Fill value：" "(blank)

· institution：institution of the profiling float described in reference table 4 Fill value：" "(blank)

· date_update：date of last update of the file, YYYYMMDDHHMISS Fill value：" "(blank)

轨迹目录格式示例：

Title：Trajectory directory file of the Argo Global Data Assembly Center

Description：The directory file describes all trajectory files of the argo GDAC ftp site.

Project：Argo

Format version：2.0

Date of update：20031028075500

FTP root number 1：ftp：//ftp.ifremer.fr/ifremer/argo/dac

FTP root number 2：ftp：//usgodae.usgodae.org/pub/outgoing/argo/dac

GDAC node：CORIOLIS

file, latitude_max, latitude_min, longitude_max, longitude_min, profiler_type, institution, date_update

aoml/13857/13857_traj.nc, 1.25, 0.267, -16.032, -18.5, 0845, AO, 20030214155117

aoml/13857/13857_traj.nc, 0.072, -17.659, A, 0845, AO, 20030214155354 aoml/13857/13857_traj. nc, 0. 543, -19. 622, A, 0845, AO, 20030214155619 …

jma/29051/29051 _ traj. nc, 32. 280, 30. 280, 143. 238, 140. 238, 846, JA, 20030212125117

jma/29051/29051 _ traj. nc, 32. 352, 30. 057, 143. 206, 140. 115, 846, JA, 20030212125117

4.9.4　元数据目录格式

元数据目录文件描述 GDAC ftp 网站上所有的元数据文件。其格式是一个自描述的以逗号分隔值的 ASCII 文件。

目录文件含有一个具有一列综合信息的头，包括标题、描述、计划名称、格式版本、修改日期、ftp 根地址、GDAC 节点；一个具有 GDAC ftp 网站每一文件描述的表。该表是一个逗号分割的一览表。

元数据目录格式定义：

Title: Metadata directory file of the Argo Global Data Assembly Center

Description: The directory file describes all metadata files of the argo GDAC ftp site.

Project: Argo

Format version: 2. 0

Date of update: YYYYMMDDHHMISS

FTP root number 1: ftp: //ftp. ifremer. fr/ifremer/argo/dac

FTP root number 2: ftp: //usgodae. usgodae. org/pub/outgoing/argo/dac

GDAC node: CORIOLIS

file, profiler_type, institution, date_update

· file: path and file name on the ftp site Fill value: none, this field is mandatory

· profiler_type: type of profiling float as described in reference table 8 Fill value: " " (blank)

· institution: institution of the profiling float described in reference table 4 Fill value: " " (blank)

· date_update: date of last update of the file, YYYYMMDDHHMISS Fill value: " " (blank)

元数据目录示例：

Title: Metadata directory file of the Argo Global Data Assembly Center

Description: The directory file describes all metadata files of the argo GDAC ftp site.

Project: Argo

Format version: 2. 0

```
# Date of update: 20031028075500
# FTP root number 1: ftp: //ftp. ifremer. fr/ifremer/argo/dac
# FTP root number 2: ftp: //usgodae. usgodae. org/pub/outgoing/argo/dac
# GDAC node: CORIOLIS
file, profiler_type, institution, date_update
aoml/13857/13857_meta. nc, 0845, AO, 20030214155117
aoml/13857/13857_meta. nc, 0845, AO, 20030214155354
aoml/13857/13857_meta. nc, 0845, AO, 20030214155619 …
jma/29051/29051_meta. nc, 846, JA, 20030212125117
jma/29051/29051_meta. nc, 846, JA, 20030212125117
```

第 5 章　实时数据 Nc 文件分项入库

虽然这一部分已归工作站界面统一管理，但它是库前的内容，独立成章比较合适，故按顺序在此讲述。

5.1　实时数据处理的目的

Argo 实时数据处理的目的是为应用做准备，即将整体嵌装入库的二进制 Nc 文件分项列装入库[①]。具体说是通过程序 ArgoRealTimeProcess. exe 将 mysql：//.../argodb/ncorigfile/中的有关数据提取出来并分别存放到 mysql：//.../argoprofdb/、mysql：//.../argometadb/、mysql：//.../argotrajdb/、mysql：//.../argotechdb/四个库表中。

5.2　实时数据 Nc 文件列装入库文件组

实时数据 Nc 文件列装入库文件组如图 5-1 所示。

名称	修改日期	类型	大小
NcCache	2011/11/19 8:32	文件夹	
world	2011/11/19 8:32	文件夹	
ArgoRealTimeProcess.exe	2011/11/18 17:20	应用程序	224 KB
ArgoRealTimeProcess.pdb	2011/11/18 17:20	PDB 文件	5,131 KB
hdf5_hldll.dll	2011/2/15 18:47	应用程序扩展	90 KB
hdf5dll.dll	2011/2/15 18:46	应用程序扩展	1,923 KB
libmysql.dll	2011/2/12 3:14	应用程序扩展	2,304 KB
netcdf.dll	2011/6/18 8:37	应用程序扩展	885 KB
netcdf.exp	2011/6/15 15:55	EXP 文件	92 KB
netcdf.lib	2011/6/15 15:55	LIB 文件	151 KB
proftemplate.sql	2011/5/11 10:20	SQL Script	2 KB
shapelib.dll	2010/6/21 8:42	应用程序扩展	36 KB
system.ini	2011/10/22 11:28	配置设置	1 KB
szip.dll	2010/3/19 3:33	应用程序扩展	41 KB
trueGrid.dll	2011/6/25 10:33	应用程序扩展	184 KB
zlib1.dll	2010/3/19 1:38	应用程序扩展	60 KB

图 5-1　实时数据 Nc 文件列装入库文件组

① 对加载一词的评注：业界流行加载一词，作者认为应明确对象与过程。将二进制 Nc 文件整体(作为一个数据项)添加入库被称为整体嵌装入库。将整体嵌装入库的 Nc 文件中的有关参数提取出来分列入库被称为分项列装入库。所谓数据库加载，在特定的场合中，专指分项列装入库。

ArgoRealTimeProcess. pdb：PDB 文件，是编译时自动产生的，无关程序运行。

netcdf. dll：操作 nc 文件的动态链接库，是编译时自动产生的，无关程序运行。

hdf5_hldll. dll：netcdf. dll 库中使用的辅助库。

hdf5dll. dll：netcdf. dll 库中使用的辅助库。

szip. dll：netcdf. dll 库中使用的辅助库。

zlib1. dll：netcdf. dll 库中使用的辅助库。

libmysql. dll：mysql 数据库动态链接库。

shapelib. dll：shape 文件读取，用于陆地位置检验。

trueGrid. dll：Grid 表格动态链接库。

netcdf. exp 和 netcdf. lib 为编译时用。

5.3 配置文件与参数设置

Argo 实时数据(Nc 文件解码)处理系统(以下简称“实时数据解码系统”)的应用程序为 ArgoRealTimeProcess. exe。配置文件为 system. ini。

配置文件示例如下：

```
[Mysql]
    SERVER=192. 168. 1. 20(注：实验用户可为 SERVER=127. 0. 0. 1)
    USER=argouser(注：实验用户可为 SERVER=root)
    PASSWORD=argopassword(注：实验用户可为 SERVER=truncom)
    [NcCache]
    LOCALDIR=D：\argo\program\raw\ArgoDelayProcess\Release\NcCache
    (注：实验用户可为 D：\ArgoWorkStation\ArgoRealTimeProcess\NcCache)
    [AutoParameter]
    timetype=0
    hour=8
    minute=45
    interval=45
    [MaxNum]
    nMaxNum=1000
```

相应的参数设置的界面如图 5-2 所示。

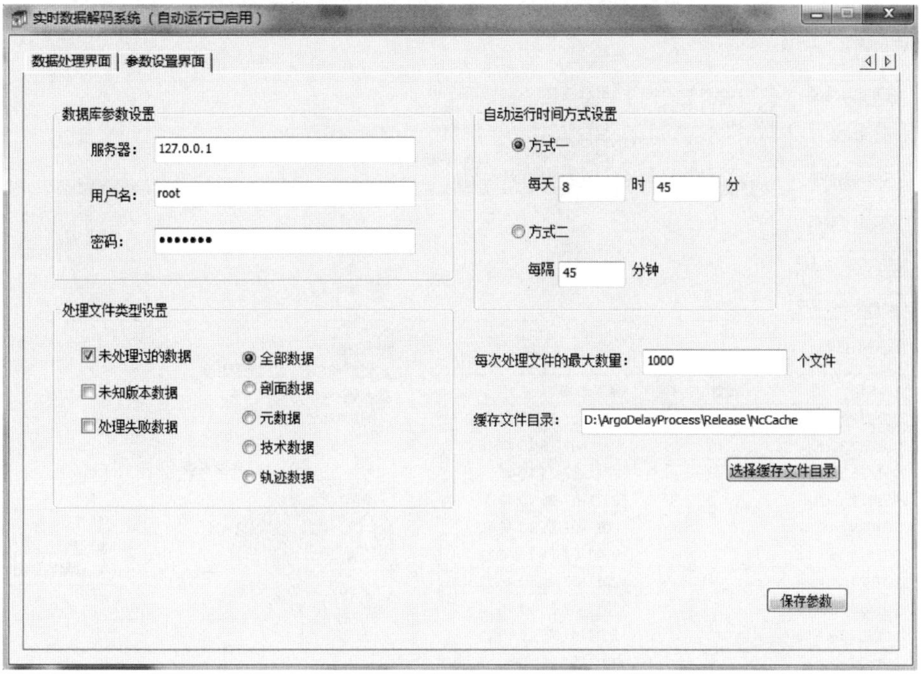

图 5-2　参数设置示例

5.4　获取与处理数据选项

Argo 实时数据(Nc 文件解码)处理系统获取最新数据的时间方式有两种，每日定时与定间隔。

处理文件类型设置有三个复选框和五个单选框。

三个复选框是：未处理过的数据、未知版本数据、处理失败数据。

五个复选框是：全部数据、剖面数据、元数据、技术数据、轨迹数据。

原始数据存放在数据库中。数据库中的一行等于一个原始 Nc 数据文件。

选择每次处理文件的最大数量是一种技巧。选择 1000 不一定是最好的，但当待处理数据量很大时，不进行批量选择肯定是低效的。

5.5　实时数据 Nc 文件解码系统界面

Argo 实时数据(Nc 文件解码)处理系统界面如图 5-3 所示。对于实时数据，可实现自动处理实时数据以及提交数据处理线程等操作。

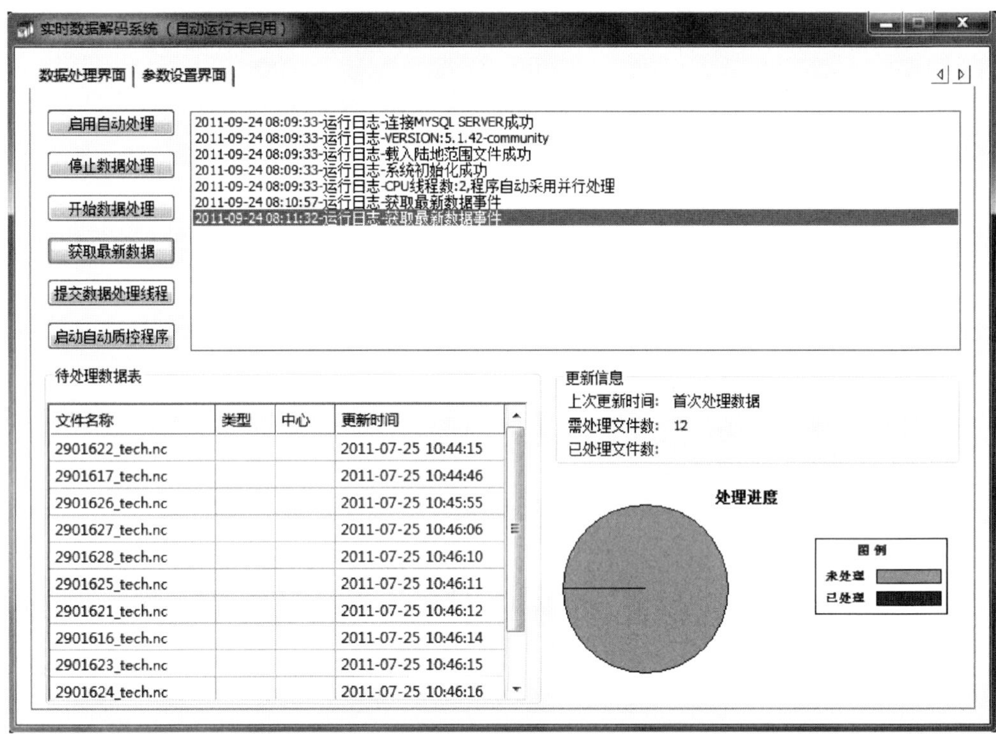

图 5-3 Argo 实时数据(Nc 文件解码)处理系统获取最新数据

5.6 自动质控

自动质控功能在 Argo 实时数据处理的过程中加入，按下启动自动质控按钮，如图 5-4 所示。

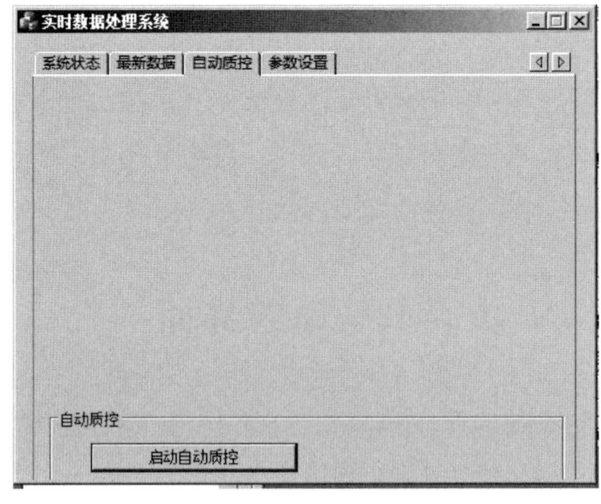

图 5-4 自动质控

第 6 章　实时剖面数据质控

虽然这一部分已归工作站界面统一管理，但它是数据库应用前的内容，独立成章比较合适，故按顺序在此讲述。

6.1　质控目的

将缓存目录 D：\ ArgoRealTimeProcess \ NcCache 中的二进制格式 Nc 文件转存入 mysql://…/realtimedb/origfile/中，后又加载到 mysql：//…/realtimemetadb/和 mysql：//…/realtimeprofdb/中。实时数据质控就是针对 mysql：//…/realtimeprofdb/中的剖面数据的。

6.2　质控标识

对压强、温度、盐度每一测量值的质控标识用的字段分别是 PRES_NMDIS_QC、TEMP_NMDIS_QC、SALI_NMDIS_QC 等。每一测量值的标识品级沿用《Argo 数据管理手册》2.3 版参考表 2 的规定，质控结果如图 6-1 所示。

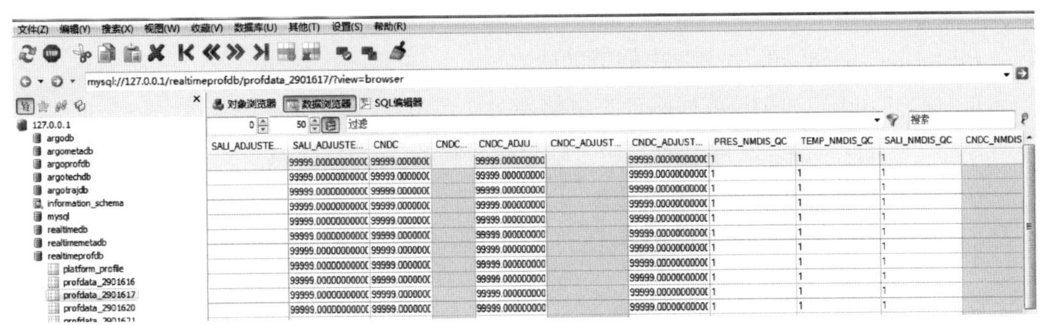

图 6-1　NMDIS_QC 质控标识

NMDIS 指国家海洋信息中心

6.3 文件组

实时剖面数据质控文件组如图 6-2 所示。

名称	修改日期	类型	大小
world	2011/11/19 8:52	文件夹	
hdf5_hldll.dll	2011/2/15 18:47	应用程序扩展	90 KB
hdf5dll.dll	2011/2/15 18:46	应用程序扩展	1,923 KB
libmySQL.dll	2009/4/3 22:04	应用程序扩展	2,208 KB
netcdf.dll	2011/6/18 8:37	应用程序扩展	885 KB
netcdf.exp	2011/6/15 15:55	EXP 文件	92 KB
netcdf.lib	2011/6/15 15:55	LIB 文件	151 KB
QCParameter.ini	2011/11/19 9:31	配置设置	3 KB
realtimedataQC.exe	2011/11/18 17:21	应用程序	288 KB
realtimedataQC.pdb	2011/11/18 17:21	PDB 文件	5,371 KB
shapelib.dll	2010/6/21 8:42	应用程序扩展	36 KB
system.ini	2011/11/19 9:31	配置设置	1 KB
szip.dll	2010/3/19 3:33	应用程序扩展	41 KB
trueGrid.dll	2011/5/14 11:54	应用程序扩展	182 KB
zlib1.dll	2010/3/19 1:38	应用程序扩展	60 KB

图 6-2 Nc 实时数据质控文件组

realtimedataQC. pdb：PDB 文件，是编译时自动产生的，无关程序运行。

netcdf. dll：操作 Nc 文件的动态链接库。

hdf5_hldll. dll：netcdf. dll 库中使用的辅助库。

hdf5dll. dll：netcdf. dll 库中使用的辅助库。

szip. dll：netcdf. dll 库中使用的辅助库。

zlib1. dll：netcdf. dll 库中使用的辅助库。

libmySQL. dll：mySQL 数据库动态链接库。

shapelib. dll：shape 文件读取，用于陆地位置检验。

trueGrid. dll：Grid 表格动态链接库。

netcdf. exp 和 netcdf. lib 为编译时用。

6.4 配置文件与参数设置

实时剖面数据质控应用程序是实时数据自动质控（realtimedataQC. exe）。配置文件是 system. ini，QCParameter. ini。system. ini 示例如下。

```
[Mysql]
SERVER=192.168.1.20(注：实验用户可为 SERVER=127.0.0.1)
USER=root
PASSWORD=truncom
[AutoParameter]
use=0
timetype=1
hour=8
minute=45
interval=30
```

QCParameter.ini 示例如下。

```
[deepest pressure test]
use=1
order=1
parameters=-2
[platform identification]
use=1
order=2
parameters=-2
[impossible date test]
use=1
order=3
parameters=0
[impossible location test]
use=1
order=4
parameters=0
[position on land test]
use=0
order=5
parameters=1
path of configuration file=D:\argo\program\delaydataQC\Release\world\world.shp(注：实验用户可为 path of configuration file=D:\ArgoWorkStation\realtimedataQC\world\world.shp)
```

```
[impossible speed test]
use=1
order=6
parameters=1
speed maximum(m/s)= 3.000000
[global range test]
use=1
order=7
parameters=-1
[regional range test]
use=1
order=8
parameters=-1
[pressure increasing test]
use=1
order=10
parameters=0
[spike test]
use=1
order=11
parameters=8
less pressT(db)= 500.000000
temperature1(celsius)= 6.000000
more pressT(db)= 500.000000
temperature2(celsius)= 2.000000
less pressS(db)= 500.000000
salinity1 (PSU)= 0.900000
more pressS(db)= 500.000000
salinity2 (PSU)= 0.300000
[gradient test]
use=1
order=12
parameters=8
less pressT(db)= 500.000000
```

```
temperature1(celsius)= 9. 000000
more pressT(db)= 500. 000000
temperature2(celsius)= 3. 000000
less pressS(db)= 500. 000000
salinity1 (PSU)= 1. 500000
more pressS(db)= 500. 000000
salinity2 (PSU)= 0. 500000
[digit rollover test]
use=1
order=13
parameters=2
temperature(celsius)= 10. 000000
salinity (PSU)= 5. 000000
[stuck value test]
use=1
order=14
parameters=2
temperature(celsius)= 0. 100000
salinity (PSU)= 0. 100000
[density inversion]
use=1
order=15
parameters=0
[grey list]
use=1
order=16
parameters=-1
[gross salinity or temperature sensor drift]
use=1
order=17
parameters=2
temperature(celsius)= 1. 000000
salinity (PSU)= 0. 500000
```

```
[frozen profile]
use=1
order=18
parameters=6
MaxdeltaT(celsius)=0.300000
MindeltaT(celsius)=0.001000
MeandeltaT(celsius)=0.020000
MaxdeltaS (PSU)=0.300000
MindeltaS (PSU)=0.001000
MeandeltaS (PSU)=0.004000
[climatology test]
use=1
order=9
parameters=7
TemLonReso=5.000000
TemLatReso=5.000000
TemMonReso=12
SalLonReso=5.000000
SalLatReso=5.000000
SalMonReso=12
MaxN200=10.000000
MaxN200to500=10.000000
MaxN500to1000=10.000000
MaxN1000to2000=10.000000
MaxN2000to3000=10.000000
MaxN3000=10.000000
```

上述示例中，use=1 为使用，use=0 为不使用；parameters=x 为下列参数个数；parameters=-1 或 parameters=-2 表明参数在数据库表中。

数据库参数设置的界面如图 6-3 所示。需要填写数据库服务器地址、用户名及密码。

自动质控时间方式设置界面如图 6-4 所示。勾选自动质控选项后，可选择设置两种不同方式进行自动质控，一种可以定时在每天某一时间进行质控；另一种可以每间隔一段时间进行质控。

图 6-3　数据库参数设置

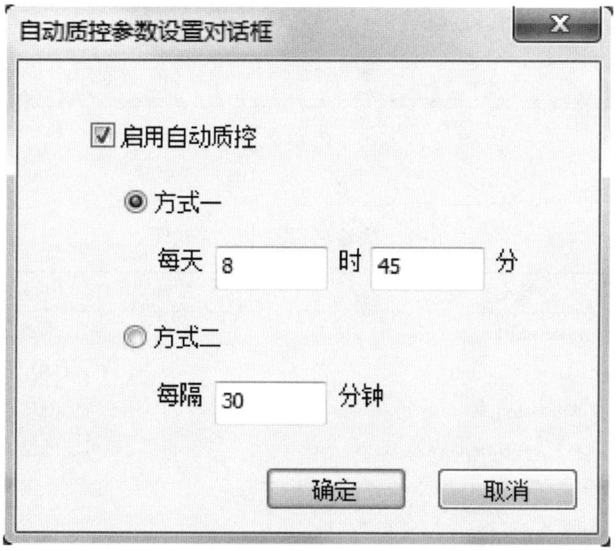

图 6-4　自动质控时间方式设置

质控参数设置界面如图 6-5 所示。剖面数据实时质量控制共分为 18 个子模块，每个子模块检验一项。现阶段自动质控是全部加载，也就是每个子模块都要执行质控任务。

其中，陆地位置检验子模块由单独的进程 LandLocation. exe 进行处理(配以文件 world. shp)。两个模块间通过网络发送消息。

检验名称的中英文对照如表 6-1 所示。

图 6-5　质控参数设置

表 6-1　检验名称的中英文对照

检验名称(英文)	检验名称(中文)
Deepest pressure test	最大压强检验
Platform Identification test	平台识别码检验
Impossible Date test	不可能的日期检验
Impossible Location test	不可能的位置检验
Position on Land test	陆上位置检验
Impossible Speed test	不可能的速度检验
Global Range test	全球范围检验
Regional Range test	区域范围检验
Climatology test	气候学检验
Pressure Increasing test	压强递增检验
Spike test	尖峰检验
Gradient test	梯度检验
Digit Rollover test	数位翻转检验
Stuck Value test	黏滞检验(嵌入值测试)
Density Inversion test	密度反转检验
Grey List test	灰度表检验
Gross Salinity or Temperature Sensor Drift test	盐度和温度传感器漂移检验
Frozen profile test	相同剖面检验

在质控顺序栏，根据实际情况，通过手工编辑数字可以调整质控顺序。

气候学检验参数文件设置，可针对温度、盐度的不同，设置不同情况下数据文件，并且通过设置一定的偏差范围来确保其准确性，针对海洋深度不同区间范围，设置符合预期的误差范围。

以气候学检验为例，修改参数对话框如图 6-6 和图 6-7 所示。

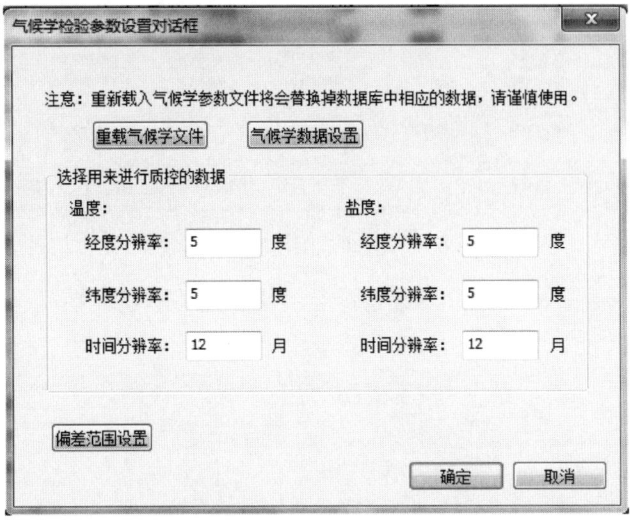

图 6-6　气候学检验参数设置

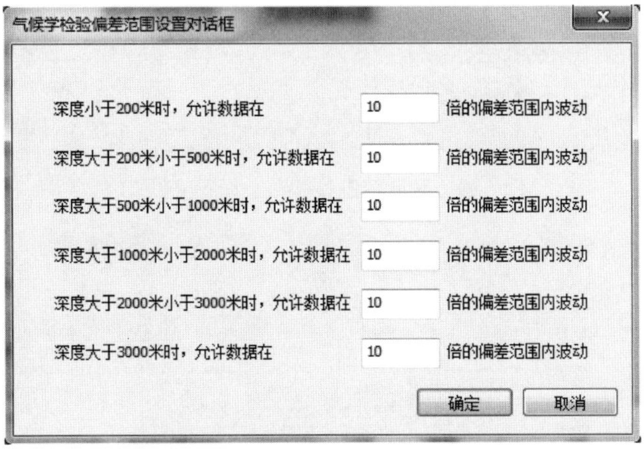

图 6-7　气候学检验偏差范围设置

全球范围检验参数设置对话框如图 6-8 所示。可设置所监测海洋范围内压强、温度上下限、盐度上下限的数值大小。

区域范围检验参数设置对话框如图 6-9 和图 6-10 所示。

序号	压强（dbar）	温度下限（℃）	温度上限（℃）	盐度下限（PSU）	盐度上限(PSU)
1	25.000000	-2.500000	40.000000	2.000000	41.000000
2	50.000000	-2.500000	40.000000	2.000000	41.000000
3	75.000000	-2.500000	40.000000	2.000000	41.000000
4	100.000000	-2.500000	40.000000	2.000000	41.000000
5	125.000000	-2.500000	40.000000	2.000000	41.000000
6	150.000000	-2.500000	40.000000	2.000000	41.000000
7	175.000000	-2.500000	40.000000	2.000000	41.000000
8	200.000000	-2.500000	40.000000	2.000000	41.000000
9	225.000000	-2.500000	40.000000	2.000000	41.000000
10	250.000000	-2.500000	40.000000	2.000000	41.000000
11	275.000000	-2.500000	40.000000	2.000000	41.000000
12	300.000000	-2.500000	40.000000	2.000000	41.000000
13	325.000000	-2.500000	40.000000	2.000000	41.000000
14	350.000000	-2.500000	40.000000	2.000000	41.000000

图 6-8　全球范围检验参数设置

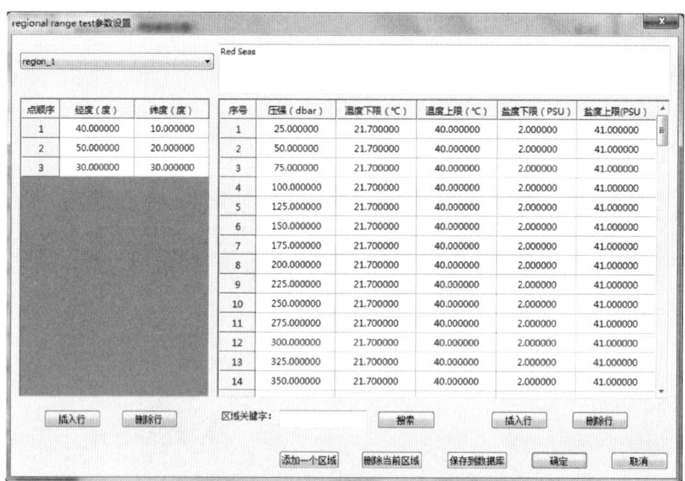

点顺序	经度（度）	纬度（度）
1	40.000000	10.000000
2	50.000000	20.000000
3	30.000000	30.000000

序号	压强（dbar）	温度下限（℃）	温度上限（℃）	盐度下限（PSU）	盐度上限(PSU)
1	25.000000	21.700000	40.000000	2.000000	41.000000
2	50.000000	21.700000	40.000000	2.000000	41.000000
3	75.000000	21.700000	40.000000	2.000000	41.000000
4	100.000000	21.700000	40.000000	2.000000	41.000000
5	125.000000	21.700000	40.000000	2.000000	41.000000
6	150.000000	21.700000	40.000000	2.000000	41.000000
7	175.000000	21.700000	40.000000	2.000000	41.000000
8	200.000000	21.700000	40.000000	2.000000	41.000000
9	225.000000	21.700000	40.000000	2.000000	41.000000
10	250.000000	21.700000	40.000000	2.000000	41.000000
11	275.000000	21.700000	40.000000	2.000000	41.000000
12	300.000000	21.700000	40.000000	2.000000	41.000000
13	325.000000	21.700000	40.000000	2.000000	41.000000
14	350.000000	21.700000	40.000000	2.000000	41.000000

图 6-9　区域范围检验参数设置_区域 1

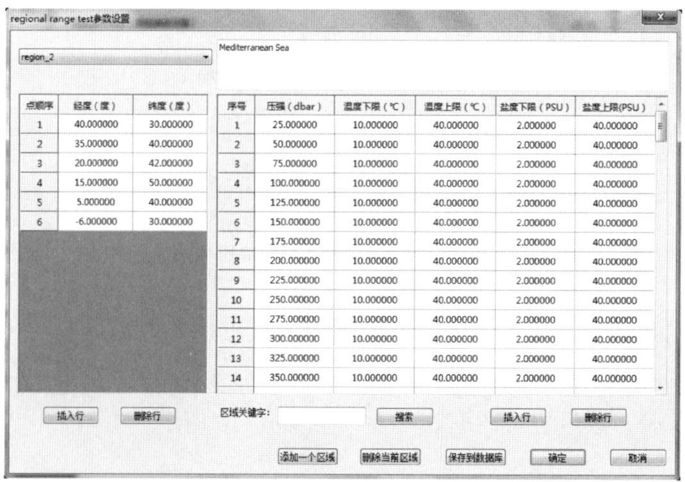

点顺序	经度（度）	纬度（度）
1	40.000000	30.000000
2	35.000000	40.000000
3	20.000000	42.000000
4	15.000000	50.000000
5	5.000000	40.000000
6	-6.000000	30.000000

序号	压强（dbar）	温度下限（℃）	温度上限（℃）	盐度下限（PSU）	盐度上限(PSU)
1	25.000000	10.000000	40.000000	2.000000	40.000000
2	50.000000	10.000000	40.000000	2.000000	40.000000
3	75.000000	10.000000	40.000000	2.000000	40.000000
4	100.000000	10.000000	40.000000	2.000000	40.000000
5	125.000000	10.000000	40.000000	2.000000	40.000000
6	150.000000	10.000000	40.000000	2.000000	40.000000
7	175.000000	10.000000	40.000000	2.000000	40.000000
8	200.000000	10.000000	40.000000	2.000000	40.000000
9	225.000000	10.000000	40.000000	2.000000	40.000000
10	250.000000	10.000000	40.000000	2.000000	40.000000
11	275.000000	10.000000	40.000000	2.000000	40.000000
12	300.000000	10.000000	40.000000	2.000000	40.000000
13	325.000000	10.000000	40.000000	2.000000	40.000000
14	350.000000	10.000000	40.000000	2.000000	40.000000

图 6-10　区域范围检验参数设置_区域 2

6.5　实时剖面数据质控运行界面

实时剖面数据质控运行界面如图 6-11 所示。

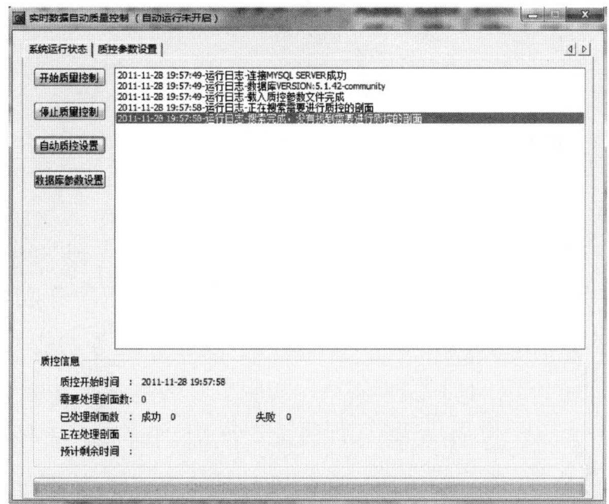

图 6-11　实时剖面数据质控运行界面

第 7 章　ArgoWorkStation

7.1　平台的功能

Argo 数据处理与地球科学大数据平台客户端软件 ArgoWorkStation，是一个浮标数据的综合管理平台(界面)。除有数据处理、数据浏览、人工审核功能外，还有图形绘制、数据产品、报告报表、投放信息、浮标监控、系统管理等功能。

其中，数据处理是应用的前处理程序，包括实时数据接收、实时数据解码、实时数据 Nc 文件输出、实时数据 Nc 文件分项入库、实时剖面数据质控、服务管理、延时数据下载、延时数据 Nc 文件分项入库、延时数据质控等。将数据处理的各个模块全部纳入该平台，是集中管理的必然选择，这样便于人工干预。

然而，从 Argo 实时数据的下载，到 Nc 文件整体嵌装入库，由于实时性强，下载、解码、陆地位置检验、Nc 文件输出四个环节紧密连贯，一般无须人工干预，故通常让其在后台自主运行。在编排上独立成章便于查阅，不会影响 ArgoWorkStation 对其统一管理。如要进行单步处理，须先停止 ArgoService. exe 的运行。

虽然延时数据的下载与处理已归工作站统一管理，但它是库前的内容，独立成章比较合适，也不会影响 ArgoWorkStation 对其统一管理。

7.2　文件组与配置

ArgoWorkStation 的文件组共 59 个对象(含文件夹)，如图 7-1 所示。

ArgoWorkStation. exe 是界面主模块。第一次运行 ArgoWorkStation. exe 时，会弹出一个对话框，要求输入用户名和所属单位，确定后形成一个 license. lic 文件。将此文件发至软件开发人，若是合法用户，开发人会发回一个 license. tru 文件。将此文件放至 ArgoWorkStation. exe 所在目录，即可启动并使用。

客户端软件的配置文件是 system. ini 和 country. ini。

system. ini 载明了数据库的登录信息、投放启动信息、测量参数设置范围、实时/延时数据应用状态、法国网站登录条件、质控状态、实时数据程序地址、延时数据程

名称	大小	修改日期	类型
ArgoDelayProcess		2011/12/12 19:05	文件夹
ArgoDelayReceive		2011/12/12 19:05	文件夹
ArgoRealTimeProcess		2011/12/12 19:05	文件夹
cache		2011/11/21 12:48	文件夹
CADC		2012/3/29 15:38	文件夹
delaydataQC		2011/12/12 19:05	文件夹
fonts		2011/12/12 19:05	文件夹
ftpcache		2011/12/23 17:38	文件夹
realtimedataQC		2011/12/12 19:05	文件夹
templates		2012/3/28 20:51	文件夹
wav		2011/12/12 19:05	文件夹
alarm.gif	6 KB	2011/11/11 13:00	GIF 文件
ArgoDataService.exe	95 KB	2011/11/17 16:02	应用程序
ArgoWorkStation.exe	1,859 KB	2012/4/10 13:50	应用程序
ArgoWorkStation.exp	6 KB	2011/12/9 8:42	EXP 文件
ArgoWorkStation.lib	10 KB	2011/12/9 8:42	LIB 文件
ArgoWorkStation.pdb	9,147 KB	2011/12/9 8:42	PDB 文件
background.jpg	23 KB	2011/5/17 9:39	JPG 文件
chartdir50.dll	2,256 KB	2012/4/10 13:59	应用程序扩展
chinasea.dbf	1 KB	2010/8/16 22:56	DBF 文件
chinasea.prj	1 KB	2010/8/16 22:56	PRJ 文件
chinasea.shp	211 KB	2010/8/16 22:56	SHP 文件
chinasea.shx	1 KB	2010/8/16 22:56	SHX 文件
country.ini	1 KB	2011/8/13 15:16	配置设置
cximageu.dll	1,188 KB	2009/11/27 10:14	应用程序扩展

DataChart.jpg	111 KB	2012/4/10 14:31	JPG 文件
Dataline.jpg	99 KB	2012/4/10 14:34	JPG 文件
DataPie.jpg	73 KB	2012/4/10 14:36	JPG 文件
Geobco.tif	5,625 KB	2011/10/22 9:05	TIF 文件
Geobco4.jpg	2,015 KB	2011/10/10 14:48	JPG 文件
Geobco4b.jpg	8,489 KB	2011/10/13 10:15	JPG 文件
Geobco4grey.jpg	944 KB	2011/10/10 13:10	JPG 文件

名称	大小	修改日期	类型
Geometry.dll	63 KB	2010/9/23 17:13	应用程序扩展
geos_c.dll	627 KB	2011/11/11 18:08	应用程序扩展
hdf5_hldll.dll	89 KB	2010/3/18 15:33	应用程序扩展
hdf5dll.dll	1,844 KB	2010/3/18 15:33	应用程序扩展
lhjd.txt	2 KB	2011/12/30 10:35	文本文档
libmysql.dll	2,304 KB	2011/2/12 3:14	应用程序扩展
license.tru	1 KB	2012/4/10 14:04	TRU 文件
loading.gif	5 KB	2011/11/11 10:45	GIF 文件
logo.png	498 KB	2012/3/26 19:38	PNG 文件
netcdf.dll	910 KB	2010/6/7 14:36	应用程序扩展
nhdbx_region.dbf	1 KB	2011/10/23 17:05	DBF 文件
nhdbx_region.prj	1 KB	2011/10/23 17:05	PRJ 文件
nhdbx_region.shp	2 KB	2011/10/23 17:05	SHP 文件
nhdbx_region.shx	1 KB	2011/10/23 17:05	SHX 文件
nmdis.png	39 KB	2010/8/7 17:06	PNG 文件
shapelib.dll	36 KB	2010/6/21 8:42	应用程序扩展
soa.gif	3 KB	2011/11/15 12:22	GIF 文件
Sqlite.dll	467 KB	2012/3/24 11:59	应用程序扩展
system.ini	2 KB	2012/4/6 16:48	配置设置
szip.dll	41 KB	2010/3/18 14:33	应用程序扩展
trueGrid.dll	183 KB	2011/11/15 16:41	应用程序扩展
TrueMap.bin	661,007 KB	2011/8/14 8:21	BIN 文件
TRUEWEBDINGS.ttf	109 KB	2006/1/14 23:27	TrueType 字体文件
world.dbf	38 KB	2010/11/25 9:01	DBF 文件
world.shp	5,780 KB	2010/11/25 9:05	SHP 文件
world.shx	3 KB	2010/11/25 9:01	SHX 文件
zlib1.dll	74 KB	2010/6/4 20:54	应用程序扩展

图 7-1　Argo 工作站文件组

序地址等。一个实例如下：

```
[DATABASE]
HOST=127.0.0.1
USER=root
PASS=truncom
AUTO=1
SAVE=1
[PUTINFO]
HOST=mail.nmdis.gov.cn
USER=argo
PASS=123456
SENDER=aic@jcommops.org
RECEIVED=0
COMPLETE=0
LOAD=1
REPLACE=1
INSERT=0
LOCAL=1
PATH=D:\
[RANGE]
MINPRES=0.0
MAXPRES=2200.0
MINTEMP=-2.500
MAXTEMP=40.000
MINSALI=2.000
MAXSALI=41.000
[DATA]
REALTIMEDATA=0
DELAYTIMEDATA=3
REALTIMEDISPTYPE=1
DELAYTIMEDISPTYPE=1
[NCIFREMER]
FTPSERVER=eftp.ifremer.fr
FTPUSER=c1f0de
```

```
FTPPASS=hbt5LsTb
[QCDATA]
TYPE=0
[DATCHINA]
FTPSERVER=127.0.0.1
FTPUSER=argochina
FTPPASS=argochina
[REALTIMEPROC]
ArgoSSERVER=D:\ProjectArgo\RealTimeArgoSystem\Release\ArgosServer.exe
DATADECODE=D:\ProjectArgo\RealTimeArgoSystem\Release\DataDecode.exe
NCEXPORT=D:\ProjectArgo\RealTimeArgoSystem\Release\ArgoNcExport.exe
AUTOLOAD=D:\ProjectArgo\ArgoWorkStation\Release\ArgoRealTimeProcess\ArgoRealTimeProcess.exe
AOTOQC=D:\ProjectArgo\ArgoWorkStation\Release\realtimedataQC\realtimedataQC.exe
SERVICE=D:\ProjectArgo\RealTimeArgoSystem\Release\RealTimeArgoSystem.exe
[DELAYTIMEPROC]
NCRECEIVE=D:\ProjectArgo\ArgoWorkStation\Release\ArgoDelayReceive\ArgoDelayReceive.exe
NCPROCESS=D:\ProjectArgo\ArgoWorkStation\Release\ArgoDelayProcess\ArgoDelayProcess.exe
NCLOAD=D:\ProjectArgo\ArgoWorkStation\Release\delaydataQC\delaydataQC.exe
```

上述实例中，实验用户实时数据程序可为 D:\ArgoRealTimeData\ArgosServer.exe，实验用户延时数据程序可为 D:\ArgoWorkStation\ArgoDelayReceive\ArgoDelayReceive.exe，以此类推，视程序所在的具体地址而定。

country.ini 中载明了浮标所属国别的颜色。一个含有 33 个浮标主要投放国(包括 UNKNOWN)的实例如下：

```
ARGENTINA, 102, 255, 0
AUSTRALIA, 102, 153, 0
BRAZIL, 102, 0, 0
CANADA, 51, 153, 102
CHILE, 51, 51, 204
```

```
CHINA, 255, 0, 0
COSTA RICA, 0, 153, 0
ECUADOR, 0, 51, 102
EUROPEAN UNION, 45, 210, 128
FINLAND, 255, 255, 0
FRANCE, 255, 153, 102
GABON, 255, 51, 204
GERMANY, 204, 255, 0
GREECE, 204, 153, 102
INDIA, 204, 51, 204
IRELAND, 153, 255, 0
ITALY, 153, 153, 102
JAPAN, 153, 51, 204
KENYA, 102, 255, 255
KOREA (REPUBLIC OF), 102, 153, 153
MAURITIUS, 102, 51, 51
MEXICO, 51, 153, 255
NETHERLANDS, 51, 153, 153
NEW ZEALAND, 51, 153, 51
NORWAY, 0, 153, 153
POLAND, 0, 102, 102
RUSSIAN FEDERATION, 153, 102, 0
SAUDI ARABIA, 153, 0, 102
SOUTH AFRICA, 153, 153, 255
SPAIN, 204, 51, 0
UNITED KINGDOM, 204, 153, 204
UNITED STATES, 0, 0, 255
UNKNOWN, 255, 0, 0
```

此外，启动 ArgoWorkStation. exe，尚须有 Sqlite. dll(嵌入式数据库动态链接库)。

7.3 界面

双击桌面上的快捷方式，开始运行 ArgoWorkStation。其运行界面如图 7-2 所示。

上述界面初看平淡无奇，只要点拖鼠标或轻动其滚轮(而不是一直点击)，瞬间便会繁花似锦，如图 7-3 所示。

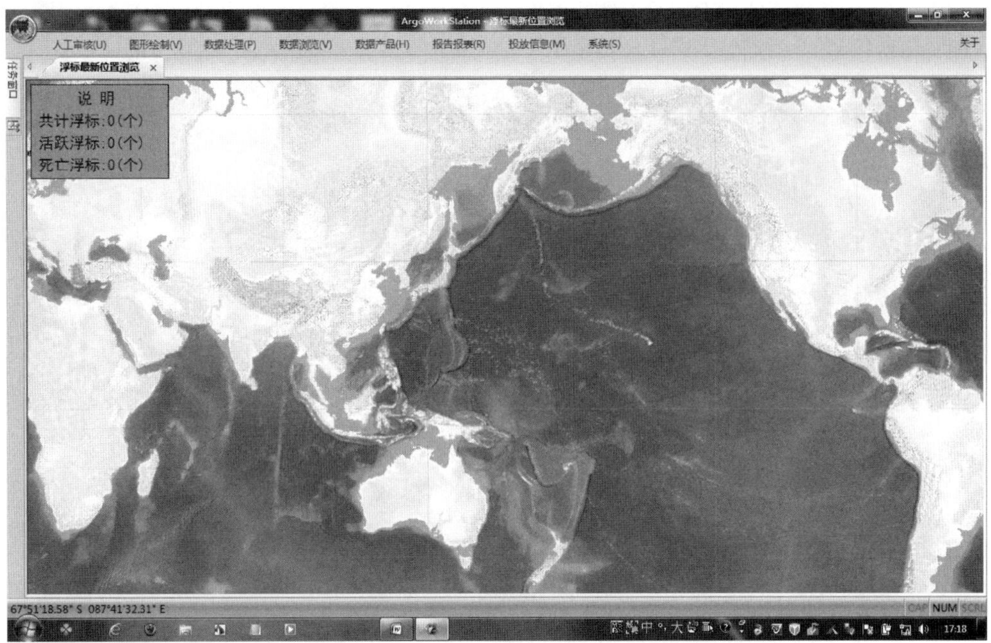

图 7-2　Argo 数据处理系统服务管理器客户端界面(一)

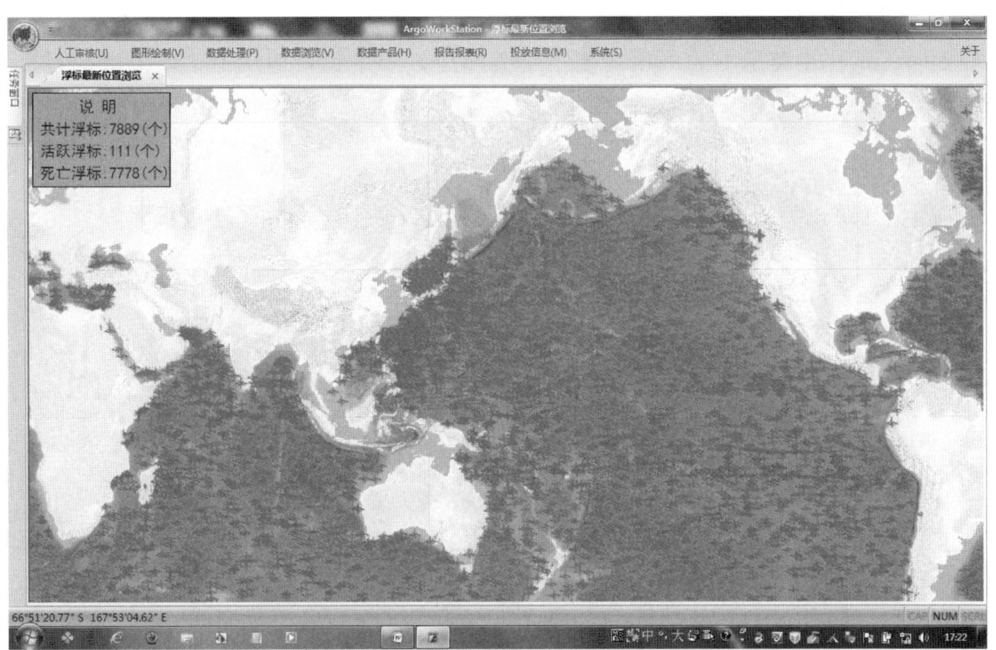

图 7-3　Argo 数据处理系统服务管理器客户端界面(二)

图 7-3 说明显示，“死亡”浮标(灰色宝石星)7778 个，数据可能多了点。究其原因，“死亡”浮标的定义是三个月内未有数据，而图 7-3 可能采用了未处理完的数据

其中，浮标最新位置浏览相当于一个默认的活动文档，从业者自当经常关注，故一般不予关闭。如果单击视图标签右边的叉形按钮关闭了，在浮标数据浏览菜单中点击浮标最新位置浏览命令即可以重新打开。

7.3.1 菜单条、子菜单/工具栏和功能区

7.3.1.1 功能区

菜单条、子菜单所占之处统称功能区。子菜单可即时显示，也可驻留显示。为了扩大屏幕的有效显示区域，最小化功能区是现在视窗的一种通行设计。为此，可右击菜单条，在弹出的环境菜单中选择最小化功能区。

7.3.1.2 主菜单

在最小化功能区时，ArgoWorkStation 的菜单条如图 7-4 所示。

图 7-4 ArgoWorkStation 的菜单条

主菜单中共有 9 项：人工审核、图形绘制、数据处理、数据浏览、数据产品、报告报表、投放信息、系统、关于。

此时，选择主菜单中的一项功能，便会弹出其子菜单；待从子菜单上选择目标选项或命令后，子菜单便会退出。

7.3.1.3 关于

在主菜单的"关于"项下放置 Logo 或帮助或说明书，Logo 如图 7-5 所示。

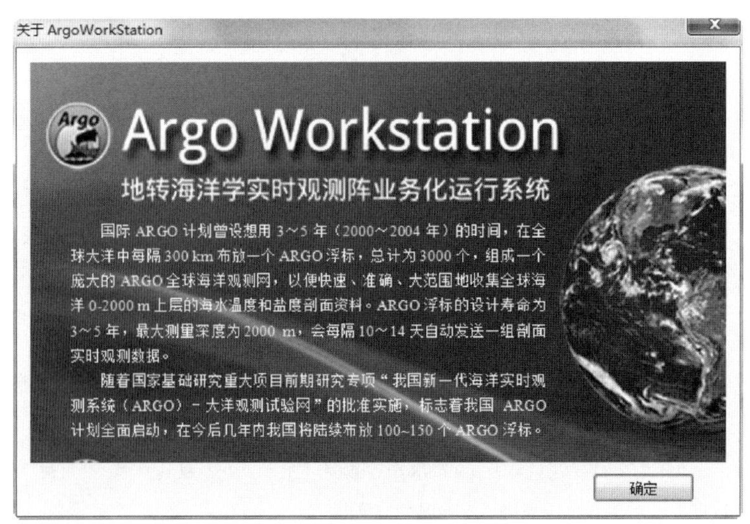

图 7-5 ArgoWorkStation 的 Logo

7.3.1.4　子菜单

ArgoWorkStation 主菜单的子菜单如下。

(1)人工审核(启动人工审核后)(图 7-6):

图 7-6　ArgoWorkStation 人工审核菜单

(2)图形绘制(启动人工审核后)(图 7-7):

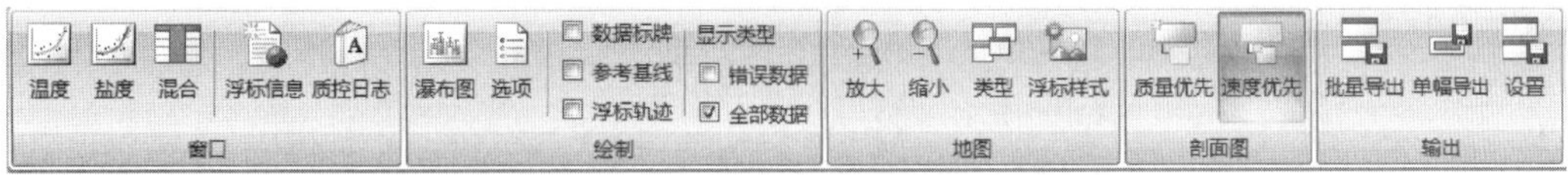

图 7-7　ArgoWorkStation 图形绘制菜单

(3)数据处理(图 7-8):

图 7-8　ArgoWorkStation 数据处理菜单

(4)数据浏览(图 7-9):

图 7-9　ArgoWorkStation 数据浏览菜单

(5)数据产品(图 7-10):

图 7-10　ArgoWorkStation 数据产品菜单

(6)报告报表(图 7-11):

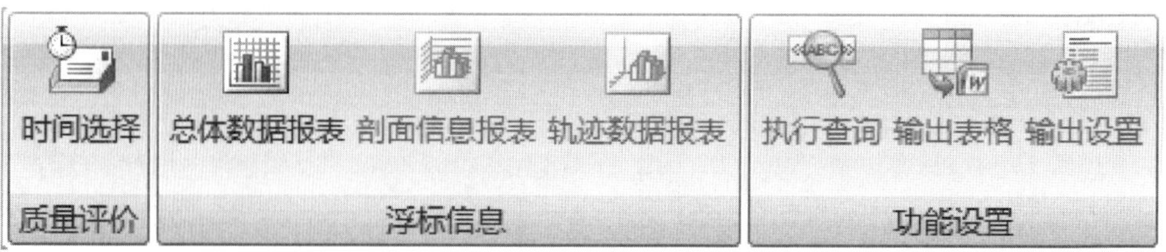

图 7-11 ArgoWorkStation 报告报表菜单

(7)投放信息(图 7-12):

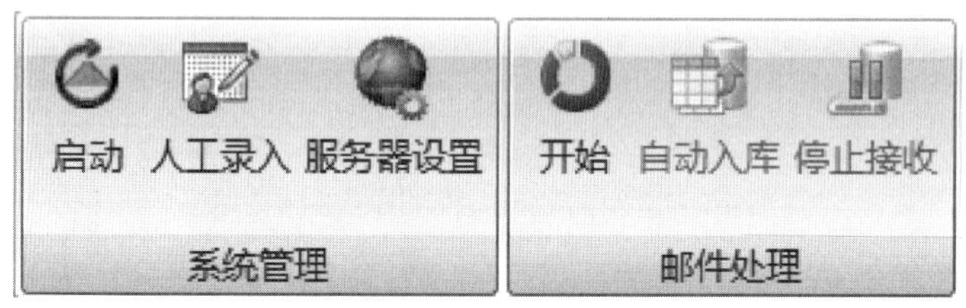

图 7-12 ArgoWorkStation 投放信息菜单

(8)系统(图 7-13):

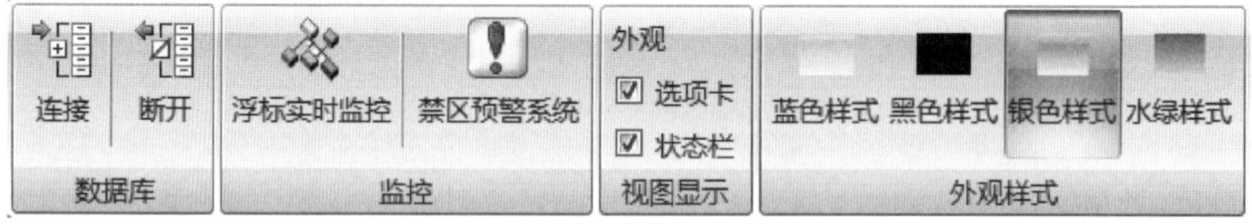

图 7-13 ArgoWorkStation 系统菜单

菜单命令集如表 7-1 所示。

工具栏部分，鼠标悬停时会显示工具按钮的功能提示。

需要说明的是，选卡式显示也是一种层叠显示。同传统的层叠显示相比，它的页面排列如一，每页的标签宛若队列，选取页面十分方便。MS Excel 的页面排列即是如此。本系统主界面下端的运行输出(提示)窗亦是。

7.3.1.5 ArgoWorkStation 按钮

屏幕左上角那个圆形图标是 ArgoWorkStation 按钮，单击之后如图 7-14 所示，其功能与主菜单相同，不再赘述。

表 7-1 菜单命令集

主菜单	组别	命令						
人工审核	系统	启动审核						
	数据	默认实时数据	默认延时数据	获取最新数据	人工筛选	气候背景		
	操作	温盐视图关联	温盐视图独立	单击开启曲线	双击开启曲线	点选	自选区域数据	按条件搜索
		审核通过数据	显示已选浮标所有剖面	显示下一剖面	显示上一剖面	显示所有剖面	框选放大	数据比对
	审核	删除所选	删除全部	撤销所作审核	保存审核结果	数据全部保存	开始上传	结束上传
	设置	参数	范围	颜色				
图形绘制	窗口	只显示温度视图	只显示盐度视图	显示分割视图	浮标信息	质控日志		
	绘制	瀑布图	选项	数据标牌	参考基线	浮标轨迹	只显示错误数据	显示全部数据
	地图	放大	缩小	类型：卫星影像图、地形影像图、平面影像图				浮标样式
	剖面图	质量优先：当使用 GDI+绘图时画图精细，但是会牺牲速度			速度优先：使用 GDI 绘制会明显提升性能，但是会降低画面精细度			
	输出	批量导出	单幅导出	设置				
数据处理	实时数据	数据接收	数据解码	文件输出	数据加载	自动质控	服务管理	
	延时数据	数据接收	数据加载	自动质控				
数据浏览	默认数据	实时数据	延时数据					
	浏览应用	浮标检索	区域选择	数据下载	运动轨迹	最新位置		
	显示	浮标标牌隐藏	浮标标牌显示					
	状态统计	全球活跃浮标	全球全部浮标	国内活跃浮标	国内全部浮标			
	设置	数据系统						

续表

主菜单	组别	命令			
数据产品	表层流	启动	时间选择	开始处理	输出图片
	中层流	启动	时间选择	开始处理	输出图片
报告报表	质量评价	时间选择			
	浮标信息	总体数据报表	剖面信息报表	轨迹数据报表	
	功能设置	执行查询	输出表格	输出设置	
投放信息	系统管理	启动	人工录入	服务器设置	
	邮件处理	开始	自动入库	停止接收	
系统	数据库	连接	断开		
	监控	浮标实时监控	禁区预警系统		
	视图显示	选项卡	状态栏		
	窗口样式	层叠	平铺	排列图标	
	外观样式	蓝色样式	黑色样式	银色样式	水绿样式

图 7-14　ArgoWorkStation 按钮的功能对话框

7.3.1.6　自定义快速访问工具栏

在菜单条的左上方，是快速访问工具栏驻留处，如图 7-15 所示。

图 7-15　快速访问工具栏

右击菜单条或工具栏，在弹出的环境菜单中选择在功能区下方显示快速访问工具栏命令，可以在功能区下方显示快速访问工具栏，如图 7-16 所示。

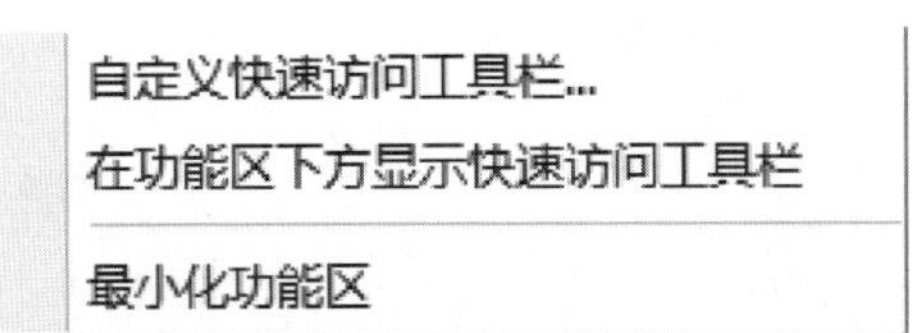

图 7-16　在功能区下方显示快速访问工具栏

右击工具栏中的组别或按钮，在弹出的环境菜单中选择添加到快速访问工具栏命令，可以将该组别或按钮命令添加到快速访问工具栏，如图 7-17 所示。

已添加过的，此命令变灰(不能操作)。但组别命令最好别添加，因为执行组别中

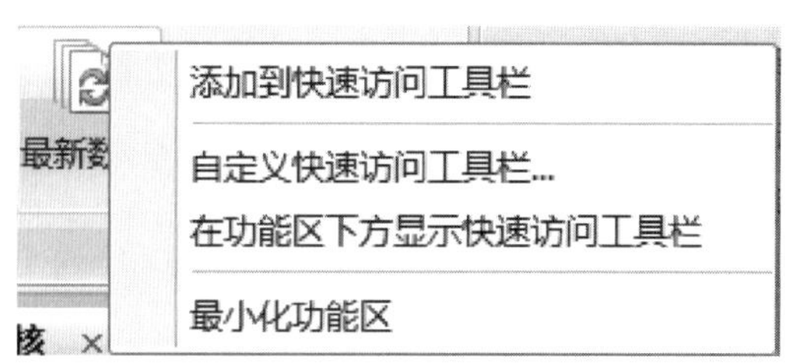

图 7-17 添加快速访问工具栏

的命令需多一道手续。

右击快速访问工具栏中的按钮，使用环境菜单中的第一条命令可将其删除。

右击菜单条或工具栏中的空白区域，在弹出的环境菜单中选择自定义快速访问工具栏命令，可以进入自定义对话框，如图 7-18 所示。

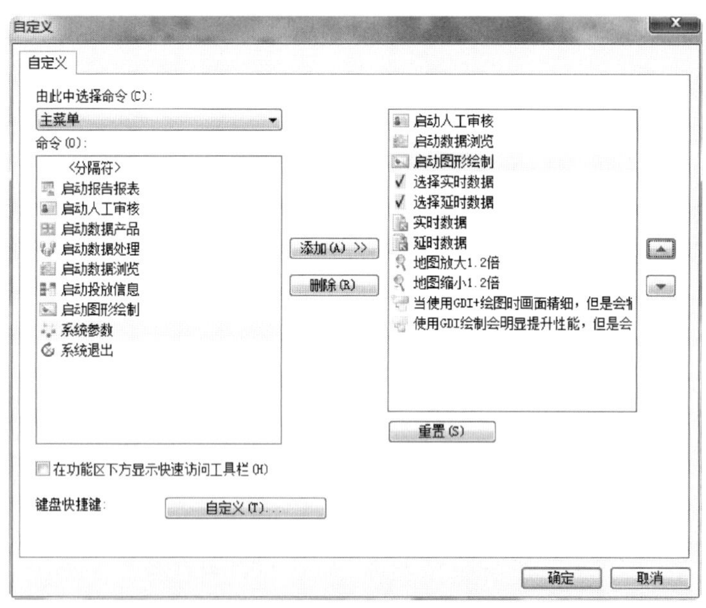

图 7-18 自定义快速访问工具栏对话框

在这个对话框中，使用右侧的上下箭头，可以对快速访问工具栏中的命令调序。也可在此框中删除自定义的某一命令。目前，计有 10 个命令类别，150 条命令。如有需要，也可以对这些命令自定义键盘快捷键。

在注册表中，快速访问工具栏的名称有三项，其细目分别示例如图 7-19 所示。

HKEY_USERS\...\Software\ArgoWsPlatform\ArgoWorkstation\Workspace\BasePane-59398

HKEY_USERS\...\Software\ArgoWsPlatform\ArgoWorkstation\Workspace\MFCRibbonBar-59398

HKEY_USERS\…\Software\ArgoWsPlatform\ArgoWorkstation\Workspace\Pane-59398

名称	类型	数据
(默认)	REG_SZ	(数值未设置)
IsVisible	REG_DWORD	0x00000001 (1)

名称	类型	数据
(默认)	REG_SZ	(数值未设置)
IsMinimized	REG_DWORD	0x00000001 (1)
QuickAccessToolbarCommands	REG_BINARY	0b 00 94 2c 00 00 10 80 00 00 95 2c 00 00 ab 81 00 00 ac 81 00 00 36 81 00 00 37...
QuickAccessToolbarOnTop	REG_DWORD	0x00000001 (1)

名称	类型	数据
(默认)	REG_SZ	(数值未设置)
ID	REG_DWORD	0x00000000 (0)
IsFloating	REG_DWORD	0x00000000 (0)
MRUWidth	REG_DWORD	0x00007fff (32767)
PinState	REG_DWORD	0x00000000 (0)
RecentFrameAlignment	REG_DWORD	0x00001000 (4096)
RecentRowIndex	REG_DWORD	0x00000000 (0)
RectRecentDocked	REG_BINARY	00 00 00 00 00 00 00 00 00 05 00 00 42 00 00 00
RectRecentFloat	REG_BINARY	0a 00 00 00 0a 00 00 00 6e 00 00 00 6e 00 00 00

图 7-19　快速访问工具栏注册表细目示例

其中，MFCRibbonBar-59398 中的数据可以通过环境菜单导出，例如形成一个 MF-CRibbonBar-59398.reg 文件，必要时通过双击该文件可以将其导入。

MFCRibbonBar-59398 的快速访问工具栏命令行的数据说明如图 7-20 所示。

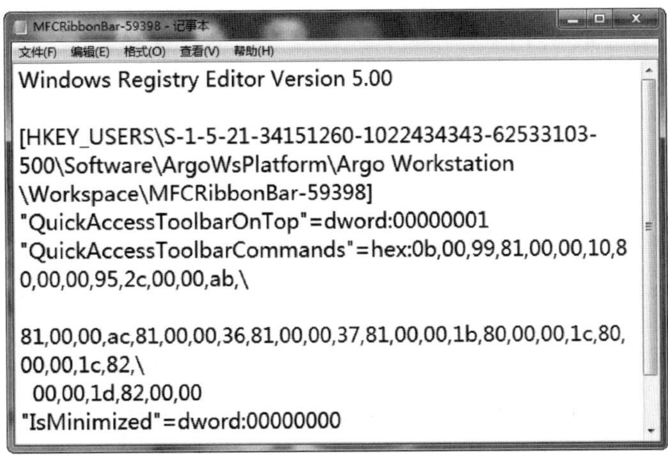

MFCRibbonBar-59398 - 记事本

文件(F)　编辑(E)　格式(O)　查看(V)　帮助(H)

```
Windows Registry Editor Version 5.00

[HKEY_USERS\S-1-5-21-34151260-1022434343-62533103-
500\Software\ArgoWsPlatform\Argo Workstation
\Workspace\MFCRibbonBar-59398]
"QuickAccessToolbarOnTop"=dword:00000001
"QuickAccessToolbarCommands"=hex:0b,00,99,81,00,00,10,8
0,00,00,95,2c,00,00,ab,\

81,00,00,ac,81,00,00,36,81,00,00,37,81,00,00,1b,80,00,00,1c,80,
00,00,1c,82,\
  00,00,1d,82,00,00
"IsMinimized"=dword:00000000
```

图 7-20　注册表 MFCRibbonBar-59398 中的数据

“0b 00”指现在快速访问工具栏中有 11 个命令按钮。

“94 2c 00 00”是第一个命令按钮的数据，“10 80 00 00”是第二个命令按钮的数据，以此类推。

如果删除了 MFCRibbonBar-59398 中这些数据，新建的快速访问工具栏也就没有了。

在注册表中，凌驾于上述三项之上的是：HKEY_USERS\…\Software\ArgoWsPlatform\ArgoWorkstation\Workspace\ControlBarVersion。其细目如图 7-21 所示。

名称	类型	数据
(默认)	REG_SZ	(数值未设置)
Major	REG_DWORD	0x0000000a (10)
Minor	REG_DWORD	0x00000000 (0)

图 7-21　注册表 ControlBarVersion 细目示例

尽管 MFCRibbonBar-59398 中有新建的快速访问工具栏的数据，如果删除了 ControlBarVersion 这一项，重启 ArgoWorkstation 后，新建的快速访问工具栏也就没有了。

7.3.1.7　工具栏之移动

ArgoWorkStation 界面中的每个工具栏都是可以移动或添加的。由于新的位置会被记下。故重新启动 ArgoWorkStation 程序后，整个工具栏的布放便是上次程序关闭前的形态。

工具栏的复位方法除了手工移动或删除之外，还有一个删除注册表有关条目的方法。执行 regedit 命令进入注册表后，删除 HKEY_USERS\…\Software\ArgoWsPlatform\ArgoWorkStation\Workspace。

7.3.2　运行输出(提示)窗

ArgoWorkStation.exe 运行之后，界面下部的输出窗提示如图 7-22 所示。

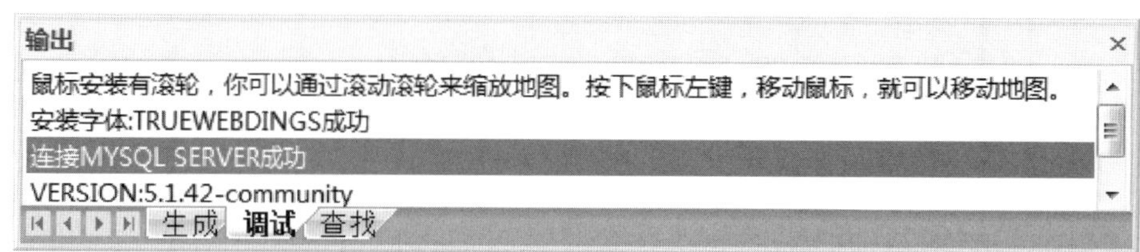

图 7-22　ArgoWorkStation 的运行输出窗提示

第 3 行提示表明，数据库连接成功。这是因为数据库登录选择了保存配置和自动登录，如图 7-23 所示。

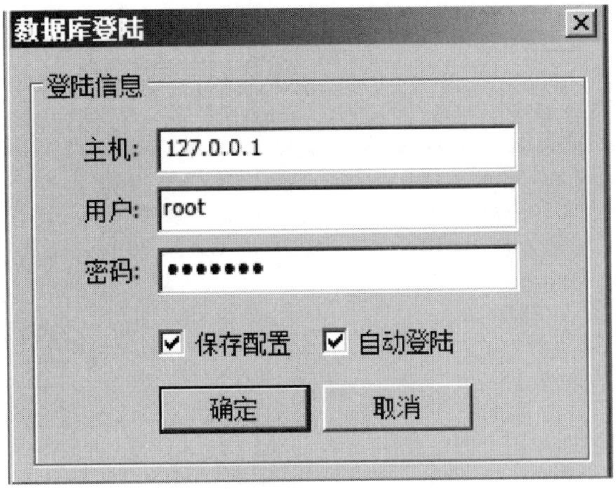

图 7-23　数据库自动登录配置

在此情况下，就无需再进行连接数据库操作了。

运行输出(提示)窗貌不惊人，但却是独立的完整视窗。其上有标题栏，左有垂直滚动条，下有选卡式显示和水平滚动条，标题栏左侧有关闭按钮(停靠时增加自动隐藏按钮)。右击上/下边框后弹出的环境菜单上可现浮动、停靠、隐藏等命令。用鼠标点住上/下边框可随意游走。且可长、可扁、可大、可小。还可与浮标视图、任务窗口形成组合，或缩为一个“输出”按钮。

选卡式显示“生成”和“查找”窗口暂无开发，留待后用。

7.3.3　浮标视图

在 ArgoWorkStation 界面左侧，有一个类似于上面所述输出窗口的视窗。其上载有浮标视图和任务窗口。其浮标视图如图 7-24 左图所示，浮标视图中的 CHINA 展开之后如图 7-24 右图所示。

在浮标视图(图 7-24)上，列有目前 32 个浮标投放国家的名称。

单击浮标视图左上角的下拉菜单，或左击浮标视图标题栏下面左端，这些国家名称可以按字母顺序、类型、访问排序，也可以按类型分组。

右击浮标视图标题栏，弹出的环境菜单中有浮动、停靠、选项卡式显示、自动隐藏、隐藏等选项，可以选择视图的显示方式，如图 7-25 所示。

当选择停靠时，两个标题框(签)在下端。当选择自动隐藏时，两个标题框(签)在上侧，如图 7-26 所示。

图 7-24　浮标视图

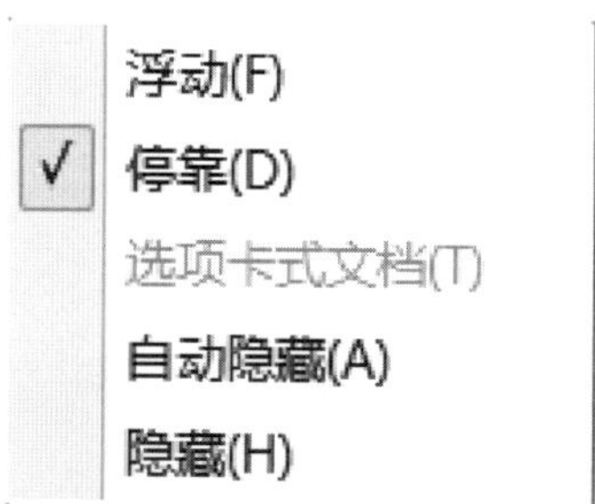

图 7-25　浮标视图的显示方式

图 7-26　两个视图标题框(签)的位置(左为停靠，右为自动隐藏)

若浮标视图(连同任务窗口及输出窗口)因关闭而弄丢了，通过(regedit)删除系统注册表中的项 HKEY_USERS\...\Software\ArgoWsPlatform\ArgoWorkstation\Workspace\ControlBarVersion，而后重启 ArgoWorkStation，便可以恢复，如图7-27 所示。

在浮标视图中，单击国家名称前的加号方框(展开框)，或双击国家名称，可以看到这个国家所属浮标的 ID 号。

双击某一浮标号，相当于执行数据浏览命令。

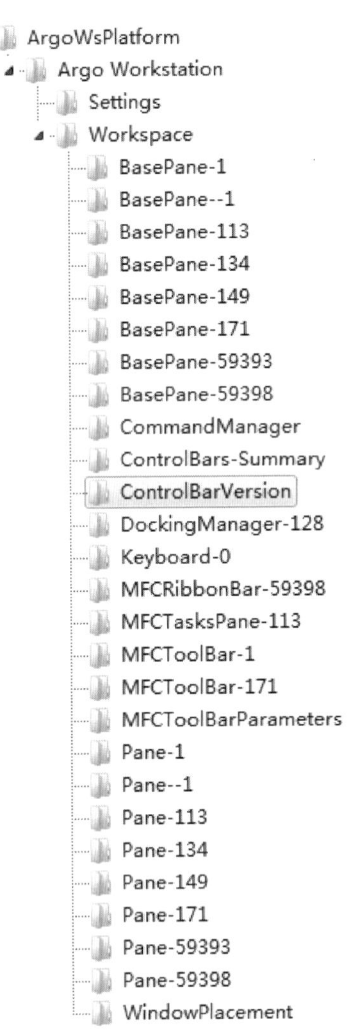

名称	类型	数据
(默认)	REG_SZ	(数值未设置)
Major	REG_DWORD	0x0000000a (10)
Minor	REG_DWORD	0x00000000 (0)

图 7-27　注册表的 ArgoWsPlatform 项及其子项 ControlBarVersion

7.3.4　任务窗口

在 ArgoWorkStation 界面左侧，有一个类似于上述输出窗口的视窗。其上载有浮标视图和任务窗口。其任务窗口的任务名称如图 7-28 所示。

每一任务标题栏都有下拉(或称展开)/上卷(或称收缩)箭头。依次单击箭头处或任务标题栏可使其下拉/收缩。下拉(或称展开)之后，如图 7-29 所示。

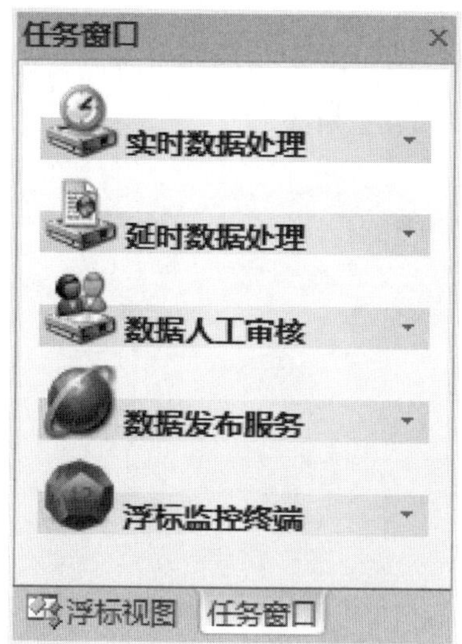

图 7-28　任务窗口的任务名称

这是一种类似列表框式的下拉菜单，在选取命令时弥补了传统下拉菜单的不足。

该视窗是浮标视图与任务窗口的层叠组合，视窗下面的图标也是一种标签形式，用以选择激活哪一个显示。此外，如果用鼠标点住某一标签，可将此窗口独立出来。当然，上面讲过的输出窗也可以如法组合进来，不过，提示的直观性会差一些。

图 7-29　任务窗口的任务展开

7.3.5　状态栏

状态栏是 Argo 数据处理系统服务管理器客户端界面中最下面的一栏。

当鼠标无所指时，状态栏显示“就绪”二字。当鼠标指向某一命令时，状态栏即显示该命令。

在进行地图操作时，会显示经纬度，纬度在前，经度在后。

当鼠标在地图上移动时，状态栏显示的经纬度会即时变化。

当鼠标在人工审核的温度或盐度视图上移动时，状态栏会显示温度/水深或盐度/水深的变化。

此栏的显示与否，由系统/视图显示/状态栏前端的复选框控制。

7.3.6　浮标站位图

熟悉了 ArgoWorkStation 的界面及浮标最新位置浏览图，如果需要另存，那就选择输出菜单中的浮标站位图命令，弹出的对话框如图 7-30 所示。

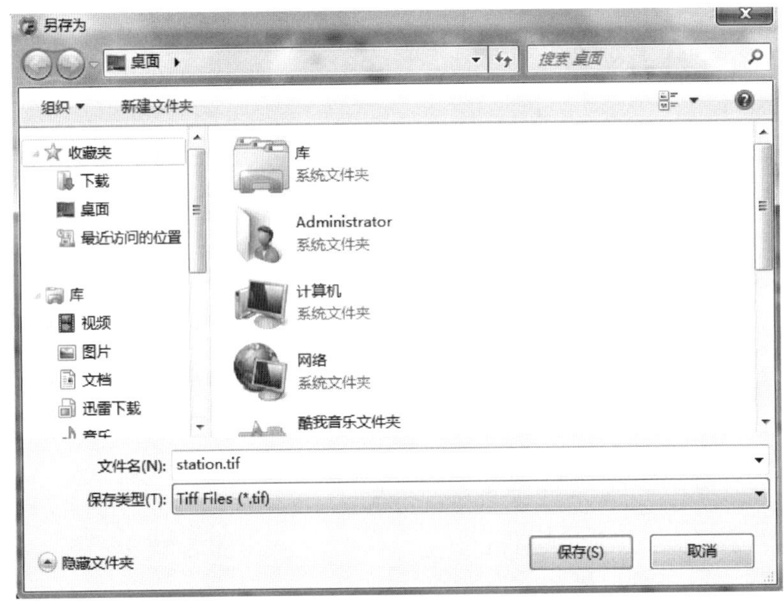

图 7-30　另存为对话框

选择存储目录，输入文件名，点击保存按钮，即可得到浮标站位图的 TIF 图像文件。

浮标站位图输出比较简单。几经使用后认为，还是用截图的办法更简捷有效。

需要说明的是，浮标最新位置浏览是全局性的，是默认的主窗口显示内容。其重新启动命令虽然放在了数据浏览菜单中，但并不受数据系统设置的制约。

浮标最新位置浏览相应的数据库/表是 ArgoDB/argopostion。

7.3.7　地图

地图子菜单虽然在图形绘制菜单下，但不只与人工审核及剖面图有关，还与数据浏览有关。它事关全局，同时也是基础性的。

在地图子菜单中，可以选择地图放大、缩小、地图类型、浮标样式。

地图的移动是通过在地图上按住鼠标左键，上下左右地拖动。

通常是使用鼠标的滚轮实现地图的放大、缩小，向外放大、向内缩小，但每次放大/缩小的尺度较大，渐变性较差。经由放大/缩小命令，每次放大/缩小的比例是 20%，可以较好地解决这个问题，但图形绘制/放大先后要点击两次。为了简捷使用放大命令，可将地图/放大命令自定义到快速访问工具栏。

浮标样式是选择浮标的显示图案。可以既对实时数据又对延时数据，也可仅对实时数据或仅对延时数据，通常为了省事，多选前者。浮标图案暂收入 242 个。默认的浮标图案是圆点，如图 7-31 所示。

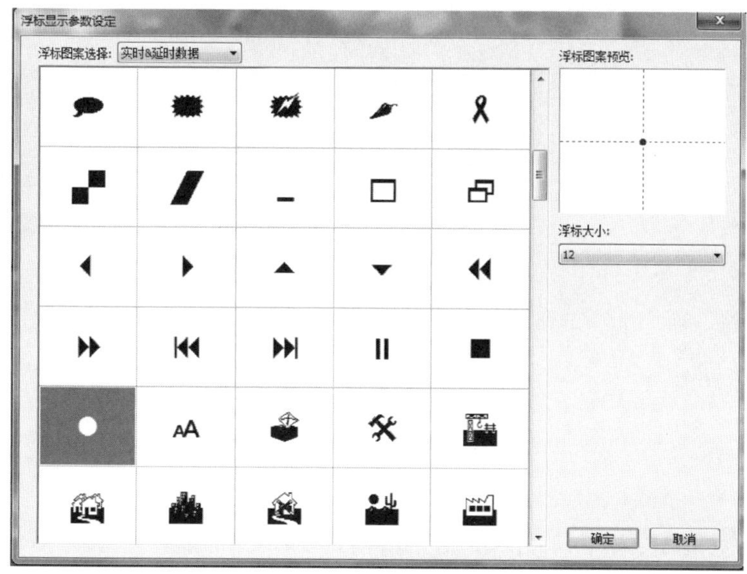

图 7-31 浮标显示参数设定

地图类型有三种：卫星影像图、地形影像图、平面影像图。一般常用地形影像图。

坐标范围：纬度-180°—180°，经度 0°—360°。此项为默认设置，用户不做修改。

地形影像图已见前例。卫星影像图和平面影像图如图 7-32 和图 7-33 所示。

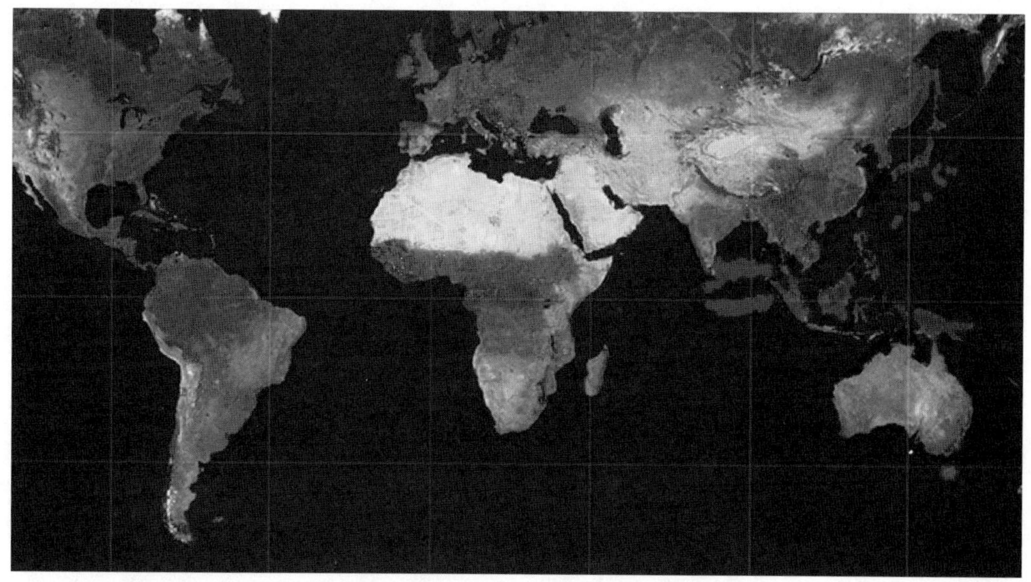

图 7-32 卫星影像图

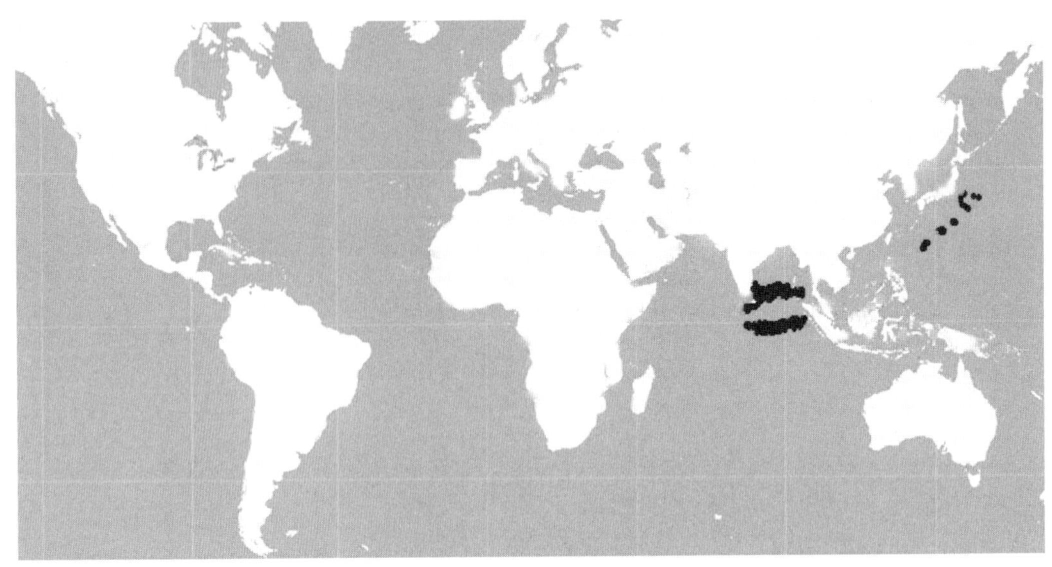

图 7-33　平面影像图

7.3.8　智能经纬度坐标显示与“定海神针”

值得一提的是，智能经纬度坐标显示与“定海神针”。

智能经纬度坐标显示是说，这幅名称为 t 的瓦片图是数字化的，科技含量很高。在状态栏打开的情况下，当鼠标在地图上移动时，经纬度显示可实时随之变化。

这种情况也发生在温/压曲线图和盐/压曲线图上，不论单群与否。

“定海神针”是一个固定的“十”字。在数据浏览模式对画面右上角列表中的有关浮标周期双击时，或在人工审核模式点选浮标时，表征这个浮标时位和周期的点会迅速移到这个“十”字处，一步准确到位。且对地图进行缩放时，此点位置不变，犹如“定海神针”一般，如图 7-34 所示。

7.4　浮标监控

浮标监控在系统菜单中，以及任务窗口最下端。

浮标监控系统分为两部分：

(1)浮标实时监控系统，指我国投放的浮标的实时监控系统，包括最新位置、数据接收时间、最新周期等；

(2)浮标禁区预警系统，通过划定我国管辖海域禁区，来监控进入我国管辖海域或者即将进入我国管辖海域的浮标。

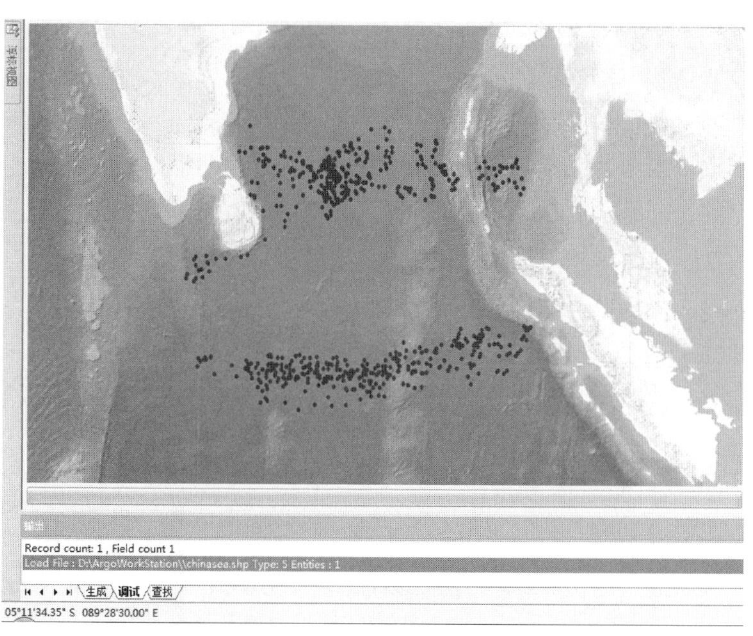

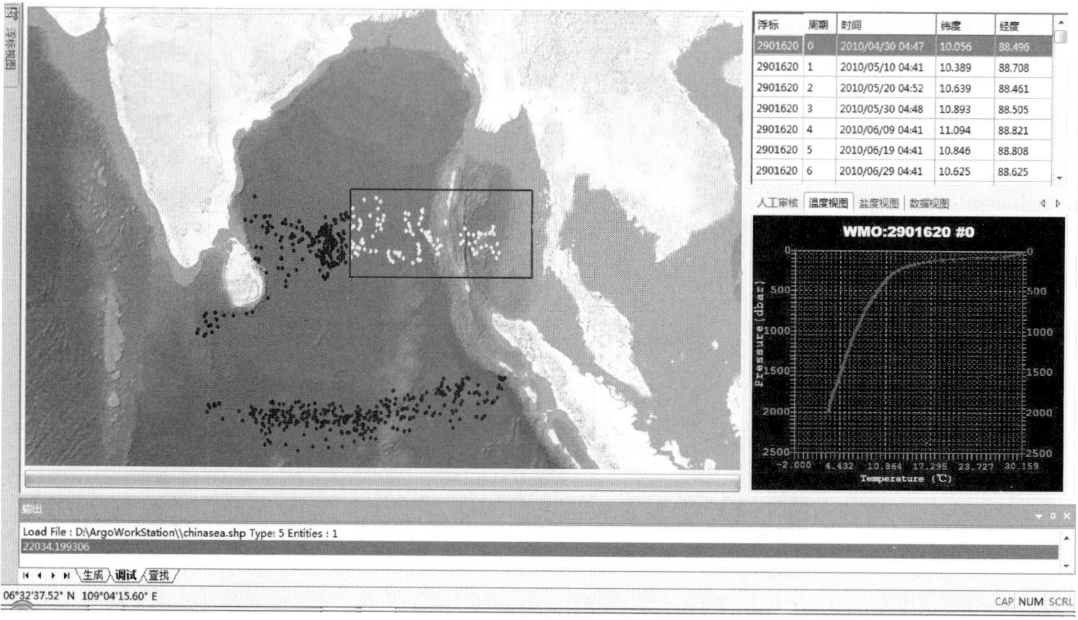

图 7-34 智能经纬度坐标显示与“定海神针”

7.4.1 浮标实时监控系统(监己)

自然资源部浮标实时监控系统只监控我国自己投放的浮标，监控内容包括：

(1)浮标号码，我国投放浮标的号码；

(2)完成剖面，截至当前时刻，浮标所完成的剖面数；

(3)当前周期，当前已完成的周期号，当前周期；

(4)剖面时间，已完成周期的剖面时间；

(5)存活天数，从浮标投放开始计时，至当前剖面的时间(天)；

(6)显示轨迹，复选框，选中显示轨迹，未选取消显示；

(7)数据状态，数据接收处理状态标志，分为正常状态(在一个周期内正常处理)、数据处理异常(连续 30 天未有数据处理)、浮标“死亡”(连续 90 天以上未有数据处理)。

浮标实时监控细目如图 7-35 所示。

浮标号码	完成剖面	当前周期	剖面时间	存活天数	显示轨迹	数据状态
2901615	16	15	2011/11/28	150	☐	周期数据处理
2901616	55	56	2011/11/27	560	☐	周期数据处理
2901617	31	30	2011/02/26	300	☐	数据已连续3
2901618	6	6	2010/06/26	60	☐	数据已连续3
2901620	58	57	2011/11/21	570	☐	周期数据处理
2901621	56	56	2011/11/26	560	☐	周期数据处理
2901622	28	28	2011/01/31	280	☐	数据已连续3
2901623	57	56	2011/11/28	560	☐	周期数据处理
2901624	53	58	2011/11/29	540	☐	周期数据处理

图 7-35　浮标实时监控细目

7.4.2 浮标禁区监控系统(外监)

浮标禁区监控系统主要功能如下。

(1)可显示卫星影像图、矢量地形图、矢量平面图三种地图类型。

(2)预警界面可输出为图片。点击输出预警图片按钮后，需要设置下面的另存为对话框(图 7-36)。

(3)可显示我国海岸基线、领海线、毗连区、专属经济区。ArgoWorkStation 目录中有一个 lhjd. txt 文件。该文件的内容如表 7-2 所示。

图 7-36 另存为对话框设置

表 7-2 我国海岸基准点

序号	基准点	纬度	经度	序号	基准点	纬度	经度
1	山东高角	37.395°	122.705°	24	石碑山角	22.935°	116.495°
2	镆耶岛	36.918°	122.545°	35	针头岩	22.315°	115.125°
3	苏山岛	36.747°	122.263°	26	佳蓬列岛	21.8083°	113.9667°
4	朝连岛	35.893°	120.85°	27	围夹岛	21.5683°	112.7983°
5	达山岛	35.003°	119.903°	28	大帆石	21.4617°	112.3583°
6	麻菜珩	33.363°	121.347°	29	七洲列岛	19.975°	111.2733°
7	外磕脚	33.015°	121.64°	30	观帆	19.8833°	111.2133°
8	佘山岛	31.422°	122.243°	31	大洲岛 1	18.6617°	110.4933°
9	海礁	30.735°	123.157°	32	大洲岛 2	18.6567°	110.485°
10	东南礁	30.725°	123.662°	33	双帆石	18.435°	110.14°
11	两兄弟屿	30.168°	122.945°	34	陵水角	18.3833°	110.05°
12	渔山列岛	28.888°	122.275°	35	东洲 1	18.1833°	109.7017°
13	台州列岛 1	28.398°	121.917°	36	东洲 2	18.1833°	109.6967°
14	台州列岛 2	28.392°	121.912°	37	锦母角	18.1583°	109.5733°
15	稻挑山	27.466°	121.13°	38	深石礁	18.2433°	109.1267°
16	东引岛	26.3767°	120.5067°	39	西鼓岛	18.3217°	108.9517°
17	东沙岛	26.1567°	120.405°	40	莺歌嘴 1	18.5033°	108.6833°
18	牛山岛	25.43°	119.9383°	41	莺歌嘴 2	18.5067°	108.685°
19	乌丘屿	24.9767°	119.4783°	42	莺歌嘴 3	18.5167°	108.6767°
20	东碇岛	24.1617°	118.2367°	43	莺歌嘴 4	18.5183°	108.675°
21	大柑山	23.5317°	117.6883°	44	感恩角	18.8417°	108.6217°
22	南澎列岛 1	23.215°	117.2483°	45	四更沙角	19.1933°	108.6°
23	南澎列岛 2	23.205°	117.2317°	46	峻壁角	19.3517°	108.6433°

注：基于《中华人民共和国政府关于中华人民共和国领海基线的声明》(1996 年 5 月 15 日)

这是确定我国海岸基线的46个基准点。依此可以确定我国海岸基线、领海线、毗连区、专属经济区。

如果选择了海岸基线、领海线、毗连区、专属经济区前的复选框，则这四条线可以显示出来。其中海岸基线为绿色，领海线为红色，毗连区为深蓝色，专属经济区为浅蓝色。

(4)实时监控浮标距我国管辖海域禁区的距离，运动方向，如图7-37所示。

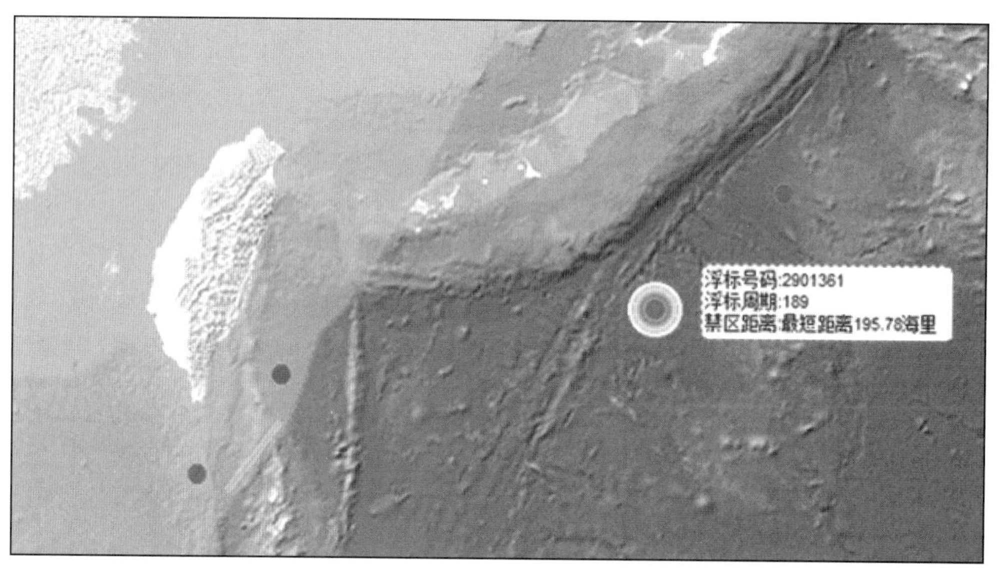

图7-37　浮标距离监控

(5)可查询自定义时间段内的浮标进入我国管辖海域的情况，如图7-38所示。

显示我国海域　卫星影像图
隐藏禁区范围　矢量地形图
浮标预警设置　矢量平面图
起始年份: 2012　海岸基线
起始月份: 01　领海线
终止年份: 2012　毗连区
终止月份: 01　专属经济区
国家: 全部　输出预警图片
查 询　报 表　实时监控预警

图7-38　浮标监控自定义查询

(6)可显示浮标的运动轨迹，以及标牌，如图 7-39 所示。

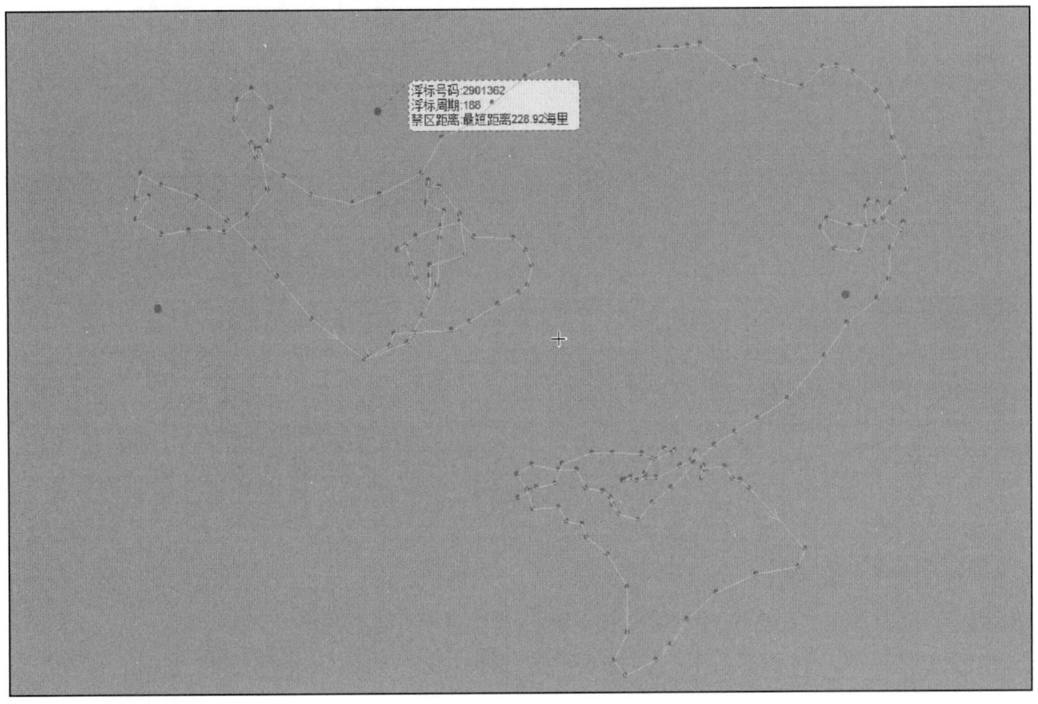

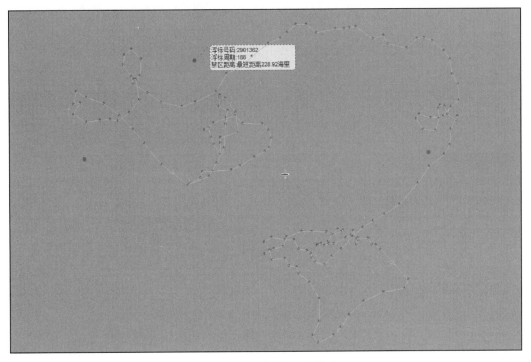

图 7-39 显示浮标运动轨迹

(7)生成详细报告，可输出至 WORD 文档，如图 7-40 和图 7-41 所示。

我辖海域监控预警详细信息

浮标号码	投放国家	当前周期	剖面时间	纬度坐标	经度坐标	禁区距离(海里)	浮标速度(海里/时)	预计进入我辖海域时间
2900510	UNITED STATES	201	2011-10-11 03:29	23.298	132.275	435.39	--	--
2901123	UNITED STATES	254	2011-10-28 23:23	22.352	121.932	已进入禁区	--	--
2901361	UNITED STATES	189	2011-11-01 02:40	23.229	126.972	195.78	0.07	2012-02-22 13:12
2901362	UNITED STATES	188	2011-11-01 00:26	24.587	128.675	228.92	0.10	2012-02-06 02:44
2901363	UNITED STATES	188	2011-11-01 00:26	26.500	132.022	330.72	0.14	2012-02-04 08:38
2901364	UNITED STATES	188	2011-11-01 02:38	27.782	132.597	329.27	0.13	2012-02-18 15:50
2901379	UNITED STATES	93	2011-10-31 11:09	21.138	120.800	已进入禁区	--	--
2901384	UNITED STATES	186	2011-10-30 14:34	19.178	114.177	已进入禁区	--	--
2901385	UNITED STATES	185	2011-10-27 05:36	20.420	136.059	706.93	0.08	2012-10-16 04:46
5900975	UNITED STATES	245	2011-10-13 00:18	33.128	139.320	642.44	--	--
5902094	UNITED STATES	112	2011-10-12 10:36	33.828	138.112	587.86	--	--
5903541	UNKOWN	13	2011-10-09 06:22	10.024	137.238	1079.90	--	--
5903542	UNKOWN	14	2011-10-13 06:47	15.377	138.355	991.90	--	--
5903543	UNKOWN	13	2011-10-09 09:02	11.556	136.493	1024.07	--	--
5903544	UNKOWN	71	2011-10-12 19:02	16.602	138.361	951.21	--	--

输出表格 确定 取消

图 7-40 显示详细报告

我国管辖海域监控预警详细信息

浮标号码	投放国家	当前周期	剖面时间	纬度	经度	禁区距离(海里)	浮标速度(海里/时)	预计进入我辖海域时间
2900510	UNITED STATES	201	2011-10-11 03:29	23.298	132.275	435.39	0.10	2012-04-14 12:18
2901123	UNITED STATES	254	2011-10-28 23:23	22.352	121.932	已进入禁区	—	—
2901361	UNITED STATES	189	2011-11-01 02:40	23.229	126.972	195.78	0.11	2012-01-12 16:37
2901362	UNITED STATES	188	2011-11-01 00:26	24.587	128.675	228.92	0.13	2012-01-16 04:38
2901363	UNITED STATES	188	2011-11-01 00:26	26.500	132.022	330.72	0.03	2013-01-02 16:15
2901364	UNITED STATES	188	2011-11-01 02:38	27.782	132.597	329.27	0.06	2012-07-07 09:08
2901379	UNITED STATES	93	2011-10-31 11:09	21.138	120.800	已进入禁区	—	—
2901384	UNITED STATES	186	2011-10-30 14:34	19.178	114.177	已进入禁区	—	—
2901385	UNITED STATES	185	2011-10-27 05:36	20.420	136.059	706.93	0.06	2013-02-20 19:14
5900975	UNITED STATES	245	2011-10-13 00:18	33.128	139.320	642.44	0.60	2011-11-26 07:39
5902094	UNITED STATES	112	2011-10-12 10:36	33.828	138.112	587.86	0.03	2014-03-20 16:10
5902096	UNITED STATES	111	2011-10-07 10:57	32.629	134.060	375.06	0.09	2012-03-21 22:21
5903541	UNKOWN	13	2011-10-09 06:22	10.024	137.238	1079.90	-1.00	—
5903542	UNKOWN	14	2011-10-13 06:47	15.377	138.355	991.90	-1.00	—
5903543	UNKOWN	13	2011-10-09 09:02	11.556	136.493	1024.07	-1.00	—
5903544	UNKOWN	71	2011-10-12 19:02	16.602	138.361	951.21	-1.00	—
5903545	UNKOWN	14	2011-10-12 23:26	16.106	140.108	1047.86	-1.00	—
5903546	UNKOWN	13	2011-10-09 13:50	11.968	136.346	1011.25	-1.00	—
5903547	UNKOWN	14	2011-10-13 15:10	10.008	136.940	1062.73	-1.00	—
5903548	UNKOWN	14	2011-10-13 21:54	15.483	137.768	960.64	-1.00	—
5903550	UNKOWN	14	2011-10-13 14:36	14.321	139.217	1069.64	-1.00	—
2901394	UNITED STATES	6	2011-10-28 19:38	27.613	132.832	344.63	-1.00	—

图 7-41　输出至 WORD 报告

详细报告的内容如表 7-3 所示。

表 7-3　详细报告内容

内容	含义
浮标号码	浮标的 WMO 号码
投放国家	投放此浮标的国家
当前周期	浮标周期运行的当前周期
剖面时间	剖面的时间，北京时间
纬度	浮标当前纬度
经度	浮标当前经度
禁区距离	浮标当前位置距离我国管辖海域最短的直线距离，通过计算得到，单位为海里
浮标速度	浮标的漂流速度，单位为海里/时，根据计算得到，根据当前周期的位置和上一周期的位置以及时间，近似地计算出浮标的运动速度，此数据仅提供参考价值
预计进入我国管辖海域的时间	根据当前浮标的位置以及上述计算得到的速度，可以计算出浮标依照当前状态运行进入我国管辖海域的最短时间，此数据只是根据条件计算的数据，仅提供参考意义

(8)禁区预警方式可自定义设置，如图 7-42 所示。

禁区预警功能包括两个参数，分别是预警范围和预警方式。

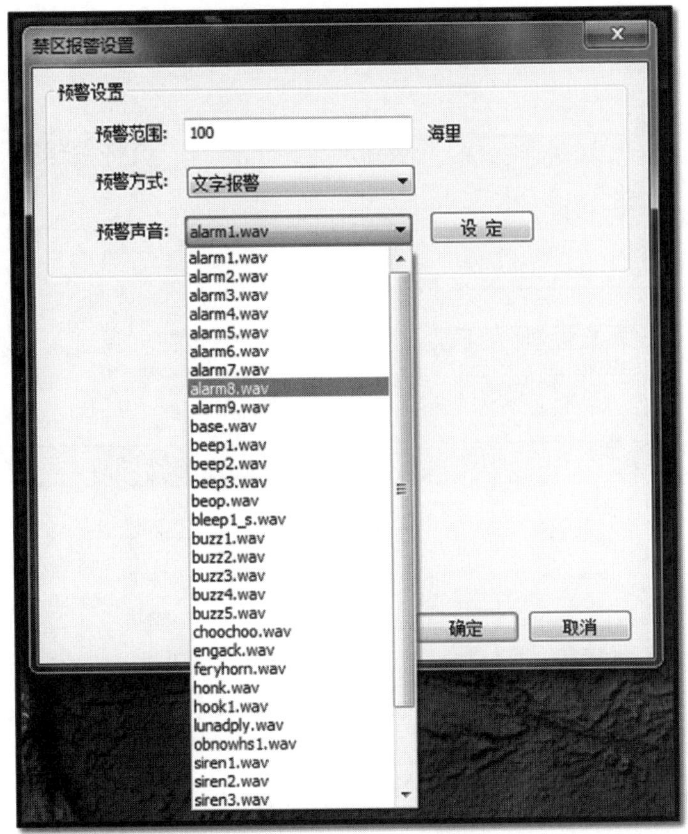

图 7-42　浮标预警方式选择

预警范围：设定浮标的预警范围，也就是当浮标距离我国管辖海域的最短距离小于设定的预警范围时产生报警。

最短距离是指浮标当前位置点距离我国管辖海域多边形每个点的直线距离的最小值。当满足条件时产生报警。进入禁区的浮标颜色呈红色，并且在监控地图上以动画形式标注。禁区外的浮标也有三种颜色。这个是系统预定义的，根据距离禁区的远近自动使用的颜色。

预警方式：设定当浮标满足预警的条件时报警的方式。预警方式分为以下三种。

(1)文字报警，在报警的浮标动画中加入文字描述，此方式也是系统的默认方式；

(2)声音报警，在满足报警条件时，用声音进行报警，系统现支持 . WAV 格式的声音，默认声音为 alarm1. wav；

(3)短信报警，在满足报警条件时，自动向指定的 SIM 卡发送报警短信。

7.5 投放信息

投放信息相应的数据库/表是 ArgoDB/argoputinfo。下面将按照内容的逻辑顺序展开。

7.5.1 人工录入

选择投放信息/系统管理/人工录入命令或人工录入按钮，弹出人工录入(邮件投放信息编辑)界面，进行录入和编辑，如图 7-43 所示。

图 7-43 邮件投放信息编辑界面

7.5.2 邮件服务器设置

投放信息在独立菜单中。

投放信息取自邮件服务器。

选择投放信息/系统管理/服务器设置命令，弹出邮件服务器对话框，进行设置并确认，如图 7-44 所示。

接收的邮件是服务器地址处的全部邮件。自动入库时做重复数据替换。

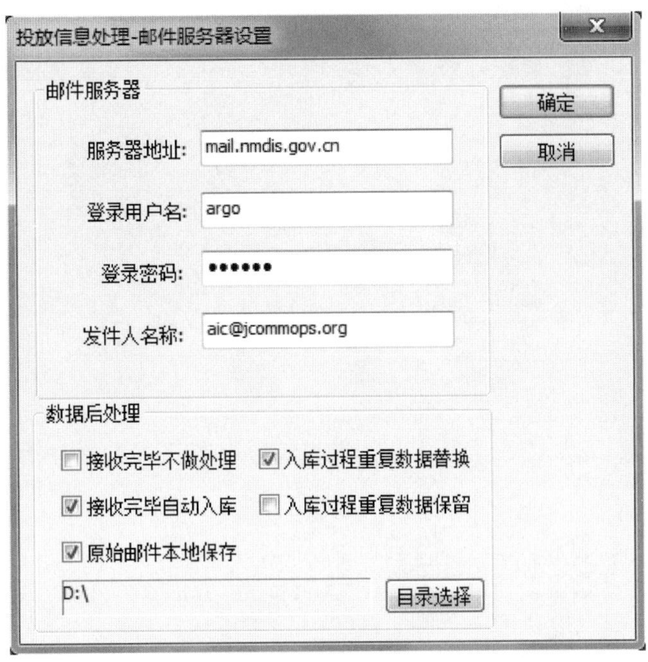

图 7-44 邮件服务器设置

7.5.3 接收邮件

一般每月都会有新的投放信息邮件，但接收到的邮件不都是新邮件。

选择投放信息菜单中的启动邮件处理/开始命令，或单击接收邮件按钮，弹出接收邮件界面，如图 7-45 所示。

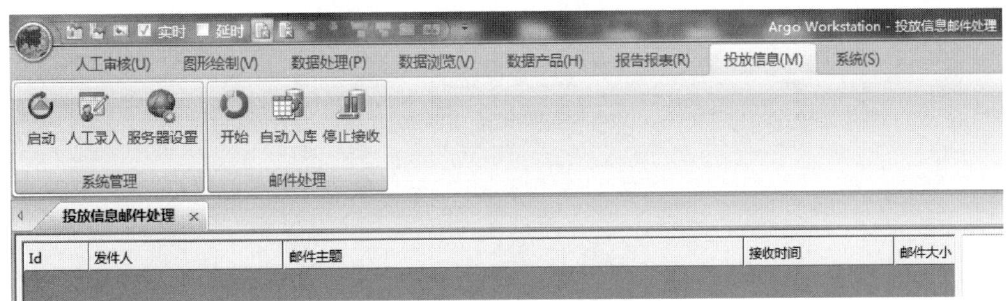

图 7-45 投放信息邮件处理界面

点击邮件处理/自动入库命令，界面如图 7-46 所示。

点击某一邮件的主题行，右侧显示该邮件的详细内容，如图 7-47 所示。

以图 7-47 为例，这一邮件的详细内容如下：

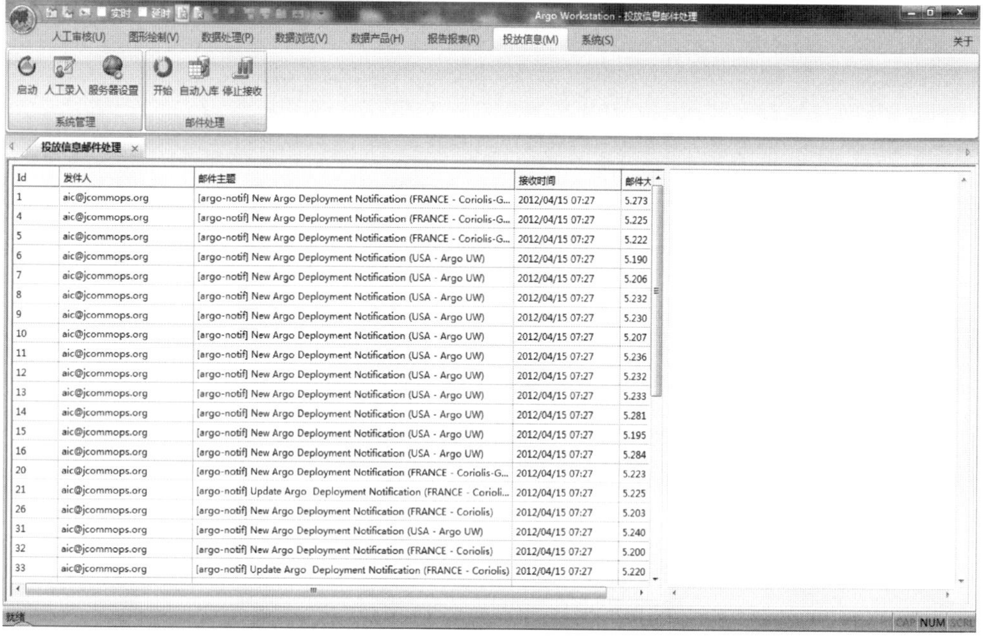

图 7-46　接收邮件界面

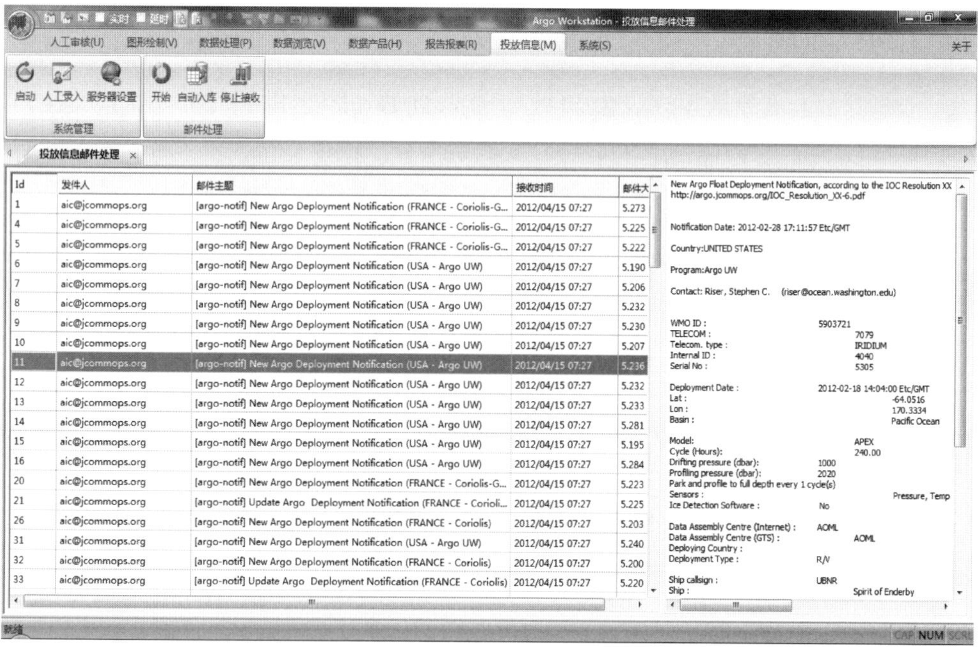

图 7-47　显示某一邮件的详细内容

New Argo Float Deployment Notification, according to the IOC Resolution XX-6:
http://argo.jcommops.org/IOC_Resolution_XX-6.pdf

Notification Date: 2012-02-28 17:11:57 Etc/GMT

Country: UNITED STATES

Program: Argo UW

Contact: Riser, Stephen C. (riser@ocean.washington.edu)

WMOID: 5903721
TELECOM: 7079
Telecom. type: IRIDIUM
Internal ID: 4040
Serial No: 5305

Deployment Date: 2012-02-18 14:04:00 Etc/GMT
Lat: -64.0516
Lon: 170.3334
Basin: Pacific Ocean

Model: APEX
Cycle (Hours): 240.00
Drifting pressure (dbar): 1000
Profiling pressure (dbar): 2020
Park and profile to full depth every 1 cycle(s)
Sensors: Pressure, Temperature, Salinity, Dissolved Oxygen
Ice Detection Software: No

Data Assembly Centre (Internet): AOML
Data Assembly Centre (GTS): AOML
Deploying Country:
Deployment Type: R/V

Ship callsign: UBNR
Ship: Spirit of Enderby
Cruise: n/a
Depl. method:
Package type:

CTD at launch: No

Argo Label: Yes

Comments: Apf9iSbe41cpOptodeRafos

Check all deployment plan details from:

http://wo.jcommops.org/cgi-bin/WebObjects/Argo.woa/wa/plan?wmo=5903721

After deployment date, check all platform details and access data from: http://wo.jcommops.org/cgi-bin/WebObjects/Argo.woa/wa/ptf?wmo=5903721

For more information please contact the Argo Information Centre (aic@jcommops.org), in charge of the implementation and maintenance of this intergovernmental procedure.

This message is sent to all Argo National Focal Points, and its content is under the responsibility of the Argo programme above.

Check the real time status of the Argo network, and floats potentially drifting within Member States Exclusives Economic Zones at: http://argo.jcommops.org/website/Argo

Argo (http://www.argo.net) is programme of the Global Ocean Observing System (GOOS).

双击某一邮件的主题行，进入该邮件参数的编辑状态，如图 7-48 所示。

邮件投放信息编辑

邮件				数据库			
通知日期:	2-28 17:11:57	ArgoLabel:	yes	通知日期:	2012-02-28 17:	ArgoLabel:	
国家:	united states	项目名称:	argo uw	国家:	united states	项目名称:	argo uw
联系人:	riser, stephen c	浮标号码:	5903721	联系人:	riser, stephen c	浮标号码:	5903721
通讯号码:	7079	通讯方式:	iridium	通讯号码:	7079	通讯方式:	iridium
内部ID:	4040	序列号码:	5305	内部ID:	4040	序列号码:	5305
投放日期:	2012-02-18 14:	投放洋区:	pacific ocean	投放日期:	2012-02-18 14:	投放洋区:	pacific ocean
投放纬度:	-64.05160	投放经度:	170.33340	投放纬度:	-64.05160	投放经度:	170.33340
设备型号:	apex	周期时间:	240	设备型号:	apex	周期时间:	240
漂流压力:	1000.0	最深压力:	2020.0	漂流压力:	1000.0	最深压力:	2020.0
传感器:	pressure, temp	海冰探测:	no	传感器:	pressure, temp	海冰探测:	no
Internet:	aoml	GTS:	aoml	Internet:	aoml	GTS:	aoml
投放国家:		投放类型:	r/v	投放国家:		投放类型:	r/v
CallSign:	ubnr	Ship:	spirit of enderb	CallSign:	ubnr	Ship:	
Cruise:	n/a	Depl.Met:		Cruise:	n/a	Depl.Met:	
Pack:		CtdLaunch:		Pack:		CtdLaunch:	

修改 新增 确定 取消

图 7-48　邮件投放信息编辑对话框

点击邮件处理/停止接收命令，弹出如图 7-49 所示的对话框。

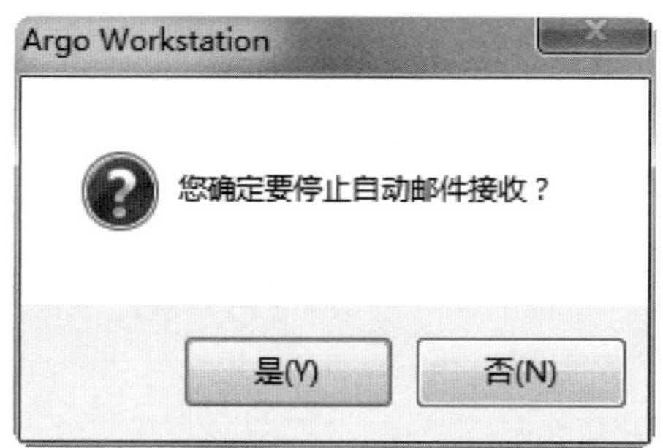

图 7-49　停止自动邮件接收对话框

如回答“是”，则停止自动邮件接收。只有停止自动邮件接收，才能关闭投放信息邮件处理界面，也才能退出 ArgoWorkStatiion。

7.5.4　投放信息管理

选择投放信息/系统管理/启动命令，弹出投放信息管理界面，如图 7-50 所示。

Argo Workstation - 投放信息管理

人工审核(U)　图形绘制(V)　数据处理(P)　数据浏览(V)　数据产品(H)　报告报表(R)　投放信息(M)　系统(S)　关于

投放信息管理

ARGENTINA
AUSTRALIA
BRAZIL
CANADA
CHILE
CHINA
COSTA RICA
ECUADOR
EUROPEAN UNION
FINLAND
FRANCE
GABON
GERMANY
GREECE
INDIA
IRELAND
ITALY
JAPAN
KENYA
KOREA (REPUBLIC OF)
MAURITIUS
MEXICO
NETHERLANDS
NEW ZEALAND
NORWAY
POLAND
RUSSIAN FEDERATION
SAUDI ARABIA
SOUTH AFRICA
SPAIN
UNITED KINGDOM
UNITED STATES

Id	通知日期	国家	观测项目	联系人	电子邮件	浮标号码	Argos_ID	通讯方式	投放日期
1	2002-12-12 00:00:00	UNITED STATES	Argo eq. AOML		molinari@aoml.noaa.gov	13858	9336		1997-07-1
2	2002-12-12 00:00:00	UNITED STATES	Argo eq. AOML		molinari@aoml.noaa.gov	15851	12275		1997-08-0
3	2002-12-12 00:00:00	UNITED STATES	Argo eq. AOML		molinari@aoml.noaa.gov	15852	12276		1997-08-0
4	2002-12-12 00:00:00	UNITED STATES	Argo eq. AOML		molinari@aoml.noaa.gov	15853	12277		1997-08-0
5	2002-12-12 00:00:00	UNITED STATES	Argo eq. AOML		molinari@aoml.noaa.gov	15854	12278		1997-08-0
6	2002-12-12 00:00:00	UNITED STATES	Argo eq. AOML		molinari@aoml.noaa.gov	15855	12280		2000-01-1
7	2002-04-15 00:00:00	UNITED STATES	Argo WHOI	Breck Owens	bowens@whoi.edu	1900022	26599		2002-02-2
8	2002-11-13 00:00:00	UNITED STATES	Argo NAVOCE...	Mikhail Danch...	chambersl@navo.navy.mil	1900024	27141		2002-11-1
9	2002-11-13 00:00:00	UNITED STATES	Argo NAVOCE...	Mikhail Danch...	chambersl@navo.navy.mil	1900025	27142		2002-11-1
10	2002-11-13 00:00:00	UNITED STATES	Argo NAVOCE...	Mikhail Danch...	chambersl@navo.navy.mil	1900026	27143		2002-11-1
11	2002-11-13 00:00:00	UNITED STATES	Argo NAVOCE...	Mikhail Danch...	chambersl@navo.navy.mil	1900027	27145		2002-11-1
12	2003-11-07 00:00:00	UNITED STATES	Argo eq. NAV...	Mikhail Danch...	chambersl@navo.navy.mil	1900028	34733		2003-11-0
13	2003-11-07 00:00:00	UNITED STATES	Argo eq. NAV...	Mikhail Danch...	chambersl@navo.navy.mil	1900029	34734		2003-11-0
14	2003-11-07 00:00:00	UNITED STATES	Argo eq. NAV...	Mikhail Danch...	chambersl@navo.navy.mil	1900030	34730		2003-11-0
15	2003-11-07 00:00:00	UNITED STATES	Argo eq. NAV...	Mikhail Danch...	chambersl@navo.navy.mil	1900031	34732		2003-11-0
16	2003-11-07 00:00:00	UNITED STATES	Argo eq. NAV...	Mikhail Danch...	chambersl@navo.navy.mil	1900032	34729		2003-11-0
17	2001-12-18 00:00:00	UNITED STATES	Argo WHOI	Breck Owens	bowens@whoi.edu	1900033	11896		2001-09-2
18	2001-12-18 00:00:00	UNITED STATES	Argo WHOI	Breck Owens	bowens@whoi.edu	1900034	24877		2001-09-2
19	2001-12-18 00:00:00	UNITED STATES	Argo WHOI	Breck Owens	bowens@whoi.edu	1900035	11912		2001-09-2
20	2001-12-28 00:00:00	UNITED STATES	Argo WHOI	Breck Owens	bowens@whoi.edu	1900036	26408		2001-12-0
21	2001-12-28 00:00:00	UNITED STATES	Argo WHOI	Breck Owens	bowens@whoi.edu	1900037	26601		2001-12-0
22	2001-12-28 00:00:00	UNITED STATES	Argo WHOI	Breck Owens	bowens@whoi.edu	1900038	24882		2001-12-0
23	2001-12-28 00:00:00	UNITED STATES	Argo WHOI	Breck Owens	bowens@whoi.edu	1900039	24885		2001-12-0
24	2001-12-28 00:00:00	UNITED STATES	Argo WHOI	Breck Owens	bowens@whoi.edu	1900040	24880		2001-12-1

显示全部国家
前一页
后一页
检 索
排 重
统 计

图 7-50　投放信息管理界面

计有 32 个投放国。

选择显示全部国家，计有 7164 条信息(不完全统计)。

选择左侧的国别，可显示该国的浮标投放信息，示例如图 7-51 所示。

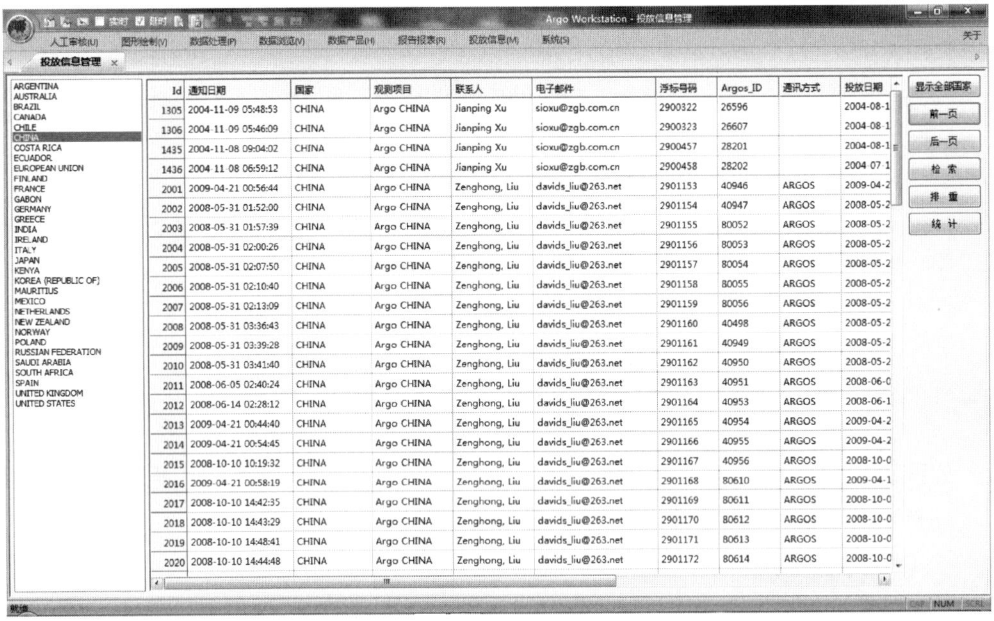

图 7-51　按国别显示的投放信息(中国)

投放信息界面每页 200 条。在最小化功能区的情况下，每屏 24 条。

可以用滚动条在页内浏览，也可用前一页/后一页按钮翻看。

双击某信息行，可对其进行编辑，如图 7-52 所示。

图 7-52　对投放信息行进行编辑

设有条件检索，其对话框如图 7-53 所示。

检索结果示例如图 7-54 和图 7-55 所示。

图 7-53 投放信息检索对话框

Id	通知日期	国家	观测项目	联系人	电子邮件	浮标号码	Argos_ID	通讯方式	投放日期
2119	2011-06-22 09:27:30	INDIA	Argo INDIA	Ravichandran, ...	ravi@incois.gov.in	2901322	102519	ARGOS	2011-06-15 1
6978	2011-06-22 09:27:30	india	argo india	ravichandran, ...		2901322	102519	argos	2011-06-15 1
6979	2011-06-22 09:27:30	india	argo india	ravichandran, ...		2901322	102519	argos	2011-06-15 1

图 7-54 投放信息按浮标号检索

Id	通知日期	国家	观测项目	联系人	电子邮件	浮标号码	Argos_ID	通讯方式	投放日期
31	2019-12-02 00:00:00	UNITED STATES	Argo UW			1900047	16971	ARGOS	2002-11-2
35	2019-12-02 00:00:00	UNITED STATES	Argo UW			1900051	16740	ARGOS	2002-11-2
298	2006-11-22 13:16:19	UNITED STATES	Argo UW	Riser, Stephen ...	riser@ocean.washington...	1900358	67204	ARGOS	2006-10-2
342	2006-11-22 13:28:32	UNITED STATES	Argo UW	Riser, Stephen ...	riser@ocean.washington...	1900406	67206	ARGOS	2006-10-3
344	2006-11-22 13:32:52	UNITED STATES	Argo UW	Riser, Stephen ...	riser@ocean.washington...	1900408	55847	ARGOS	2006-10-1
345	2006-11-22 13:36:13	UNITED STATES	Argo UW	Riser, Stephen ...	riser@ocean.washington...	1900409	55848	ARGOS	2006-10-1
346	2006-11-22 13:37:42	UNITED STATES	Argo UW	Riser, Stephen ...	riser@ocean.washington...	1900410	55849	ARGOS	2006-10-1
347	2006-11-10 21:54:29	UNITED STATES	Argo UW	Riser, Stephen ...	riser@ocean.washington...	1900411	5053	IRIDIUM	2006-10-1

图 7-55 投放信息按洋区检索(部分)

设有排重(chong2)功能。单击排重按钮，进入投放信息数据排重对话框，单击筛选数据库中重复浮标长按钮，如图 7-56 所示。

图 7-56 投放信息排重功能

图 7-56 中数据冒号前面所示为浮标号，后面为重复个数。

单击某一浮标号，重复细目如图 7-57 所示。

投放信息数据排重

筛选数据库中重复浮标

2901322:3
5903681:3

Id	投放日期	投放国家	浮标号码	观测项目	ArgosId
6980	2011-07-05 17:...	australia	5903681	argo australia	85396
6981	2011-07-05 17:...	australia	5903681	argo australia	85396
6982	2011-07-05 17:...	australia	5903681	argo australia	85396

图 7-57　投放信息排重功能细目

还有投放信息统计功能。统计类别有两种：按投放时间(年)和按投放国家，可选择其一。图标类型有三种：柱状图、曲线图和饼图，可选择其一。

图形是数据的直观显示。凭其直观性，往往一眼就能有所发现与启迪。选择按投放时间(年)统计(此时年度选择框不起作用)，并单击获取数据长钮，得到统计图如图 7-58 至图 7-60 所示。①

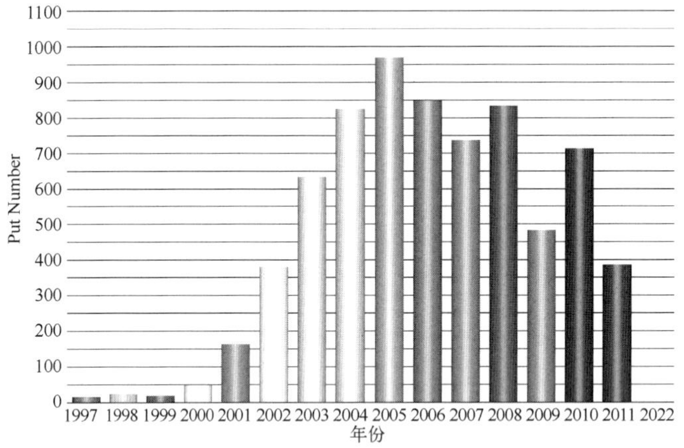

图 7-58　浮标投放信息统计柱状图_按投放时间(年)_柱状图

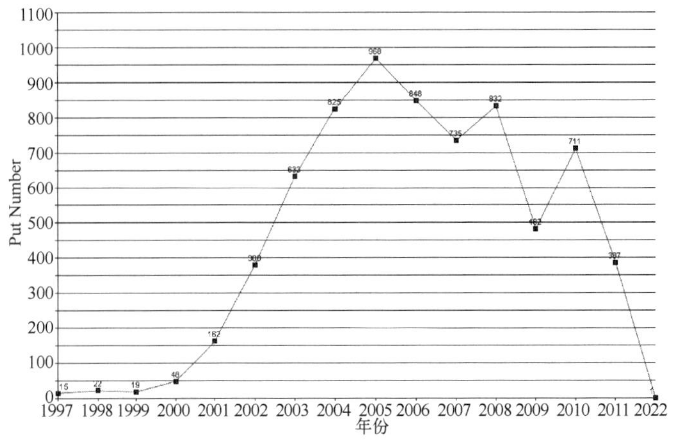

图 7-59　浮标投放信息统计曲线图_按投放时间(年)_曲线图

① 几乎每天都有新的投放信息邮件，因此，浮标总量是个不断增加的变量，投放信息原始数据个别有误，如投放日期 2020 年有一例，通知日期中有 2013 年、2929 年(印度)。

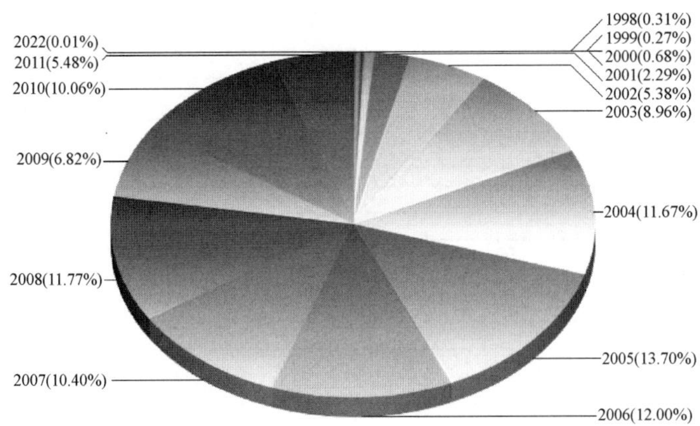

图 7-60　浮标投放信息统计曲线图_按投放时间(年)_饼图

选择按投放国家和年度选择框，并单击获取数据长钮，得到统计图如图 7-61 至图 7-66 所示。

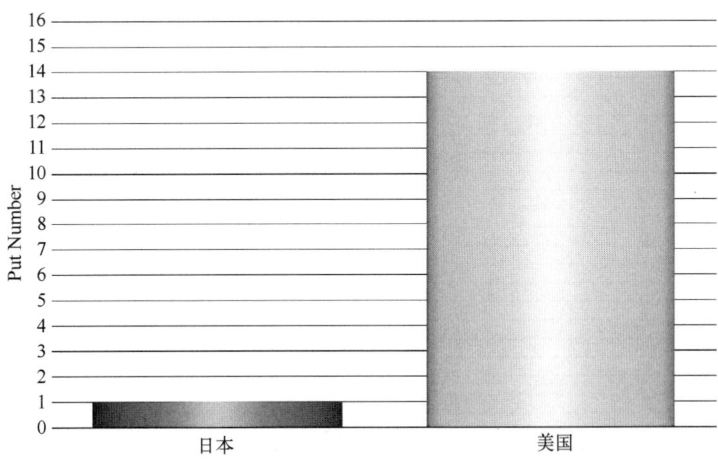

图 7-61　浮标投放信息按国家统计柱状图(1997 年)

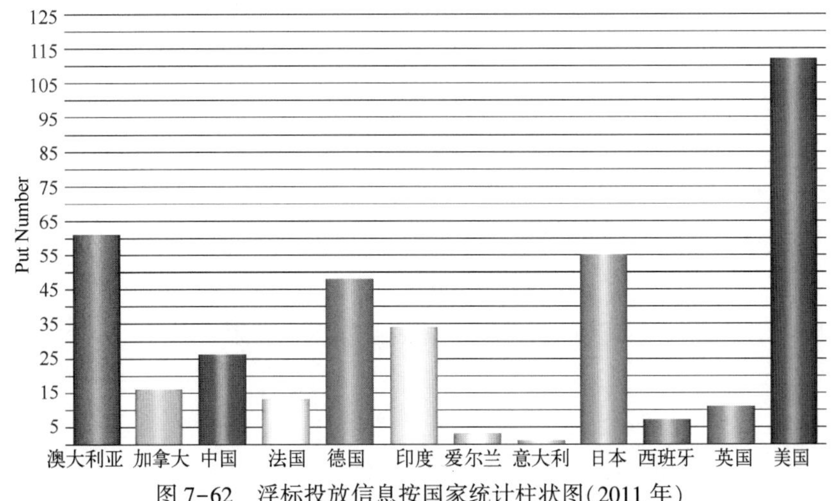

图 7-62　浮标投放信息按国家统计柱状图(2011 年)

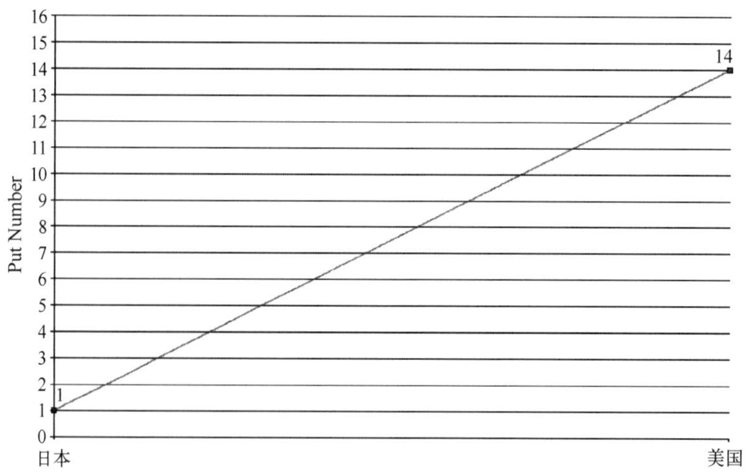

图 7-63　浮标投放信息按国家统计曲线图(1997 年)

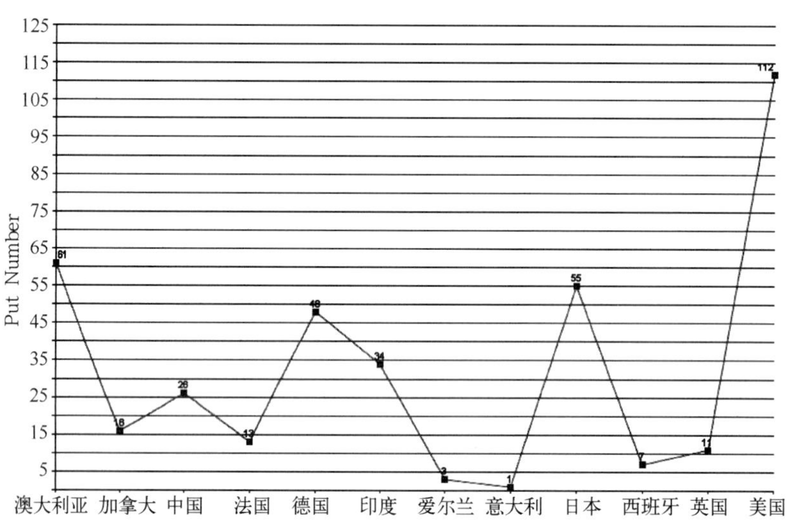

图 7-64　浮标投放信息按国家统计曲线图(2011 年)

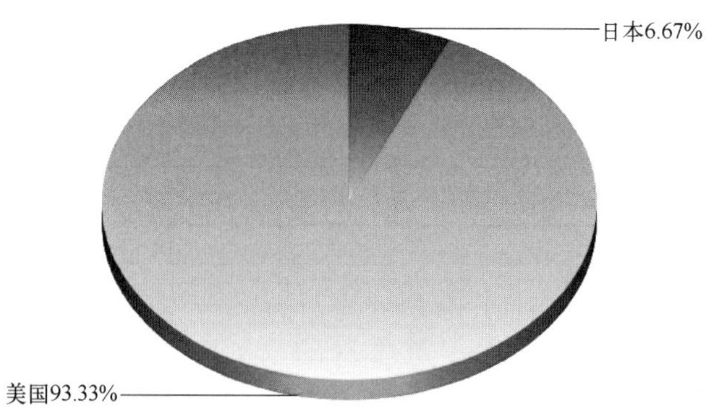

图 7-65　浮标投放信息按国家统计饼图(1997 年)

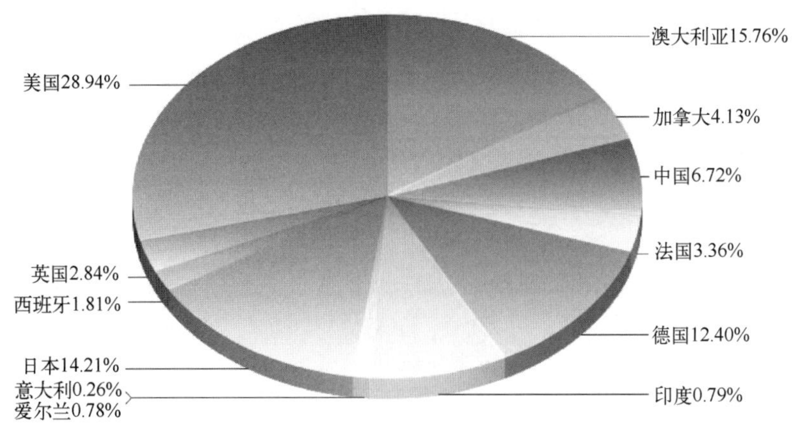

图 7-66 浮标投放信息按国家统计饼图(2011 年)

7.6 报告报表

7.6.1 资料质量评价报告

报告报表在 ArgoWorkStation 起始界面的独立菜单中。

在 ArgoWorkStation 起始界面，选择报告报表/质量评价/时间选择，或在其他相关界面，选择资料质量评价报告命令，弹出以下查询对话框(图 7-67)。

资料质量评价报告查询
条件设定
自定义时间
开始时间: 2011/ 9/23
结束时间: 2011/10/23
月报告
选择时间: 年 2011 月 10
确定 取消

图 7-67 资料质量评价报告查询对话框

确定后，弹出以下指定时间的资料质量评价报告(图 7-68)。

图 7-68 左边是简表，右边是详表。点击导出至 WORD 按钮，可以输出 DOC 文档。

资料质量评价报告

整体概述

本月全球共计有1184个浮标在位运行(含中国15个)，较上月增加了0个。接收观测资料1359个温盐剖面（含中国21个），较上月增加了0个，资料量为28.011MB。

全球浮标状态统计

浮标号码	周期个数	所属国家
2901632	1	CHINA
2901633	1	CHINA
1900060	1	UNITED STATES
1900268	1	UNITED STATES
1900270	1	UNITED STATES
1900272	1	UNITED STATES
1900273	1	UNITED STATES
1900354	1	UNITED STATES
1900355	1	UNITED STATES
1900357	1	UNITED STATES
1900409	1	UNITED STATES
1900410	1	UNITED STATES
1900411	1	UNITED STATES
1900412	1	UNITED STATES
1900413	1	UNITED STATES

东海分局投放浮标状态统计(▲：工作浮标；•：死亡浮标)

浮标号	Argos_ID	剖面数	第一剖面日期	最后剖面日期	存活时间(天)	浮标状态
2901617	90800	31	20100502	20110226	0299	•
2901620	90803	54	20100430	20111012	0530	•
2901621	90804	52	20100515	20111017	0519	•
2901622	90805	28	20100426	20110131	0279	•
2901623	90806	52	20100517	20111009	0510	•
2901624	90807	48	20100607	20111010	0490	•
2901625	90808	53	20100514	20111016	0520	•
2901626	90809	54	20100501	20111013	0530	•
2901627	90810	48	20100608	20111001	0479	•
2901628	90811	53	20100513	20111015	0520	•
2901629	90812	54	20100502	20111014	0530	•
2901630	90813	51	20100515	20111007	0510	•
2901631	90790	11	20110702	20111010	0100	•
2901632	90791	11	20110630	20111008	0100	•
2901633	90793	11	20110701	20111009	0099	•

导出至WORD

图 7-68　资料质量评价报告

7.6.2　浮标总体数据报表

在 ArgoWorkStation 起始界面，选择报告报表/浮标信息/总体数据报表，或在其他相关界面，选择浮标总体数据报表命令或按钮，弹出以下画面(图 7-69)。

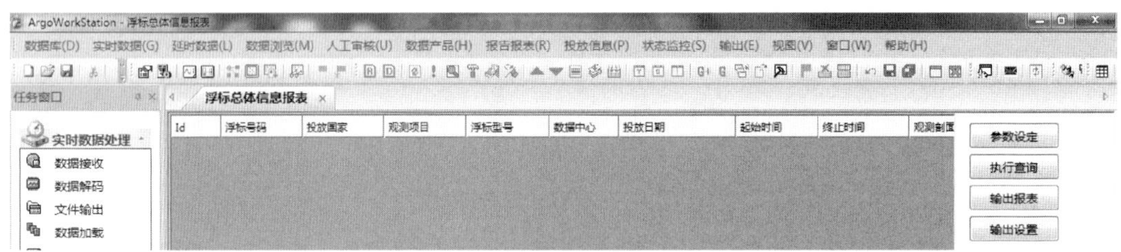

图 7-69　浮标总体数据报表

浮标总体数据报表的参数设置有国家/全部国家、限定坐标范围、限定时间范围等几种，如图 7-70 所示。

参数设置后，单击确定按钮，画面如图 7-71 所示。可以看到，后三列是空白。

单击执性查询按钮，画面如图 7-72 所示。

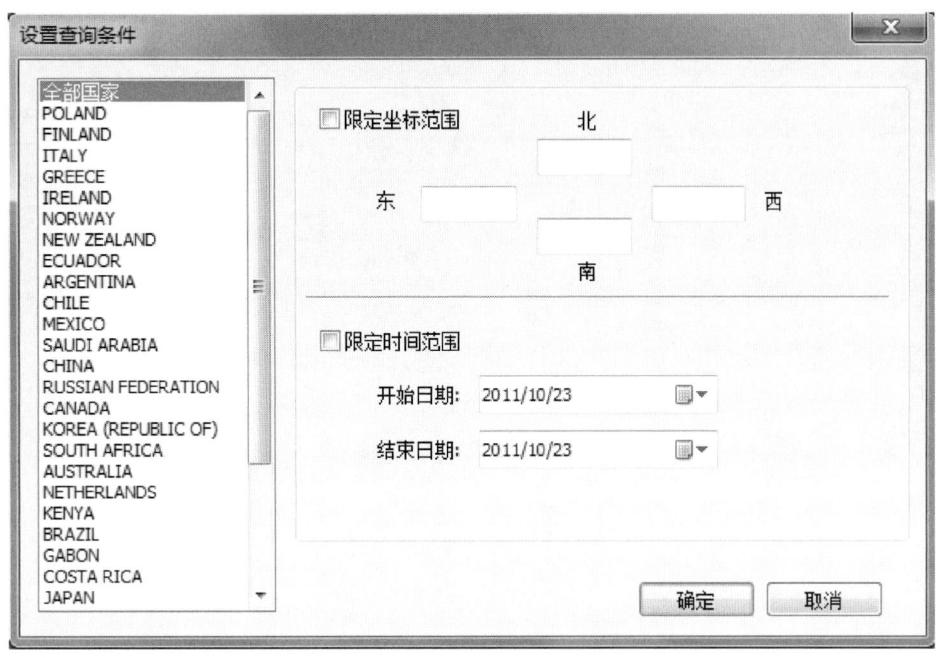

图 7-70　浮标总体数据报表的参数设置

日常业务(M)　报告报表(R)　功能设置(F)　视图(V)　帮助(H)

Id	浮标号码	投放国家	观测项目	浮标型号	数据中心	投放日期	起始时间	终止时间	观测剖面
1	13858	UNITED STATES	Argo eq. AOML			1997-07-18 00:00:00			
2	15851	UNITED STATES	Argo eq. AOML			1997-08-09 00:00:00			
3	15852	UNITED STATES	Argo eq. AOML			1997-08-08 00:00:00			
4	15853	UNITED STATES	Argo eq. AOML			1997-08-05 00:00:00			
5	15854	UNITED STATES	Argo eq. AOML			1997-08-05 00:00:00			
6	15855	UNITED STATES	Argo eq. AOML			2000-01-14 00:00:00			
7	1900022	UNITED STATES	Argo WHOI			2002-02-24 00:00:00			
8	1900024	UNITED STATES	Argo NAVOCEA...	PALACE		2002-11-12 00:00:00			
9	1900025	UNITED STATES	Argo NAVOCEA...	PALACE		2002-11-12 00:00:00			
10	1900026	UNITED STATES	Argo NAVOCEA...	PALACE		2002-11-12 00:00:00			
11	1900027	UNITED STATES	Argo NAVOCEA...	PALACE		2002-11-12 00:00:00			
12	1900028	UNITED STATES	Argo eq. NAVO...	APEX		2003-11-09 00:00:00			
13	1900029	UNITED STATES	Argo eq. NAVO...	APEX		2003-11-09 00:00:00			
14	1900030	UNITED STATES	Argo eq. NAVO...	APEX		2003-11-09 00:00:00			
15	1900031	UNITED STATES	Argo eq. NAVO...			2003-11-09 00:00:00			
16	1900032	UNITED STATES	Argo eq. NAVO...			2003-11-09 00:00:00			
17	1900033	UNITED STATES	Argo WHOI			2001-09-21 00:00:00			
18	1900034	UNITED STATES	Argo WHOI			2001-09-21 00:00:00			
19	1900035	UNITED STATES	Argo WHOI			2001-09-23 00:00:00			
20	1900036	UNITED STATES	Argo WHOI			2001-12-08 00:00:00			
21	1900037	UNITED STATES	Argo WHOI			2001-12-09 00:00:00			
22	1900038	UNITED STATES	Argo WHOI			2001-12-09 00:00:00			
23	1900039	UNITED STATES	Argo WHOI			2001-12-09 00:00:00			

参数设定　执行查询　输出报表　输出设置

就绪　CAP NUM SCRL

图 7-71　浮标总体数据基本信息

Argo Workstation - 浮标总体信息报表

人工审核(U) 图形绘制(V) 数据处理(P) 数据浏览(V) 数据产品(H) 报告报表(R) 投放信息(M) 系统(S)

浮标总体信息报表

Id	浮标号码	投放国家	观测项目	浮标型号	数据中心	投放日期	起始时间	终止时间	观测剖面
1	13858	UNITED STATES	Argo eq. AOML			1997-07-18 00:00:00	无此数据	无此数据	0
2	15851	UNITED STATES	Argo eq. AOML			1997-08-09 00:00:00	无此数据	无此数据	0
3	15852	UNITED STATES	Argo eq. AOML			1997-08-08 00:00:00	无此数据	无此数据	0
4	15853	UNITED STATES	Argo eq. AOML			1997-08-05 00:00:00	无此数据	无此数据	0
5	15854	UNITED STATES	Argo eq. AOML			1997-08-05 00:00:00	无此数据	无此数据	0
6	15855	UNITED STATES	Argo eq. AOML			2000-01-14 00:00:00	无此数据	无此数据	0
7	1900022	UNITED STATES	Argo WHOI			2002-02-24 00:00:00	无此数据	无此数据	0
8	1900024	UNITED STATES	Argo NAVOCEA...	PALACE		2002-11-12 00:00:00	无此数据	无此数据	0
9	1900025	UNITED STATES	Argo NAVOCEA...	PALACE		2002-11-12 00:00:00	无此数据	无此数据	0
10	1900026	UNITED STATES	Argo NAVOCEA...	PALACE		2002-11-12 00:00:00	无此数据	无此数据	0
11	1900027	UNITED STATES	Argo NAVOCEA...	PALACE		2002-11-12 00:00:00	无此数据	无此数据	0
12	1900028	UNITED STATES	Argo eq. NAVO...	APEX		2003-11-09 00:00:00	无此数据	无此数据	0
13	1900029	UNITED STATES	Argo eq. NAVO...	APEX		2003-11-09 00:00:00	无此数据	无此数据	0
14	1900030	UNITED STATES	Argo eq. NAVO...	APEX		2003-11-09 00:00:00	无此数据	无此数据	0
15	1900031	UNITED STATES	Argo eq. NAVO...			2003-11-09 00:00:00	无此数据	无此数据	0
16	1900032	UNITED STATES	Argo eq. NAVO...			2003-11-09 00:00:00	无此数据	无此数据	0
17	1900033	UNITED STATES	Argo WHOI			2001-09-21 00:00:00	无此数据	无此数据	0
18	1900034	UNITED STATES	Argo WHOI			2001-09-21 00:00:00	无此数据	无此数据	0
19	1900035	UNITED STATES	Argo WHOI			2001-09-23 00:00:00	无此数据	无此数据	0
20	1900036	UNITED STATES	Argo WHOI			2001-12-08 00:00:00	无此数据	无此数据	0
21	1900037	UNITED STATES	Argo WHOI			2001-12-09 00:00:00	无此数据	无此数据	0
22	1900038	UNITED STATES	Argo WHOI			2001-12-09 00:00:00	无此数据	无此数据	0

参数设定 执行查询 输出报表 输出设置

图 7-72　浮标总体数据查询表

输出设置是明确报告单位和制表人，如图 7-73 所示。

如果需要输出报表，可单击输出报表按钮，则输出成 WORD 表格文档，如图 7-74 所示。

如果选择全部国家，执行查询是比较快捷的，但要输出报表则需等待较长时间。因为一张横向 A4 纸最多能容 25 行，要将 7000 来个浮标的数据行/双行输出报表到 WORD 文档约需 300 页。

如果输出报表时需要停止，在输出着的 WORD 文档上单击一下即可。

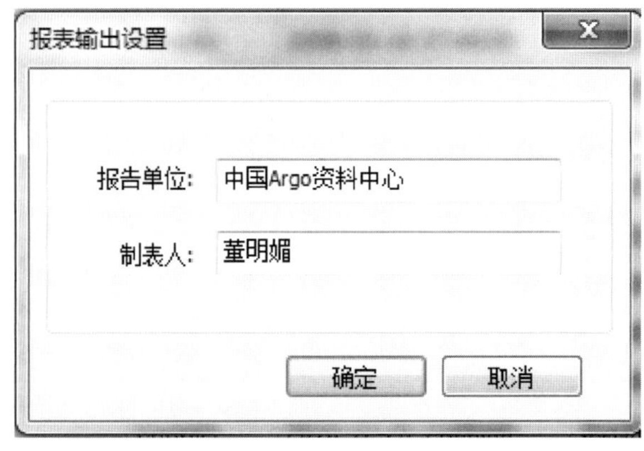

图 7-73　浮标总体数据报表的输出设置

制作单位:中国 Argo 资料中心
制作日期:2011-08-21 06:24:03
制作人:董明媚

浮标总体信息报表

浮标号码	投放国家	观测项目	数据中心	浮标型号	投放时间	起始时间	终止时间	浮标周期
13858	UNITED STATES	Argo eq. AOML			1997-07-18 00:00:00	无此数据	无此数据	0
15851	UNITED STATES	Argo eq. AOML			1997-08-09 00:00:00	无此数据	无此数据	0
15852	UNITED STATES	Argo eq. AOML			1997-08-08 00:00:00	无此数据	无此数据	0
15853	UNITED STATES	Argo eq. AOML			1997-08-05 00:00:00	无此数据	无此数据	0
15854	UNITED STATES	Argo eq. AOML			1997-08-05 00:00:00	无此数据	无此数据	0
15855	UNITED STATES	Argo eq. AOML			2000-01-14 00:00:00	无此数据	无此数据	0
1900022	UNITED STATES	Argo WHOI			2002-02-24 00:00:00	无此数据	无此数据	0
1900024	UNITED STATES	Argo NAVOCEANO		PALACE	2002-11-12 00:00:00	无此数据	无此数据	0
1900025	UNITED STATES	Argo NAVOCEANO		PALACE	2002-11-12 00:00:00	无此数据	无此数据	0
1900026	UNITED STATES	Argo NAVOCEANO		PALACE	2002-11-12 00:00:00	无此数据	无此数据	0
1900027	UNITED STATES	Argo NAVOCEANO		PALACE	2002-11-12 00:00:00	无此数据	无此数据	0
1900028	UNITED STATES	Argo eq. NAVOCEANO		APEX	2003-11-09 00:00:00	无此数据	无此数据	0
1900029	UNITED STATES	Argo eq. NAVOCEANO		APEX	2003-11-09 00:00:00	无此数据	无此数据	0
1900030	UNITED STATES	Argo eq. NAVOCEANO		APEX	2003-11-09 00:00:00	无此数据	无此数据	0
1900031	UNITED STATES	Argo eq. NAVOCEANO			2003-11-09 00:00:00	无此数据	无此数据	0
1900032	UNITED STATES	Argo eq. NAVOCEANO			2003-11-09 00:00:00	无此数据	无此数据	0
1900033	UNITED STATES	Argo WHOI			2001-09-21 00:00:00	无此数据	无此数据	0
1900034	UNITED STATES	Argo WHOI			2001-09-21 00:00:00	无此数据	无此数据	0
1900035	UNITED STATES	Argo WHOI			2001-09-23 00:00:00	无此数据	无此数据	0

图 7-74 浮标总体数据输出报表

7.6.3 浮标剖面信息报表

选择报告报表/浮标信息/剖面信息报表命令或按钮，弹出以下画面(图 7-75)。

浮标剖面数据报表输出设置与浮标总体数据报表相同。

图 7-75 浮标剖面数据报表格式

7.7 数据产品

7.7.1 表层流

数据产品在系统菜单中。

在 ArgoWorkStation 起始界面，选择数据产品/表层流/启动，可以看到图 7-76 所示界面。

图 7-76　数据产品界面

单击时间选择后，可以得到如下对话框(图 7-77)。

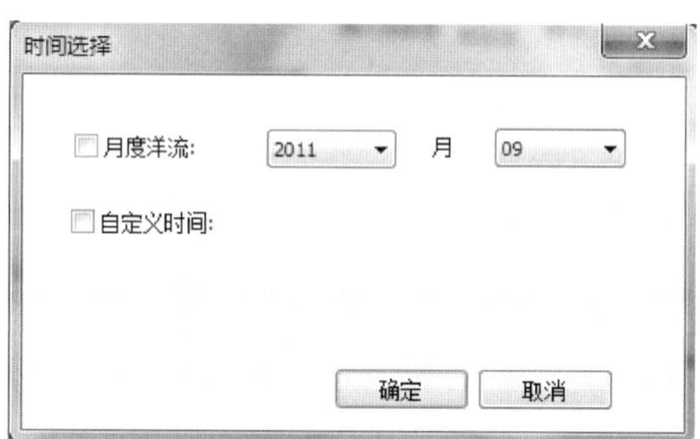

图 7-77　表层海流时间选择

确定后，点按开始处理命令，可以看到繁忙的处理过程，如图 7-78 所示。

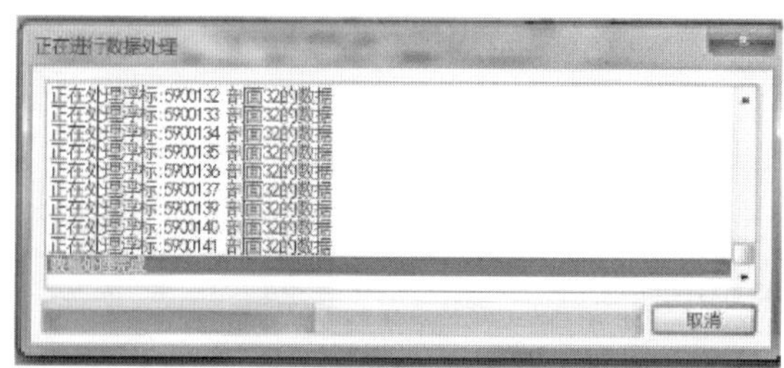

图 7-78　表层海流数据处理

处理完毕，可以得到如图 7-79 所示表层海流图。

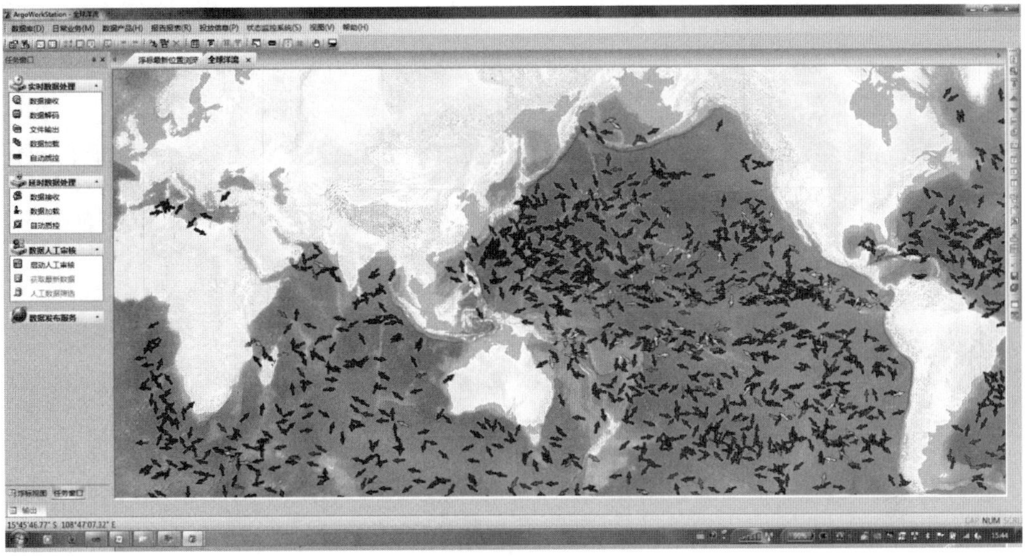

图 7-79　表层海流示意图

点按输出图片按钮，弹出如图 7-80 所示的另存为对话框。

输入保存目录、文件名后，点按保存按钮，即可输出此海流图 TIF 文件。

图 7-80　另存为对话框

7.7.2　中层流

海洋中层范围是海平面以下 200～1000 m，自从海洋观测中漂流浮标被应用以来，随着表面漂流的位置信息不断增多，处理和外推表面位置的方法也层出不穷，通过不断改进优化其相关计算方法，大大缩小了误差范围，增加了数据的准确性。

通过对 Argo 浮标信息正确的处理分析，能得到大量对应大洋的中层海流信息，依据相关数据信息，将真实流场信息与浮标观测到的温盐剖面信息同化到海洋数值模式中去，改进海洋模式对海流的描述。借助于改进的海洋环流，研究海洋环流的能量在海洋热量和动量平衡中的作用，增进对海洋内部、海气之间热量和动量交换规律的认识。将 Argo 浮标与卫星高度计资料相配合，建立更为完善、更为有效的海洋资料同化系统，为将来海洋实时预报工作提供服务[1]。

中层流将在软件的后期开发中实现。

7.8 数据浏览

习惯所称的日常业务，其实就是浮标检索浏览，简称数据浏览，也可以说是非编辑的初审、目审。

数据浏览的初显或常伴画面是浮标最新位置浏览。当关闭此画面后，在数据浏览菜单中将增加一条召回命令：浮标最新位置浏览。

7.8.1 数据浏览菜单、工具栏和界面

浮标检索浏览界面的菜单如图 7-81 所示。

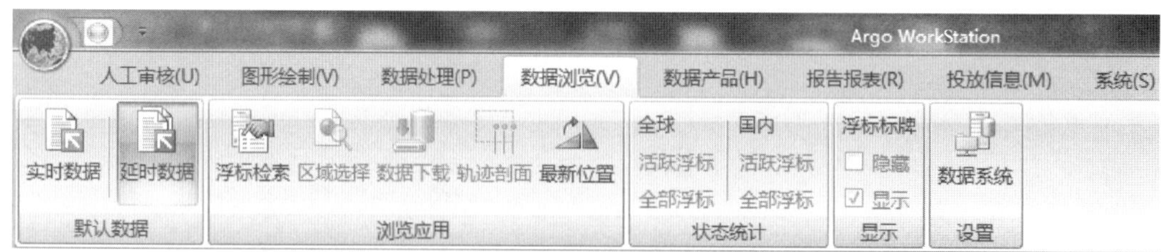

图 7-81　浮标数据检索浏览的菜单条和工具栏

其中，浮标最新位置浏览前已讨论，此不赘述。

其他激活的四项为默认实时数据、默认延时数据、浮标检索浏览、数据系统设置。在执行时孰先孰后无硬性规定；如果先执行浮标检索浏览，界面如图 7-82 所示。此时所有命令全部被激活。

如果选择实时数据，界面如图 7-83 所示。

实时数据和延时数据的选择，决定了下次启动 ArgoWorkStation 或人工审核后，人工审核工具栏中实时数据还是延时数据按钮被点亮。

图 7-82　浮标数据检索浏览界面(延时数据)

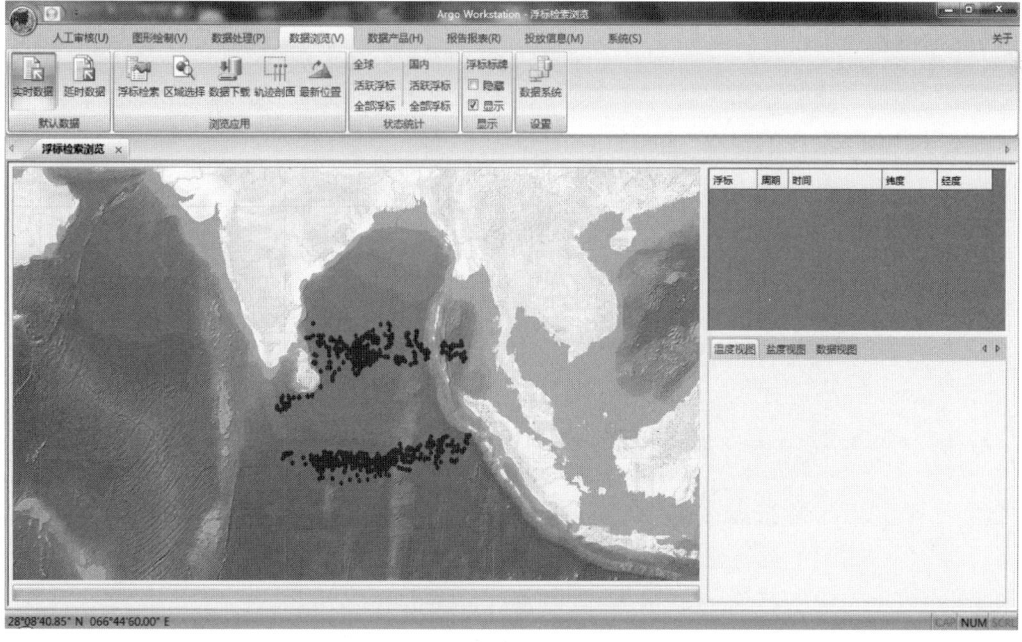

图 7-83　浮标数据检索浏览界面(实时数据)

7.8.2 数据检索浏览的一般流程

浮标数据检索浏览的一般流程如图 7-84 所示。其中，区域剖面人工质量审核是过渡到可编辑人工审核的桥梁。

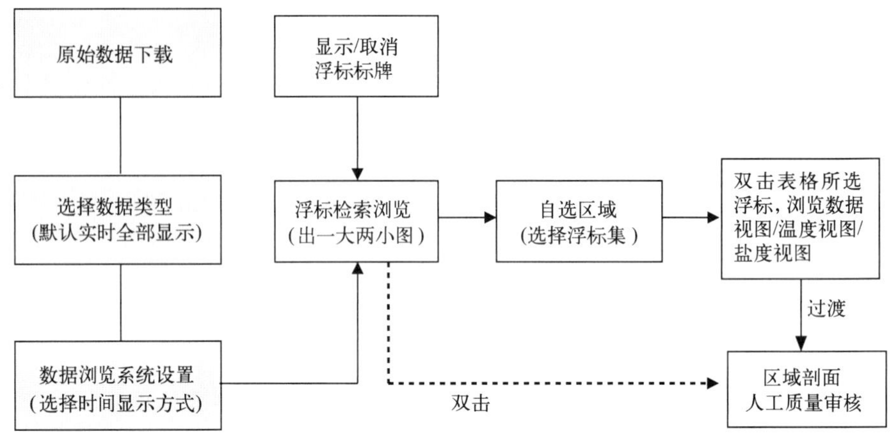

图 7-84　浮标数据检索浏览的一般流程

7.8.3 数据浏览系统设置

数据浏览系统设置如图 7-85 所示。

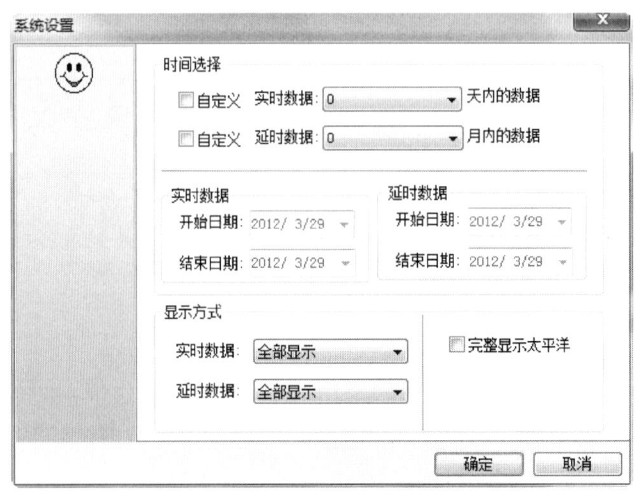

图 7-85　数据浏览系统设置

7.8.3.1 时间选择

实时数据的选择范围是 0~48 天。选择范围是 0，表示选择全部实时数据。

延时数据的选择范围是 0~48 月。选择范围是 0，表示不选择任何延时数据。不过，选择后最好核实一下，因为有关程序修改后，选择范围是 0，也可表示选择全部实时数据。

如果选择了自定义复选框，则同行的时间范围选择框变灰，下面相应的开始日期/结束日期选择框激活，用以选择时间范围。具体操作有两种方式：一是直接选择键盘输入；二是通过下拉年月日框，后者如图 7-86 所示。

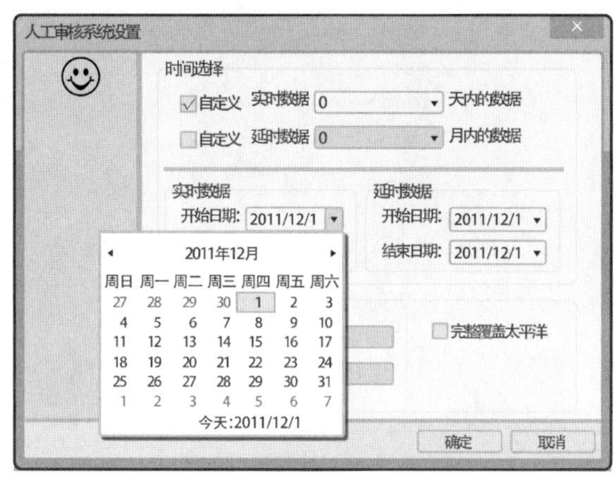

图 7-86　下拉年月日框示例

7.8.3.2　显示方式

实时数据与延时数据的显示方式各有三种：全部显示、(经)自动质控、(经)人工审核。

经常选择的显示方式是全部显示。

7.8.3.3　完整显示太平洋

传统的地图显示，将太平洋分为两个部分：东太平洋和西太平洋，且西太平洋在东，东太平洋在西。左拖鼠标时，能看到完整的太平洋，但东太平洋的浮标点在西。选择完整显示太平洋复选框后，东边的东太平洋上也会有浮标点，从而获得浮标点显示齐全的完整的太平洋。

7.8.4　浮标检索浏览

7.8.4.1　显示浮标标牌

弹出浮标检索浏览的界面后，无论是在实时数据模式还是延时数据模式，选择显示浮标标牌复选框，单击某一浮标点，即会有该浮标的橘黄色标牌显示，上面载明浮标周期、浮标编号、浮标日期，如图 7-87 所示。

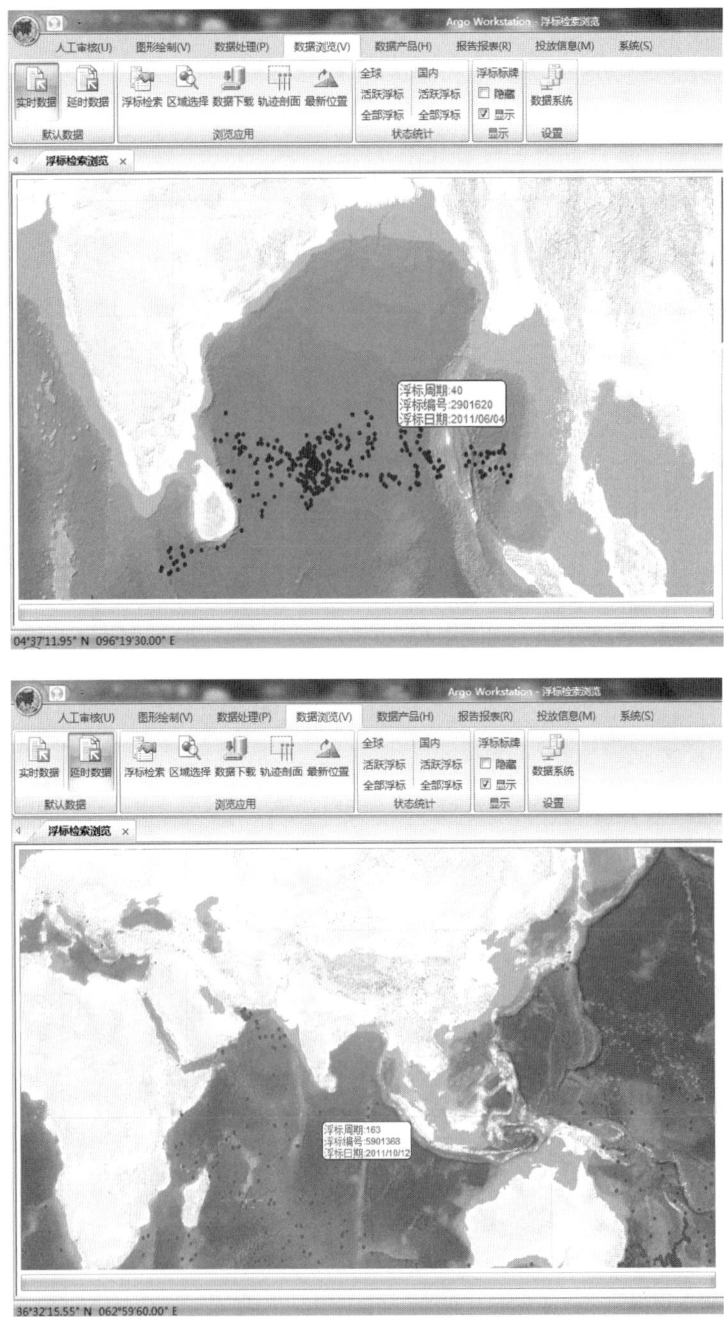

图 7-87 显示浮标标牌(上为实时数据模式，下为延时数据模式)

7.8.4.2 浮标检索浏览视图

弹出浮标检索浏览界面后，选择浏览应用/区域选择命令，用鼠标选择浮标区域。此时界面右上方表格中出现所选浮标号、周期、时间、纬度、经度等基本信息。

双击某一浮标行，即可显示温度视图/盐度视图/数据视图。

浮标检索浏览的视图如图 7-88 所示。

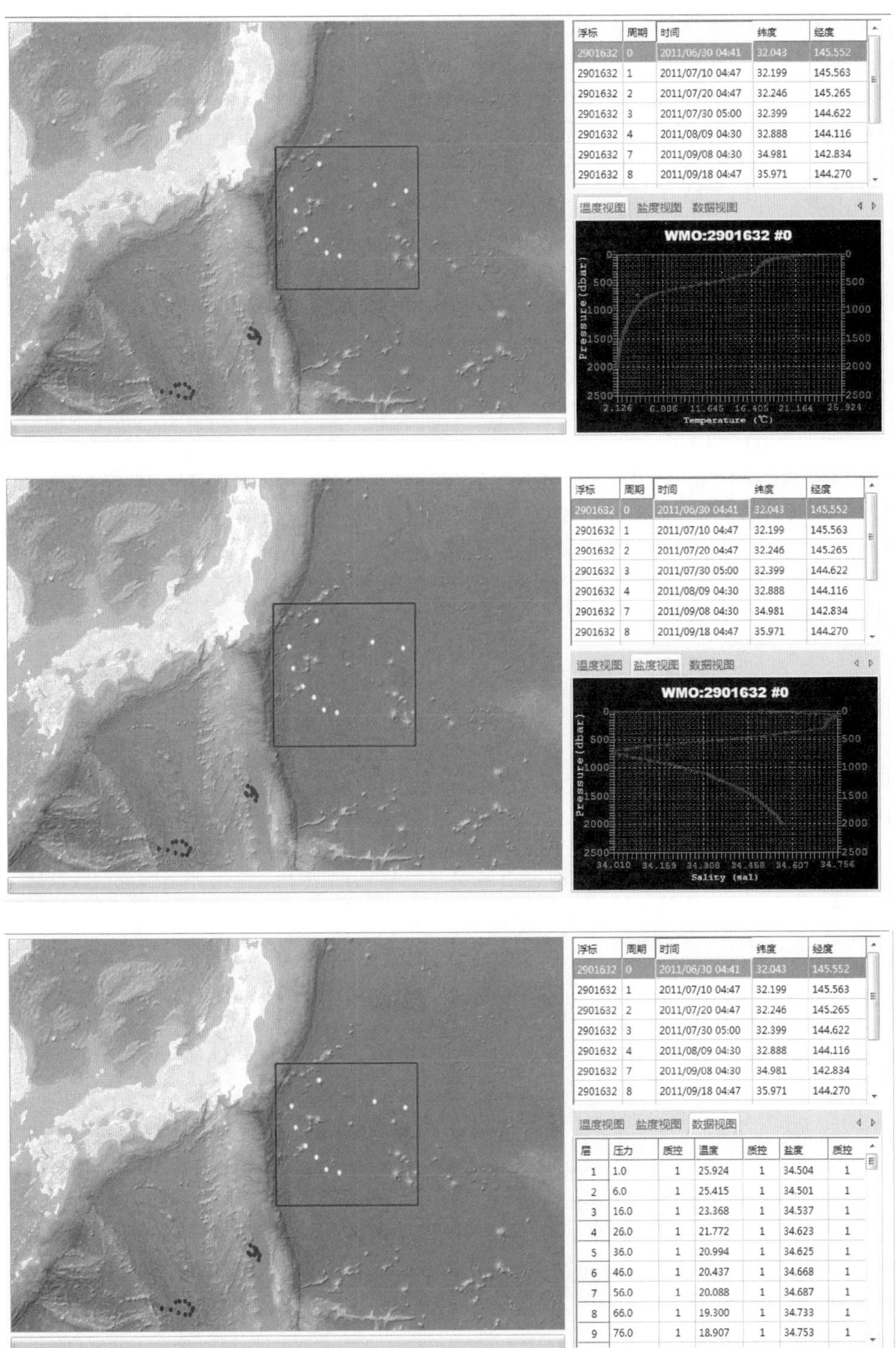

图 7-88　浮标检索浏览的视图

上述温度视图和盐度视图，相对于人工审核中的视图而言，其坐标架是静态的。在浮标检索浏览时，未配系统菜单

7.8.4.3 我国浮标站位图

在浮标检索浏览界面，选择实时数据模式，可以观察我国浮标在大洋中的分布。如果想得到浮标站位图，可以采用截图的办法。一张 JPG 格式的浮标站位图如图 7-89 所示。

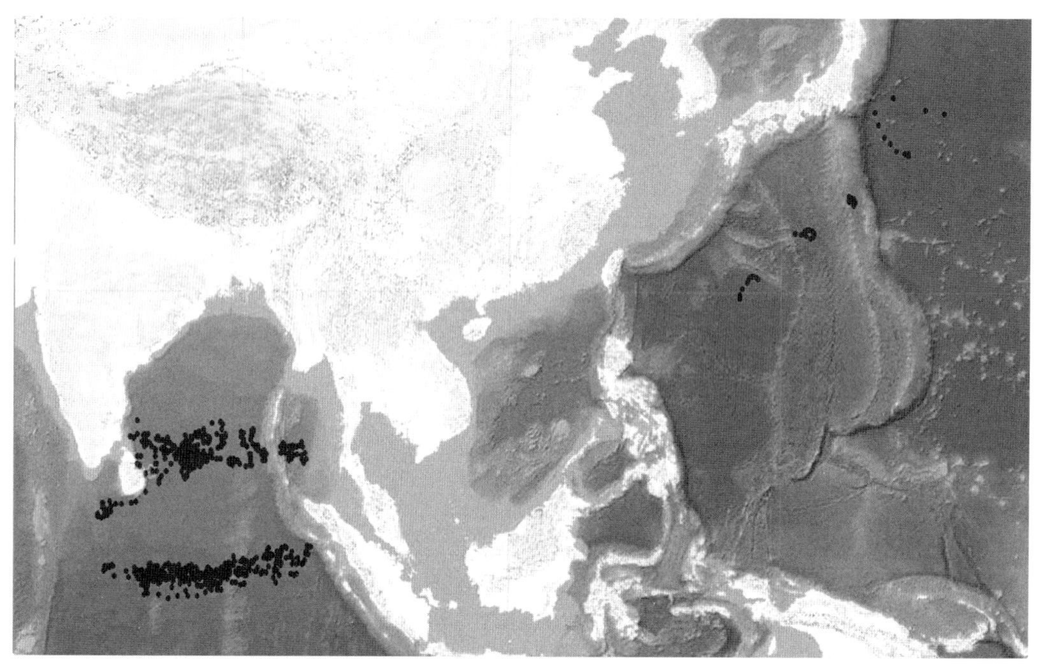

图 7-89 我国浮标站位图(部分数据)

7.8.4.4 原始数据下载

在数据浏览菜单下，新增原始数据下载命令。单击此按钮，弹出如下画面(图 7-90)。

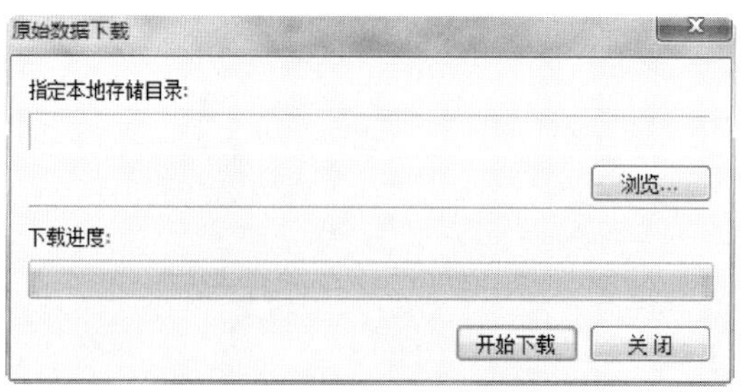

图 7-90 原始数据下载对话框

指定本地存储目录，单击开始下载按钮，即开始下载原始数据，并有下载进度指示。

7.8.5 浮标的剖面轨迹

在浮标检索浏览界面，在区域选择之后，双击选择了浮标及周期的情况下，选择浏览应用/运动轨迹命令，可以得到浮标某一周期的运动轨迹，如图 7-91 所示。

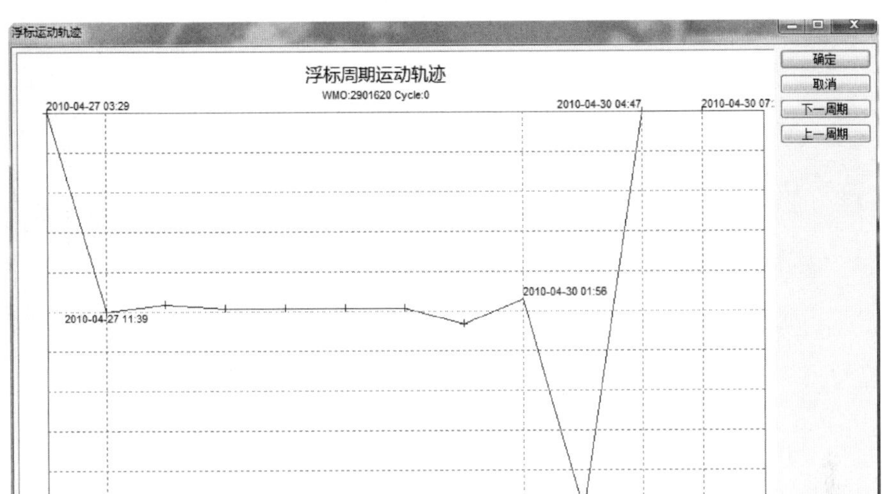

图 7-91　浮标剖面轨迹(周期 0)

单击下一周期按钮，可以得到下一周期的剖面轨迹如图 7-92 所示，依此类推。

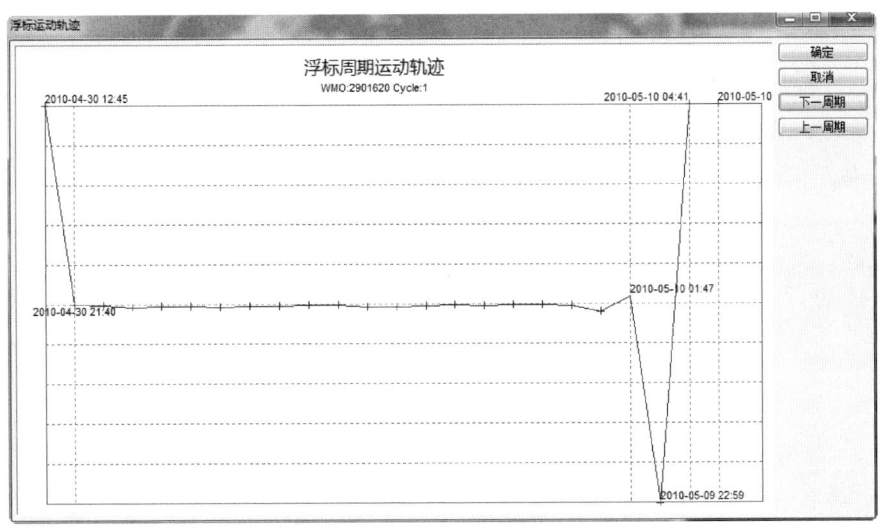

图 7-92　浮标剖面轨迹(周期 1)

7.8.6　浮标状态统计

7.8.6.1　全球活跃浮标统计

进入浮标检索浏览界面，选择浮标状态统计/全球活跃浮标命令，可以得到全球活跃浮标统计，如图 7-93 所示。

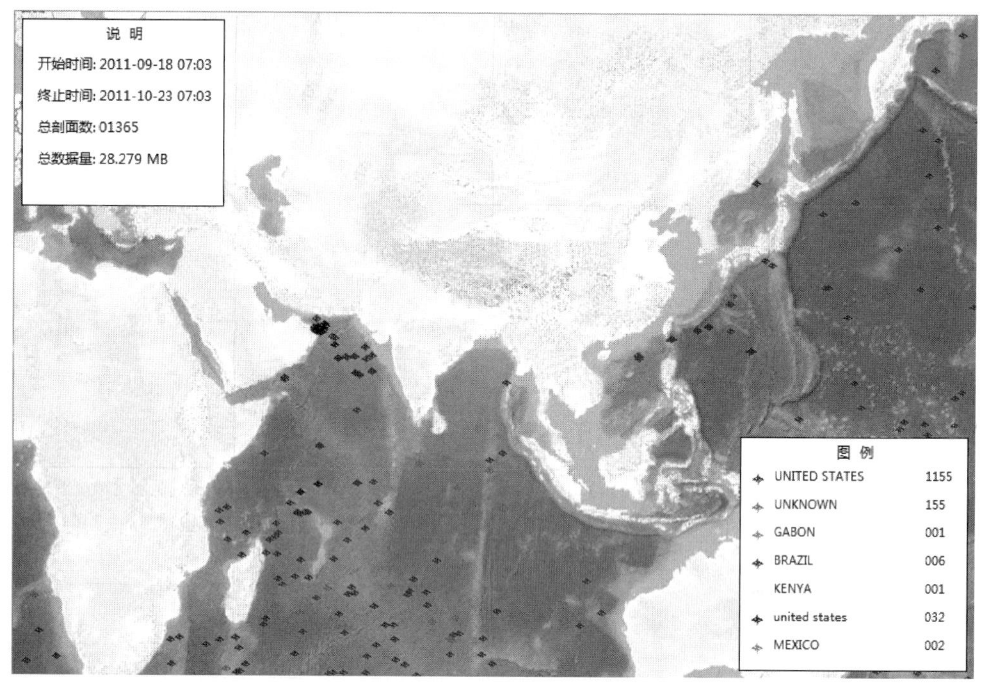

图 7-93 全球活跃浮标统计(数据不全，仅供参考)

7.8.6.2 全球所有浮标统计

进入浮标检索浏览界面，选择浮标状态统计/全球全部浮标命令，可以得到全球所有浮标统计，如图 7-94 所示。检索量大，需伴着鼠标等待状态耐心等一下，有的机器可能长达 72 s。

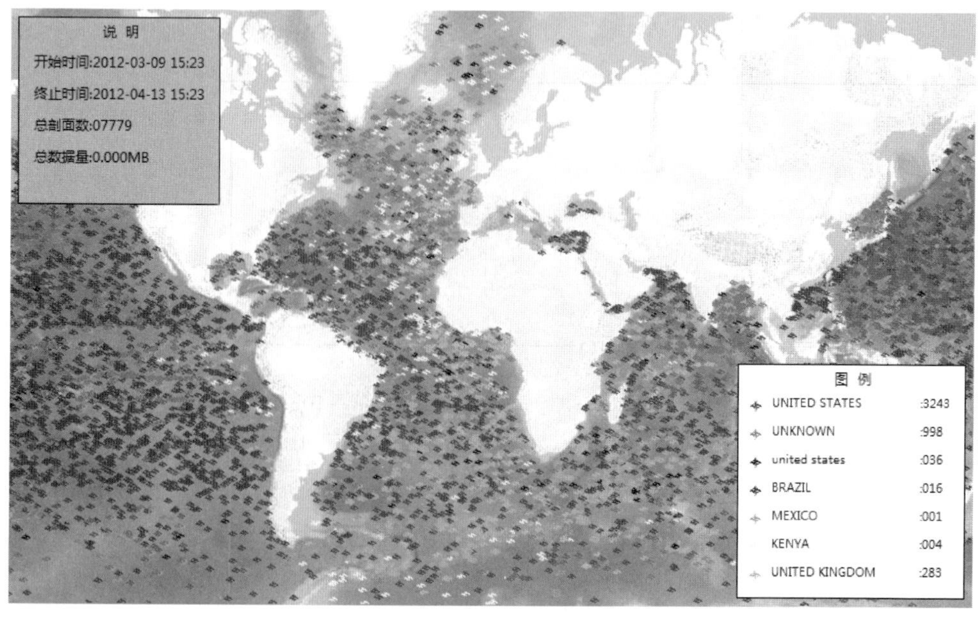

图 7-94 全球所有浮标统计(数据不全，仅供参考)

7.8.7 人工质量控制

7.8.7.1 双击浮标点进入

进入浮标(延时)数据浏览的界面，不论区选与否，不论显示浮标标牌与否，双击某一浮标点，可以进入对该浮标的人工质量控制视图，如图 7-95 所示。

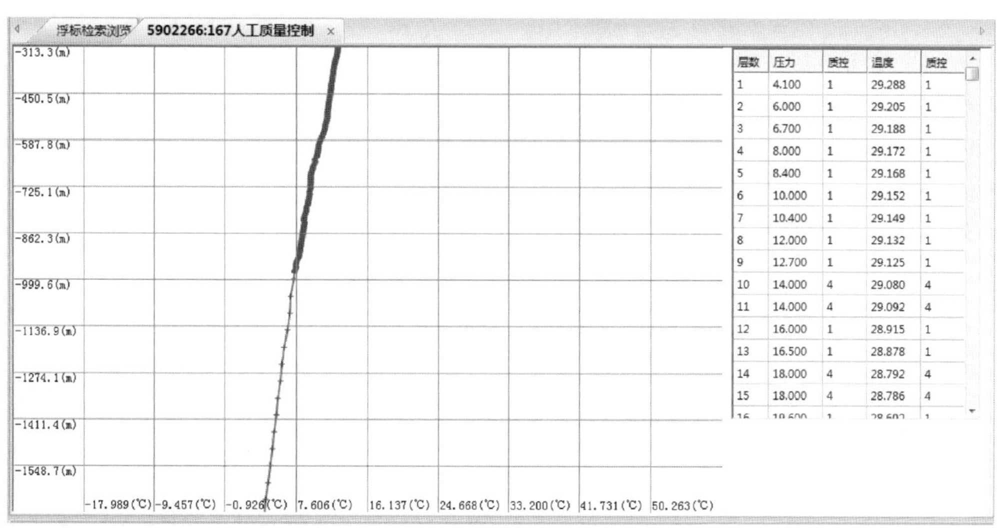

图 7-95 浮标的人工质量控制视图

单击曲线上的某一点，出现选择标志小方框。用鼠标右键点住这个小方框可以拖拽，如图 7-96 所示。

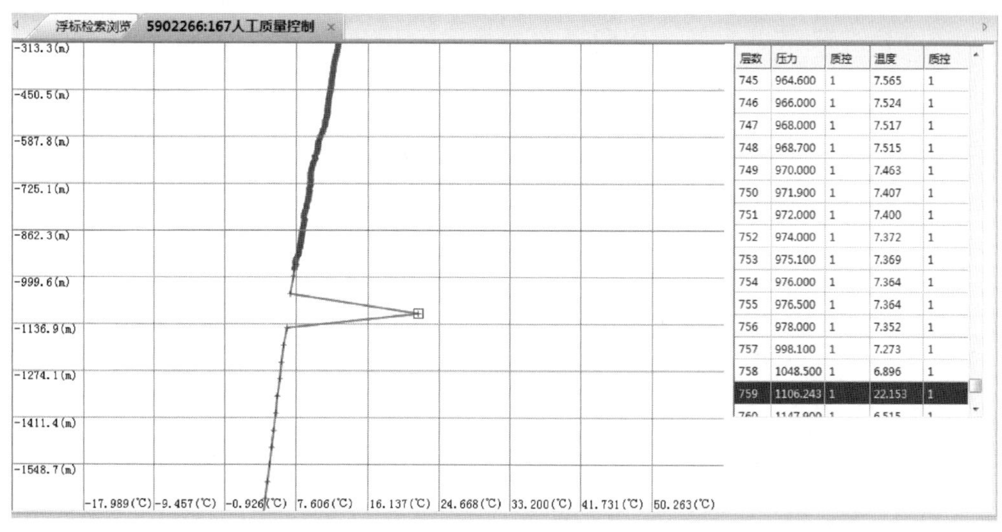

图 7-96 浮标的人工质量控制曲线点拖示意

当前人工质量控制标签中的数字，冒号前的为浮标号，其后的为周期数上述操作目前只对延时数据有效。

7.8.7.2　表格行的环境菜单进入

进入浮标(延时)数据浏览的界面，区选后右击数据浏览界面右上部的表格行。弹出环境菜单。选择单剖面人工审核命令，进入该浮标单剖面的人工质量审核画面，如图 7-97 和图 7-98 所示。

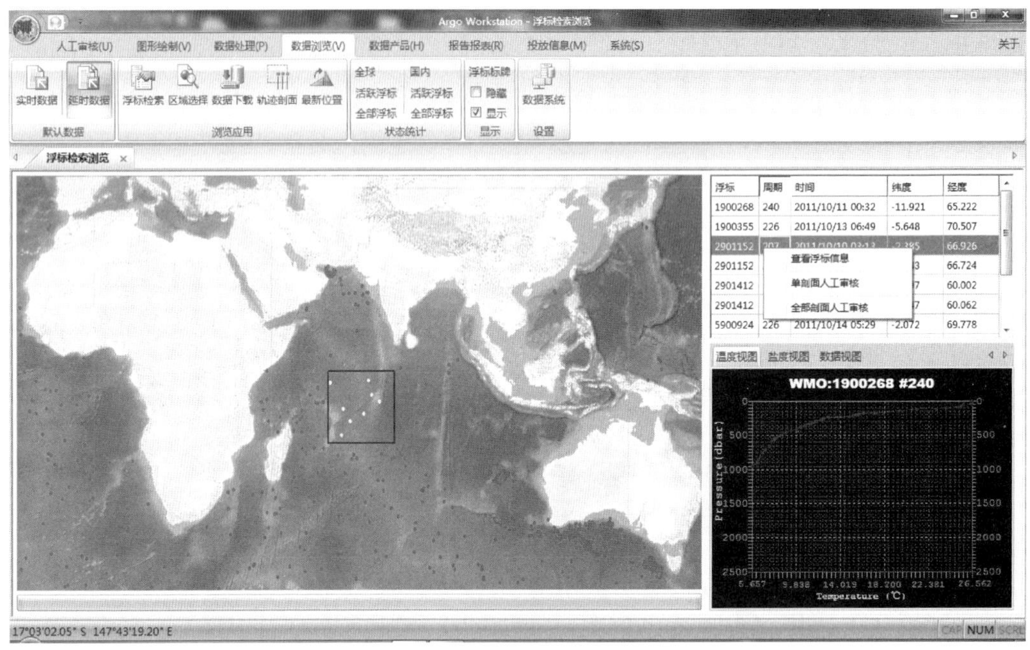

图 7-97　数据浏览界面中的单剖面人工审核命令

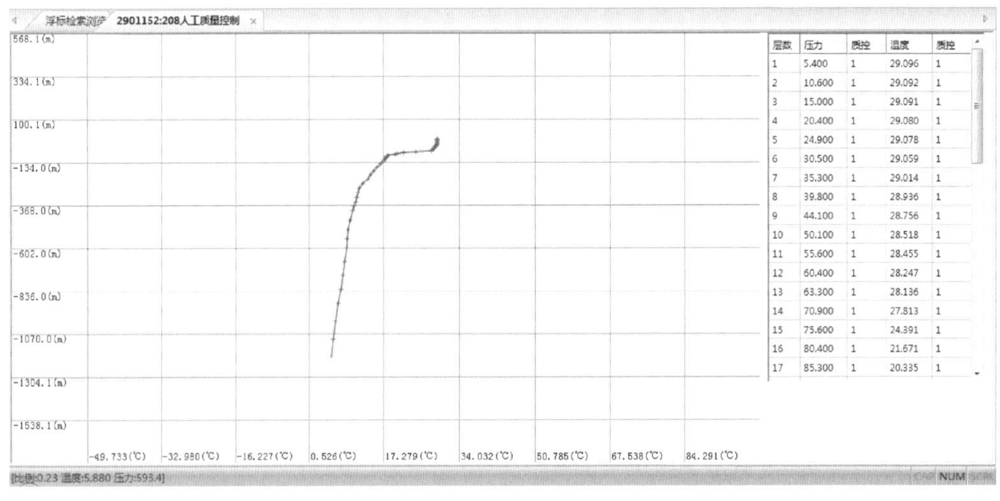

图 7-98　浮标的人工质量控制视图

环境菜单中的查看浮标信息及全部剖面人工审核两条命令暂无功能

7.9　人工审核与图形绘制

人工审核是人工质量审核的简称。人工审核的主要目的，就是通过调研剖面数据和曲线，试图找出自动质量控制的漏洞，并把它给堵上。

通俗、具体且形象地说，如果在调研剖面数据和曲线时，看着某条曲线上的某一数据点犹如“鹤立鸡群”，就可以在浮标数据表格中将其原来是 1 的质控符调整为 3 甚至是 4，并确认保存。

反之，如果在调研剖面数据和曲线时，看着某条曲线上的某一数据点在浮标数据表格中其质控符虽被标为 3 或 4，但恰似“小溪涟漪”，就可以在浮标数据表格中将其质控符调整为 2[①] 甚至是 1，并确认保存。

当然，这是一件很严肃的事情。如果一条曲线上“鹤立鸡群”或“小溪涟漪”的点被“人工审核”得多了，剖面总质控符将会被降级或升级。关于剖面质量标识的界定，请参见 3.4.3.3 小节。

关于浮标的原始数据，包括原始质控符，那是受保护且不能更改的，故不在人工审核之列。

至于图形编辑器，其功能是针对浮标的剖面曲线/原始数据的，展示效果很好。

纵观图形绘制菜单，无一不同剖面数据和曲线有关，故将二者合在一起分析。

7.9.1　人工审核及图形绘制菜单/工具栏

7.9.1.1　菜单/工具栏

启动人工审核后，人工审核及图形绘制的子菜单如图 7-99 所示。人工审核工具栏的命令按钮名称如表 7-4 所示。

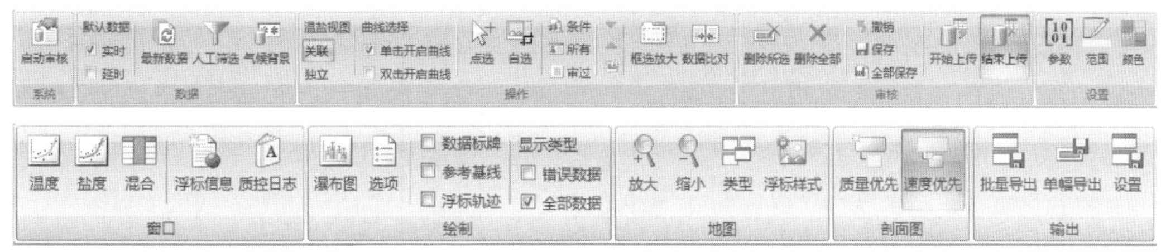

图 7-99　人工审核及图形绘制的子菜单

① 关于质控符“2”，《Argo 质量控制手册》参考表 2 称“不用于实时数据”(not used in real-time)。中国 Argo 资料中心并无如此限制。

表 7-4　人工审核工具栏的命令按钮名称

主菜单	组别	命令						
人工审核	系统	启动审核						
	数据	默认实时数据	默认延时数据	获取最新数据	人工筛选	气候背景		
	操作	温盐视图关联	温盐视图独立	单击开启曲线	双击开启曲线	点选	自选区域数据	按条件搜索
		审核通过数据	显示已选浮标所有剖面	显示下一剖面	显示上一剖面	显示所有剖面	框选放大	数据比对
	审核	删除所选	删除全部	撤销所作审核	保存审核结果	数据全部保存	开始上传	结束上传
	设置	参数	范围	颜色				
图形绘制	窗口	只显示温度视图	只显示盐度视图	显示分割视图	浮标信息	质控日志		
	绘制	瀑布图	选项	数据标牌	参考基线	浮标轨迹	只显示错误数据	显示全部数据
	地图	放大	缩小	类型：卫星影像图、地形影像图、平面影像图				浮标样式
	剖面图	质量优先：当使用 GDI+绘图时画图精细，但是会牺牲速度				速度优先：使用 GDI 绘制会明显提升性能，但是会降低画面精细度		
	输出	批量导出	单幅导出	设置				

注：获取最新数据按钮（以及数据菜单中相应命令）的意义其实是刷新。

7.9.1.2　工具栏的初始点亮按钮

启动人工审核后，人工审核及图形绘制子菜单的按钮或命令被全部激活，处于已用或待用状态。

工具栏的初始选定按钮或复选框有 11 个：启动审核、默认实时数据或延时数据、温盐视图关联调节按钮、单击开启曲线或双击开启曲线、结束上传、参数、范围、颜色、显示全部数据、速度优先或质量优先、输出设置。

进入人工审核后，实时数据或选择延时数据按钮何时被点亮，取决于启动人工审核前数据浏览/人工审核菜单中实时数据或延时数据的选择。

显示全部数据是对只显示错误数据而言的。前者对后者具有复选框的性质，后者对前者具有单选框的性质。通常显示全部数据按钮应该总亮着。否则，只显示错误数据按钮就点亮。

相比之下，显示已选中浮标的所有剖面、显示所有剖面按钮或命令是即点即行的。

7.9.2　人工审核的一般流程

人工审核的一般流程如图 7-100 所示。

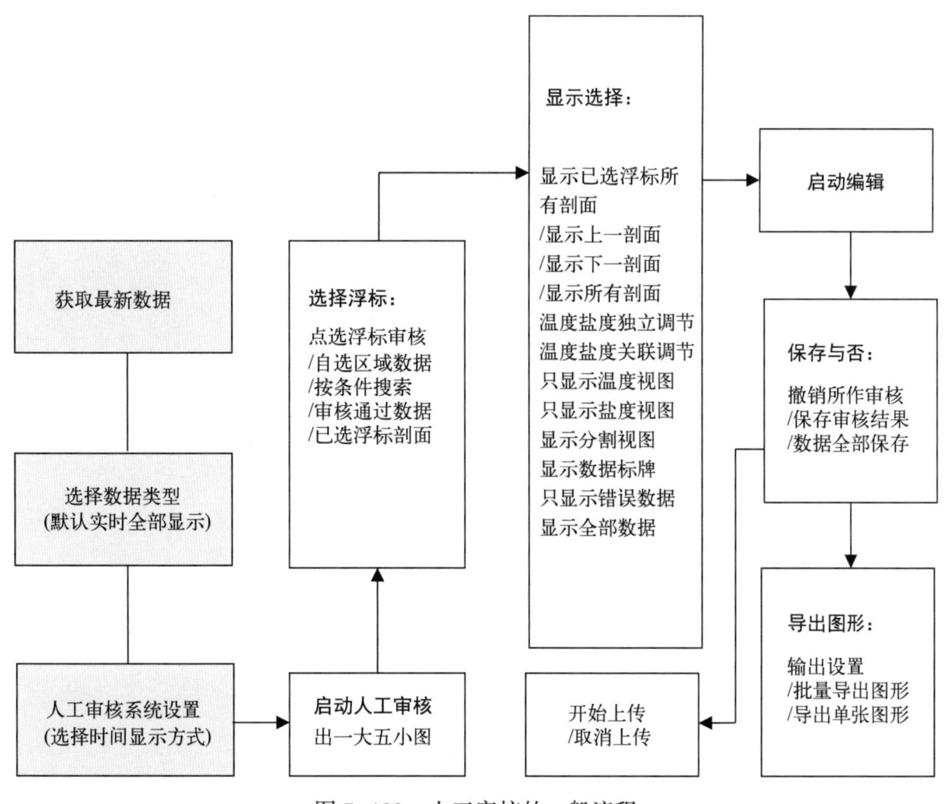

图 7-100　人工审核的一般流程

人工审核第一步需要获取最新数据，然后选择对应合适的数据类型进行数据处理，进行人工审核系统设置，选择正确的时间显示方式，启动人工审核；选择对应浮标：点选浮标审核、自选区域数据、按条件搜索、审核通过数据、已选浮标剖面；显示选择：显示已选浮标所有剖面、显示上一个或下一个剖面、温度盐度独立调节设置、显示分割视图、显示数据标牌、可选择是否只显示错误数据与显示全部数据等；然后启动编辑功能；保存所选设置及生出数据文件；最终导出图形：输出设置、批量导出图形、导出单张图形，并开始上传。

7.9.3 实时数据/延时数据

在人工审核工具栏中，单击以选择实时数据按钮或者选择延时数据按钮。

根据惯例，延时数据也可以进行人工审核。况且，人工审核这个题目之下含有很多功能，诸如导出图形、浮标站位图、瀑布图等，延时数据很需要这些功能展示。

如果不做选择，则默认为实时数据。

实时数据与延时数据显示可以自由切换。

7.9.4 人工审核系统设置

人工审核系统设置在数据浏览菜单中。在人工审核前，应先行人工审核系统设置，如图 7-101 所示。

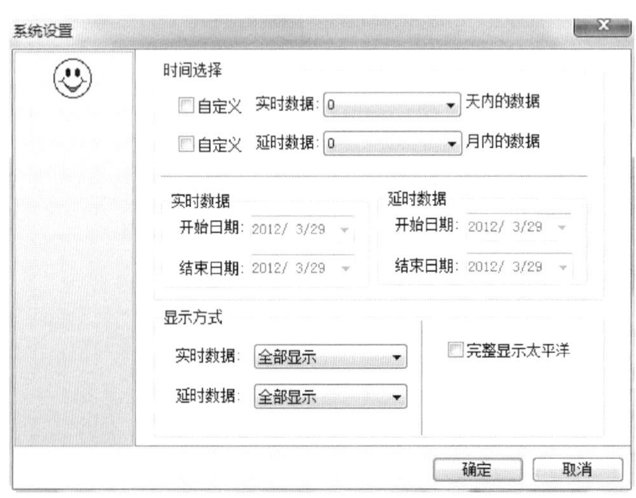

图 7-101 人工审核系统设置

如果不做选择，则默认实时数据全部显示。

7.9.4.1 时间选择

实时数据的选择范围是 0~48 天。选择范围是 0，表示选择全部实时数据。

延时数据的选择范围是 0～48 月。选择范围是 0，表示不选择任何延时数据。不过，选择后最好核实一下，因为有关程序修改后，选择范围是 0，也可表示选择全部实时数据。

如果选择了自定义复选框，则同行的时间范围选择框变灰，下面相应的开始日期/结束日期选择框激活，用以选择时间范围。具体操作有两种方式：一是直接选择键盘输入，二是通过下拉年月日框选择。

7.9.4.2　显示方式

实时数据与延时数据的显示方式各有三种：全部显示、(经)自动质控、(经)人工审核。默认的显示方式是全部显示。

7.9.4.3　完整显示太平洋

传统的地图显示，将太平洋分为两个部分：东太平洋和西太平洋，且西太平洋在东，东太平洋在西。左拖鼠标时，能看到完整的太平洋，但东太平洋的浮标点在西。选择完整显示太平洋复选框后，东边的东太平洋上也会有浮标点，从而浮标点显示齐全的完整的太平洋。

7.9.5　人工审核界面

7.9.5.1　人工审核界面

选择人工审核菜单中的启动人工审核命令，即弹出实时数据或延时数据人工审核界面，如图 7-102 所示。

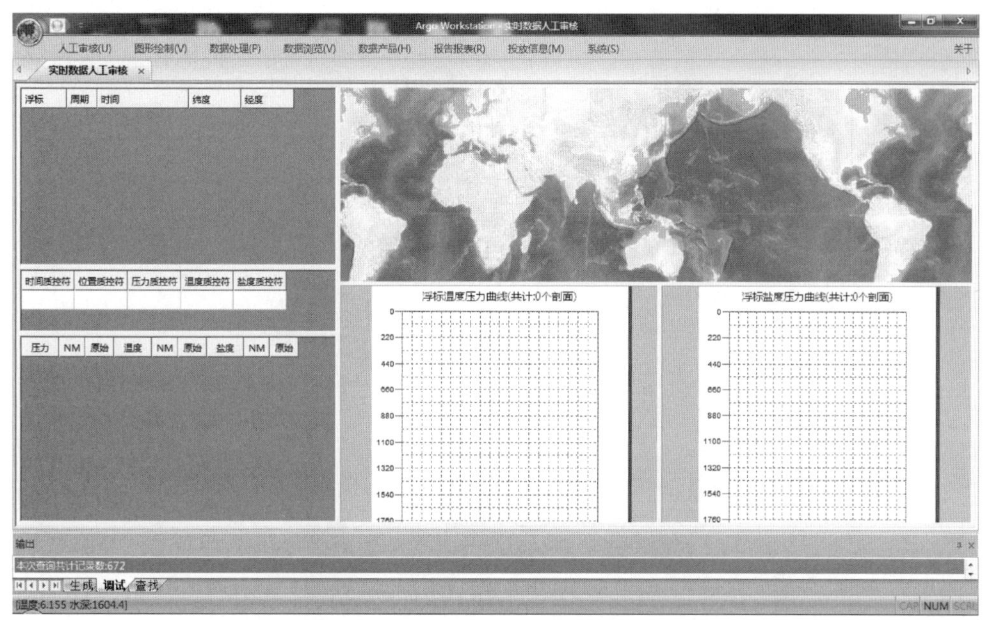

图 7-102　人工审核界面(加载数据前)

启动人工审核成功的标志是出现浮标点。而这需要单击一下已经亮着的选择实时数据或延时数据按钮。这是因为考虑到在系统启动时加载数据有可能引发系统崩溃，故没有加入启动时自动载入数据功能。加载数据后如图 7-103 所示。

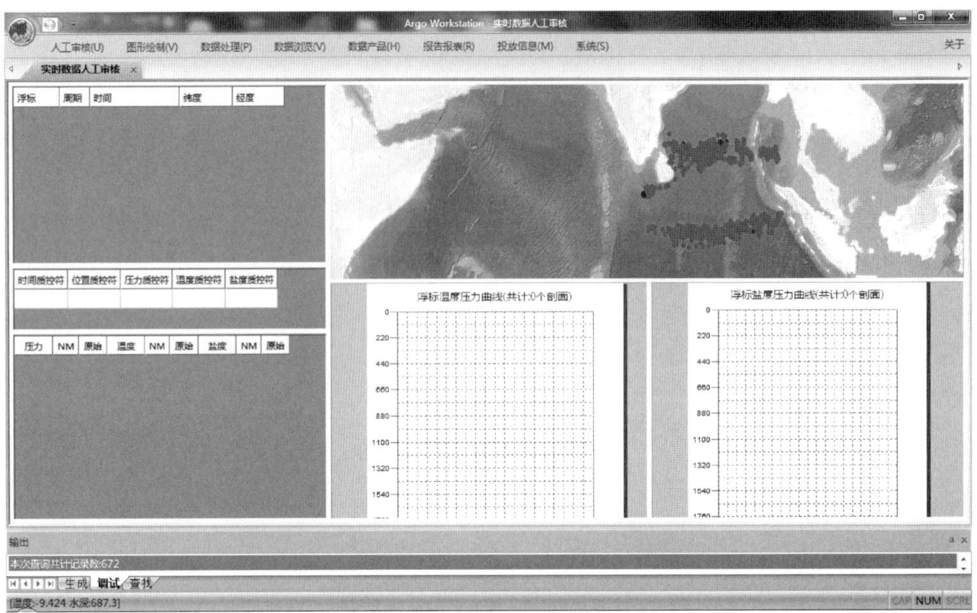

图 7-103　人工审核系统界面(加载数据后)

点选浮标后的人工审核界面如图 7-104 和图 7-105 所示。

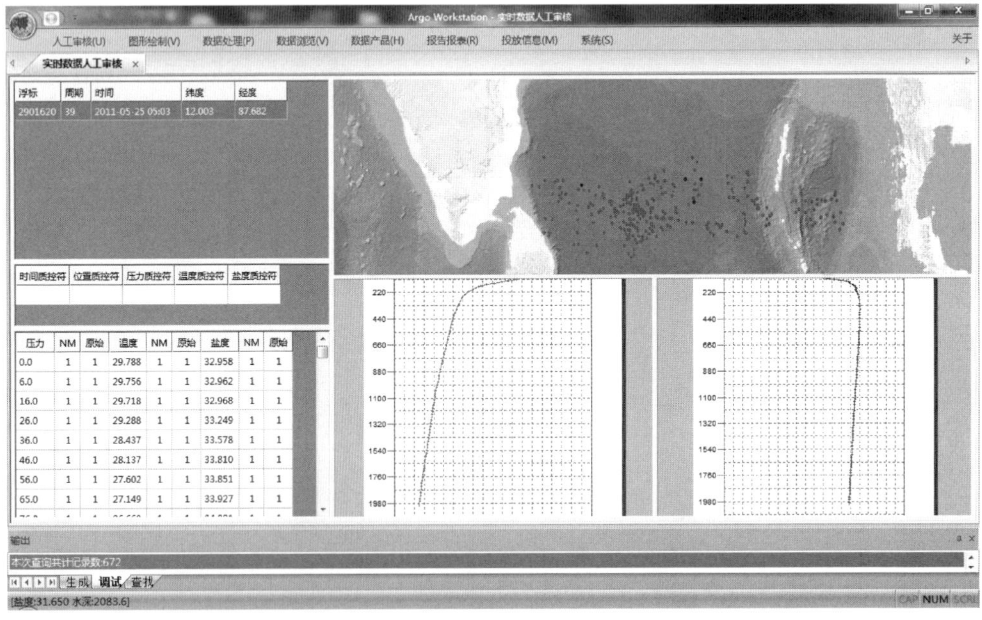

图 7-104　加载数据后的人工审核界面(单周期)

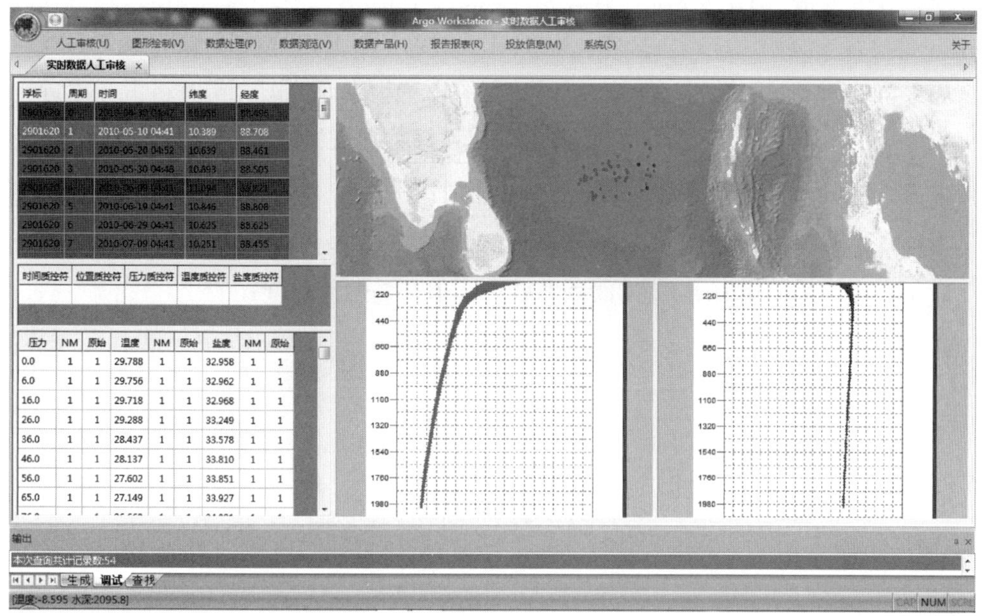

图 7-105　加载数据后的人工审核界面(多周期)

为了以后叙述的方便，人工审核界面的六个视图区统一名称如表 7-5 所示。

表 7-5　人工审核界面视图区名称

<table>
<tr><td rowspan="3">任务窗口/浮标视图</td><td>浮标总体表格</td><td colspan="2" rowspan="2">地图</td></tr>
<tr><td>剖面质控符表格</td></tr>
<tr><td>浮标数据表格</td><td>温度视图</td><td>盐度视图</td></tr>
</table>

注：虽然剖面质控符表格从浮标总体表格中分离出来，且浮标总体表格和浮标数据表格都有水平滚动条，此时最好将任务窗口/浮标视图置为自动隐藏状态(首选)，或调窄任务窗口/浮标视图，或关闭任务窗口/浮标视图，以腾出更多的屏幕空间。

不光地图可以放缩移动，温度视图(浮标温度压力曲线)和盐度视图(浮标盐度压力曲线)皆可放缩移动。

在人工审核界面中，英文输入状态下，按下键盘上“R”键，相当于复原(重置)图形，例如图形放缩移动之后的复原。

应当了解浮标总体表格/剖面质控符表格/数据表格、地图子菜单、系统菜单，数据子菜单、特别是包含更多功能的操作子菜单。

7.9.5.2　浮标总体表格/剖面质控符表格/数据表格

浮标总体表格计有五列：浮标号、周期、观测日期/时间、纬度、经度。

剖面质控符表格计有五列：位置质控符、时间质控符、压力剖面质控符、温度剖面质控符、盐度剖面质控符。

浮标数据表格(CTD 表格)计有九列：压力、NMDIS 质控符、原始质控符；温度、NMDIS 质控符、原始质控符；盐度、NMDIS 质控符、原始质控符。

如果屏幕不足够大，将任务窗口/浮标视图设置为自动隐藏，用时将鼠标靠近则浮动出来，以便点选；不用时则自动隐藏，以使浮标数据表格(CTD 表格)总能完整显示。

7.9.5.3 速度优先/质量优先剖面图的比较

速度优先：使用 GDI 绘制会明显提升性能，但是会降低画面精细度。

质量优先：当使用 GDI+绘图时画图精细，但是会牺牲速度。

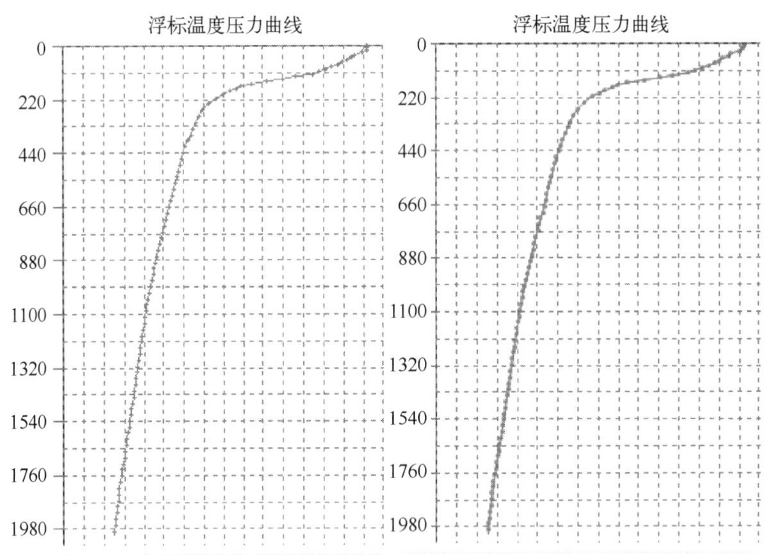

图 7-106 速度优先(左)/质量优先(右)剖面图的比较

7.9.6 数据子菜单

7.9.6.1 简述

人工审核的数据子菜单的内容如图 7-107 所示。

图 7-107 人工审核的数据子菜单

其中，数据类型选择分为实时数据和延时数据，意义自明。

获取最新数据命令(以及工具栏中相应按钮)的意义其实就是刷新。

数据/人工筛选的意义其实也是按条件搜索。

气候背景数据集是新增的，其操作依托于 ArgoQCPARDB 数据库。

7.9.6.2　气候背景数据集

单击人工审核/数据/气候背景按钮，弹出气候背景数据集对话框，如图 7-108 所示。

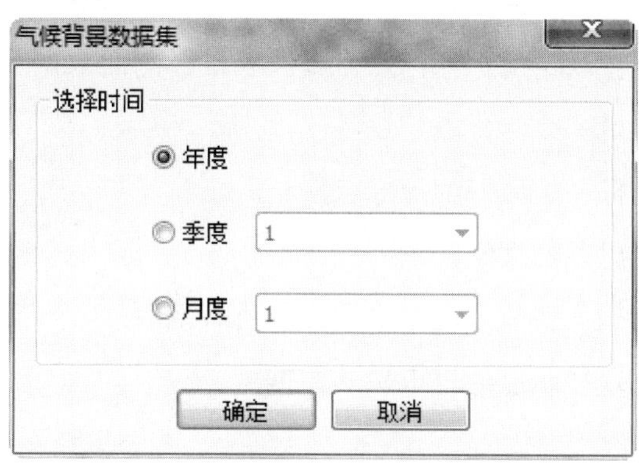

图 7-108　气候背景数据集对话框

根据数据库资料情况，选择年度/季度/月度单选框，默认年度单选框，单击确定按钮。

7.9.7　操作子菜单

7.9.7.1　操作子菜单

人工审核的操作子菜单的按钮或命令如图 7-109 及表 7-6 所示。

图 7-109　人工审核/操作子菜单

表 7-6　人工审核/操作子菜单

温盐视图	温盐关联	温盐独立			
曲线选择	单击打开曲线	双击打开曲线			
数据选择	点选浮标	自选区域	条件搜索	已选浮标所有剖面	审核通过数据
剖面浏览	下一剖面	上一剖面	所有剖面		
视图操作	框选放大	数据比对			

有以下几点需要说明。

(1)温度盐度关联调节：所谓关联就是联动。例如，在温度曲线集中选择了一条曲线，连带地在盐度曲线集中也选择了相应的一条曲线。又如，在一条温度曲线上选择了某层的一个点，连带地在相应的盐度曲线上也会选择该层的一个相应点。

(2)温度盐度独立调节：即各调各的。

(3)单击打开曲线：单击某一浮标点，属性表格、剖面数据及曲线即可显示。

(4)双击打开曲线：双击某一浮标点，属性表格、剖面数据及曲线即可显示。

(5)点选浮标：选择一个浮标点。

(6)自选区域：选择一个区域的浮标点。

(7)条件搜索：列出条件搜索。

(8)已选浮标所有剖面：显示已选中浮标的所有剖面。

(9)审核通过数据：显示已通过审核的数据。

(10)显示下一剖面：自明。

(11)显示上一剖面：自明。

(12)所有剖面：显示所选区域的全部剖面。

(13)框选放大：对所审核数据进行框选放大。

(14)数据比对：剖面历史数据比对。

7.9.7.2 曲线的放缩

曲线视图的放缩，通过鼠标滚轮可以方便实现。

在操作子菜单中的框选放大命令，是对温度视图曲线或盐度视图曲线独立实施的，不管温度盐度视图关联与否。具体操作是：点击该命令后，在曲线上拖出矩形框。

放大尺度的调节：在曲线上拖出的矩形框小则放大得多，在曲线上拖出的矩形框大则放大得少。可以多次实施。

对曲线的框选放大如图 7-110 所示。

曲线放大之后若欲复原，可用复原键“R”，或用鼠标滚轮回拖。

框选放大命令可较好地弥补鼠标滚轮放大的不足。但同地图/放大命令一样使用时要先后点击两次。

为了使用框选放大命令简捷，也可将其自定义到快速访问工具栏。

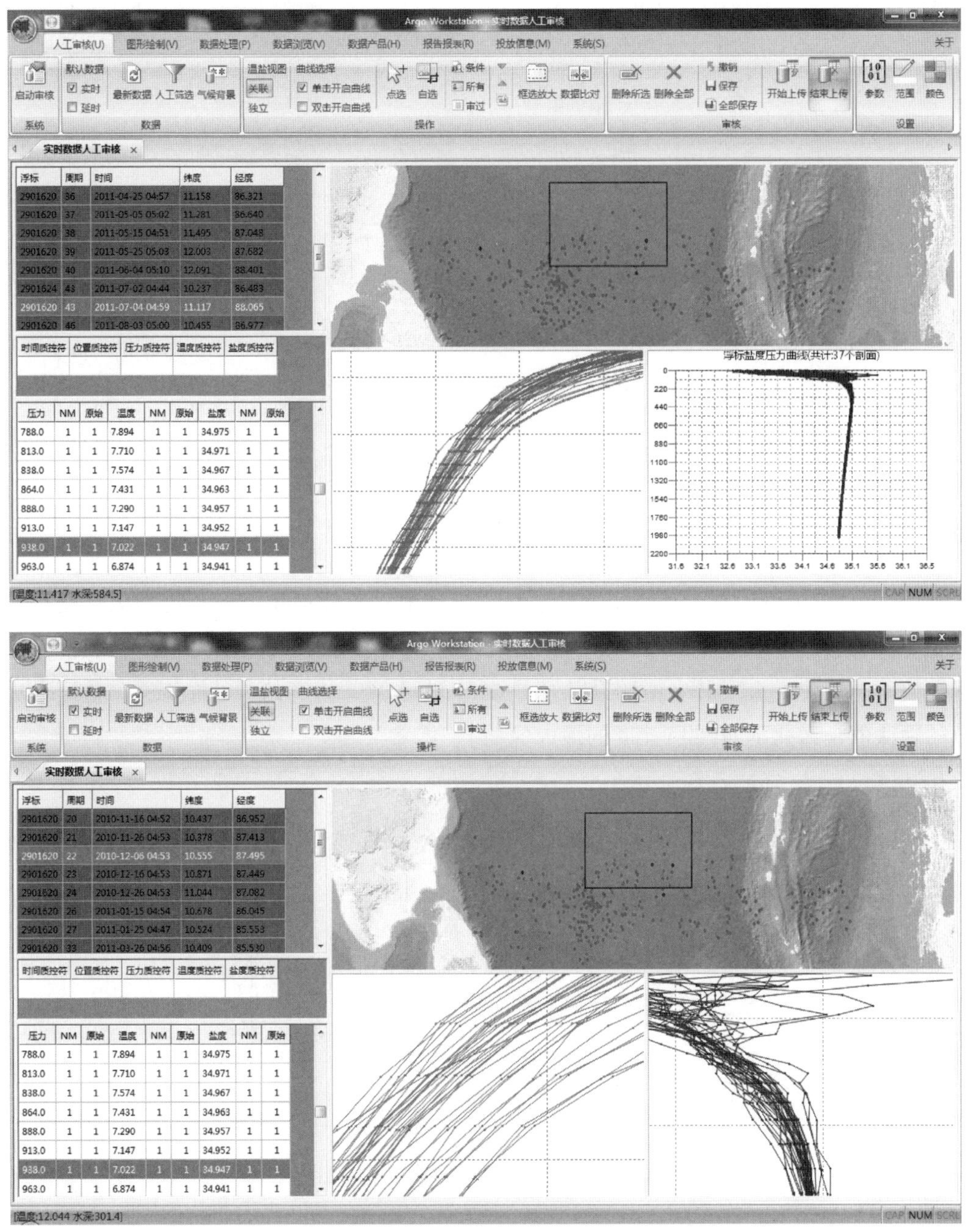

图 7-110　对曲线的框选放大

7.9.8　图形参数/范围/颜色设置

7.9.8.1　范围设置

范围设置，即深度(压力)、温度、盐度最小值和最大值的范围设置，如图 7-111 所示。

范围设定对话框

区域范围测量值

压力最小值：0

压力最大值：2200

温度最小值：-2.5

温度最大值：40

盐度最小值：31.209

盐度最大值：36.039

确定　取消

图 7-111　范围设定对话框

人工审核/范围设置，压力最小值、压力最大值、温度最小值、温度最大值是可以设置的，并且换了浮标点也可以保持；盐度最小值、盐度最大值虽可设置，但换了浮标点便不能保持；盐度最小值的默认值是当前剖面(组)盐度的最小值减 1，盐度最大值的默认值是当前剖面(组)盐度的最大值加 1。

7.9.8.2　参数设置(附示例)

参数设置，即温度视图和盐度视图绘图比例数设置，如图 7-112 所示。

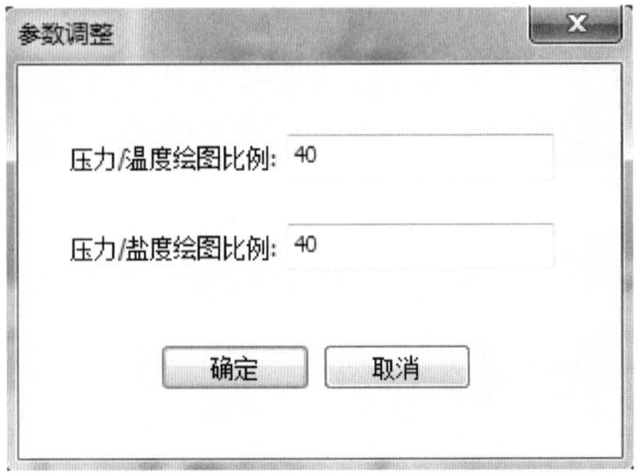

参数调整

压力/温度绘图比例：40

压力/盐度绘图比例：40

确定　取消

图 7-112　温度视图和盐度视图绘图比例数设置(初不露头)

由范围设置可知，深度区间为 0~2200 dBar，温度区间为-2.5~40℃，盐度区间为 31.209~36.039。

温度视图：如果刻度匀一，纵坐标区间为 2200，横坐标区间为 42.5，做出图来不好看。所以，纵坐标和横坐标的刻度比例不应一样。2200/42.5=51.8，故单从刻度比例考虑，压力/温度绘图比例应不小于 50。此项参数适当大些，曲线弯曲度较好。

盐度视图：如果刻度匀一，纵坐标区间为 2200，横坐标区间为 4. 83，做出图来更不好看。盐度剖面曲线的盐度值取值范围过大，致使剖面曲线变化不明显，几乎直线。所以，纵坐标和横坐标的刻度比例不应一样。2200/4. 83 = 455. 5，故单从刻度比例考虑，盐度/温度绘图比例应不小于 450。此项参数适当大些，曲线弯曲度较好。

然而，温度视图和盐度视图放在一起，还有一个协调的问题。如果压力/温度绘图比例取值 50，盐度/温度绘图比例取值 450，两视图放在一起也不好看。

在下面的设置示例 1(图 7-113)中，盐度剖面曲线的弯曲度有明显改善，但在曲线上选择数据点时，却不在一个水平线上。解决这个问题的办法有两种：用鼠标拖动视图；起用显示参考线。

在下面的设置示例 2(图 7-114)中，标题、坐标显示清楚，纵坐标一致，视图基本充满，建议作为默认设置。

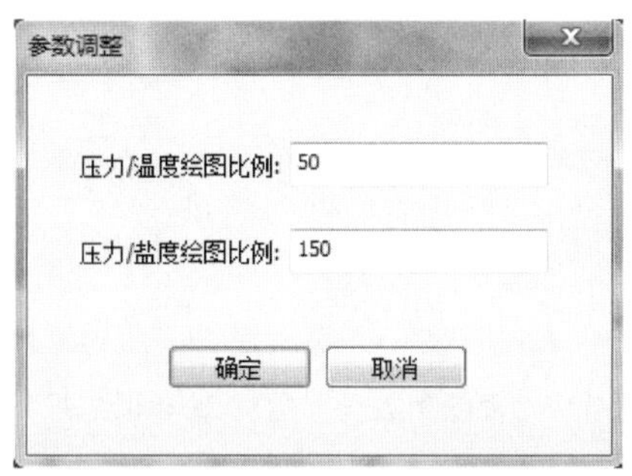

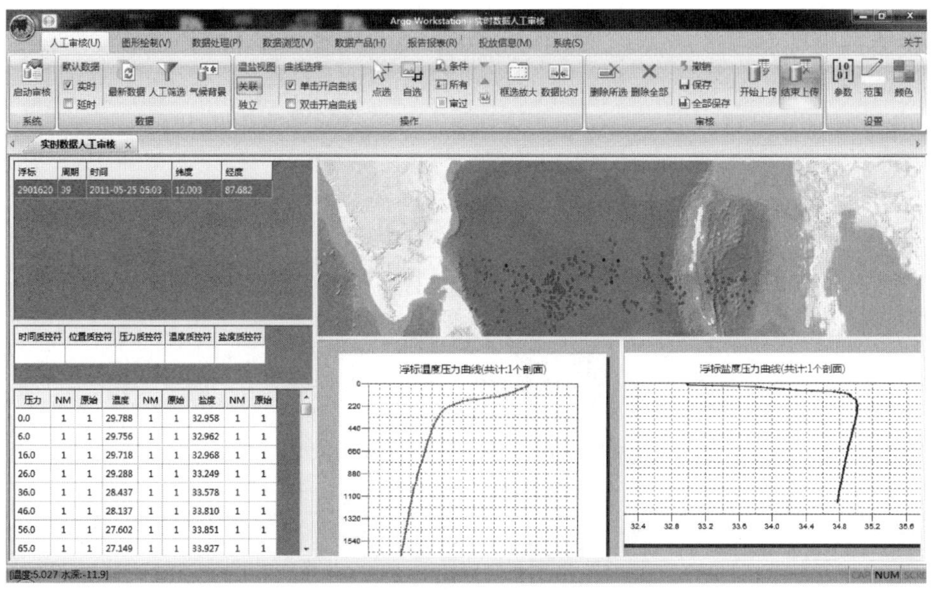

图 7-113　视图参数设置示例 1(理论搭配)

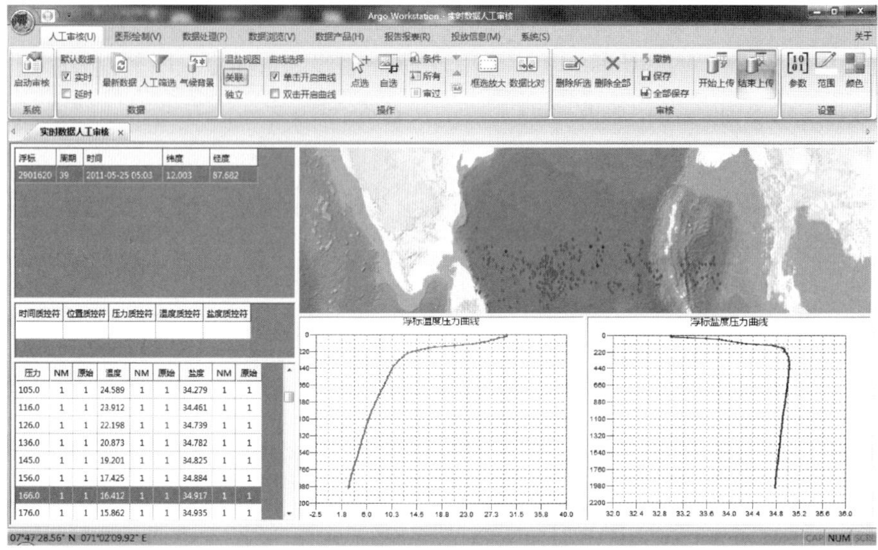

图 7-114　视图参数设置示例 2(和谐搭配)

7.9.8.3　颜色设置

颜色设置，即绘图相关元素的颜色设置，如图 7-115 所示。

颜色设置
自动质控浮标颜色:
人工审核浮标颜色:
数据发布浮标颜色:
数据比对图颜色:
气候背景图颜色:
温度背景图颜色:
盐度背景图颜色:
温度曲线图颜色:
盐度曲线图颜色:
温度错误图颜色:
盐度错误图颜色:
网格线字体颜色:
网格线标注颜色:
确定　取消

图 7-115　绘图相关元素的颜色设置

目前，自动质控浮标点用黄绿色表示，已审核浮标点用紫色表示，数据发布浮标点用深蓝色表示。盐度曲线图颜色/温度错误图颜色用天蓝色表示。温度曲线图颜色/盐度错误图颜色用红色表示。

点击系统/颜色设置命令进入颜色设置对话框可以自定义颜色。

7.9.8.4　浮标点的颜色设置示例

浮标点的颜色设置示例如图 7-116 所示。为醒目起见，人工审核浮标颜色暂改为黄色。

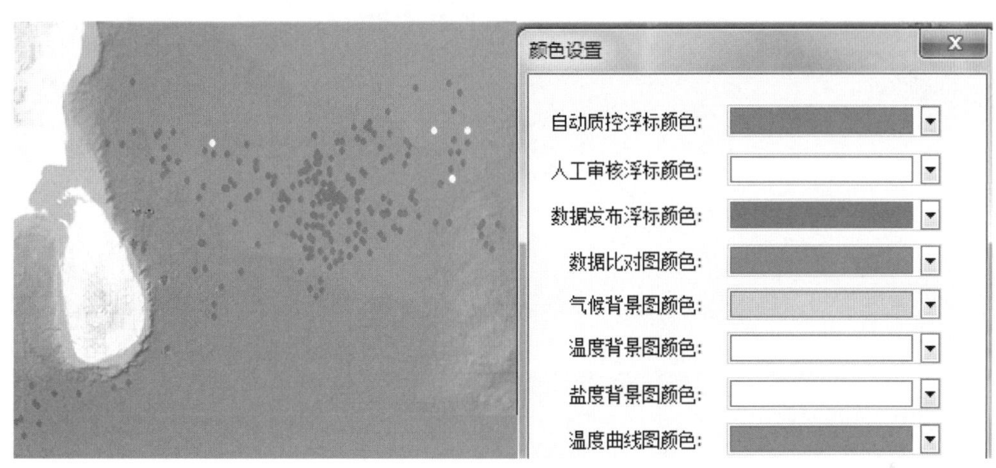

图 7-116　浮标点的颜色设置示例

7.9.9　图形绘制子菜单

7.9.9.1　剖面图质量/速度选择

使用 GDI+绘图时，画面精细，但会牺牲速度。

使用 GDI 绘图时，性能明显提升，但会降低画面精细度。

7.9.9.2　显示参考基线

选择参考基线被激活时，用鼠标在温度视图或盐度视图中可以拉出移动的坐标刻度架，用以指示鼠标所指曲线点处的精确数据。如图 7-117 所示。

7.9.9.3　数据标牌

数据浏览界面中显示的数据标牌是针对浮标点的。这里的数据标牌功能是针对剖面曲线的，没有日期。点亮后当鼠标指向曲线时，用以显示剖面曲线所属的浮标号码和周期。

7.9.9.4　显示类型

错误数据：只显示错误数据。

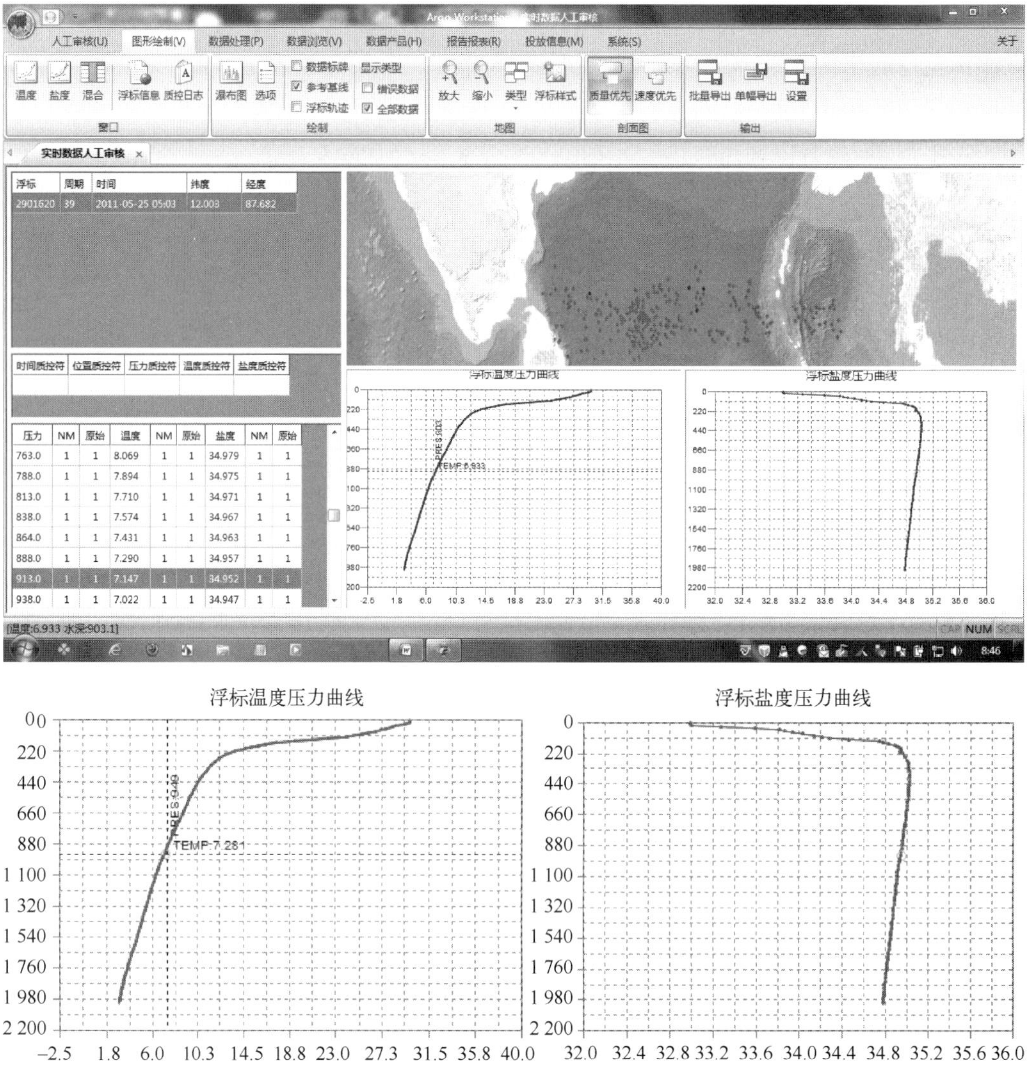

图 7-117　显示参考线

全部数据：显示包括错误数据在内的全部数据。

7.9.10　审核子菜单

审核子菜单如图 7-118 所示。

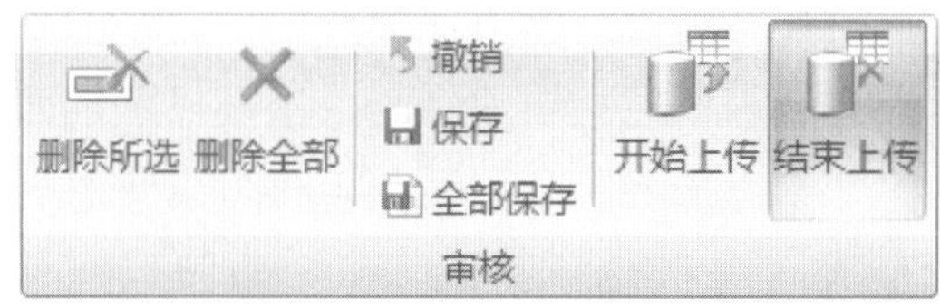

图 7-118　审核子菜单

删除所选：删除已选择的剖面。

删除全部：删除全部内存数据。

撤销：撤销所做审核。

保存：保存审核结果。

全部保存：数据全部保存。

开始上传：开始上传。

结束上传：取消上传。

7.9.11　图形输出

图形输出的条目有批量导出、单幅导出、输出设置。

批量导出图形，需要选择保存文件的目录。

导出单张图形，需要选择保存文件的目录、文件类型与文件名。

输出设置的作用是设置输出图片的长(高)宽像素数，以及是否锁定长宽比，如图 7-119 所示。

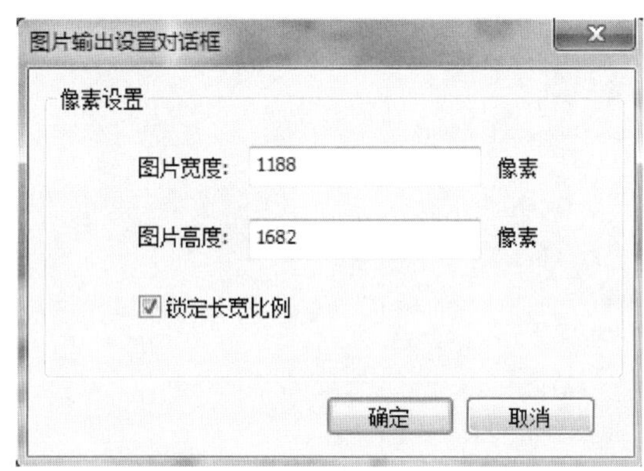

图 7-119　图片输出设置对话框

7.9.12　选择浮标/数据

人工审核前，必须先选择浮标。

在地图上显示的浮标有三种颜色：目前自动质控浮标点用黄绿色表示，已审核浮标点用紫色表示，数据发布浮标点用深蓝色表示(经由系统菜单中的颜色设置，后两项可改)。

选择浮标有几种方式：点选、区选(框选)、按条件搜索(条选)、审核通过数据(复选)、已选浮标剖面(宗选)、数据比对(比选)。

7.9.12.1 点选

所谓点选，就是在人工审核界面，无论是对实时数据还是延时数据，以点击的手法选择浮标点。

最初的方法是，选择人工审核/操作/点选浮标命令后，或者用鼠标单击点选浮标审核按钮后，用鼠标单击某一浮标点。

简捷的方法是，根据在人工审核/操作/曲线选择中的约定，用鼠标直接单击（或双击）某一浮标点。系统默认单击选点方式。

此时浮标总体表格中显示浮标号、周期等基本信息（确认之后，双击浮标号行），浮标数据表格中压力、温度、盐度数据充满。在激活显示数据标牌的情况下，鼠标指向温度曲线，其画面如图 7-120 所示。

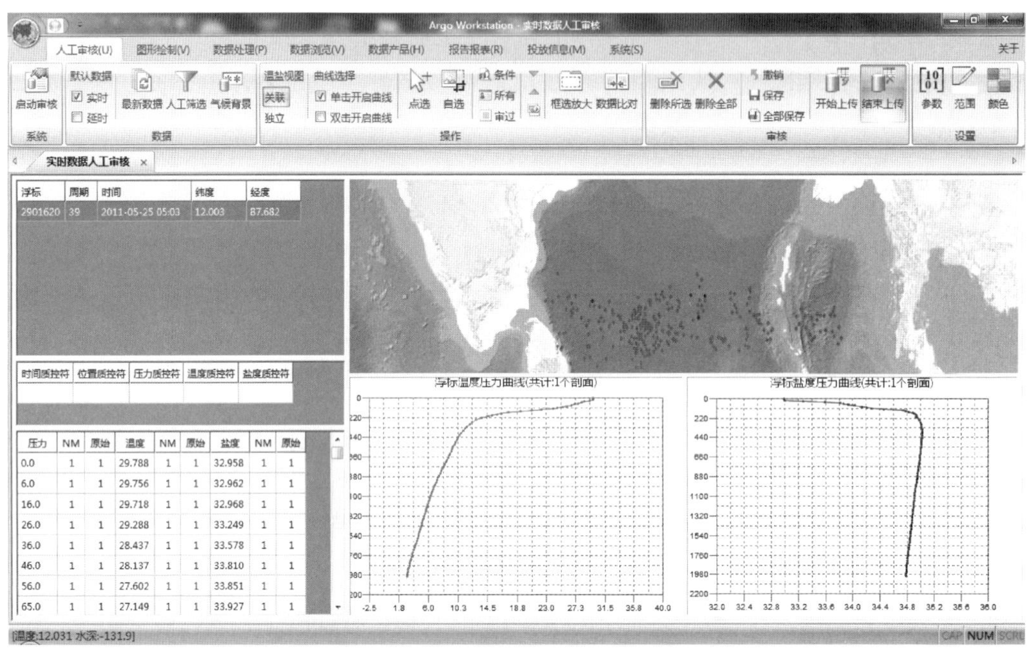

压力	NM	原始	温度	NM	原始	盐度	NM	原始
0.0	1	1	29.788	1	1	32.958	1	1
6.0	1	1	29.756	1	1	32.962	1	1
16.0	1	1	29.718	1	1	32.968	1	1
26.0	1	1	29.288	1	1	33.249	1	1
36.0	1	1	28.437	1	1	33.578	1	1
46.0	1	1	28.137	1	1	33.810	1	1
56.0	1	1	27.602	1	1	33.851	1	1
65.0	1	1	27.149	1	1	33.927	1	1

图 7-120　点选浮标时人工审核界面

7.9.12.2 区选（框选）

所谓区选，就是在人工审核界面的地图区，无论是实时数据还是延时数据，选择自选区域命令或按钮后，用鼠标拖一矩形框围住所选浮标。一次没拖好，可以重选自选区域命令或按钮后，重新拖。或者用操作菜单中的删除所选命令，确定删除内存中已选择的数据后再拖。

此时浮标总体表格中显示浮标号、周期等基本信息。在激活显示数据标牌的情况下，鼠标指向温度曲线上某一点，会显示浮标数据标牌。其画面如图 7-121 所示。

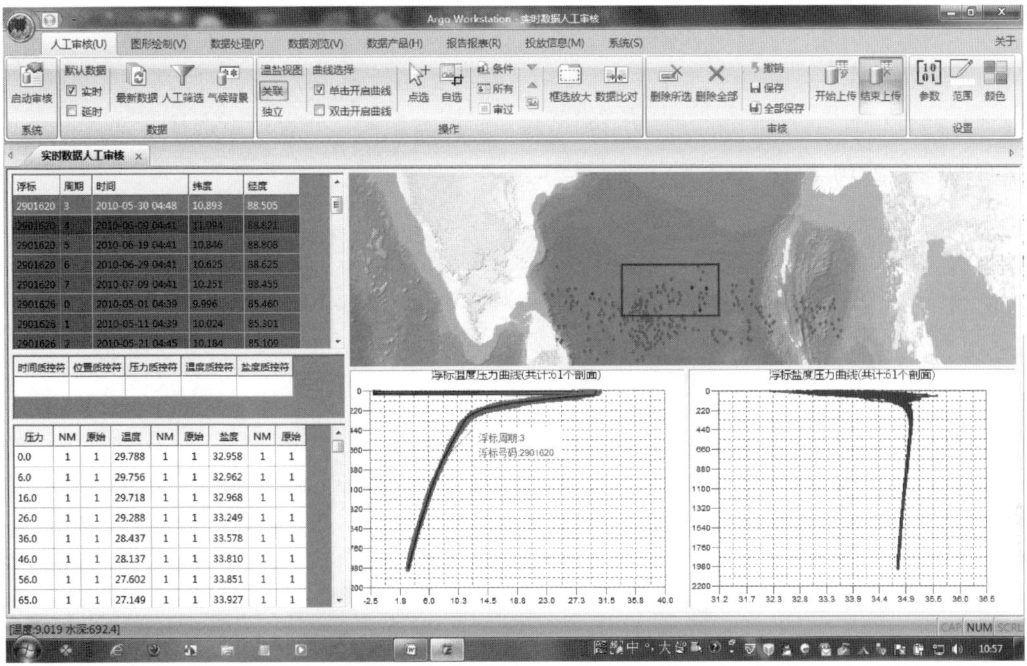

图 7-121　人工审核_区选多线视图

点击某一浮标总体表格所选行，或点击某一选定曲线，或点击显示下一剖面按钮，温度视图变成单线，浮标数据表格中压力、温度、盐度数据更新。其画面如图 7-122 所示。

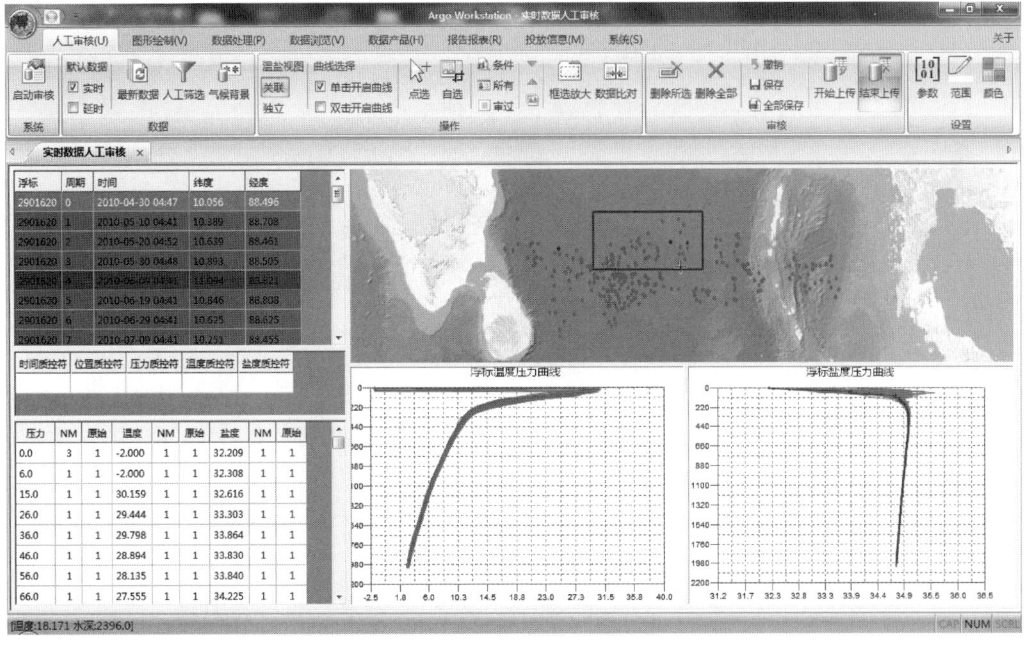

图 7-122　人工审核_区选单线背景视图

7.9.12.3 按条件搜索(条选)

启动人工审核，单击按条件搜索按钮，在弹出的浮标数据查询对话框中，根据需要填写搜索信息。例如浮标号码为2901629，质控类型下拉列表框中选择全部数据，开始日期选择2010/1/1，如图7-123所示。

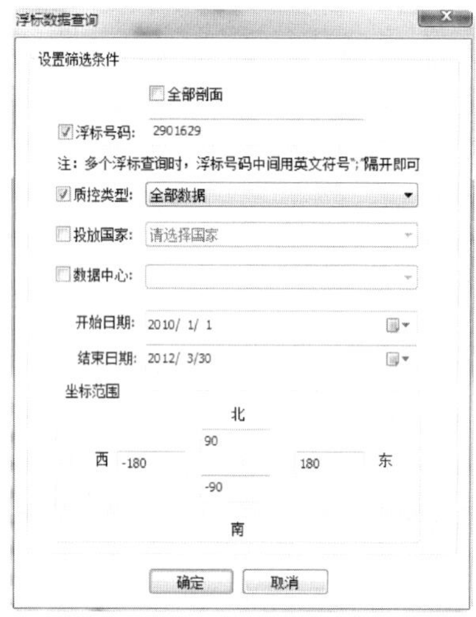

图7-123 浮标数据查询对话框

按确定按钮后，画面如图7-124所示。

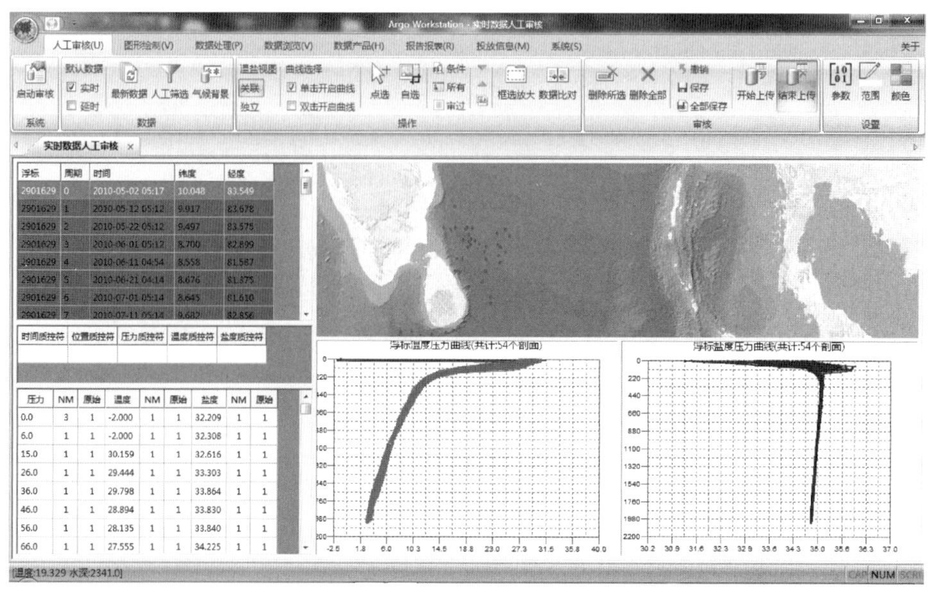

图7-124 人工审核_按条件搜索

若浮标号码是单选，质控类型是全部数据，开始日期足够前，结束日期是现今，

坐标范围默认全球，此时的条选效果等同于显示已选中浮标的所有剖面

如果在浮标数据查询对话框中再增加一项周期选择，那就可以实现对预定浮标单剖面的选择。

7.9.12.4　审核通过数据(复选)

已审核完毕的剖面可在列表中予以体现。

启动人工审核，单击审核通过数据按钮，或操作/审核通过数据命令。其画面如图 7-125 所示。

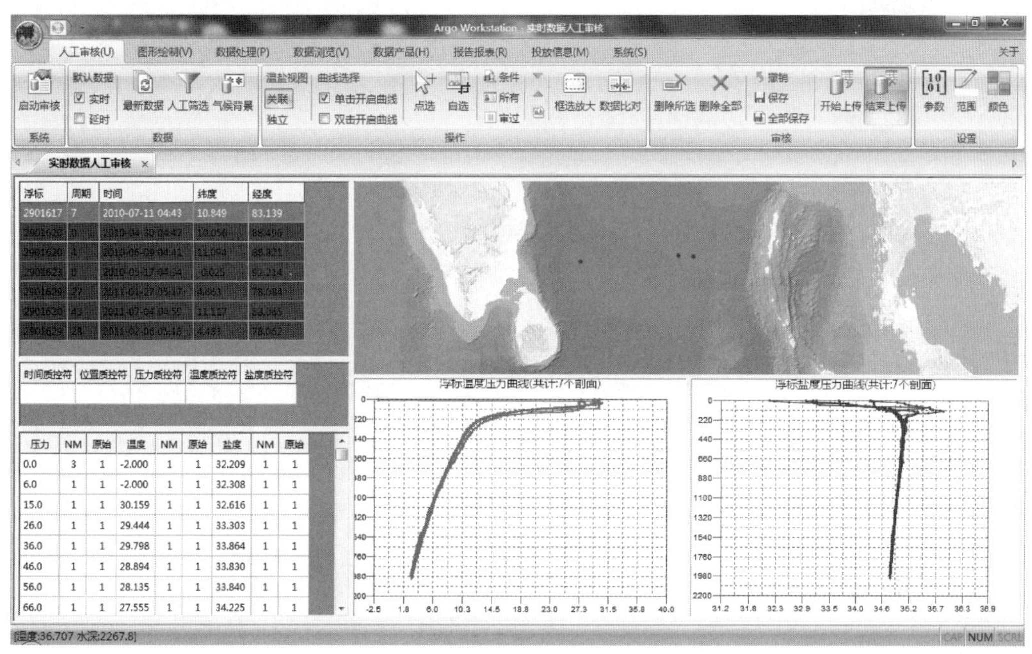

图 7-125　人工审核_审核通过数据

点选的浮标点与“定海神针”重合

7.9.12.5　已选浮标剖面(宗选)

已选浮标剖面，是显示已选中浮标的所有剖面的简称。

地图上的一个点代表某一浮标某一周期(某一剖面)之所在。一个选中点不会包括这个浮标的所有周期(所有剖面)。一个自选区域一般也不会包括某一浮标的所有周期(所有剖面)。故有此条命令。

已选浮标剖面命令的应用对象是点选浮标，或区选浮标总体表格中排在第一位的浮标，或区选浮标总体表格中被选中的浮标。

启动人工审核，单选某一浮标，单击显示已选中浮标的所有剖面按钮，或操作/已选浮标剖面命令，其画面如图 7-126 所示。

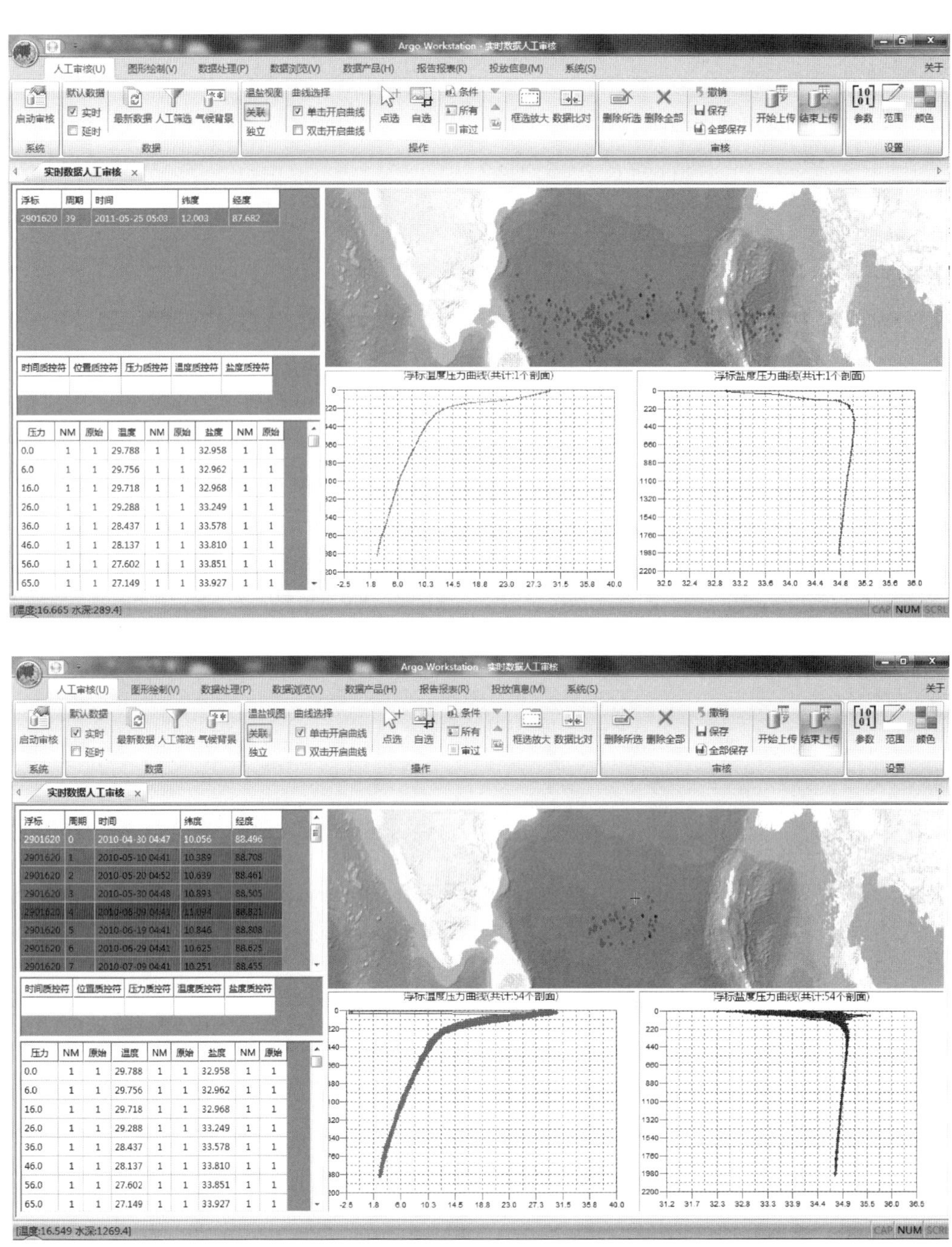

图 7-126　人工审核_显示已选中浮标的所有剖面

已选浮标点与“定海神针”重合

必须清楚，这一条命令是针对某一个浮标而言的。即使所选区域有很多浮标，也只能选一个。如果在浮标总体表格中已有点选，则选此浮标的所有剖面。如果在浮标总体表格中没有点选，则选排在第一行的那个浮标的所有剖面。

故选择浮标，可以区选，但最好点选或条件单选。

显示已选中浮标的所有剖面，对集中处理一个浮标的事情提供了方便。例如，此时只要选中操作菜单中的浮标轨迹复选框，就会显示这个浮标迄今为止的运动轨迹。

7.9.12.6　数据比对(比选)

剖面历史数据比对的本意，是在人工审核界面中的实时数据模式下，将某一选定浮标点(点选)的实时剖面数据，同其周围设定半径范围内(临近区域)的、符合所选时限的历史剖面数据(主要是延时数据)，从图形入手相比较。操作方法如下。

先设圆圈。在人工审核界面中的实时数据模式下，单击操作/数据比对按钮，弹出数据比对设置对话框，如图 7-127 所示。

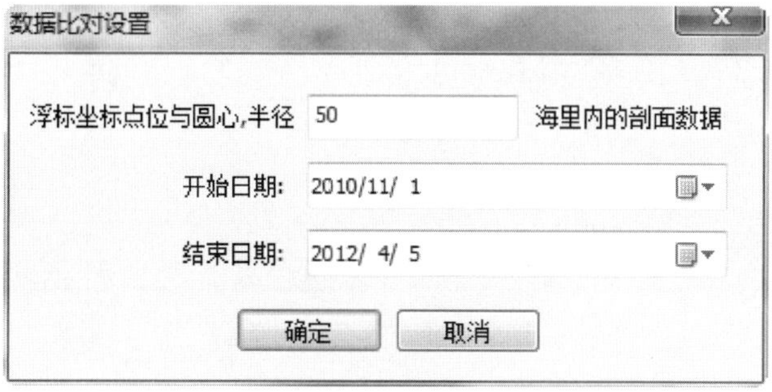

图 7-127　数据比对设置

设置好半径数据、开始日期、结束日期后，单击确定按钮。

点击欲选浮标点。此时，在地图上以所浮标点为圆心成圆；在温盐曲线视图上，目标对象以红线显示，参考对象以深灰线条显示。

当选中数据比对功能时，只有当前选中的曲线可被人工审核，参照曲线则以背景图的方式显示。背景曲线的颜色可在人工审核菜单的颜色设置对话框中进行修改。

点击新的欲选浮标点。此时，在地图上数据比对圆将移动至以新的所浮标点为圆心；同时温盐曲线也将随之更新。

数据比对如图 7-128 和图 7-129 所示。

从选择浮标的角度来看，数据比对和区选(框选)、已选浮标剖面(宗选)，并没有本质不同。如果说前面所讲的区选是框选、已选浮标剖面是宗选，那么这里的数据比对就是比选，其特点是时间跨度大一些。

如欲从数据比对中复原，需将数据比对对话框中的半径置 0，单击确定按钮，然后点击地图上的任一浮标点。

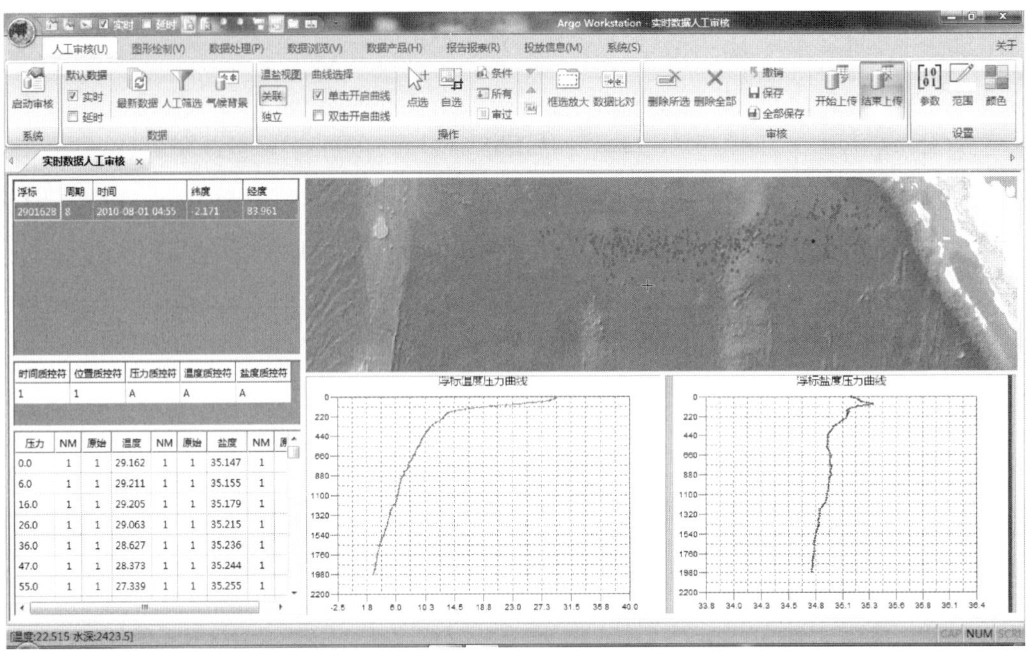

图 7-128　数据比对前

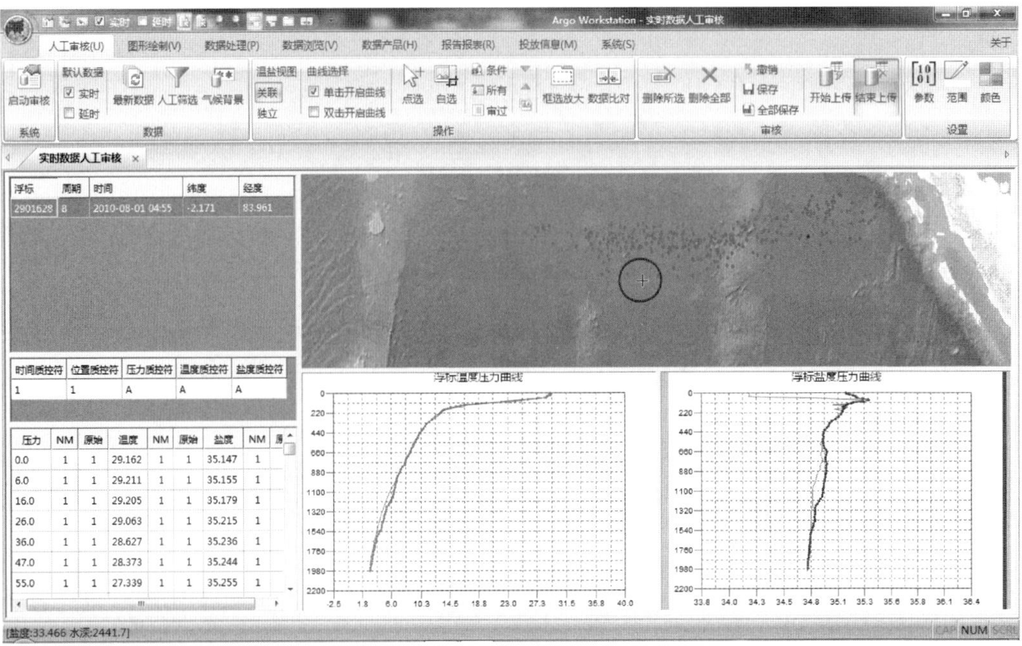

图 7-129　数据比对中

7.9.12.7　数据联动

一个海洋中的浮标点，有其属性信息(ID、周期、时间、纬经度及位置质控符)，CTD 数据及其质控符，以及温盐视图曲线，可简称为“四位”。

通过选择浮标点，我们得到了其属性信息、CTD 数据及温盐视图曲线。

对于温度、盐度关联调节，我们已经熟知，通俗些说，就是此动彼亦动。

这里所谓数据联动，就是通过选择曲线或曲线点，而引起所属浮标点及其属性信息、CTD 数据的随动显示；或者通过选择 CTD 数据行，而引起所属浮标点及其属性信息、相应曲线的随动显示；或者通过选择属性信息行，而引起所属浮标点及其 CTD 数据、相应曲线的随动显示。一言以蔽之，“四位一体，牵一发而动全身”。

一个数据联动的示例如图 7-130 所示。

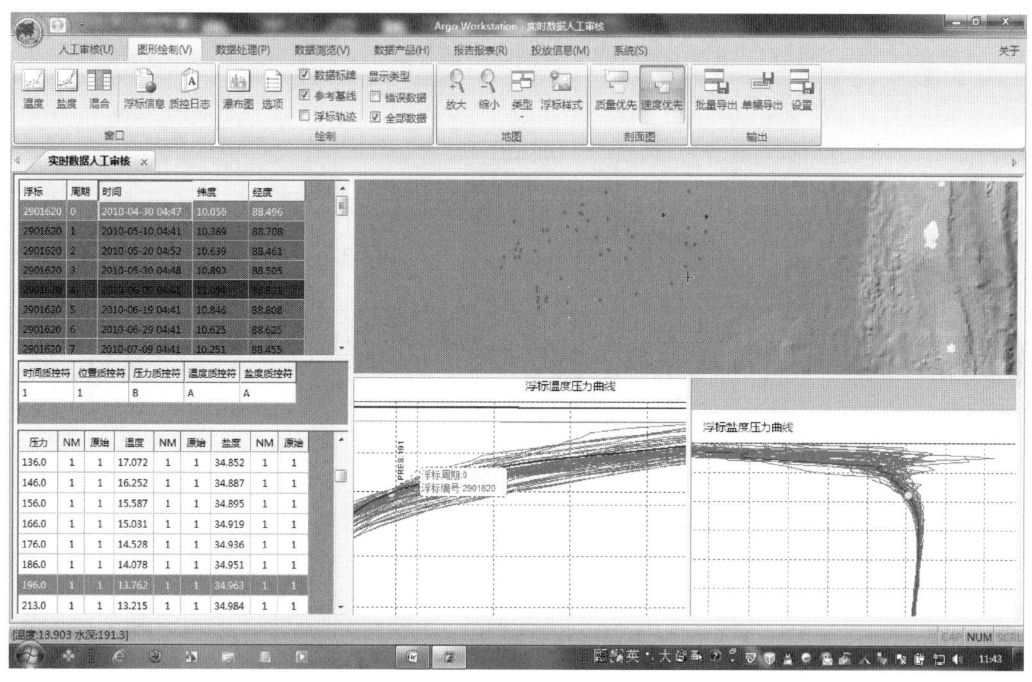

图 7-130　数据联动的示例

选择了温度视图一条曲线上的数据点，盐度视图中对应一条曲线上的数据点，数据表格中对应灰色数据行，属性表格中对应深灰色属性行，地图中对应的浮标点移至“定海神针”处。

7.9.13　对一浮标所有剖面的操作

7.9.13.1　显示操作简述

通过点选或条件搜索或区选，可以得到某一浮标某一周期的数据和图形。

再用显示已选中浮标的所有剖面按钮或命令，可以得到某一浮标迄今为止所有周期的数据和图形。

在点选的情况下，这个“显示已选中浮标的所有剖面”按钮或命令很重要。它是显示上一个剖面、显示下一个剖面、显示所有剖面按钮或命令执行有效的前提。只要试验几下，就会有所体会。

显示上一剖面/显示下一剖面，在上下转换中间(方向变化时)要停顿一次。

关于温度/盐度独立调节、温度/盐度关联调节、只显示温度视图、只显示盐度视图、显示分割视图按钮或命令，意思清楚，操作一般没有问题，不再赘述。

7.9.13.2 错误数据的质控符及颜色显示

错误数据的质控符显示及颜色显示如图 7-131 所示。

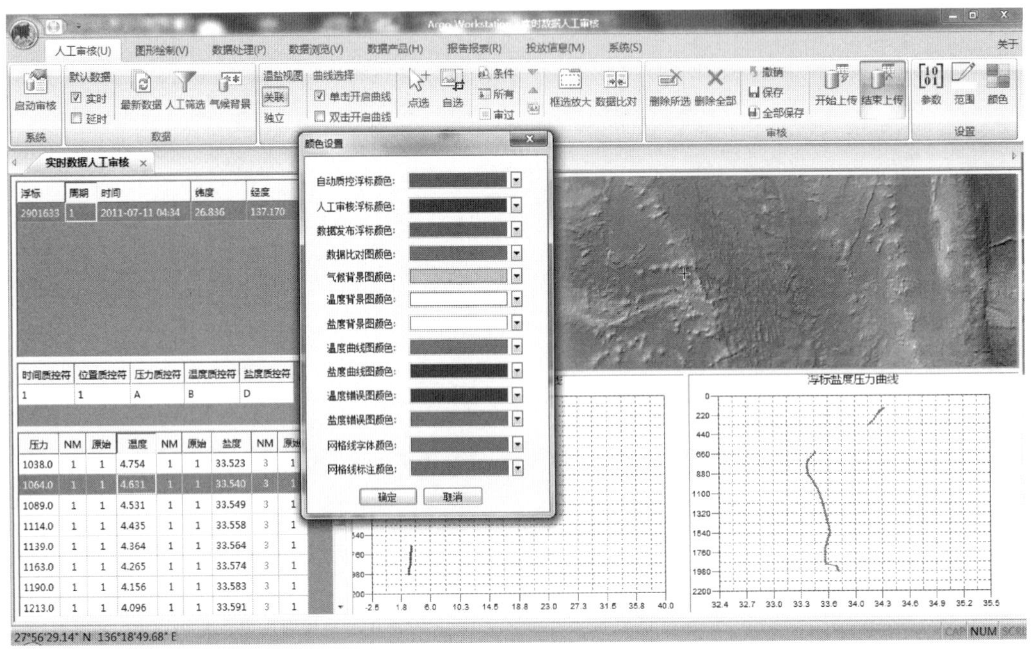

图 7-131 只显示错误数据

7.9.13.3 显示全部数据

显示全部数据示例如图 7-132 所示。

错误数据的曲线和正确数据的曲线颜色处于反色(补色)状态较好。

图 7-132 中，错误数据的曲线和正确数据的曲线颜色不是处于反色(补色)。

温度视图和盐度视图错误数据的曲线颜色设置上有 bug，故未能调整。

可用的反色是：红(FF，00，00)、蓝绿(00，FF，FF)；黄(FF，FF，00)、蓝(00，00，FF)；粉红(FF，00，FF)、黄绿(00，FF，00)。

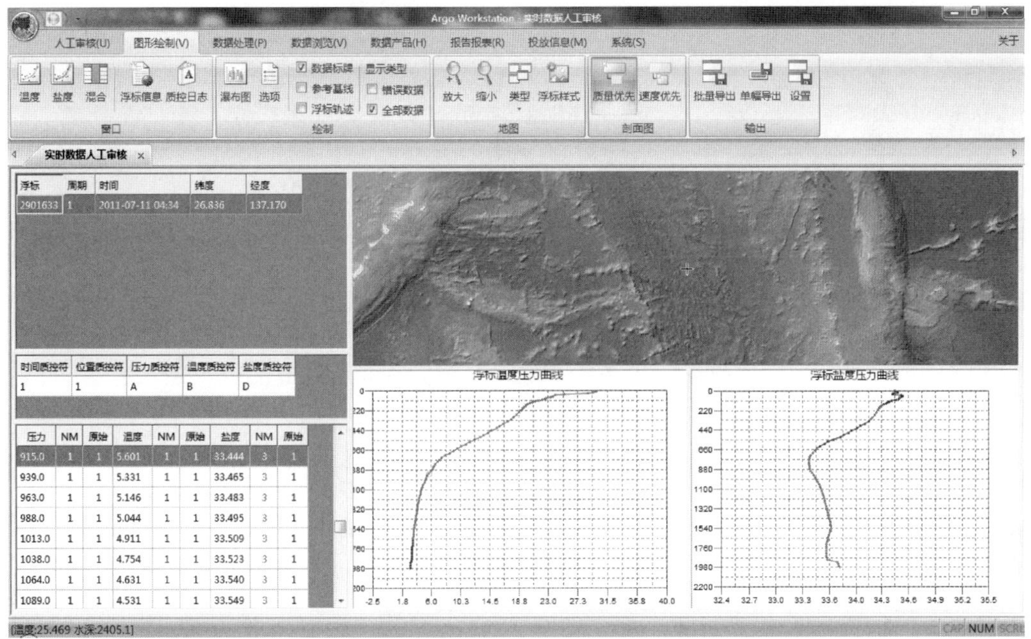

图 7-132　显示全部数据

7.9.13.4　几种显示的比较

(1)点选浮标，以 2901633 号浮标为例，如图 7-133 所示。

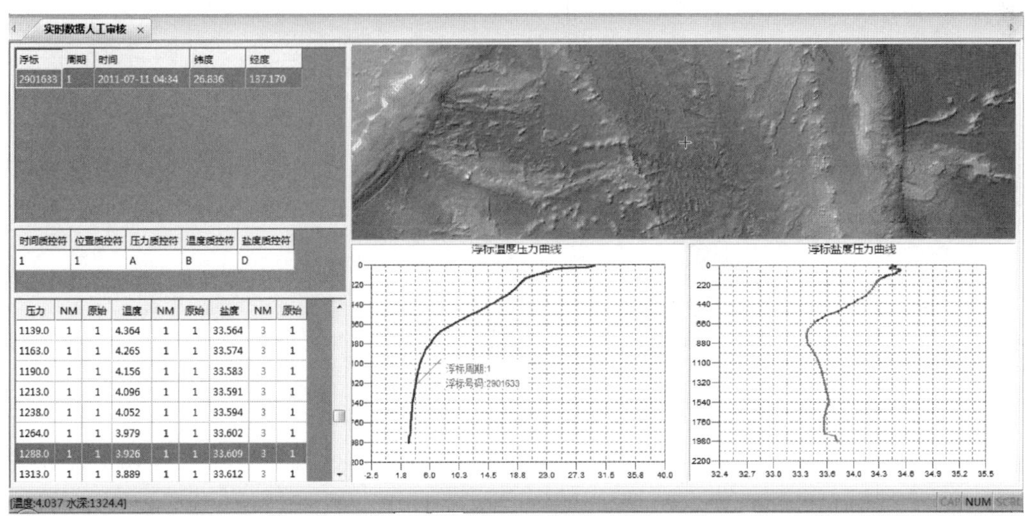

图 7-133　点选浮标

(2)显示已选中浮标的所有剖面，如图 7-134 所示。

(3)显示所有剖面，此时，显示所有剖面与显示已选中浮标的所有剖面命令执行效果相同。

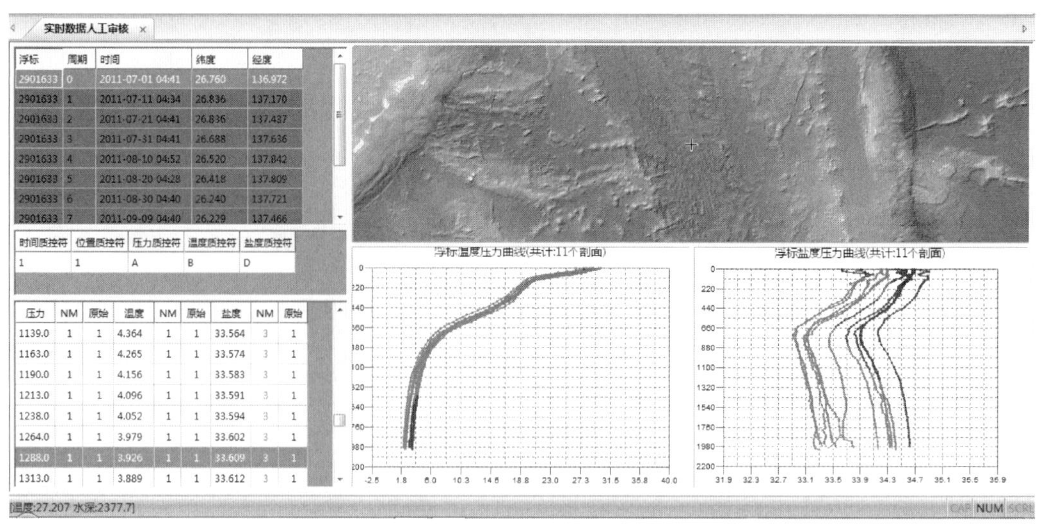

图 7-134　显示已选中浮标的所有剖面

(4) 只显示错误数据，如图 7-135 所示。

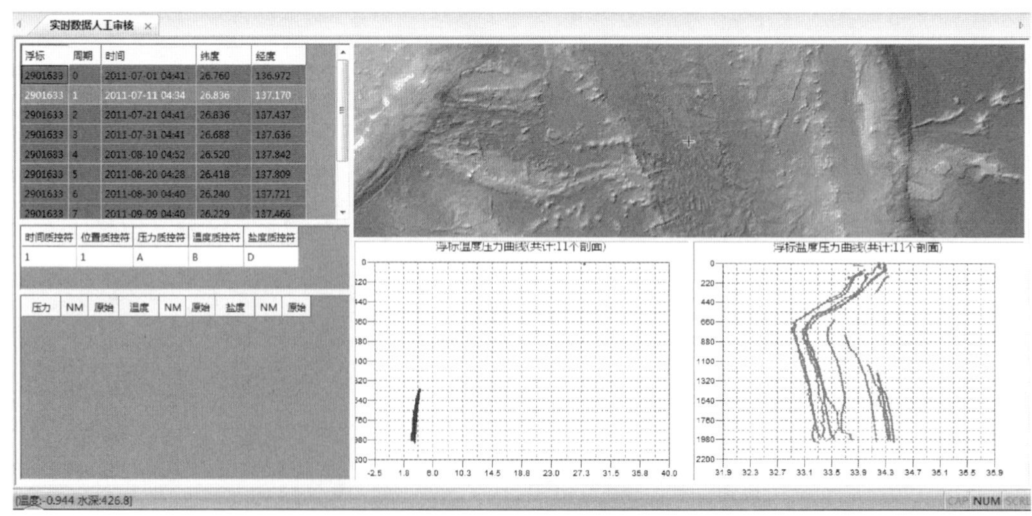

图 7-135　只显示错误数据

(5) 显示全部数据，此时，显示全部数据与显示所有剖面或显示已选中浮标的所有剖面命令执行效果相同。

7.9.13.5　浮标的平移轨迹

图形绘制菜单中的浮标轨迹命令，是用来描述某一所选浮标的平移轨迹的。平移轨迹命令前有一个复选框，选中保持，再点一次去选。

获得某一浮标轨迹的步骤如下。

（1）点选某一浮标，如图 7-136 所示。

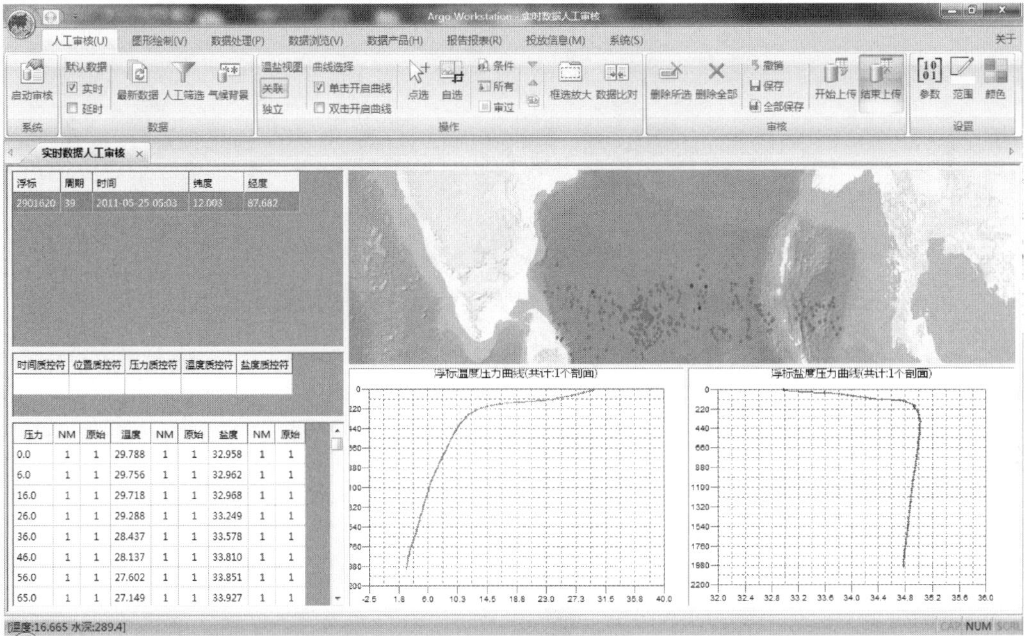

图 7-136 点选某一浮标

（2）显示已选中浮标的所有剖面，如图 7-137 所示。

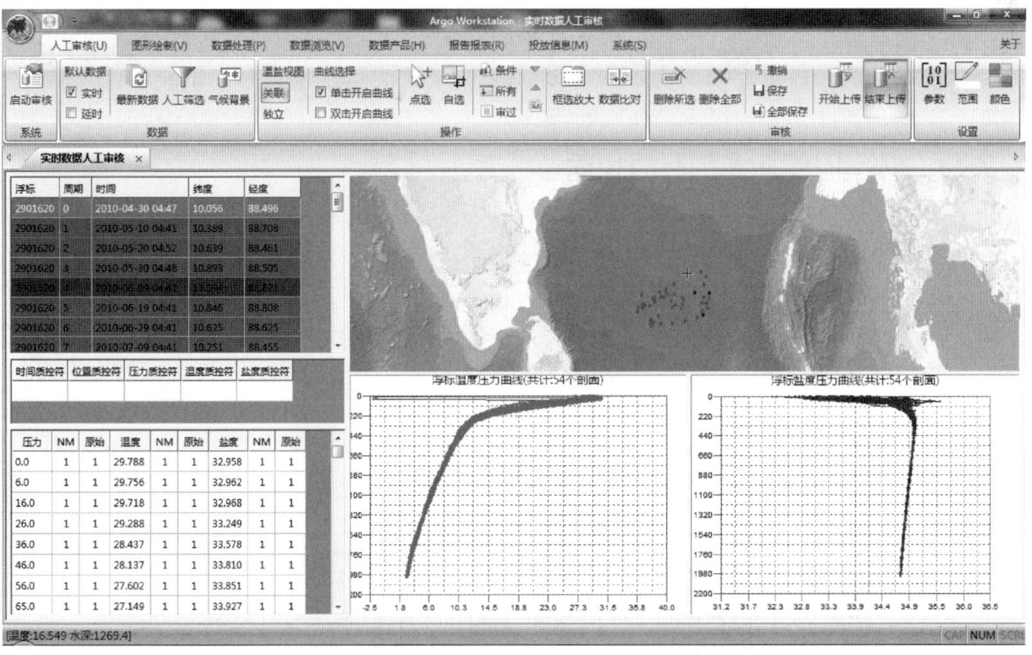

图 7-137 显示已选中浮标的所有剖面

(3)选取操作菜单中的浮标轨迹命令，如图 7-138 所示。

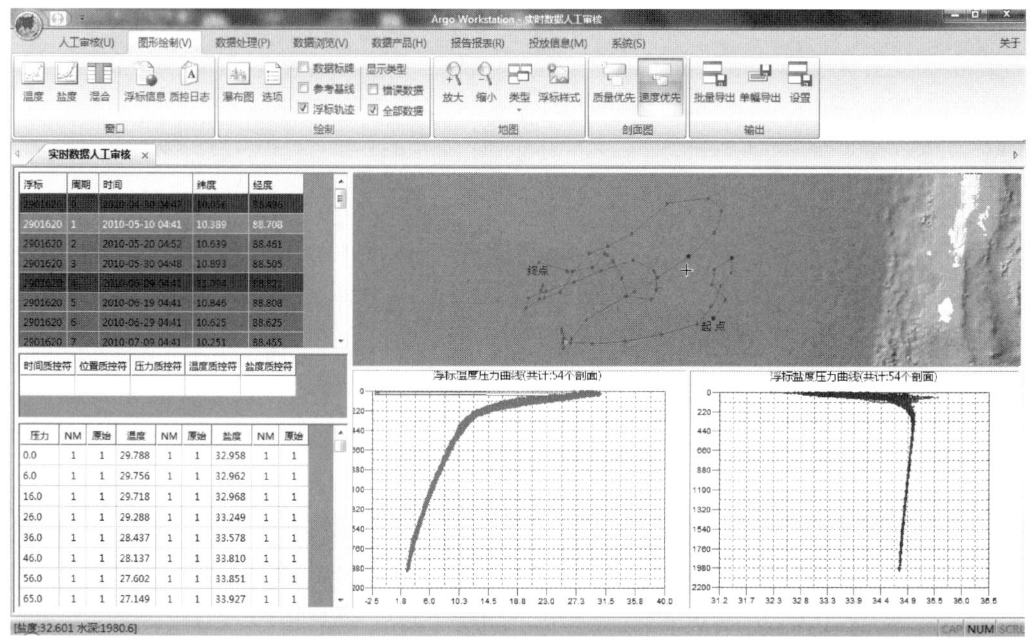

图 7-138　显示浮标轨迹

由图 7-138 可见，浮标的起点、终点、运动方向都很清楚。

若想撤销浮标轨迹显示，可以再点一次浮标轨迹命令前的复选框。

若想恢复浮标全显示，需点一下选择实时数据按钮或者延时数据按钮。

若想撤销浮标轨迹显示，也可以直接选择实时数据按钮或者延时数据按钮。

7.9.14　对不同浮标多剖面的操作

在区选、条选或复选时，可产生不同浮标多剖面的数据和图形。

在不同浮标多剖面的操作中，显示已选中浮标的所有剖面、显示上一剖面、显示下一剖面、显示所有剖面、显示全部数据、只显示错误数据等按钮或命令同样有效，示例如图 7-139 所示。

需要注意的有以下几点：

(1)点击显示已选中浮标的所有剖面按钮，会进入对该浮标所有剖面的操作，但此过程不可逆；

(2)点击显示上一剖面/显示下一剖面按钮，会进入数据比对状态；

(3)在数据比对状态操作时，宜将视图放大，否则看不清变化过程；

(4)欲取消数据比对状态，需点击显示所有剖面按钮。

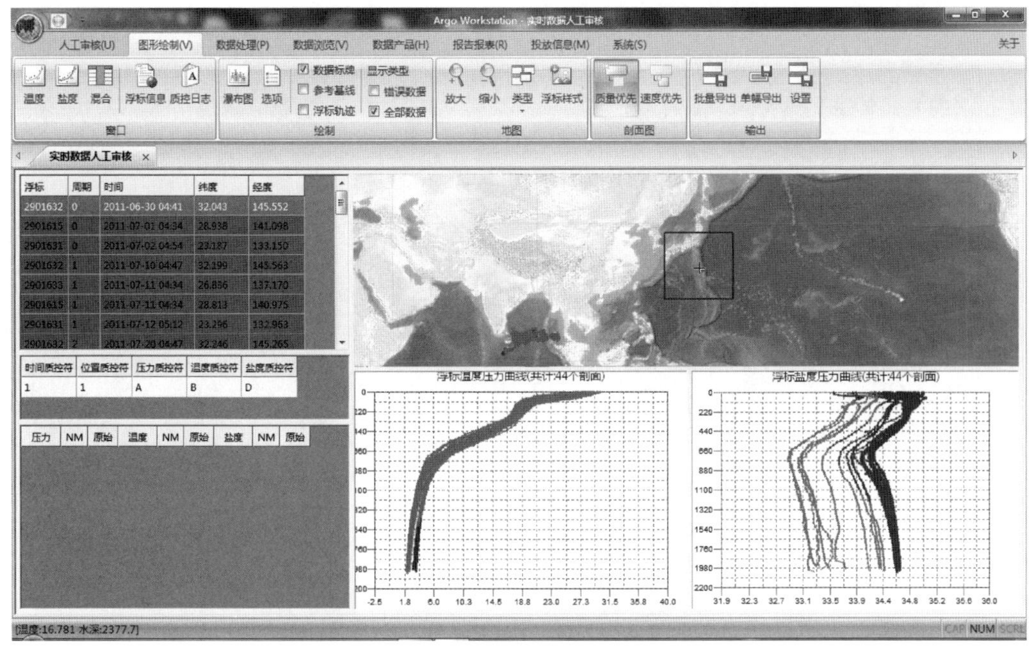

图 7-139　不同浮标多剖面操作示例

7.9.15　浮标剖面人工质量审核

7.9.15.1　人工审核

原始数据(包括原始质控符)不能改，所能改动的只是 NM 质控符，仅此而已。

(1)留心质控符 3 以及曲线剧变处。

进入人工审核界面，选择 2901620 号浮标。观察其图表，感到 0 周期 0 m、6 m 处的温度值可能正确，拟将其质控标识符由 3 改为 1，如图 7-140 所示。

欲保存审核，点按保存审核结果按钮，弹出如图 7-141 所示的对话框。

经过确认后，方可保存所作审核。

(2)如何看清曲线上的数据点。

利用鼠标滚轮外滚，或使用操作/审核数据/框选放大。双击曲线上的可疑数据点，在左边的压力、温度、盐度表格中，该数据点的对应数据行便被选中。

在编辑时，若输入值大于 9，则弹出如图 7-142 所示的对话框，需要重新输入。

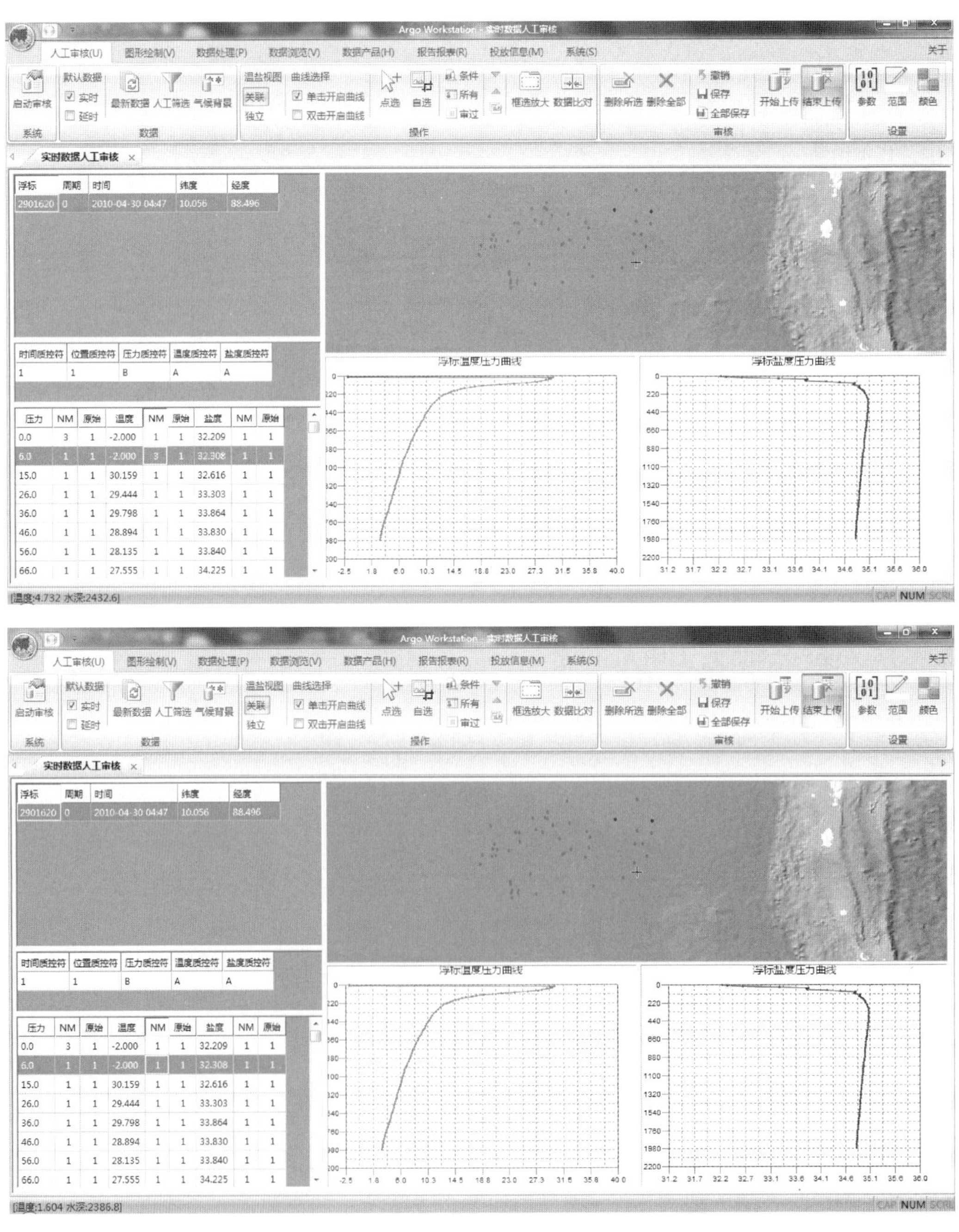

图 7-140　人工审核示例

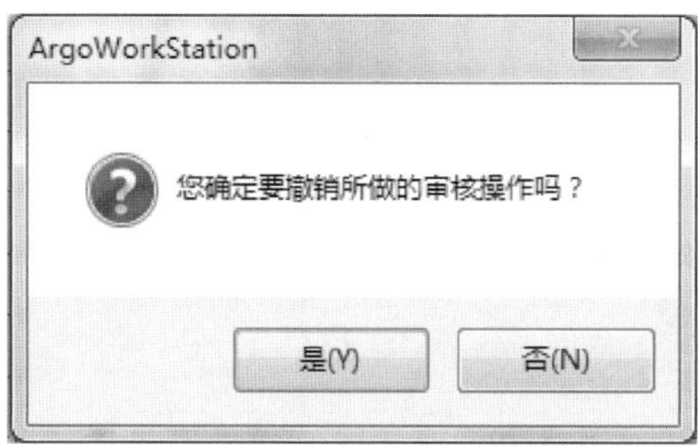

图 7-141　保存审核结果对话框

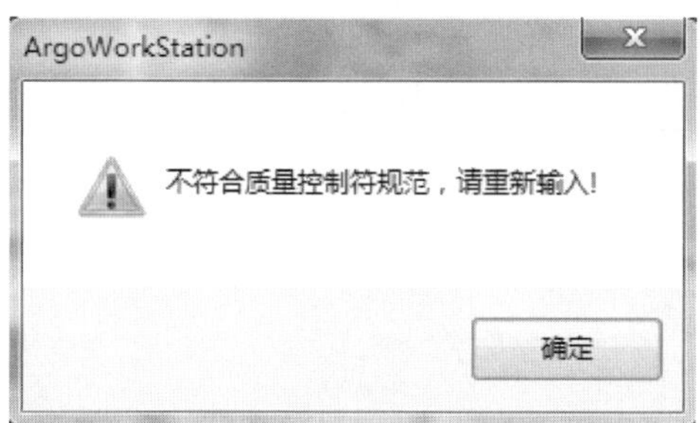

图 7-142　重新输入提示对话框

7.9.15.2　已审剖面数据的色标

已审剖面数据的色标是紫色，同已审浮标点的设置色标一致，如图 7-143 所示。

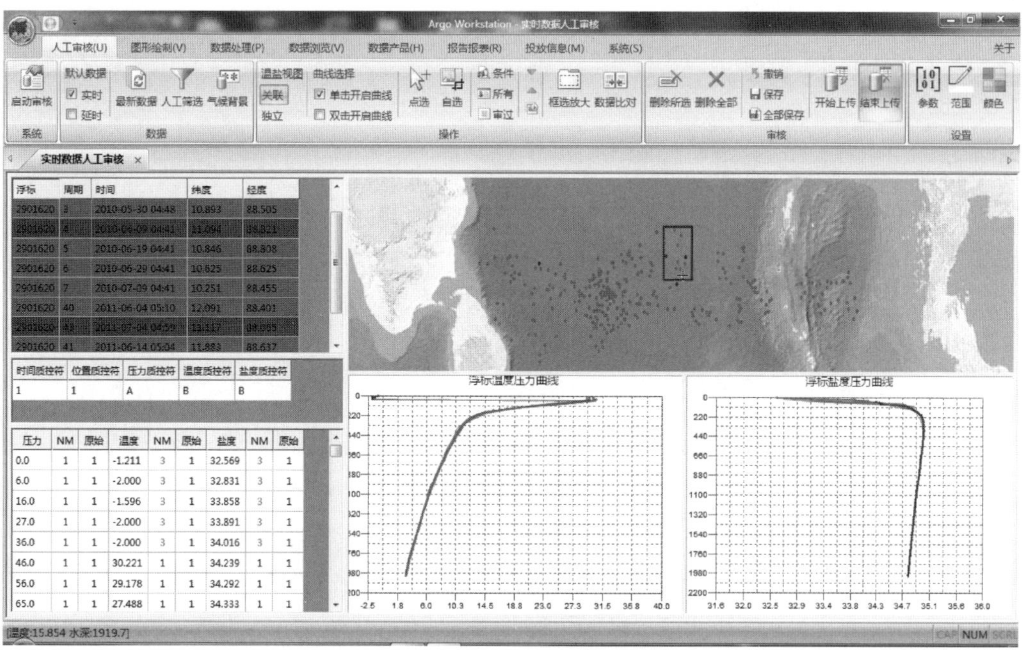

图 7-143　已审剖面数据的色标

7.9.15.3　环境菜单

沿着曲线右击鼠标，可以得到如图 7-144 所示环境菜单选择的画面显示。

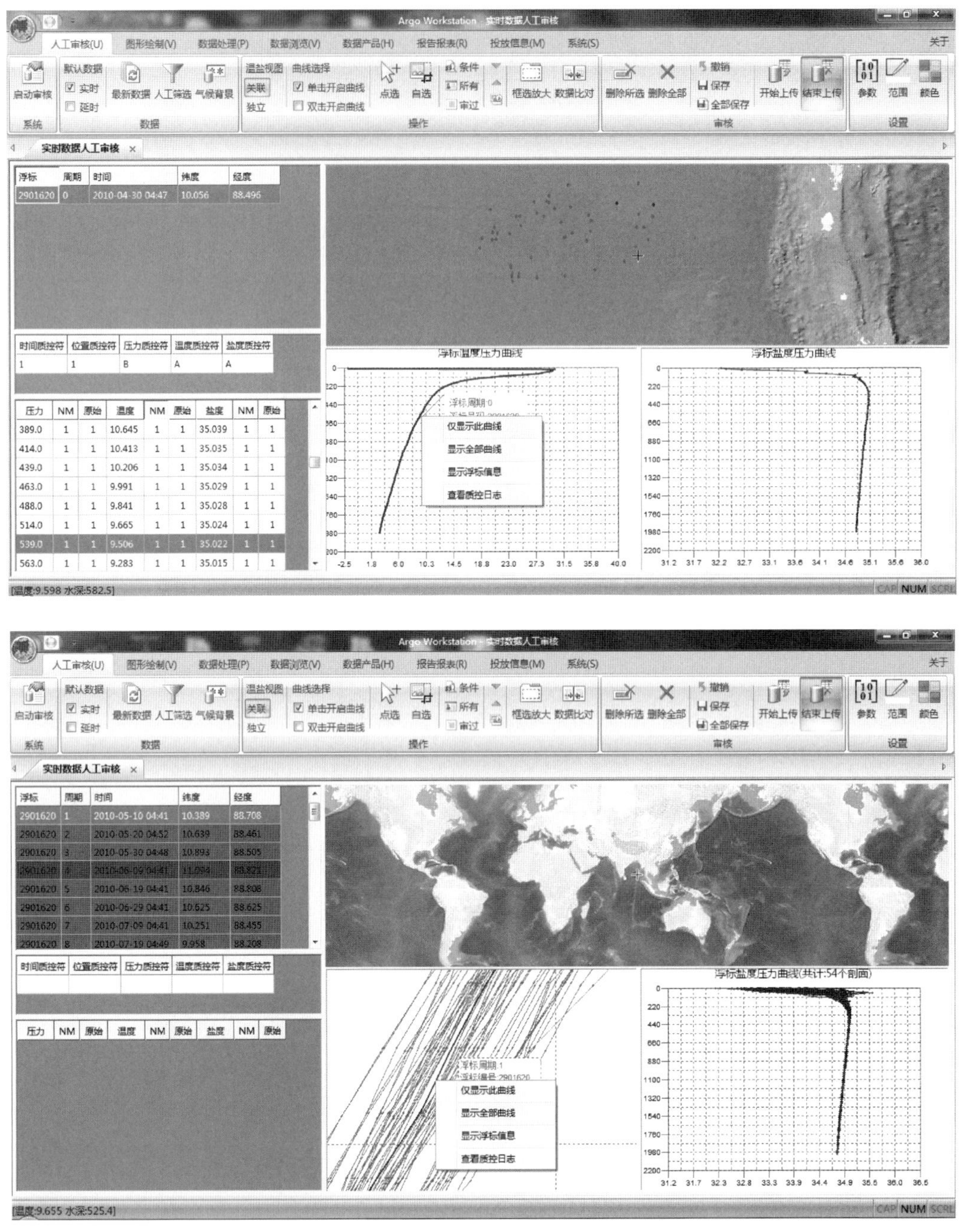

图 7-144　环境菜单选择的画面显示

环境菜单中的命令有仅显示此曲线、显示全部曲线、显示浮标信息、查看质控日志(启动编辑器移除)。

仅显示此曲线时，只有选中的曲线高亮，别的曲线都是以背景线的样式显示。

显示全部曲线见上述。

选择环境菜单中的显示浮标信息命令，可以得到如图 7-145 所示的画面。

显示浮标信息

浮标号码	2901620
所属国家	CHINA
观测项目	CHINA ARGO PROJECT
数据中心	NM
首席科学家	Fengying Ji
Argos_ID	90803
浮标型号	PROVOR CTS3
制造厂家	NKE
观测剖面	54
开始日期	2010-04-30 04:47:00
终止日期	2011-10-12 05:02:00

图 7-145　显示浮标信息

选择环境菜单中的查看质控日志命令，可以得到如图 7-146 所示的画面。

自动质控日志

浮标号码	周期	质控时间	质控类型	质控日志
2901620	0	2011-10-18 20:47:00	状态日志	Dealing with platform:2901620,cycle:0
2901620	0	2011-10-18 20:47:00	质控提示日志	浮标2901620第0周期,第0层温度为-2.000,未能...
2901620	0	2011-10-18 20:47:00	质控提示日志	浮标2901620第0周期,第1层温度为-2.000,未能...
2901620	0	2011-10-18 20:47:00	状态日志	Complete the processing platform:2901620...

图 7-146　查看质控日志

7.9.16　绘制区域温度图(温度瀑布图)

浮标的一个温压剖面成图就是一条温压曲线，可称为线瀑。

一个浮标的全部温压剖面聚在一起依温度升序成图，可称为单瀑，如图 7-147 和图 7-148 所示。

在相当区域剖面人工审核的环境下(多浮标多剖面)，点击图形绘制/绘制/瀑布图命令，可以得到如图 7-149 和图 7-150 所示的瀑布图。

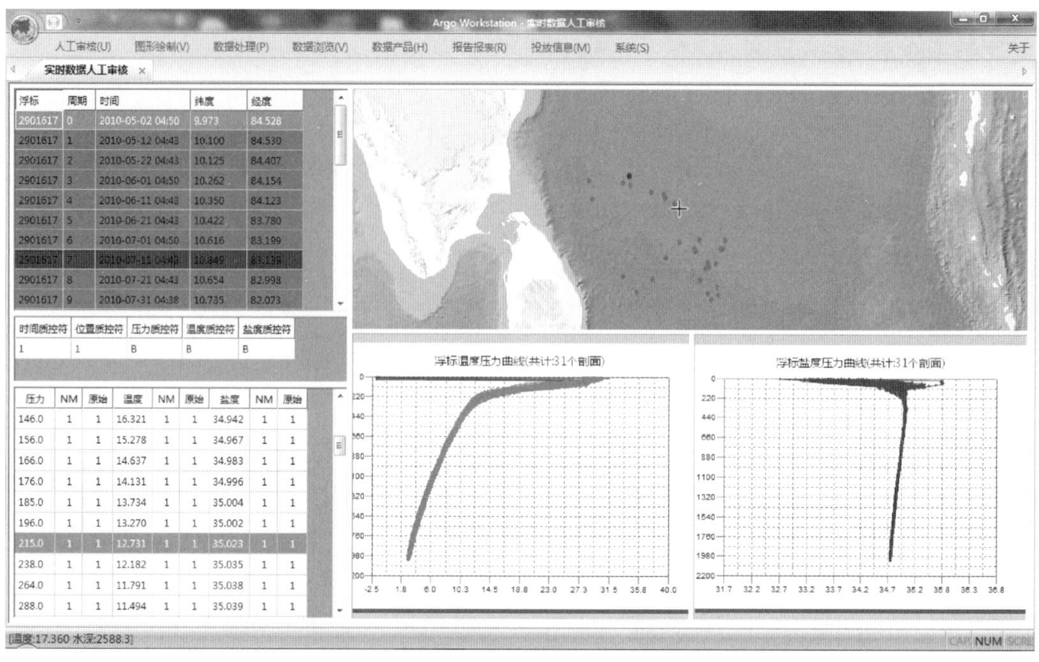

图 7-147　相当区域一浮标全部剖面视图

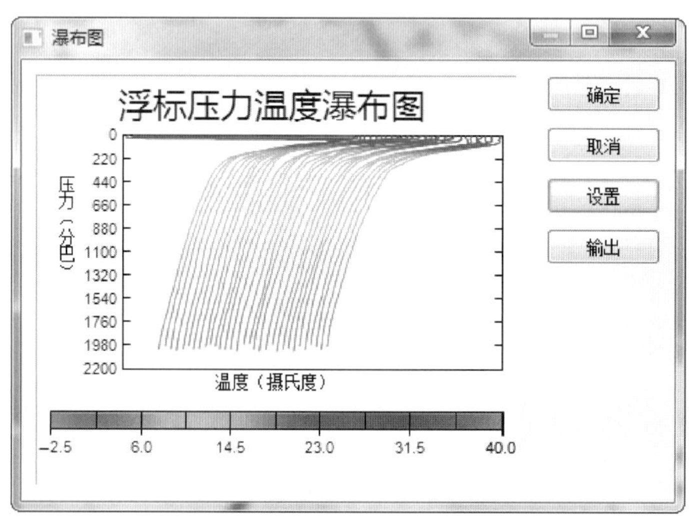

图 7-148　区域一浮标压力温度瀑布图

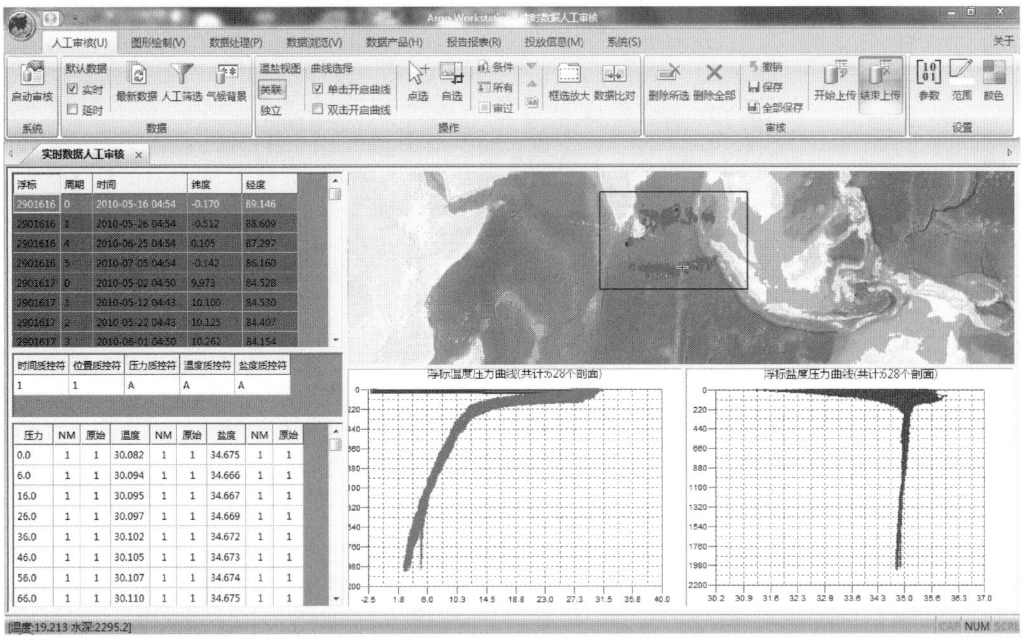

图 7-149 相当区域剖面人工审核的环境

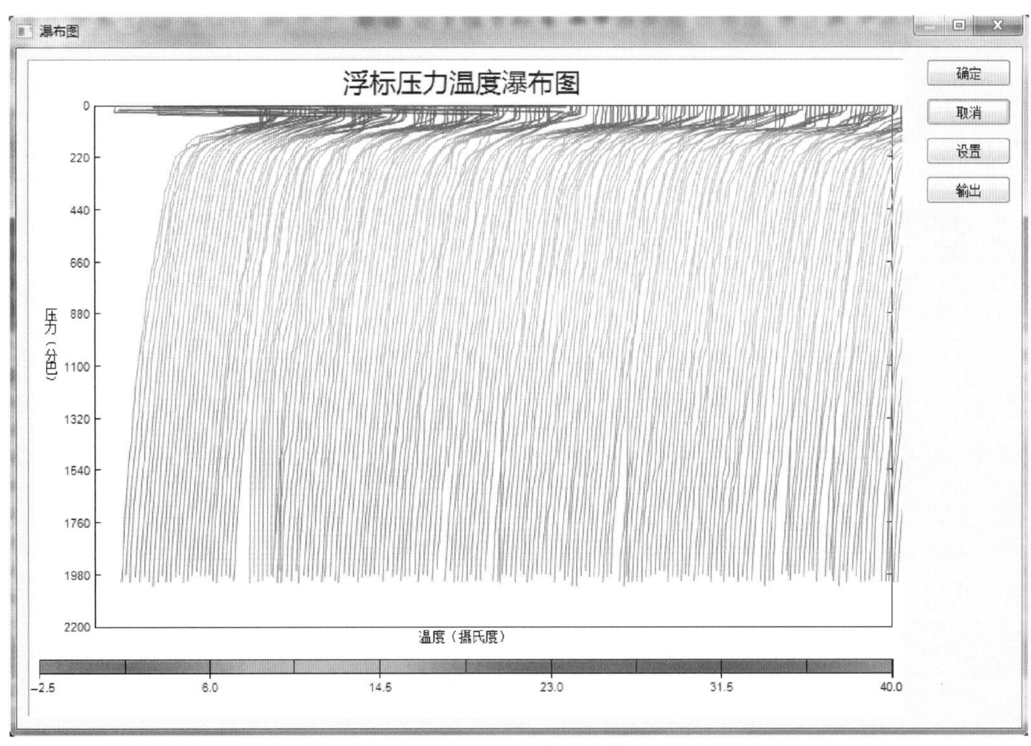

图 7-150 区域多浮标压力温度瀑布图

点击瀑布图按钮旁的选项，或瀑布图界面右侧的“设置”，弹出瀑布图选项对话框，如图 7-151 所示。

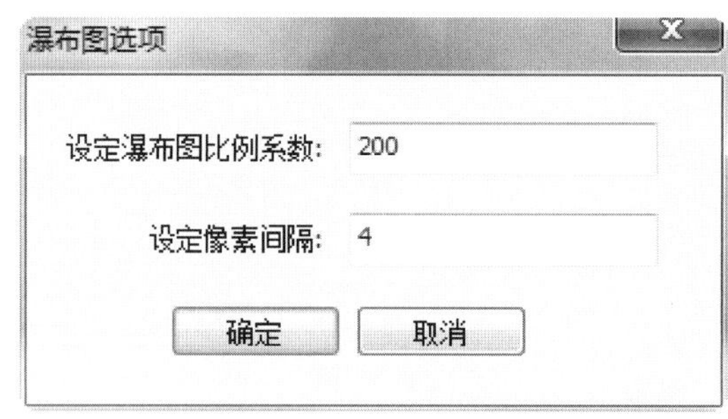

图 7-151　瀑布图选项

压力/温度绘图比例以及设定瀑布图比例系数越小，线形越陡。

设定像素间隔的大小，可调整瀑布图曲线的疏密。

若要保存图形，可点击输出按钮，在弹出的另存为对话框中输入选择保存目录、文件类型与文件名后，按保存按钮。

7.10　数据格式发布

数据格式发布功能设在任务窗口上。

7.10.1　DAT 文件服务

数据格式发布现阶段仅提供实时数据中的 DAT 文件服务。其简要流程为通过调取人工审核以后的实时数据库中的数据，进行 DAT 文件生成和上传操作。具体步骤如图 7-152 所示。

DAT 文件服务的功能函数为线程函数。该函数通过系统设定的定时器自动搜索实时数据库中经过人工审核后的数据。当发现合适的数据后会把数据表中的数据生成一个 DAT 文件。文件默认的存档目录为 CADC 目录，具体的 DAT 文件格式详见附录 5。

DAT 文件服务模块中还有另一个线程函数，负责监控 FTP 服务器上的 DAT 文件是否被改动。此线程函数负责维护本地数据库中和 FTP 服务器上的文件同步，如有异常修改此文件。

此线程函数的工作模式可分为两种：每天定时处理和间隔处理。

单击计划任务按钮，如图 7-153 所示。

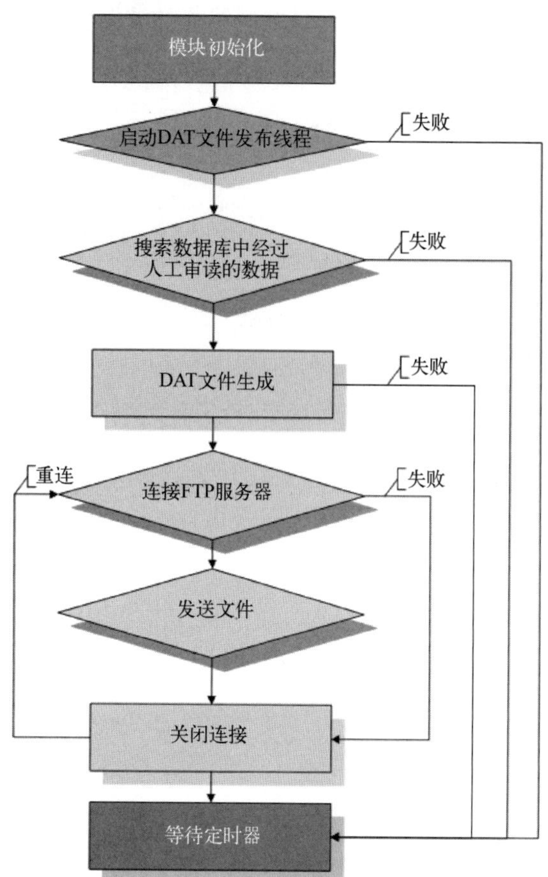

图 7-152 DAT 文件服务流程

图 7-153 数据发布服务之计划任务处理设置对话框

Nc 文件后台检查和 DAT 文件后台检查的刷新间隔均可设置，如图 7-154 所示。

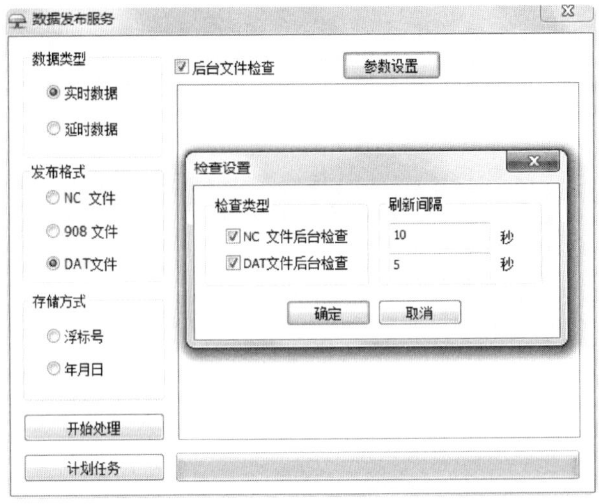

图 7-154　数据发布服务之参数设置对话框

7.10.2　数据定制

后期软件开发可增加数据定制功能。

7.11　Nc 文件上传

7.11.1　概述

在人工审核界面中，人工审核工具栏上有开始上传按钮和取消上传按钮。在操作菜单的审核数据栏下有开始上传和取消上传命令。

我国浮标实时数据的 Nc 文件出来并经人工审核后，上传到 GDACs，并且由法国 CLS 帮助发布到 GTS 上，或直接上传至 ftp：//ftp. ifremer. fr/ifremer/argo。

Nc 文件上传，需要账号与权限。

我国浮标实时数据 Nc 文件的上传已获授权。

7.11.2　上传流程

在系统中，Nc 文件上传采用了后台工作线程的方式。当点击开始上传按钮后，启动后台工作线程，由线程完成 Nc 文件的上传工作。

首先线程搜索数据库中需上传的 Nc 文件，方式为搜索数据库 realtimedb 中的 verifyfile 表。根据表中的字段 PUT_STAT 的值判断文件是否上传成功。PUT_STAT 的值为

“0”说明文件上传失败或者未上传，需要重新上传此文件。查询得到需上传的文件列表后，首先把文件下载至本地缓存目录，然后调用 FTP 库中的相关函数完成文件具体的上传工作。具体流程如图 7-155 所示。

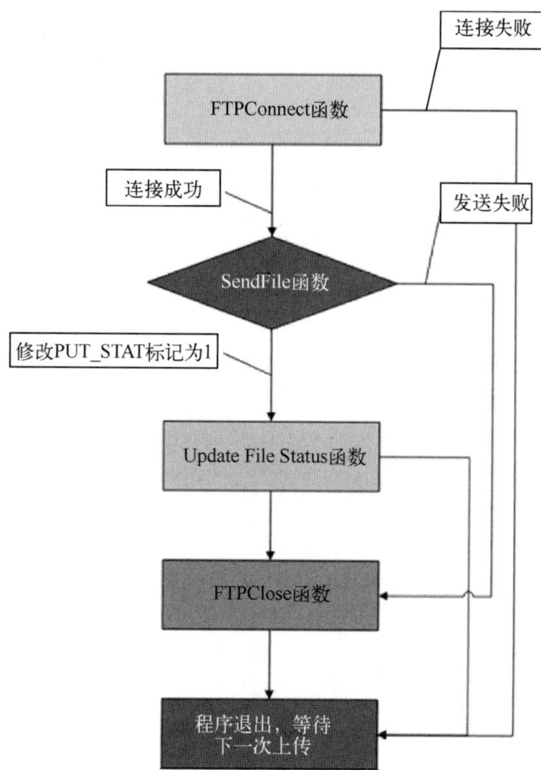

图 7-155　Nc 文件上传函数工作流程

第 8 章　延时数据下载与处理

延时数据分延时数据下载、延时数据处理、延时数据质控三部分。延时数据的下载与处理归工作站统一管理，是库前的内容。

延时数据处理流程如图 8-1 所示，首先从 Argo 数据中心下载延时数据，然后对数据进行处理、质控及应用。

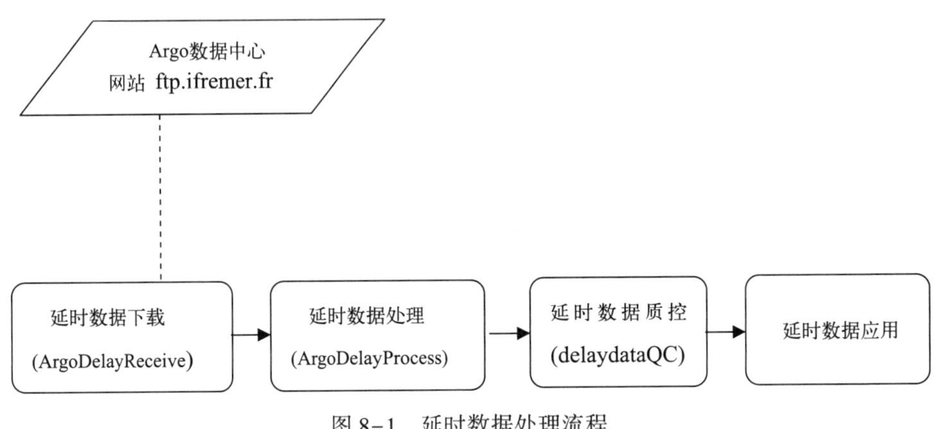

图 8-1　延时数据处理流程

8.1　延时数据下载

8.1.1　目的

延时数据下载，是指从服务器地址 ftp. ifremer. fr(或其他服务器地址)下载延迟模式的 Argo Nc 文件。单个文件的名称形如 d1900268_234. nc、1900045_meta. nc、1900045_traj. nc、1900045_tech. nc，并将其存放在 mysql：//…/argodb/ncorigefile 中，具体说是将整个二进制文件存放在表 ncorigefile 的字段 FILE_BODY 下。

但此下载不是简单的生搬硬套或囫囵吞枣，而是选择性的智能下载，取我所需。

8.1.2　文件组

延时数据下载文件组如图 8-2 所示。

CACHE	2020/9/12 0:37	文件夹	
IndexFiles	2020/11/16 9:41	文件夹	
IndexUpdateFiles	2020/11/16 9:42	文件夹	
ArgoDelayReceive.exe	2020/11/27 14:40	应用程序	416 KB
ArgoDelayReceive.exp	2020/11/27 14:40	Exports Library ...	5 KB
ArgoDelayReceive.iobj	2020/11/27 14:40	IOBJ 文件	2,351 KB
ArgoDelayReceive.ipdb	2020/11/27 14:40	IPDB 文件	541 KB
ArgoDelayReceive.lib	2020/11/25 10:07	360压缩	9 KB
ArgoDelayReceive.pdb	2020/11/27 14:40	Program Debug...	8,228 KB
libmysql.dll	2011/2/12 3:14	应用程序扩展	2,304 KB
netcdf.dll	2020/3/27 23:44	应用程序扩展	661 KB
system.ini	2020/11/24 15:16	配置设置	1 KB
trueGrid.dll	2011/11/15 16:41	应用程序扩展	183 KB
workloadlog.txt	2020/11/30 10:03	TXT 文件	88 KB
wsNetLib.dll	2012/6/4 10:12	应用程序扩展	140 KB
延时数据接收.pdb	2011/11/14 11:46	Program Debug...	5,187 KB

图 8-2　延时数据下载文件组

libmysql. dll：mysql 数据库动态链接库。

trueGrid. dll：Grid 表格动态链接库。

下载文件组 IndexFiles 文件夹中的索引文件如图 8-3 所示。

ar_greylist.txt	2020/7/28 16:59	TXT 文件	158 KB
ar_index_global_meta.txt	2020/11/30 10:03	TXT 文件	816 KB
ar_index_global_prof.txt	2020/9/1 15:10	TXT 文件	313 KB
ar_index_global_tech.txt	2020/11/18 8:53	TXT 文件	731 KB
ar_index_global_traj.txt	2020/9/25 17:14	TXT 文件	1,396 KB
ar_index_this_week_meta.txt	2020/11/24 10:56	TXT 文件	74 KB
ar_index_this_week_prof.txt	2020/11/27 14:40	TXT 文件	2,078 KB

图 8-3　下载文件组中的索引文件

下载文件组 IndexUpdateFiles 文件夹中的更新索引文件如图 8-4 所示。

ar_index_global_metaUpdate.txt	2020/7/28 16:59	TXT 文件	892 KB
ar_index_global_profUpdate.txt	2020/8/21 9:27	TXT 文件	151,560 KB
ar_index_global_techUpdate.txt	2020/11/18 8:53	TXT 文件	834 KB
ar_index_global_trajUpdate.txt	2020/9/25 17:14	TXT 文件	981 KB
ar_index_this_week_metaUpdate.txt	2020/11/24 10:56	TXT 文件	82 KB
ar_index_this_week_profUpdate.txt	2020/11/27 14:40	TXT 文件	1,506 KB

图 8-4　下载文件组更新索引文件

8.1.3　配置文件与参数设置

延时数据下载模块是：ArgoDelayReceive. exe。

配置文件是 system. ini，其内容如下。

```
[FtpInfo]
SERVER=ftp.ifremer.fr
USER=anonymous
PASSWORD=anonymous@anonymous.com
[LocalInfo]
LocDir=D:\argo\program\ArgoDelayReceive\Release\CACHE
(注：实验用户可为 LocDir=D:\ArgoWorkStation\ArgoDelayReceive\CACHE)
IndexFileDir=D:\argo\program\ArgoDelayReceive\Release\IndexFiles
(注：实验用户可为 LocDir=D:\ArgoWorkStation\ArgoDelayReceive\IndexFiles)
IndexUpdateFileDir=D:\argo\program\ArgoDelayReceive\Release\IndexUpdateFiles
(注：实验用户可为 LocDir=D:\ArgoWorkStation\ArgoDelayReceive\IndexUpdateFiles)
Afterdownload=1
[FileInfo]
Prof=ar_index_global_prof.txt
Traj=ar_index_global_traj.txt
Meta=ar_index_global_meta.txt
Tech=ar_index_global_tech.txt
Gray=ar_greylist.txt
[WeekFileInfo]
Prof=ar_index_this_week_prof.txt
Traj=ar_index_this_week_traj.txt
Meta=ar_index_this_week_meta.txt
[AutoParameter]
datatype=0
timetype=0
hour=8
minute=45
interval=45
[DataBaseInfo]
Host=192.168.1.20(注：实验用户可为 Host =127.0.0.1)
User=argouser(注：实验用户可为 User=root)
Password=argopassword(注：实验用户可为 Password =truncom)
```

相应的参数设置界面如图 8-5 所示。

图 8-5　延时数据下载参数设置界面

8.1.4　使用索引文件下载

先下载索引文件，用于同 mysql：//…/argodb/ncorigefile 中的引导字段（FILE_NAME、DATA_TYPE、DOWNLOAD_TIME、UPDATE_TIME 等）进行比较，看哪个没有下载过，或者以前虽然下载过（有相同文件名），但需要更新。将所有没有下载过或者需要更新的文件形成下载索引文件，并且依次下载到 CACHE 文件夹，最后再添加到 mysql：//…/argodb/ncorigefile 中。

8.1.5　下载界面

延时数据下载界面如图 8-6 所示。

启用自动运行是针对参数设置中选择的自动运行时间方式的。

手动处理分单项进行，单项的选择如图 8-7 所示。单项选择之后，须按确定按钮。

分步处理按步骤进行，步骤的选择如图 8-8 所示。分步处理的步骤是选项下载索引文件，生成更新索引文件，依据索引文件下载数据。分步处理选项后，也须按确定按钮。

原始文件导入界面如图 8-9 所示。此界面用于本地原始文件的导入。

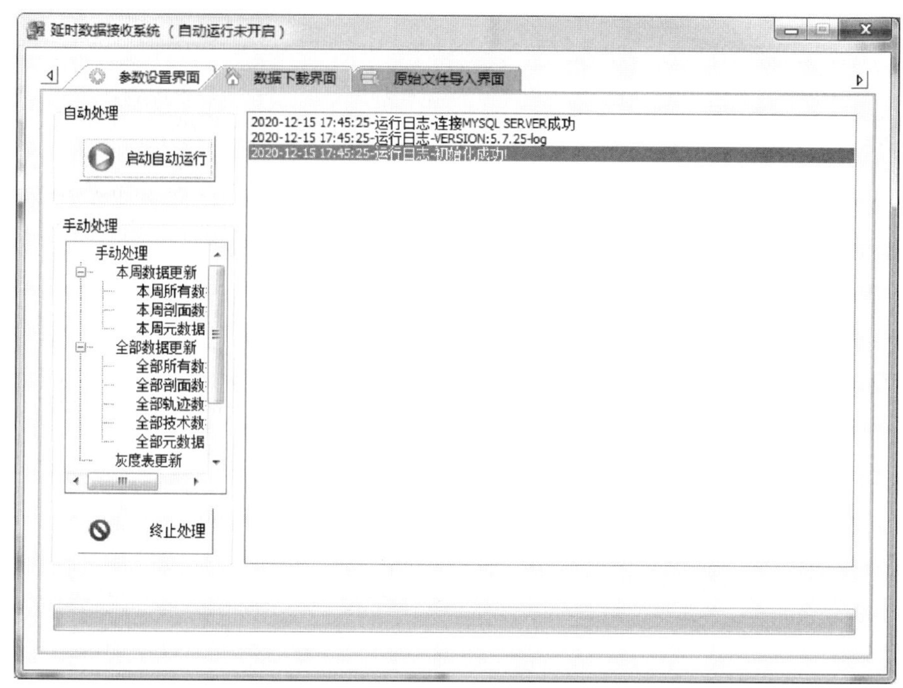

图 8-6　数据下载界面

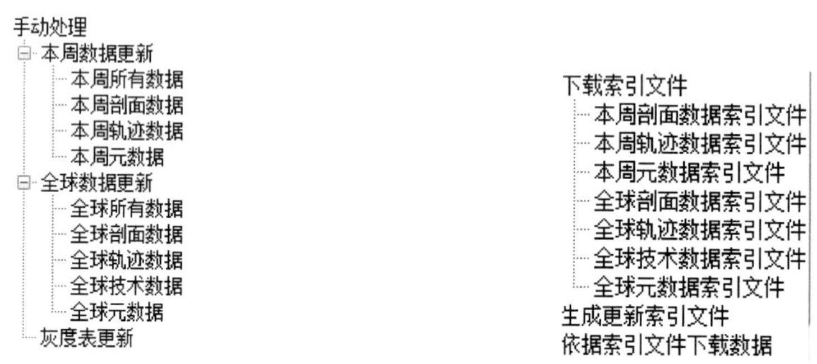

图 8-7　手动处理项目列表

图 8-8　分步处理项目列表

从国外数据中心下载速度比较慢，有时还需要等待或重新连接。如果国内数据中心已下载所需数据，则可以直接从国内数据中心下载。

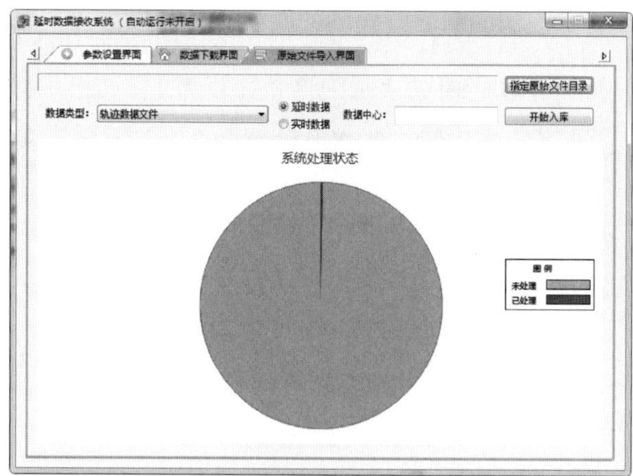

图 8-9　原始文件导入界面

8.2　延时数据处理(分项加载入库)

8.2.1　目的

下载的数据文件存放在 mysql：//…/argodb/ncorigefile 中，具体说是存在表 ncorigefile 字段 FILE_BODY 下，是二进制文件，如图 8-10 所示。

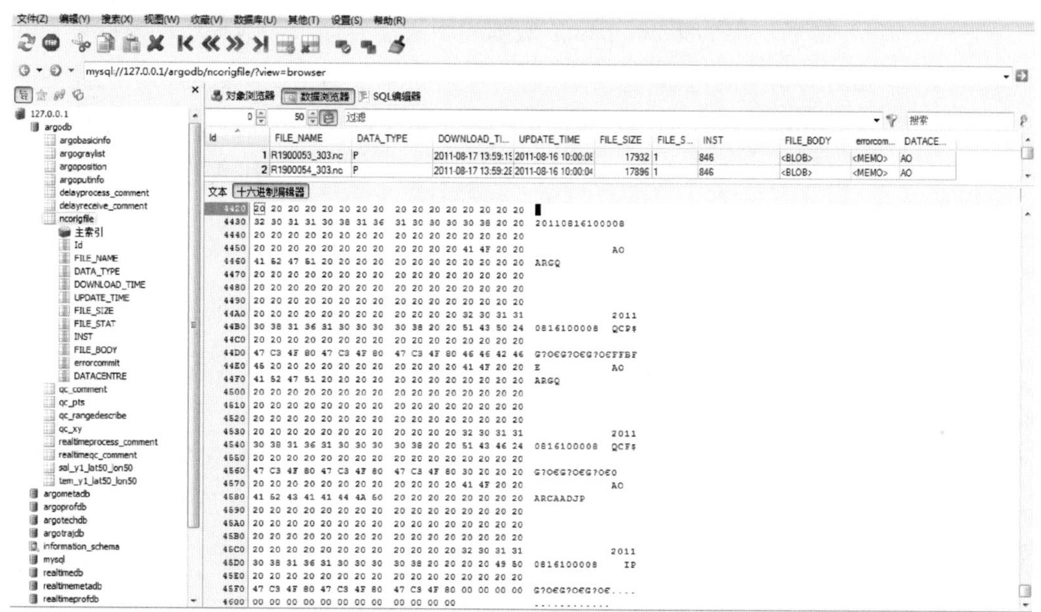

图 8-10　下载数据文件的存放表

延时数据处理的目的，是把二进制文件 ncorigefile 中字段 FILE_STAT 为 0 的行中字段 FILE_BODY 下二进制文件里的有关数据提取出来，并分别存放在如图 8-11 所示的四个延时数据库中。如果提取处理成功，则将 0 处置为 1；如果不知道版本或无提取程序，则将 0 处置为 2；如果处理出错，则将 0 处置为 3，并记录错误原因。

argometadb
argoprofdb
argotechdb
argotrajdb

图 8-11　四个延时数据库

延时数据处理(分项加载入库)系统可简称为延时数据解码系统。

8.2.2　延时数据加载入库原则

8.2.2.1　剖面数据

(1)首先判断需要加载的数据是什么类型。有三种类型：R 型(实时数据)、A 型(修改后的实时数据)、D 型(延时数据)。

(2)根据以上三种类型，分别进行加载。

第一种情况：需要进行加载的数据是 R 型(实时数据)。

搜索 argoprofdb 数据库 platform_profile 数据表中与需要加载的数据文件浮标号、浮标周期以及剖面方向相同的记录。如果没有对应的记录，那么说明数据库中无此剖面数据，将数据文件直接加载；如果有对应的记录，那么取出此记录中的数据类型以及更新时间。如果此记录中的数据类型为 R，更新时间又早于需要加载的文件的更新时间，那么加载此数据文件；否则，不加载此文件。

第二种情况：需要进行加载的数据是 A 型(修改后的实时数据)。

搜索 argoprofdb 数据库 platform_profile 数据表中与需要加载的数据文件浮标号、浮标周期以及剖面方向相同的记录。如果没有对应的记录，那么说明数据库中无此剖面数据，将数据文件直接加载；如果有对应的记录，那么取出此记录中的数据类型以及更新时间。如果此记录中的数据类型为 A，更新时间又早于需要加载的文件的更新时间，那么加载此数据文件；如果记录中的数据类型为 R，那么也要加载此数据文件；如果记录中的数据类型为 D，不加载此数据文件。

第三种情况：需要进行加载的数据是 D 型(延时数据)。

搜索 argoprofdb 数据库 platform_profile 数据表中与需要加载的数据文件浮标号、浮标周期以及剖面方向相同的记录。如果没有对应的记录，那么说明数据库中无此剖面数据，将数据文件直接加载；如果有对应的记录，那么取出此记录中的数据类型以及更新时间。如果此记录中的数据类型为 D，更新时间又早于需要加载的文件的更新时间，那么加载此数据文件；如果记录中的数据类型为 R 或者 A，那么也要加载此数据文件。

8.2.2.2　元数据

搜索 argometadb 数据库 meta_platform_info 数据表中与需要加载的数据文件浮标号相同的记录。如果没有对应的记录，那么说明数据库中无此元数据，将数据文件直接加载。如果有对应的记录，那么取出此记录中的更新时间。如果此记录更新时间不等于需要加载的文件的更新时间，那么加载此数据文件；否则，不加载此文件。

8.2.2.3　技术数据

搜索 argotechdb 数据库 tech_platform_info 数据表中与需要加载的数据文件浮标号相同的记录。如果没有对应的记录，那么说明数据库中无此技术数据，将数据文件直接加载；如果有对应的记录，那么取出此记录中的更新时间。如果此记录更新时间不等于需要加载的文件的更新时间，那么加载此数据文件；否则，不加载此文件。

8.2.2.4　轨迹数据

搜索 argotrajdb 数据库 traj_platform_info 数据表中与需要加载的数据文件浮标号相同的记录。如果没有对应的记录，那么说明数据库中无此轨迹数据，将数据文件直接加载；如果有对应的记录，那么取出此记录中的更新时间。如果此记录更新时间不等于需要加载的文件的更新时间，那么加载此数据文件；否则，不加载此文件。

文件加载过程中，将会对轨迹数据进行自动质量控制。具体过程为将轨迹文件解码后，对轨迹数据进行质量控制，然后将数据和质量控制结果一起存入数据库中。进行的质控方法为：不可能的日期检验、不可能的浮标位置检验、陆地位置检验、不可能的速度检验。

8.2.2.5　说明

(1)如果数据库中已有记录需要进行重新加载替换时，都会先将已有的记录删除，再重新加载新的数据。

(2)对于需要加载文件中的更新时间，都会先确认其不会大于当前时间，以确保其正确性。

8.2.3　文件组

延时数据 Nc 文件解码入库文件组如图 8-12 所示。

ArgoDelayProcess. pdb：PDB 文件，是编译时自动产生的，无关程序运行。

netcdf. dll：操作 Nc 文件的动态链接库。

名称	修改日期	类型	大小
realtimedataQC	2020/12/15 17:30	文件夹	
world	2020/12/15 17:30	文件夹	
ArgoDelayProcess.exe	2020/12/10 8:44	应用程序	511 KB
ArgoDelayProcess.exp	2020/12/10 8:44	Exports Library ...	23 KB
ArgoDelayProcess.iobj	2020/12/10 8:44	IOBJ 文件	4,693 KB
ArgoDelayProcess.ipdb	2020/12/10 8:44	IPDB 文件	949 KB
ArgoDelayProcess.lib	2020/11/9 9:57	360压缩	40 KB
ArgoDelayProcess.pdb	2020/12/10 8:44	Program Debug...	9,820 KB
concrt140.dll	2017/7/15 5:57	应用程序扩展	238 KB
hdf.dll	2020/3/27 4:25	应用程序扩展	390 KB
hdf5.dll	2020/3/27 4:34	应用程序扩展	3,008 KB
hdf5_cpp.dll	2020/3/27 4:37	应用程序扩展	286 KB
hdf5_hl.dll	2020/3/27 4:39	应用程序扩展	114 KB
hdf5_hl_cpp.dll	2020/3/27 4:43	应用程序扩展	13 KB
hdf5_hldll.dll	2011/2/15 18:47	应用程序扩展	90 KB
hdf5_tools.dll	2020/3/27 4:35	应用程序扩展	204 KB
hdf5dll.dll	2011/2/15 18:46	应用程序扩展	1,923 KB
jpeg.dll	2020/3/27 4:12	应用程序扩展	230 KB
libcurl.dll	2020/3/27 4:16	应用程序扩展	289 KB
libmysql.dll	2011/2/12 3:14	应用程序扩展	2,304 KB
mfhdf.dll	2020/3/27 4:25	应用程序扩展	118 KB
msvcp140.dll	2017/7/15 5:57	应用程序扩展	428 KB
netcdf.dll	2004/1/23 20:09	应用程序扩展	200 KB
shapelib.dll	2012/2/7 13:41	应用程序扩展	33 KB
system.ini	2020/11/9 16:34	配置设置	1 KB
szip.dll	2010/3/19 3:33	应用程序扩展	41 KB
trueGrid.dll	2011/11/15 16:41	应用程序扩展	183 KB
vcruntime140.dll	2017/7/15 5:57	应用程序扩展	82 KB
workloadlog.txt	2020/12/15 17:32	TXT 文件	7 KB
wsNetLib.dll	2012/6/4 10:12	应用程序扩展	140 KB
xdr.dll	2020/3/27 4:25	应用程序扩展	12 KB
zlib1.dll	2020/3/27 4:10	应用程序扩展	69 KB

图 8-12　延时数据 Nc 文件解码入库文件组

hdf5_hldll. dll：netcdf. dll 库中使用的辅助库。

hdf5dll. dll：netcdf. dll 库中使用的辅助库。

szip. dll：netcdf. dll 库中使用的辅助库。

zlib1. dll：netcdf. dll 库中使用的辅助库。

libmysql. dll：mysql 数据库动态链接库。

shapelib. dll：shape 文件读取，用于陆地位置检验。

trueGrid. dll：Grid 表格动态链接库。

netcdf. exp 和 netcdf. lib 为编译时用。

8.2.4　配置文件与参数设置

延时数据处理模块是：ArgoDelayProcess. exe。配置文件是 system. ini，其内容如下。

[Mysql]

SERVER=192. 168. 1. 20(注：实验用户可为 SERVER=127. 0. 0. 1)

USER=argouser(注：实验用户可为 User=root)

PASSWORD=argopassword(注：实验用户可为 Password =truncom)

[NcCache]

LOCALDIR=D：\ argo \ program \ ArgoDelayProcess \ Release \ NcCache

(注：实验用户可为 LOCALDIR = D：\ ArgoWorkStation \ ArgoDelayProcess \ NcCache)

[AutoParameter]

timetype=1

hour=8

minute=45

interval=5

[MaxNum]

nMaxNum=1000

运行延时数据应用程序，进入参数设置界面，如图 8-13 所示。在此界面设置有关参数，并保存。

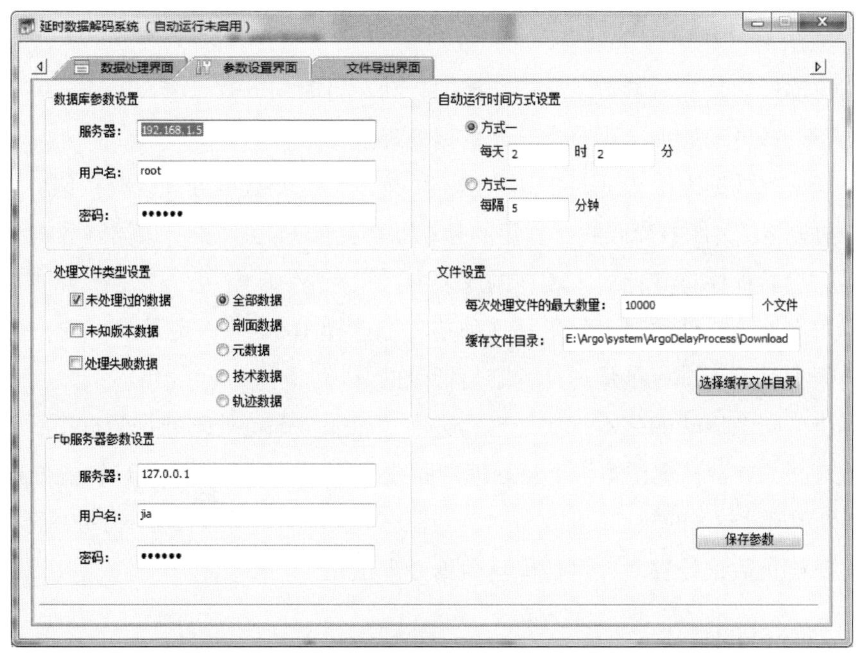

图 8-13　延时数据处理系统参数设置界面

8.2.5　数据处理

进入数据处理界面，如图 8-14 所示。

在处理开始前，宜单击获取最新数据按钮。如果没有最新数据，运行日志会提示：“搜索完成，没有找到需要进行处理的数据。”

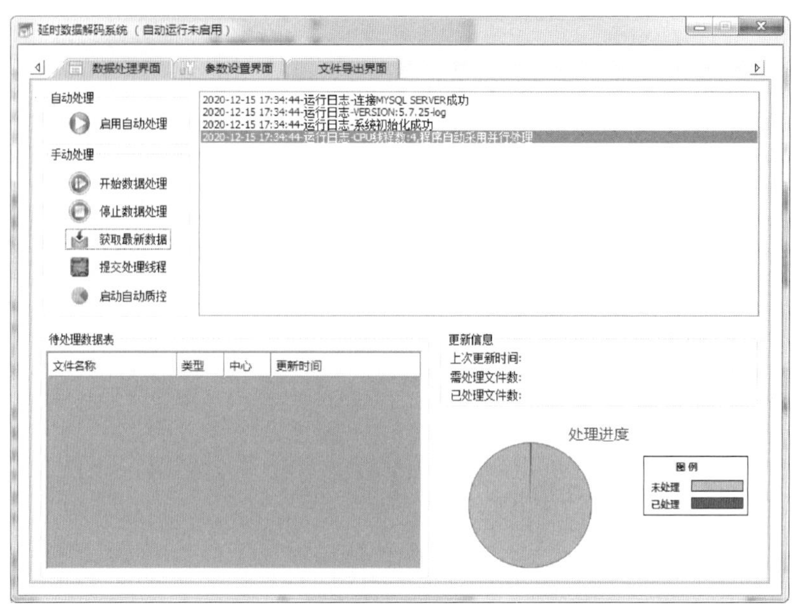

图 8-14　延时数据处理系统数据处理界面

应用自动处理是针对参数设置中选择的自动运行时间方式。

如果不选择自动处理，可单击开始数据处理按钮。

如果待处理数据表中未适时出现数据，可按以下提交数据处理线程按钮。

从二进制 Nc 文件中读取数据，用的是动态链接库 netcdf. dll。该类函数将有关数据读进内存，然后程序将其存放入相应的库表中。

选择每次处理文件的最大数量是一种技巧。选择 1000 不一定是最好的，但当待处理数据量很大时，不进行批量选择肯定是低效的。

处理进度圆图反映的是本批次处理的进度，而非全部待处理数据的进度。

实践表明，在双核笔记本机上，处理剖面或元数据文件，大约一秒钟能处理一个文件。而当处理尺寸较大的轨迹数据文件时，处理一个文件的时间可长达一分钟甚至几分钟。

当需要停止数据处理时，可按停止数据处理按钮。

8. 2. 6　延时数据日志

(1)延时数据解码系统日志界面中的所有日志都会保存到 argodb 数据库 delayprocess_comment 数据表中。

(2)对于文件的处理结果信息也会保存在 argodb 数据库 ncorigfile 数据表的 FILE_STAT 字段和 ERRORCOMMIT 字段中。FILE_STAT 字段记录处理结果标志有四种(供以后搜索时使用)：分别为 0(未处理)、1(处理成功)、2(未知版本数据)、3(处理失败数据)。ERRORCOMMIT 字段记录处理结果的详细说明，根据处理过程，有多种。

8.3　延时数据质控

8.3.1　目的

延时数据的质控针对的是 mysql：//…/argoprofdb/，基本上与其他三种 Nc 加载库文件以及二进制 Nc 文件无关，只是取用了元数据文件中的最深压力数据。

延时数据质控的目的，顾名思义，是要对一系列剖面文件中的有关数据(压力、温度、盐度)进行质量检验，并加上质量标识。

延时数据与实时数据的质控流程一样，所不同的只是数据库对象，故分成两套程序。实时数据的质控数据库是 mysql：//…/realtimemetadb/。

8.3.2　质控标识

对压力、温度、盐度逐层每一测量值的质控标识用的字段分别是 PRES_NMDIS_QC、TEMP_NMDIS_QC、SALI_NMDIS_QC、CNDC_ NMDIS_QC 等。

对剖面整体的质控标识用的字段分别是 PROFILE_RPRES_NMDIS_QC、PROFILE_TEMP_NMDIS_QC、PROFILE_SALI_NMDIS_QC、PROFILE_CNDC_NMDIS_QC，以及 LULD_NMDIS_QC、POSITION_NMDIS_QC 等。

每一测量值的标识品级沿用《Argo 数据管理手册》2.3 版参考表 2 之规定，如图 8-15 所示。

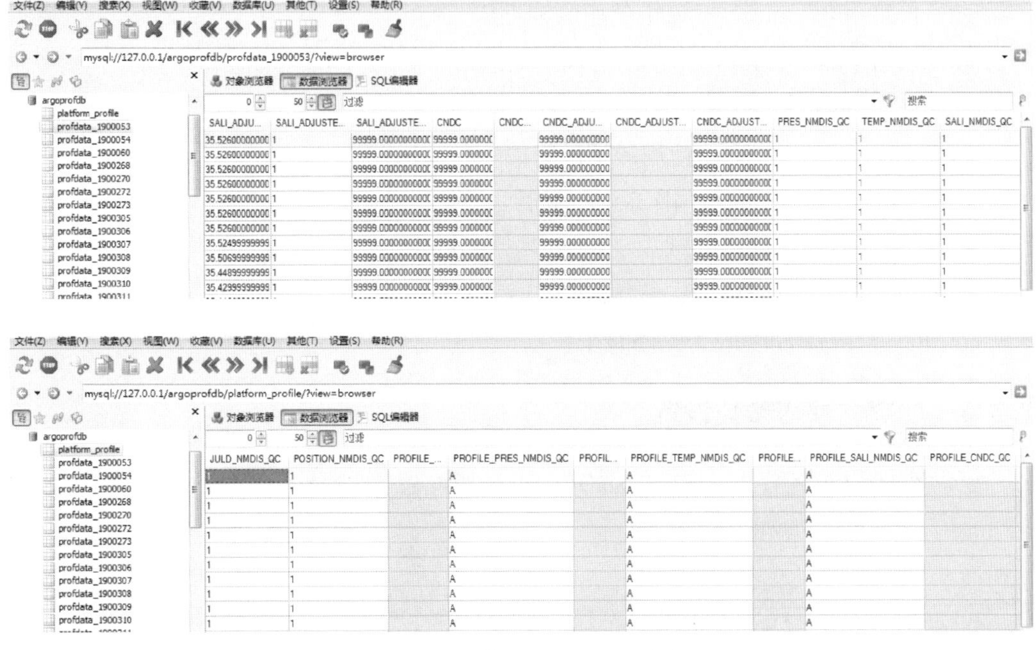

图 8-15　海洋信息中心_QC 质控标识

8.3.3 文件组

延时数据质控文件组如图 8-16 所示。

名称	修改日期	类型	大小
world	2011/11/19 9:00	文件夹	
delaydataQC.exe	2011/11/18 17:19	应用程序	287 KB
delaydataQC.pdb	2011/11/18 17:19	PDB 文件	5,371 KB
hdf5_hldll.dll	2011/2/15 18:47	应用程序扩展	90 KB
hdf5dll.dll	2011/2/15 18:46	应用程序扩展	1,923 KB
libmySQL.dll	2009/4/3 22:04	应用程序扩展	2,208 KB
netcdf.dll	2011/6/18 8:37	应用程序扩展	885 KB
netcdf.exp	2011/6/15 15:55	EXP 文件	92 KB
netcdf.lib	2011/6/15 15:55	LIB 文件	151 KB
QCParameter.ini	2011/11/28 19:28	配置设置	3 KB
shapelib.dll	2010/6/21 8:42	应用程序扩展	36 KB
system.ini	2011/11/28 19:28	配置设置	1 KB
szip.dll	2010/3/19 3:33	应用程序扩展	41 KB
trueGrid.dll	2011/6/25 10:33	应用程序扩展	184 KB
zlib1.dll	2010/3/19 1:38	应用程序扩展	60 KB

图 8-16　延时数据质控文件组

netcdf. dll：操作 Nc 文件的动态链接库。

hdf5_hldll. dll：netcdf. dll 库中使用的辅助库。

hdf5dll. dll：netcdf. dll 库中使用的辅助库。

szip. dll：netcdf. dll 库中使用的辅助库。

zlib1. dll：netcdf. dll 库中使用的辅助库。

libmySQL. dll：mySQL 数据库动态链接库。

shapelib. dll：shape 文件读取，用于陆地位置检验。

trueGrid. dll：Grid 表格动态链接库。

netcdf. exp 和 netcdf. lib 为编译时用。

8.3.4 配置文件与参数设置

延时数据质控程序是：delaydataQC. exe。其配置文件是 system. ini 和 QCParameter. ini。system. ini 的参考内容如下：

```
[Mysql]
SERVER=127.0.0.1
```

```
USER=root
PASSWORD=truncom
[AutoParameter]
use=1
timetype=0
hour=8
minute=45
interval=30
```

此配置文件的内容相应于数据库参数设置和自动质控参数设置。

数据库参数设置如图 8-17 所示。

图 8-17　数据库参数设置

自动质控设置如图 8-18 所示。

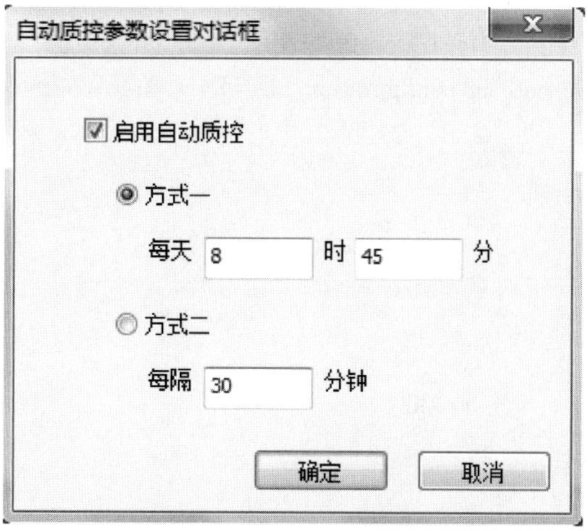

图 8-18　自动质控设置

应用自动处理是针对参数设置中选择的自动运行时间方式。

QCParameter. ini 的参考内容如下。

```
[deepest pressure test]
use=1
order=1
parameters=-2
[platform identification]
use=1
order=2
parameters=-2
[impossible date test]
use=1
order=3
parameters=0
[impossible location test]
use=1
order=4
parameters=0
[position on land test]
use=0
order=5
parameters=1
path of configuration file=D:\argo\program\delaydataQC\Release\world\world.shp
(注：实验用户可为 path of configuration file=D:\ArgoWorkStation\realtimedataQC\world\world.shp)
[impossible speed test]
use=1
order=6
parameters=1
speed maximum(m/s)=3.000000
[global range test]
use=1
order=7
parameters=-1
```

```
[regional range test]
use=1
order=8
parameters=-1
[pressure increasing test]
use=1
order=10
parameters=0
[spike test]
use=1
order=11
parameters=8
less pressT(db)=500.000000
temperature1(celsius)=6.000000
more pressT(db)=500.000000
temperature2(celsius)=2.000000
less pressS(db)=500.000000
salinity1 (PSU)=0.900000
more pressS(db)=500.000000
salinity2 (PSU)=0.300000
[gradient test]
use=1
order=12
parameters=8
less pressT(db)=500.000000
temperature1(celsius)=9.000000
more pressT(db)=500.000000
temperature2(celsius)=3.000000
less pressS(db)=500.000000
salinity1 (PSU)=1.500000
more pressS(db)=500.000000
salinity2 (PSU)=0.500000
[digit rollover test]
use=1
```

```
order=13
parameters=2
temperature(celsius)= 10.000000
salinity (PSU)= 5.000000
[stuck value test]
use=1
order=14
parameters=2
temperature(celsius)= 0.100000
salinity (PSU)= 0.100000
[density inversion]
use=1
order=15
parameters=0
[grey list]
use=1
order=16
parameters=-1
[gross salinity or temperature sensor drift]
use=1
order=17
parameters=2
temperature(celsius)= 1.000000
salinity (PSU)= 0.500000
[frozen profile]
use=1
order=18
parameters=6
MaxdeltaT(celsius)= 0.300000
MindeltaT(celsius)= 0.001000
MeandeltaT(celsius)= 0.020000
MaxdeltaS (PSU)= 0.300000
MindeltaS (PSU)= 0.001000
MeandeltaS (PSU)= 0.004000
```

```
[climatology test]
use=1
order=9
parameters=7
TemLonReso=5.000000
TemLatReso=5.000000
TemMonReso=12
SalLonReso=5.000000
SalLatReso=5.000000
SalMonReso=12
MaxN200=10.000000
MaxN200to500=10.000000
MaxN500to1000=10.000000
MaxN1000to2000=10.000000
MaxN2000to3000=10.000000
MaxN3000=20.000000
```

上述示例中，use=1 为使用，use=0 为不使用。parameters=x 为下列参数个数，parameters=−1 或 parameters=−2 表明参数在数据库表中。

质控参数设置就是配置文件 QCParameter.ini 的内容。通过界面设置，如图 8−19 所示。

延时数据自动质量控制（自动运行已开启）

系统运行状态 | 质控参数设置

质量控制方法	是否使用	质控顺序	
deepest pressure test（最深压力检验）	☑ 使用	1	
platform identification（平台识别码检验）	☑ 使用	2	
impossible date test（检验不可能的日期）	☑ 使用	3	
impossible location test（检验不可能的浮标位置）	☑ 使用	4	
position on land test（检验陆地位置）	☐ 使用	5	修改参数
impossible speed test（检验不可能的浮标速度）	☑ 使用	6	修改参数
global range test（全球范围检验）	☑ 使用	7	修改参数
regional range test（区域范围检验）	☑ 使用	8	修改参数
climatology test（气候学数据检验）	☑ 使用	9	修改参数
pressure increasing test（压力增加检验）	☑ 使用	10	
spike test（尖峰检验）	☑ 使用	11	修改参数
gradient test（梯度检验）	☑ 使用	12	修改参数
digit rollover test（数位翻转测试）	☑ 使用	13	修改参数
stuck value test（嵌入值检验）	☑ 使用	14	修改参数
density inversion（密度反转检验）	☑ 使用	15	
grey list（灰色表检验）	☑ 使用	16	
gross salinity or temperature sensor drift（传感器漂移检...	☑ 使用	17	修改参数
frozen profile（相同剖面检验）	☑ 使用	18	修改参数

创建默认参数文件　重置参数　保存参数

图 8−19　延时数据质控参数设置

延时数据质控修改参数与实时数据质控修改参数相同，不再赘述。

创建默认参数文件的功能是将默认参数存成一个文件，如同 QCParameter. ini。

18 项质控检验的顺序通过人工设置数字可以调整，原则是将最容易出错的最先检验，以加快整体质控检验的速度。

8.3.5 质控运行界面

质控运行界面如图 8-20 所示。

图 8-20 延时数据自动质控界面

单击开始进行质量控制按钮之后，如果找到需要进行质控的剖面，则开始进行 PRESP_NMDIS_QC、TEMP_NMDIS_QC、SALI_NMDIS_QC 字段值的检查和设置。

质控运行过程中，如果需要停止质控，则按下停止质量控制按钮。

第 9 章 数据库系统

数据库是整个 Argo 数据处理与地球科学大数据平台的基础平台。系统中多个模块是基于数据库系统构建，如实时数据处理中的 Nc 字段数据库，日常业务应用中的浮标剖面数据库，成果共享中的 CTD 资料数据库。

从数据库类型上分，既有本地文件数据库(SQLite3 嵌入式数据库)，亦有多用户网络数据库(MySQL5. 1、Oracle11g)。

数据库从功能分类上看，可分为程序运行时数据库、业务化系统后台数据库，以及资料存储数据库。

本章将着重介绍整个 Argo 数据处理与地球科学大数据平台中的数据库结构以及数据库之间的关系。

9.1 本地文件数据库

本地文件数据库多用于在本地客户端程序中存储一些程序运行时的数据。当客户端程序里面使用较多统计、检索时，更应该采用本地文件数据库。原因是相对于传统的文件存储，采用此种方式可以直接使用标准的 SQL 语句进行查询检索，大大简化了用户的操作方式。

在 Argo 数据处理与地球科学大数据平台的实时数据处理子系统中大量使用了本地文件数据库 SQLite。程序模块中是以嵌入式的方式，通过 SQLite C API 接口访问数据库。本系统中使用的 SQLite 数据库版本为 3. 6. 22。

9.1.1 SQLite 数据库简介

SQLite 是 D. Richard Hipp 用 C 语言编写的开源嵌入式数据库引擎。它是完全独立的，不具有外部依赖性。它是作为 PHP V4. 3 中的一个选项引入的，构建在 PHP V5 中。SQLite 支持多数 SQL92 标准，可以在所有主要的操作系统上运行，并且支持大多数计算机语言。SQLite 还非常健壮。

SQLite 对 SQL92 标准的支持包括索引、限制、触发和查看。SQLite 不支持外键限制，但支持原子的、一致的、独立的和持久 (ACID) 的事务。

嵌入式数据库的名称来自其独特的运行模式。这种数据库嵌入到了应用程序进程中，消除了与客户机服务器配置相关的开销。嵌入式数据库实际上是轻量级的，在运行时，它们需要较少的内存。它们是使用精简代码编写的，对于嵌入式设备，其速度更快，效果更理想。嵌入式运行模式允许嵌入式数据库通过 SQL 来轻松管理应用程序数据，而不依靠原始的文本文件。嵌入式数据库还提供零配置运行模式，这样可以启用其中一个并运行一个快照。

在内部，如图 9-1 所示，SQLite 由以下几个组件组成：SQL 编译器、内核、后端以及附件。SQLite 通过利用虚拟机和虚拟数据库引擎(VDBE)，使调试、修改和扩展 SQLite 的内核变得更加方便。所有 SQL 语句都被编译成易读的、可以在 SQLite 虚拟机中执行的程序集。

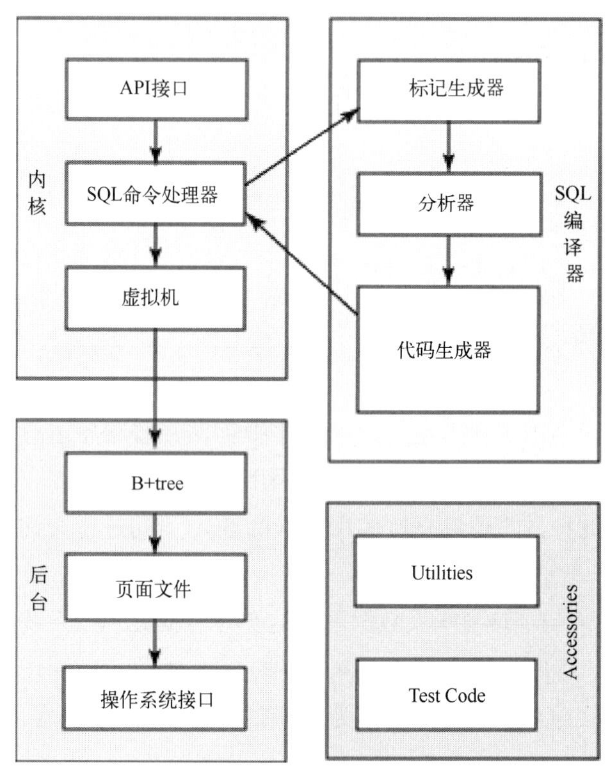

图 9-1 SQLite 数据库的组成

SQLite 支持大小高达 2 TB 的数据库，每个数据库完全存储在单个磁盘文件中。这些磁盘文件可以在不同字节顺序的计算机之间移动。这些数据以 B+树(B+tree)数据结构的形式存储在磁盘上。SQLite 根据该文件系统获得其数据库权限。

SQLite 不支持静态数据类型，而是使用列关系。这意味着它的数据类型不具有表列属性，而具有数据本身的属性。当某个值插入数据库时，SQLite 将检查它的类型：如果该类型与关联的列不匹配，SQLite 会尝试将该值转换成列类型，如果不能转换，则该值将作为其本身具有的类型存储。

SQLite 支持 NULL、INTEGER、REAL、TEXT 和 BLOB 数据类型。

由于资源占用少、性能良好和零管理成本，嵌入式数据库有了它的用武之地，它将为那些以前无法提供用作持久数据的后端数据库的应用程序提供高效的性能。现在，没有必要使用文本文件来实现持久存储。SQLite 之类的嵌入式数据库的易于使用性可以加快应用程序的开发，并使小型应用程序能够完全支持复杂的 SQL。这一点对于小型设备空间的应用程序来说尤其重要。

9.1.2　SQLite API 接口

SQLite3 是 SQLite 的一个全新版本，虽然是在 SQLite 2.8.13 的代码基础之上开发的，但是使用了和之前版本不兼容的数据库格式和 API。SQLite3 是为了满足以下需求而开发的：

(1)支持 UTF-16 编码；

(2)用户自定义的文本排序方法；

(3)可以对 BLOBs 字段建立索引。

因此，为了支持这些特性，SQLite 的开发者改变了数据库的格式，建立了一个与之前版本不兼容的 3.0 版。至于其他兼容性的改变，例如全新的 API 等，都将在理论介绍之后向用户说明，这样可以使用户一次性摆脱兼容性问题。

3.0 版的和 2.X 版的 API 非常相似，但是有一些重要的改变需要注意：所有 API 接口函数和数据结构的前缀都由"sqlite_"改为了"sqlite3_"，这是为了避免同时使用 SQLite 2.X 和 SQLite 3.0 这两个版本的时候发生链接冲突。

由于对于 C 语言应该用什么数据类型来存放 UTF-16 编码的字符串并没有一致的规范，因此，SQLite 使用了普通的 void * 类型来指向 UTF-16 编码的字符串。客户端使用过程中可以把 void * 映射成适合他们系统的任何数据类型。

SQLite 3 一共有 83 个 API 函数，此外，还有一些数据结构和预定义(#defines)。这些接口使用起来不会像它的数量所暗示的那么复杂。最简单的程序仍然使用三个函数就可以完成：sqlite3_open()、sqlite3_exec()和 sqlite3_close()。要是想更好地控制数据库引擎的执行，可以使用提供的 sqlite3_prepare() 函数把 SQL 语句编译成字节码，然后使用 sqlite3_step()函数来执行编译后的字节码。以 sqlite3_column_开头的一组 API 函数用来获取查询结果集中的信息。

许多接口函数都是成对出现的，同时有 UTF-8 和 UTF-16 两个版本。并且提供了一组函数用来执行用户自定义的 SQL 函数和文本排序函数。

相对于试图列出 SQLite 支持的所有 SQL92 特性，只列出不支持的部分要简单得多。下面介绍 SQLite 所不支持的 SQL92 特性。

下述内容的顺序关系到何时一个特性可能被加入到 SQLite：接近列表顶部的特性

更可能在不远的将来加入，接近列表底部的特性尚且没有直接的计划。

(1)外键约束(FOREIGN KEY constraints)。外键约束会被解析但不会被执行。

(2)完整的触发器支持(Complete trigger support)。现在有一些触发器的支持，但是还不完整。缺少的特性包括 FOR EACH STATEMENT 触发器(现在所有的触发器都必须是 FOR EACH ROW)，在表上的 INSTEAD OF 触发器(现在 INSTEAD OF 触发器只允许在视图上)，以及递归触发器——触发自身的触发器。

(3)完整的 ALTER TABLE 支持(Complete ALTER TABLE support)。只支持 ALTER TABLE 命令的 RENAME TABLE 和 ADD COLUMN。其他类型的 ALTER TABLE 操作如 DROP COLUMN、ALTER COLUMN、ADD CONSTRAINT 等均被忽略。

(4)嵌套事务(Nested transactions)。现在的实现只允许单一活动事务。

(5)RIGHT 和 FULL OUTER JOIN(RIGHT and FULL OUTER JOIN)。LEFT OUTER JOIN 已经实现，但还没有 RIGHT OUTER JOIN 和 FULL OUTER JOIN。

(6)可写视图(Writing to VIEWs)。SQLite 中的视图是只读的。无法在一个视图上执行 DELETE、INSERT、UPDATE。不过可以创建一个试图在视图上 DELETE、INSERT、UPDATE 时触发的触发器，然后在触发器中完成所需要的工作。

(7)GRANT 和 REVOKE(GRANT and REVOKE)。由于 SQLite 读和写的是一个普通的磁盘文件，因此，唯一可以获取的权限就是操作系统的标准的文件访问权限。一般在客户机/服务器架构的关系型数据库系统上能找到的 GRANT 和 REVOKE 命令对一个嵌入式数据库引擎来说是没有意义的，因此没有实现。

9.1.3 数据库结构

在 Argo 数据处理与地球科学大数据平台实时数据处理子系统中，三个模块共用到 4 个 SQLite3 数据库，如表 9-1 所示。

表 9-1 实时数据处理子系统三个模块共用 SQLite3 数据库

数据库文件	所属模块	简介
Downlist. s3db	ArgosServer. exe	存储服务器：ftp. coi. go. cn 中的原始文件，用于服务器文件比对时的本地文件，以及数据解码模块使用的文件处理状态
Decodebackup. db	DataDecode. exe	用于保存数据解码过程时的原始文件，当 DataDecode. exe 模块崩溃时，恢复数据所用，当剖面完成时删除数据库中的数据
Ncdata. db	DataDecode. exe	用于存储 DataDecode 模块生成的剖面中间文件，同时通知 NcExport 模块可进行 Nc 文件生成操作
NcDatabase. db	ArgoNcExport. exe	用于存储解码后的数据，包括上升/下降剖面、技术信息、原数据

9.1.3.1　Downlist.s3db

Downlist.s3db 数据库中只存在一个 Download 数据表，用于存储 FTP 服务器上的卫星原始文件，以及存储此文件的处理状态，当文件下载完成未经 DataDecode 模块进行解码操作时处理状态置为“0”，当文件经过 DataDecode 模块处理并且成功时，状态置为“1”。此处只存储下载的原始文件的文件名，文件本身存储于实时数据处理模块目录下的 CACHE 子目录中。

Download 表的结构如表 9-2 所示。

表 9-2　Downlist.s3db 数据库的 Download 表结构

字段名称	字段类型	字段简介
ID	Int(11)	ID 号，主键，自动增加
profname	VARCHAR(255)	服务器上的原始文件名称
LasteWrite	Int(11)	服务器上的文件最后修改时间，秒数
FileLength	Int(11)	服务器上的文件大小，字节
DecodeStat	Char	文件解码状态，“0”未解码，“1”解码成功

9.1.3.2　Decodebackup.db

Decodebackup.db 中的表属于程序运行时表，由程序本身管理，包括自动创建和删除。在数据解码过程中，浮标的每个剖面都会生成，并且在浮标剖面完成时，自动删除。

表的命名规则为“BACKArgosID_CYCLE”。如“BACK090800_038”表示的意思是，ArgosID 为“090800”的浮标第 38 个周期的备份数据。此数据表包含了此周期内的所有数据。当 DataDecode.exe 进程由于崩溃或者意外重新启动时，载入此数据表即可完全恢复数据在内存中的组织结构。当此周期的剖面数据完成时会自动删除此表。

数据表结构如表 9-3 所示。

表 9-3　Decodebackup.db 数据库表结构

字段名称	字段类型	字段简介
ID	Int(11)	ID 号，主键，自动增加
ArgoParam	VARCHAR(255)	此周期的通用数据信息，包括各种时间以及经纬度信息等
Buff	VARCHAR(255)	此周期的未解码剖面数据，以字节码的形式存储

9.1.3.3　Ncdata.db

Ncdata.db 数据库中只存在一个 NcFileData 数据表，用于存储经过 DataDecode 模块输出的中间数据文件，以及存储此文件的处理状态。当文件输出成功未经 ArgoNcExport. exe 模块进行 Nc 文件生成操作时处理状态置为“0”，当文件经过 ArgoNcExport. exe 模块处理并且成功输出四种 Nc 文件时，状态置为“1”。此处只存储中间文件的文件名，文件本身存储于实时数据处理模块目录下的 Cycle 子目录中。

NcFileData 表的结构如表 9-4 所示。

表 9-4　NcFileData. db 数据库表结构

字段名称	字段类型	字段简介
ID	Int(11)	ID 号，主键，自动增加
CycleName	VARCHAR(255)	中间文件的文件名
Stat	char	中间文件处理状态，“0”处理失败，“1”处理成功

9. 1. 3. 4　NcDatabase. db

NcDatabase. db 数据库存储浮标的 Nc 文件元素，ArgoNcExport 生成 Nc 文件时使用此数据库。数据库中包含 4 个数据表，为 realtime_decode_asc、realtime_decode_desc、realtime_decode_drift、realtime_decode_tech，分别存储浮标四种类型的 Nc 文件，具体的表结构如表 9-5 至表 9-8 所示。

表 9-5　realtime_decode_asc 的表结构

字段名称	字段类型	字段简介
ID	Int(11)	ID 号，主键，自动增加
PLATFORM_NUMBER	VARCHAR(255)	浮标号码
ArgoID	VARCHAR(255)	ArgosID
CYCLE	INT	周期号码
STARTASCTIME	INT	剖面上升开始时间，即剖面时间
ASCTimeQC	char	剖面上升时间质控符
Lat	double	纬度坐标
lon	double	经度坐标
POSQC	char	位置质控符
ASCLEVEL	INT	上升剖面数据层数
CYCLE_DATA	BLOB	数据结构体，包括 CTD 数据结构和位置信息结构

表 9-6　realtime_decode_desc 的表结构

字段名称	字段类型	字段简介
ID	Int(11)	ID 号，主键，自动增加
PLATFORM_NUMBER	VARCHAR(255)	浮标号码
ArgoID	VARCHAR(255)	ArgosID
CYCLE	INT	周期号码
STARTASCTIME	INT	剖面上升开始时间，即剖面时间
ASCTimeQC	char	剖面上升时间质控符
Lat	double	纬度坐标
lon	double	经度坐标
POSQC	char	位置质控符
DESCLEVEL	INT	下降剖面数据层数
CYCLE_DATA	BLOB	数据结构体，包括 CTD 数据结构

表 9-7　realtime_decode_drift 的表结构

字段名称	字段类型	字段简介
ID	Int(11)	ID 号，主键，自动增加
PLATFORM_NUMBER	VARCHAR(255)	浮标号码
ArgoID	VARCHAR(255)	ArgosID
CYCLE	INT	周期号码
ASCTIME	INT	上升开始时间
ASCENDTIME	INT	上升结束时间
DESCTIME	INT	下降开始时间
DESCENDTIME	INT	下降结束时间
STARTTRANSTIME	INT	数据开始传输时间
DRIFTLEVEL	INT	漂流数据采样数
NCOORD	INT	定位数据个数
DATA	BLOB	数据结构体，包含 CTD 数据结构和位置信息结构

表 9-8　realtime_decode_tech 的表结构

字段名称	字段类型	字段简介
ID	Int(11)	ID 号，主键，自动增加
PLATFORM_NUMBER	VARCHAR(255)	浮标号码
ArgoID	VARCHAR(255)	ArgosID
CYCLE	INT	周期号码

续表

字段名称	字段类型	字段简介
TECH_NUMBER	INT	技术信息个数
TECH_DATA	BLOB	技术信息内容，二进制格式

9.2 业务化系统运行数据库

Argo 数据处理与地球科学大数据平台数据库是整个 Argo 数据处理与地球科学大数据平台的后台数据库，采用了 MySQL Server 5.1 数据库管理系统，支持多用户，完全网络化的操作。

9.2.1 MySQL 数据库简介

MySQL 可以称得上是目前运行速度最快的 SQL 语言数据库。除了具有许多其他数据库所不具备的功能和选择外，MySQL 数据库是一种完全免费的产品，用户可以直接从网上下载数据库，用于个人或商业用途，而不必支付任何费用。

MySQL 具有功能强大、支持跨平台、运行速度快、支持面向对象、安全性高、成本低、支持各种开发语言、数据存储量大、支持强大的内置函数等特点[2]，具体介绍如下。

(1)使用 C 和 C++编写，并使用了多种编译器进行测试，保证源代码的可移植性；

(2)支持 AIX、FreeBSD、HP－UX、Linux、Mac OS、Novell Netware、OpenBSD、OS/2 Wrap、Solaris、Windows 等多种操作系统；

(3)为多种编程语言提供了 API，包括 C、C++、Eiffel、Java、Perl、PHP、Python、Ruby 和 Tcl 等；

(4)支持多线程，充分利用 CPU 资源；

(5)优化的 SQL 查询算法，有效地提高查询速度；

(6)既能够作为一个单独的应用程序应用在客户端服务器网络环境中，也能够作为一个库而嵌入到其他软件中提供多语言支持，常见的编码如中文的 GB 2312、BIG5，日文的 Shift_JIS 等都可以用作数据表名和数据列名；

(7)提供 TCP/IP、ODBC 和 JDBC 等多种数据库连接途径；

(8)提供用于管理、检查、优化数据库操作的管理工具；

(9)可以处理拥有上千万条记录的大型数据库[3]。

9.2.2 MySQL API 接口

数据编程接口是通过数据库服务器(MySQL Server)的 API 函数实现的。MySQL 以其优越的稳定性和卓越的性能在众多领域里有着广泛的应用，其高性能是采用它的关键因素。然而影响终端应用程序性能的不只是 MySQL 服务程序及硬件环境，应用程序的开发语言和开发方式也有着重要的影响。

目前，可以在多种开发语言中开发 MySQL 应用程序，比如，可以在 VB、Delphi 等高级开发语言中开发，可以用 C/C++开发，也可以用 Java 语言开发，甚至可以通过 PHP、JSP、Perl 等脚本语言来访问 MySQL。这些语言环境各有其优势，但 C++无疑是追求极致速度的首选[4]。

在 C++中也可以有多种接口方式，可以使用 ADO(ActiveX Data Objects，ActiveX 数据对象)通用接口，也可以使用 MySQL 数据调用接口(MySQL C API)，还可以使用 ODBC(Open DataBase Connectivity，开放数据库互联)及 OLE DB(Object Linking and Embedding Database，对象连接和嵌入数据库)等方式，如图 9-2 所示。

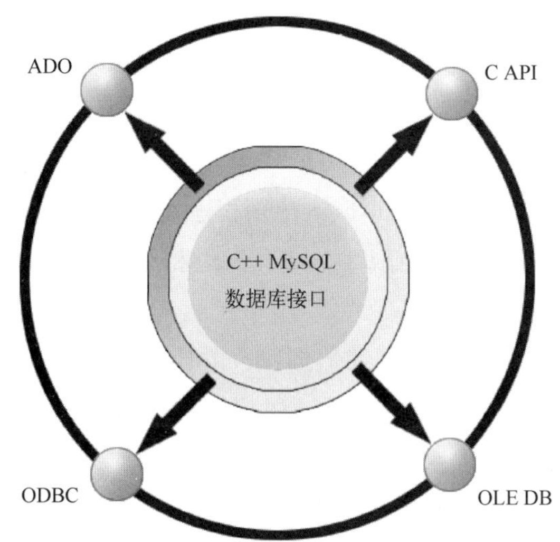

图 9-2　C++MySQL 数据库接口

在这些方式中 ADO 和 MySQL C API 是应用最为广泛的两种方式。下面主要介绍在 Visual Studio 2010 中这两种接口的特点对比。

1)功能方面

ADO 为了保持其通用性，除了对 MySQL server 支持较好外，没有办法对其他数据库提供很完善的功能，对 MySQL 数据库同样如此。通过 ADO 访问 MySQL，可以实现比较通用的功能，如 DML、DDL、查询、事务控制等。但对于 MySQL 中的集合、二进制对象等特殊元素则不能很好地支持。而 MySQL C API 在这方面有着明显的优势，它可以很完整地支持 MySQL 的所有功能，可以说是对 MySQL 功能支持最完整的开发接口。而且 C API 可以支持多种操作系统，而 ADO 则只能在 Windows 系列的操作系统下运行[5]。

2)性能方面

在性能方面，C API也有着非常大的优势，读取和写入数据的速度要比ADO快很多。ADO需要经过两层才能和数据库通信接口建立联系，执行效率相对较低。由于C API省掉了应用程序和MySQL服务器之间的中间封装层，所以可以直接访问数据。

另外，C API因为是C语言接口，可以直接操纵内存，所以其访问速度非常快，占用的系统资源和网络资源都要少得多。C API效率高，功能强大，尤其对于存储在MySQL中的二进制数据(如原始文件数据、空间数据)以及长字符串数据，C API的性能优势更加明显[5]。

3)开发难度方面

在开发难度方面ADO的优势很明显。首先，学习ADO的难度较低，ADO是以面向对象的思想封装的，其对象和方法都易学易用，而且ADO的学习资料很丰富，网上可以找到大量的文档及源代码。C API则是过程化封装的开发接口，它的函数虽然不是很多，但函数之间的关系比较复杂，而且函数的参数多，所以C API的程序设计相对于ADO来说相对复杂一些。

4)总结与结论

ADO和C API是在VC中开发MySQL应用程序比较常见的两种接口，它们各有自己的特点和优势，也都有自己的局限性。在开发过程中，我们需要根据自己的具体情况来选择使用哪种开发接口。

如果应用程序需要访问多种类型的数据库，既要访问存储在MySQL中的数据，又要访问存储在SQL Server中的数据，那么ADO是最佳选择，它可以使用一套代码实现多种数据库的访问。

如果应用程序只需访问MySQL数据库，并且对性能要求很高，那么C API就是最好的选择。

由于ADO是通用技术，开发起来比较容易，但是有一个致命的弱点，就是诸如ADO等通用的技术速度太慢，而我们要开发和管理海量数据的数据库，对于这种速度是无法忍受的。C API虽然开发难度大一些，但是它的速度极快，而且是一种底层结构，几乎可以操纵MySQL数据库的任何对象[6]。

9.2.3 数据库结构

《Argo数据处理与地球科学大数据平台》大部分的应用构建在数据库管理系统中，根据业务类型的分类，总体上可分为三种数据库。

(1)延时数据处理系统数据库，此种数据库负责延时数据处理系统的所有应用，并不只是单一的数据库，而是一组数据库综合完成的。

(2)实时数据处理系统数据库，跟上述延时系统数据库类似，用来处理实时数据。

(3)系统运行整体数据库，既不属于延时数据处理部分的数据库，也不属于实时数据处理部分的数据库，包括日志系统，投放信息处理系统，浮标最新位置等。

下面分别介绍数据库的结构以及表的结构。

9.2.3.1　ArgoDB 数据库

ArgoDB 数据库中共有 6 个数据表，分别为 Argo_float_info 浮标总体剖面信息表、Argopostion 浮标最新位置表、Argoputinfo 浮标投放信息表、ncorigfile 原始文件临时数据表、ncorigfilefinal 原始文件最终数据表、ncorigfileindex 已下载的原始文件索引表。诸数据表的结构如表 9-9 至表 9-14 所示。

表 9-9　Argo_float_info 表的表结构

字段名称	字段类型	字段简介
ID	Int(11)	ID 号，主键，自动增加
PLATFORM_NUMBER	VARCHAR(8)	浮标的 WMO 号码
OCEAN	CHAR(1)	所在洋区，根据经纬度计算
N_PROF	UNSIGNED INT(11)	已完成剖面数
FIRST_DATE	datetime	第一个周期的剖面时间，DateTime 时间
FIRST_DATE_JULD	double	第一个周期的剖面时间，JulianDay 时间
FIRST_LAT	Float	第一个周期的剖面纬度
FIRST_LON	Float	第一个周期的剖面经度
LAST_DATE	datetime	最后一个周期的剖面时间，DateTime 时间，对于活动浮标来说也就是当前周期的时间
LAST_DATE_JULD	double	最后一个周期的剖面时间，JulianDay 时间，对于活动浮标来说也就是当前周期的时间
LAST_LAT	Float	最后一个周期的剖面纬度
LAST_LON	FLOAT	最后一个周期的剖面经度
PROJECT_NAME	VARCHAR(64)	观测项目名称
PI_NAME	VARCHAR(64)	首席科学家名称
DATA_CENTRE	CHAR(2)	数据中心代码
INST_REFERENCE	VARCHAR(64)	仪器参考
WMO_INST_TYPE	VARCHAR(64)	—
POSITIONING_SYSTEM	VARCHAR(8)	定位类型，Argos、GPS
COUNTRY	VARCHAR(64)	所属国家
LIFETIME	Float	存活时间，天数
MODEL	VARCHAR(16)	型号
VALID	CHAR(1)	—

表 9-10　Argoposition 的表结构

字段名称	字段类型	字段简介
ID	Int(11)	ID 号，主键，自动增加
PLATFORM_NUMBER	VARCHAR(8)	浮标的 WMO 号码
CYCLE	smallint	最新周期数
LATITUDE	double	最新纬度位置
LONGITUDE	double	最新经度位置
POS_QC	char	最新位置质控符
POS_DATE	double	最新周期时间，JulianDay

表 9-11　Argoputinfo 的表结构

字段名称	字段类型	字段简介
ID	Int(11)	ID 号，主键，自动增加
NOTI_DATE	datetime	邮件通知日期
TIME_AREA	VARCHAR(10)	所在时区
COUNTRY	VARCHAR(32)	浮标所属国家
PROGRAM	VARCHAR(64)	浮标观测项目
CONTACT	VARCHAR(64)	联系人
EMAIL	VARCHAR(255)	电子邮件
PLATFORM_NUMBER	VARCHAR(255)	浮标号码
TELE_ID	VARCHAR(16)	通讯 ID
TELE_TYPE	VARCHAR(16)	传输方式
INTERNAL_ID	VARCHAR(16)	—
SERIAL_NO	VARCHAR(16)	—
DEP_DATE	datetime	投放日期
DEP_ZONE	VARCHAR(16)	投放区域
DEP_LAT	double	投放纬度
DEP_LON	double	投放经度
BASIN	VARCHAR(32)	投放洋区
MODEL	VARCHAR(16)	仪器型号
CYCLE	INT(11)	周期数
DRIFT_PRES	Float	驻流压力
PROF_PRES	FLoat	剖面压力

表 9-12　ncorigfile 的表结构

字段名称	字段类型	字段简介
ID	Int(11)	ID 号，主键，自动增加

续表

字段名称	字段类型	字段简介
FILE_NAME	VARCHAR(64)	文件名称
DATA_TYPE	CHAR(1)	数据类型
DOWNLOAD_TIME	datetime	文件下载时间
UPDATE_TIME	datetime	文件更新时间
FILE_SIZE	Int(11)	文件大小
FILE_STAT	CHAR(1)	文件处理状态
INST	VARCHAR(16)	仪器类型
ERRORCOMMIT	VARCHAR(255)	错误注释，处理过程中
DATA_CENTRE	CHAR(2)	数据中心代码
FILE_BODY	longblob	原始文件，二进制格式

表 9-13　ncorigfilefinal 的表结构

字段名称	字段类型	字段简介
ID	Int(11)	ID 号，主键，自动增加
FILE_NAME	VARCHAR(64)	文件名称
DATA_TYPE	CHAR(1)	—
DOWNLOAD_TIME	datetime	文件下载时间
UPDATE_TIME	datetime	文件更新时间
FILE_SIZE	Int(11)	文件大小
FILE_STAT	CHAR(1)	文件处理状态
INST	VARCHAR(16)	仪器类型
DATA_CENTRE	CHAR(2)	数据中心代码
FILE_BODY	longblob	原始文件，二进制格式
PLATFORM_NUMBER	VARCHAR(10)	浮标号码
CYCLE_NUMBER	Int(11)	周期号码
PROF_DIRECT	CHAR(1)	剖面方向

表 9-14　ncorigfileindex 的表结构

字段名称	字段类型	字段简介
ID	Int(11)	ID 号，主键，自动增加
FILE_NAME	VARCHAR(64)	文件名称
DATA_TYPE	CHAR(1)	数据类型
DOWNLOAD_TIME	datetime	文件下载时间
INST	VARCHAR(16)	仪器类型
DATA_CENTRE	CHAR(2)	数据中心代码

9.2.3.2 ArgoLOGDB 数据库

ArgoLOGDB 数据库存储日志数据，分为总系统运行监控日志以及单个浮标的处理状态日志。

ID_name 表存放不同编号对应的模块名称，flag_describe 表存放每个模块的不同日志编号对应的日志类型，running_log 表存放运行日志，workload_log 表存放工作量日志，log_platform_<浮标号>表存放每个浮标的日志信息。诸数据表的结构如表 9-15 至表 9-19 所示。

表 9-15 ID_name 的表结构

字段名称	字段类型	字段简介
ID	Int(11)	ID 号，主键，自动增加
program_ID	Int(10)	模块编号
program_name	VARCHAR(100)	模块名称

表 9-16 flag_describe 的表结构

字段名称	字段类型	字段简介
ID	Int(11)	ID 号，主键，自动增加
program_ID	Int(10)	模块编号
flag_ID	Int(10)	日志类型编号
flag_des	VARCHAR(255)	日志编号代表的日志类型

表 9-17 running_log 的表结构

字段名称	字段类型	字段简介
ID	Int(11)	ID 号，主键，自动增加
log_time	Datetime	日志时间
program_ID	Int(10) unsigned	模块编号
flag_ID	Int(10) unsigned	日志编号
log_des	Text	日志描述

表 9-18 workload_log 的表结构

字段名称	字段类型	字段简介
ID	Int(11)	ID 号，主键，自动增加
strat_time	Datetime	工作开始时间
end_time	Datetime	工作结束时间
program_ID	Int(10) unsigned	模块编号
flag_ID	Int(10) unsigned	日志编号
log_des	Text	日志描述

表 9-19　log_platform_<浮标号>的表结构

字段名称	字段类型	字段简介
ID	Int(11)	ID 号，主键，自动增加
log_time	Datetime	日志时间
program_ID	Int(10) unsigned	模块编号
flag_ID	Int(10) unsigned	日志编号
cycle_number	Int(10) unsigned	浮标周期号
log_des	Text	日志描述

9.2.3.3　ArgoMETADB 数据库

ArgoMETADB 数据库存储 Nc 元数据解码后数据表，根据 Nc 元数据文件的定义把表格分为三种类型。

第一种属于在 Nc 元数据文件中只存在一个的，这些数据统一放在一个数据表中存储，对应的数据表名称为 meta_platform_info，见表 9-20。

第二种是属于在一个 Nc 文件中存在多个的，即 N_MEASUREMENT 字段，对应的数据表名称为 meta_platform_measurement。此数据表为程序自动创建，其中 platform 为浮标号，每个浮标都有一个 measurement 数据表，见表 9-21。

第三种是 Nc 文件中以 N_PARAM 维定义的字段，每个浮标存在一个此类型的数据表，命名规则为 meta_platform_param，其中 platform 为浮标号，见表 9-22。

表 9-20　meta_platform_info 的表结构

字段名称	字段类型	字段简介
ID	Int(11)	ID 号，主键，自动增加
N_CYCLES	Int(11)	周期数
N_PARAM	Int(11)	参数个数
DATA_TYPE	VARCHAR(255)	数据类型
FORMAT_VERSION	VARCHAR(255)	格式版本号
HAND_VER	VARCHAR(255)	手册版本号
DATE_CREATION	VARCHAR(255)	创建时间
DATE_UPDATE	VARCHAR(255)	修改时间
PLATFORM_NUMBER	VARCHAR(255)	浮标号码
PTT	TEXT	—
TRANS_SYSTEM	VARCHAR(255)	传输系统
TRANS_SYS_ID	VARCHAR(255)	传输系统标示号
TRANS_PREQ	VARCHAR(255)	传输系统频率
TRANREPT	Float	—

续表

字段名称	字段类型	字段简介
POS_SYSTEM	VARCHAR(255)	定位系统
CLOCK_DRIFT	Float	漂流时间
PLATFORM_MODAL	VARCHAR(255)	浮标型号
PLATFORM_MAKER	VARCHAR(255)	浮标制造商
INST_REFERENCE	VARCHAR(255)	—
WMO_INST_TYPE	VARCHAR(255)	—
DIRECTION	CHAR	剖面方向
PROJECT_NAME	VARCHAR(255)	观测项目
DATA_CENTRE	VARCHAR(255)	数据中心
PI_NAME	VARCHAR(255)	首席科学家
ANOMALY	VARCHAR(255)	—
LAUNCH_DATE	VARCHAR(255)	投放日期
LAUNCH_LATITUDE	double	投放纬度
LAUNCH_LONGITUDE	double	投放经度
LAUNCH_QC	CHAR	—
START_DATE	VARCHAR(255)	首周期开始时间
START_DATE_QC	CHAR	开始时间指控符
DEPLOY_PLATFORM	VARCHAR(255)	—
DEPLOY_MISSION	VARCHAR(255)	—
DEPLOY_AVA_PROF_ID	VARCHAR(255)	—
END_MISSION_DATE	VARCHAR(255)	—
END_MISSION_STATUS	VARCHAR(255)	—

表 9-21　meta_platform_measurement 的表结构

字段名称	字段类型	字段简介
ID	Int(11)	ID 号，主键，自动增加
Ncycle	Int(11)	—
cycle	Int(11)	—
reprate	Int(11)	—
deepestasc	Float	—
Deepestdesc	float	—
CYCLETIME	Float	周期时间
PARKINGTIME	Float	驻流时间
DESCENDINGPROFILINGTIME	Float	下降至漂流深度所需时间
ASCENDINGPROFILINGTIME	FLOAT	上升至剖面结束所需时间

续表

字段名称	字段类型	字段简介
SURFACETIME	Float	海面漂流时间
PARKINGPRESSURE	Float	驻流压力即驻流深度

表 9-22　meta_platform_param 的表结构

字段名称	字段类型	字段简介
ID	Int(11)	ID 号，主键，自动增加
Sensor	VARCHAR(16)	传感器类型
Sensor_maker	TEXT	传感器制造商
Sensor_model	TEXT	传感器型号
Sensor_serial_no	VARCHAR(16)	传感器序列号
Sensor_units	VARCHAR(16)	传感器单元
Sensor_accuracy	float	采样精度
Sensor_resolution	Float	传感器分辨率
parameter	VARCHAR(16)	参数
Predeployment_calib_quation	TEXT	—
Predeployment_calib_coefficient	TEXT	—
Predeployment_calib_comment	TEXT	—

9.2.3.4　ArgoPROFDB 数据库

ArgoPROFDB 数据库存储 Nc 剖面数据解码后数据表，根据 Nc 剖面数据文件的定义把表格分为四种类型。

第一种属于在 Nc 剖面数据文件中只存在一个的，这些数据统一放在一个数据表中存储，对应的数据表名称为 platform_profile，见表 9-23。

第二种是属于在一个文件中存在多个的，具体表现在 Nc 文件中，即 N_PROF 字段，对应的数据表名称 profdata_platform，此数据表为程序自动创建，其中 platform 为浮标号，每个浮标都有一个 profdata 数据表，存储浮标的剖面数据，见表 9-24。

第三种是 Nc 文件中以 N_CALIB 维定义的字段，每个浮标存在一个此类型的数据表，命名规则为 calibdata_platform，其中 platform 为浮标号，存储 Nc 文件中的 CALIB-DATA 数据，见表 9-25。

第四种是 Nc 文件中以 N_HISTORY 维定义的字段，每个浮标存在一个此类型的数据表，命名规则为 historydata_platform，其中 platform 为浮标号，存储 Nc 文件中的 HIS-TORY 数据，见表 9-26。

表 9-23　platform_profile 的表结构

字段名称	字段类型	字段简介
ID	Int(11)	ID 号，主键，自动增加
PLATFORM_NUMBER	VARCHAR(255)	浮标号码
CYCLE_NUMBER	Int(11)	周期号码
DIRECTION	CHAR	剖面方向
JULD	double	剖面时间
JULD_QC	CHAR	时间质控符原始
JULD_LOCATION	double	定位时间
LATITUDE	double	纬度坐标
LONGITUDE	Double	经度坐标
POSITION_QC	CHAR	位置质控符原始
STATION_PARAMETER	VRACHAR(255)	—
DC_REFERENCE	VARCHAR(255)	—
DATA_STATE_ID	VARCHAR(255)	—
DATA_MODE	CHAR	数据类型，R，D，A
N_LEVELS	Int(11)	数据层数
N_PARAM	Int(11)	参数个数
FILE_NAME	VARCHAR(255)	Nc 文件名称
FORMAT_VERSION	VARCHAR(255)	格式版本号
HANDBOOK_VERSION	VARCHAR(255)	手册版本号
REFERENCE_DATETIME	VARCHAR(255)	基准日期(1950-01-01 00：00：00)
DATE_CREATION	VARCHAR(255)	创建时间
DATE_UPDATE	VARCHAR(255)	修改时间
QC_STATUS	CHAR	NMDIS 质控符，0 未质控，1 自动质控，4 人工审核
LOAD_DATE	datetime	入库时间
JULD_NMDIS_QC	CHAR	时间 NMDIS 质控符
POSITION_NMDIS_QC	CHAR	位置质控符 NMDIS
PROFILE_PRES_QC	CHAR	剖面压力总体质控符原始，ABCDEF
PROFILE_PRES_NMDIS_QC	CHAR	剖面压力总体质控符 NMDIS，ABCDEF
PROFILE_TEMP_QC	CHAR	剖面温度总体质控符原始，ABCDEF
PROFILE_TEMP_NMDIS_QC	CHAR	剖面温度总体质控符 NMDIS，ABCDEF
PROFILE_SALI_QC	CHAR	剖面盐度总体质控符原始，ABCDEF
PROFILE_SALI_NMDIS_QC	CHAR	剖面盐度总体质控符 NMDIS，ABCDEF
PROFILE_CNDC_QC	CHAR	剖面电导率总体质控符原始，ABCDEF
PROFILE_CNDC_NMDIS_QC	CHAR	剖面电导率总体质控符 NMDIS，ABCDEF
JULD_DATATIME	datetime	—
OCEAN	VARCHAR(64)	剖面所在洋区
PROJECT_NAME	VARCHAR(64)	观测项目名称

续表

字段名称	字段类型	字段简介
PI_NAME	VARCHAR(64)	首席科学家名称
DATA_CENTRE	VARCHAR(2)	数据中心代码
INST_REFERENCE	VARCHAR(64)	—
WMO_INST_TYPE	VARCHAR(4)	—
POSITIONING_SYSTEM	VARCHAR(8)	定位系统

表 9-24　profdata_platform 的表结构

字段名称	字段类型	字段简介
ID	Int(11)	ID 号，主键，自动增加
CYCLE_NUMBER	Smallint(4)	周期号码
LEVEL_NUMBER	Int(11)	层序列
PRES	FLOAT	压力观测值，原始
PRES_QC	CHAR	压力观测质控符，原始
PRES_ADJUSTED	FLOAT	压力观测调整值，原始
PRES_ADJUSTED_QC	CHAR	压力观测调整值质控符
PRES_ADJUSTED_ERR	FLOAT	压力观测误差值，原始
TEMP	FLOAT	温度观测值，原始
TEMP_QC	CHAR	温度观测质控符，原始
TEMP_ADJUSTED	FLOAT	温度观测调整值，原始
TEMP_ADJUSTED_QC	CHAR	温度观测调整值质控符
TEMP_ADJUSTED_ERR	FLOAT	温度观测误差值，原始
SALI	FLOAT	盐度观测值，原始
SALI_QC	CHAR	盐度观测质控符，原始
SALI_ADJUSTED	FLOAT	盐度观测调整值，原始
SALI_ADJUSTED_QC	CHAR	盐度观测调整值质控符
SALI_ADJUSTED_ERR	FLOAT	盐度观测误差值，原始
CNDC	FLOAT	电导率观测值，原始
CNDC_QC	CHAR	电导率观测质控符，原始
CNDC_ADJUSTED	FLOAT	掉到率观测调整值，原始
CNDC_ADJUSTED_QC	CHAR	电导率观测调整值质控符
CNDC_ADJUSTED_ERR	FLOAT	电导率观测误差值，原始
PRES_NMDIS_QC	CHAR	压力观测值，NMDIS
TEMP_NMDIS_QC	CHAR	温度观测值，NMDIS
SALI_NMDIS_QC	CHAR	盐度观测值，NMDIS
CNDC_NMDIS_QC	CHAR	电导率观测值，NMDIS

表 9-25 calibdata_platform 的表结构

字段名称	字段类型	字段简介
ID	Int(11)	ID 号，主键，自动增加
CYCLE_NUMBER	Smallint(4)	周期号码
CALIB_NUMBER	Int(11)	—
PARAMETER	VARCHAR(16)	—
SCIENTIFIC_CALIB_EQUATION	TEXT	—
SCIENTIFIC_CALIB_COEFFICIENT	TEXT	—
SCIENTIFIC_CALIB_COMMENT	TEXT	—
CALIBRATION_DATE	datetime	—

表 9-26 historydata_platform 的表结构

字段名称	字段类型	字段简介
HISTORY_STEP	VARCHAR(4)	—
HISTORY_SOFTWARE	VARCHAR(4)	—
HISTORY_SOFTWARE_RELEASE	VARCHAR(4)	—
HISTORY_REFERENCE	VARCHAR(64)	—
HISTORY_DATE	datetime	—
HISTORY_ACTION	VARCHAR(4)	—
HISTORY_PARAMETER	VARCHAR(16)	—
HISTORY_START_PRES	FLOAT	—
HISTORY_STOP_PRES	FLOAT	—
HISTORY_PREVIOUS_VALUE	FLOAT	—
HISTORY_QCTEST	VARCHAR(16)	—

9.2.3.5 ArgoQCPARDB

ArgoQCPARDB 存放自动质量控制的部分质控参数。

Argogreylist 表用来存放灰度浮标数据，以进行灰度检验。qc_rangedescribe、qc_xy、qc_pts 用来存放全球及区域范围检验参数，以进行全球范围检验以及区域范围检验。

气候学检验参数数据表用于自动质控模块中的气候学检验。依据数据类型、经纬度分辨率、时间分辨率，气候学检验参数数据表有多个表。

气候学检验参数数据表的名称由参数确定，具体命名规则如下：

(1)表名称每个字段之间用“_”分割，一个字段代表一个参数；

(2)第一个字段为数据类型，tem 代表温度数据，sal 代表盐度数据；

(3)第二个字段为时间分辨率，y1 代表分辨率为一年，q1 代表分辨率为一个季度，m1 代表分辨率为一个月；

(4)第三个字段代表纬度分辨率，单位为 0.1°，例如，lat50 代表纬度分辨率为 5.0°；

(5)第四个字段代表经度分辨率，单位为 0.1°，例如，lon50 代表经度分辨率为 5.0°。

例如，表名为 tem_m1_lat10_lon10 的表，表示此表中的数据时间分辨率为一个月，经纬度分辨率为 1.0°的温度气候学数据。

诸结构如表 9-27 至表 9-31 所示。

表 9-27　Argogreylist 的表结构

列名	类型	长度	含义	默认值
ID	INT	4	ID 号，主键，自增	0
PLATFORM_NUMBER	VARCHAR	8	浮标平台号	非空
PARAM	VARCHAR	100	出错参数	—
STARTDATE	INT	4	开始日期，从这天开始所有数据标记为出错	0
ENDDATE	INT	4	结束日期，从这天开始所有数据取消标记出错	0
ERROR_QC	CHAR	1	出错质控符	—
COMMENT	VARCHAR	255	注释，首席科学家对此问题的解释	—
DATACENTRE	CHAR	2	数据整合中心 DAC	—

表 9-28　qc_rangedescribe 的表结构

列名	类型	长度	含义	默认值
ID	INT	4	ID 号，主键，自增	自动增加
QCRANGE	VARCHAR	255	区域名称	—
QCDESCRIBE	TEXT	变长，最大 65 535	区域描述	—

表 9-29　qc_xy 的表结构

列名	类型	长度	含义	默认值
ID	INT	4	ID 号，主键，自增	自动增加
QCRANGE	VARCHAR	255	区域名称	—
QCORDER	INT	4	坐标点顺序	0
lon	DOUBLE	8	坐标点经度值	—
lat	DOUBLE	8	坐标点纬度值	—

表 9-30　qc_pts 的表结构

列名	类型	长度	含义	默认值
ID	INT	4	ID 号，主键，自增	自动增加
QCRANGE	VARCHAR	255	区域名称	—

续表

列名	类型	长度	含义	默认值
PRE	DOUBLE	8	压力值	—
TEMLOW	DOUBLE	8	温度最小值	—
TEMHIGH	DOUBLE	8	温度最大值	—
SALLOW	DOUBLE	8	盐度最小值	—
SALHIGH	DOUBLE	8	盐度最大值	—

表 9-31　气候学检验参数数据表结构

列名	类型	长度	含义	默认值
ID	INT	4	ID 号，主键，自增	自动增加
timeid	INT	4	数据时间标志	—
left_bnds	FLOAT	4	矩形区域的经度最小值	-999999.0
right_bnds	FLOAT	4	矩形区域的经度最大值	-999999.0
top_bnds	FLOAT	4	矩形区域的纬度最大值	-999999.0
bottom_bnds	FLOAT	4	矩形区域的纬度最小值	-999999.0
pres_lvl	FLOAT	4	压力值	-999999.0
t_an	FLOAT	4	Objectively Analyzed Climatology	-999999.0
t_mn	FLOAT	4	Statistical Mean	-999999.0
t_dd	INT	4	Number of Observations	-999999
t_ma	FLOAT	4	Seasonal or Monthly Climatology minus Annual Climatology	-999999.0
t_sd	FLOAT	4	Standard Deviation from Statistical Mean	-999999.0
t_se	FLOAT	4	Standard Error of the Statistical Mean	-999999.0
t_gp	INT	4	Number of Mean Values within Radius of Influence	-999999

9.2.3.6　ArgoTECHDB

ArgoTECHDB 数据库存储 Nc 技术信息数据解码后的数据表。根据 Nc 技术文件的定义把数据统一存放于一个表内，对应的表名称为 tech_platform_info。表 9-32 详细介绍此表的结构。

表 9-32　tech_platform_info 的表结构

字段名称	字段类型	字段简介
ID	Int(11)	ID 号，主键，自动增加
N_TECH_PARAM	Int(11)	技术信息维定义个数
PLATFORM_NUMBER	VARCHAR(255)	浮标号码
DATA_TYPE	VARCHAR(255)	数据类型
FORMAT_VER	VARCHAR(255)	格式版本

续表

字段名称	字段类型	字段简介
HANDBOOK_VER	VARCHAR(255)	手册版本
DATA_CENTRE	VARCHAR(255)	数据中心代码
DATE_CREATION	VARCHAR(255)	文件创建时间
DATA_UPDATE	VARCHAR(255)	数据修改时间
TECH_PARA_NAME	MEDIUMTEXT	技术信息要素名称
TECH_PARAM_VALUE	MIDIUMTEXT	技术信息要素值

9.2.3.7　ArgoTRAJDB

ArgoTRAJDB 数据库存储 Nc 轨迹文件解码后的数据。根据 Nc 轨迹文件的定义把表格分为三种类型。

第一种属于在 Nc 轨迹文件中只存在一个的，这些数据统一放在一个数据表中存储，对应的数据表名称为 traj_platform_info。

第二种是属于在一个 Nc 文件中存在多个的，即 N_MEASUREMENT 字段，对应的数据表名称为 traj_platform_measurement。此数据表为程序自动创建，其中 platform 为浮标号，每个浮标都有一个 measurement 数据表，存储浮标的测量数据。

第三种是 Nc 文件中以 N_CYCLE 维定义的字段。每个浮标存在一个此类型的数据表，命名规则为 traj_platform_cycle，其中 platform 为浮标号，存储 Nc 文件中的 CYCLE 数据。

诸结构如表 9-33 至表 9-35 所示。

表 9-33　traj_platform_info 的表结构

字段名称	字段类型	字段简介
ID	Int(11)	ID 号，主键，自动增加
CYCLE_NUMBER	Mediumint(9)	周期号码
MEAS_NUMBER	Int(11)	N_MEASUREMENT 维的值，采样数
PARA_NUMBER	Int(11)	Para 个数
FORMAT_VER	VARCHAR(255)	格式版本
HANDBOOK_VER	VARCHAR(255)	手册版本
REFERENCE_DATE_TIME	VARCHAR(255)	基准时间，参考时间
DATE_CREATION	VARCHAR(255)	创建时间
DATE_UPDATE	VARCHAR(255)	修改时间
PLATFORM_NUMBER	VARCHAR(255)	浮标号码
PROJECT_NAME	VARCHAR(255)	观测项目名称
PI_NAME	VARCHAR(255)	首席科学家名称

续表

字段名称	字段类型	字段简介
TRAJ_PARA	VARCHAR(255)	—
DATA_CENTRE	VARCHAR(255)	数据中心代码
DATA_STATE_ID	VARCHAR(255)	—
INST_REFERENCE	VARCHAR(255)	—

表 9-34　traj_platform_measurement 的表结构

字段名称	字段类型	字段简介
N_MEAS	Int(11)	采样数
JULD	double	时间
JULD_QC	CHAR	时间质控符，原始
MY_JULD_QC	CHAR	时间质控符，NMDIS
LATITUDE	double	纬度坐标
LONGITUDE	double	经度坐标
POSITION_ACC	CHAR	位置 ACC
POSITION_QC	CHAR	位置质控符，原始
MY_POSITION_QC	CHAR	位置质控符，NMDIS
CYCLE_NUMBER	Int(11)	周期数
PRES	FLOAT	压力观测值，原始
PRES_QC	CHAR	压力观测质控符，原始
MY_PRES_QC	CHAR	压力观测质控符，NMDIS
PRES_ADJ	FLOAT	压力调整值，原始
PRES_ADJ_QC	CHAR	压力调整质控符，原始
PRES_ADJ_ERR	FLOAT	压力调整误差，原始
TEMP	FLOAT	温度观测值，原始
TEMP_QC	CHAR	温度观测质控符，原始
MY_TEMP_QC	CHAR	温度观测质控符，NMDIS
TEMP_ADJ	FLOAT	温度调整值，原始
TEMP_ADJ_QC	CHAR	温度调整质控符，原始
TEMP_ADJ_ERR	FLOAT	温度调整误差，原始
SALI	FLOAT	盐度观测值，原始
SALI_QC	CHAR	盐度观测质控符，原始
MY_SALI_QC	CHAR	盐度观测质控符，NMDIS
SALI_ADJ	FLOAT	盐度调整值，原始
SALI_ADJ_QC	CHAR	盐度调整质控符，原始
SALI_ADJ_ERR	FLOAT	盐度调整误差，原始

表 9-35　traj_platform_cycle 的表结构

字段名称	字段类型	字段简介
N_CYCLE	Int(11)	周期数
JULD_ASCENT_START	Double	剖面上升开始时间
JULD_ASCENT_START_STATUS	CHAR	剖面上升开始状态
JULD_ASCENT_END	Double	剖面上升结束时间
JULD_ASCENT_END_STATUS	CHAR	剖面上升结束状态
JULD_DESCENT_START	Double	剖面下降开始时间
JULD_DESCENT_START_STATUS	CHAR	剖面下降开始状态
JULD_DESCENT_END	Double	剖面下降结束时间
JULD_DESCENT_END_STATUS	CHAR	剖面下降结束状态
JULD_START_TRANSMISSION	Double	数据开始传输时间
JULD_START_TRANSMISSION_STATUS	CHAR	数据开始传输状态

9.2.3.8　REALTIMEDB

数据库 REALTIMEDB 存储我国投放浮标的 Nc 原始文件，即实时数据，分为两个表，OrigFile 和 VerifyFile。OrigFile 表中存储未经人工审核的原始 Nc 文件，VerifyFile 表中存储经过人工审核以后可以发布的 Nc 文件。

诸结构如表 9-36 和表 9-37 所示。

表 9-36　OrigFile 的表结构

字段名称	字段类型	字段简介
ID	Int(11)	ID 号，主键，自动增加
FILE_NAME	VARCHAR(255)	Nc 文件名称
FILE_TYPE	CHAR	Nc 文件类型，T，P，J，M
FILE_SIZE	Int(11)	文件大小，字节
FILE_STAT	CHAR	文件处理状态，0，1
FILE_TIME	datetime	文件存储时间
FILE_BODY	longblob	实体文件，二进制
Errorcommit	Text	处理状态日志

表 9-37　VerifyFile 的表结构

字段名称	字段类型	字段简介
ID	Int(11)	ID 号，主键，自动增加
FILE_NAME	VARCHAR(255)	Nc 文件名称
FILE_TYPE	CHAR	Nc 文件类型，T，P，J，M

续表

字段名称	字段类型	字段简介
FILE_SIZE	Int(11)	文件大小，字节
PUT_STAT	tinyInt(3)	文件发布状态
CREATE_TIME	Datetime	创建时间
PUT_TIME	datetime	发布时间
FILE_BODY	mediumblob	实体文件，二进制

9.2.3.9 REALTIMEMETADB

REALTIMEMETADB 数据库存储实时 Nc 元数据文件解码后的数据。根据 Nc 元数据文件的定义把表格分为三种类型。

第一种属于在 Nc 元数据文件中只存在一个的，这些数据统一放在一个数据表中存储，对应的数据表名称为 meta_platform_info。

第二种属于在一个 Nc 文件中存在多个的，即 N_MEASUREMENT 字段，对应的数据表名称为 meta_platform_measurement。此数据表为程序自动创建，其中 platform 为浮标号，每个浮标都有一个 measurement 数据表。

第三种是 Nc 文件中以 N_PARAM 维定义的字段，每个浮标存在一个此类型的数据表，命名规则为 meta_platform_param，其中 platform 为浮标号。

诸结构如表 9-38 至表 9-40 所示。

表 9-38　REALTIMEMETADB 数据库 meta_platform_info 的表结构

字段名称	字段类型	字段简介
ID	Int(11)	ID 号，主键，自动增加
N_CYCLES	Int(11)	周期数
N_PARAM	Int(11)	参数个数
DATA_TYPE	VARCHAR(255)	数据类型
FORMAT_VERSION	VARCHAR(255)	格式版本号
HAND_VER	VARCHAR(255)	手册版本号
DATE_CREATION	VARCHAR(255)	创建时间
DATE_UPDATE	VARCHAR(255)	修改时间
PLATFORM_NUMBER	VARCHAR(255)	浮标号码
PTT	TEXT	—
TRANS_SYSTEM	VARCHAR(255)	传输系统
TRANS_SYS_ID	VARCHAR(255)	传输系统标示号
TRANS_PREQ	VARCHAR(255)	传输系统频率
TRANREPT	Float	—

续表

字段名称	字段类型	字段简介
POS_SYSTEM	VARCHAR(255)	定位系统
CLOCK_DRIFT	Float	漂流时间
PLATFORM_MODAL	VARCHAR(255)	浮标型号
PLATFORM_MAKER	VARCHAR(255)	浮标制造商
INST_REFERENCE	VARCHAR(255)	—
WMO_INST_TYPE	VARCHAR(255)	—
DIRECTION	CHAR	剖面方向
PROJECT_NAME	VARCHAR(255)	观测项目
DATA_CENTRE	VARCHAR(255)	数据中心
PI_NAME	VARCHAR(255)	首席科学家
ANOMALY	VARCHAR(255)	—
LAUNCH_DATE	VARCHAR(255)	投放日期
LAUNCH_LATITUDE	double	投放纬度
LAUNCH_LONGITUDE	double	投放经度
LAUNCH_QC	CHAR	—
START_DATE	VARCHAR(255)	首周期开始时间
START_DATE_QC	CHAR	开始时间指控符
DEPLOY_PLATFORM	VARCHAR(255)	—
DEPLOY_MISSION	VARCHAR(255)	—
DEPLOY_AVA_PROF_ID	VARCHAR(255)	—
END_MISSION_DATE	VARCHAR(255)	—
END_MISSION_STATUS	VARCHAR(255)	—

表 9-39　REALTIMEMETADB 数据库 meta_platform_measurement 的表结构

字段名称	字段类型	字段简介
ID	Int(11)	ID 号，主键，自动增加
Ncycle	Int(11)	—
cycle	Int(11)	—
reprate	Int(11)	—
deepestasc	Float	—
Deepestdesc	float	—
CYCLETIME	Float	周期时间
PARKINGTIME	Float	驻流时间
DESCENDINGPROFILINGTIME	Float	下降至漂流深度所需时间
ASCENDINGPROFILINGTIME	FLOAT	上升至剖面结束所需时间
SURFACETIME	Float	海面漂流时间
PARKINGPRESSURE	Float	驻流压力即驻流深度

表 9-40 REALTIMEMETADB 数据库 meta_platform_param 的表结构

字段名称	字段类型	字段简介
ID	Int(11)	ID 号，主键，自动增加
Sensor	VARCHAR(16)	传感器类型
Sensor_maker	TEXT	传感器制造商
Sensor_model	TEXT	传感器型号
Sensor_serial_no	VARCHAR(16)	传感器序列号
Sensor_units	VARCHAR(16)	传感器单元
Sensor_accuracy	float	采样精度
Sensor_resolution	Float	传感器分辨率
parameter	VARCHAR(16)	参数
Predeployment_calib_quation	TEXT	—
Predeployment_calib_coefficient	TEXT	—
Predeployment_calib_comment	TEXT	—

9.2.3.10 REALTIMEPROFDB

REALTIMEPROFDB 数据库存储实时 Nc 剖面文件解码后的数据。根据 Nc 剖面数据文件的定义把表格分为四种类型。

第一种属于在 Nc 剖面数据文件中只存在一个的，这些数据统一放在一个数据表中存储，对应的数据表名称为 platform_profile。

第二种是属于在一个 Nc 文件中存在多个的，即 N_PROF 字段，对应的数据表名称为 profdata_platform。此数据表为程序自动创建，其中 platform 为浮标号，每个浮标都有一个 profdata 数据表，存储浮标的剖面数据。

第三种是 Nc 文件中以 N_CALIB 维定义的字段。每个浮标存在一个此类型的数据表，命名规则为 calibdata_platform，其中 platform 为浮标号，存储 Nc 文件中的 CALIB-DATA 数据。

诸结构如表 9-41 至表 9-43 所示。

表 9-41 REALTIMEPROFDB 数据库 platform_profile 的表结构

字段名称	字段类型	字段简介
ID	Int(11)	ID 号，主键，自动增加
PLATFORM_NUMBER	VARCHAR(255)	浮标号码
CYCLE_NUMBER	Int(11)	周期号码
DIRECTION	CHAR	剖面方向
JULD	double	剖面时间

续表

字段名称	字段类型	字段简介
JULD_QC	CHAR	时间质控符
JULD_LOCATION	double	定位时间
LATITUDE	double	纬度坐标
LONGITUDE	Double	经度坐标
POSITION_QC	CHAR	位置质控符
STATION_PARAMETER	VRACHAR(255)	
DC_REFERENCE	VARCHAR(255)	
DATA_STATE_ID	VARCHAR(255)	
DATA_MODE	CHAR	数据类型，R，D，A
N_LEVELS	Int(11)	数据层数
N_PARAM	Int(11)	参数个数
FILE_NAME	VARCHAR(255)	Nc 文件名称
FORMAT_VERSION	VARCHAR(255)	格式版本号
HANDBOOK_VERSION	VARCHAR(255)	手册版本号
REFERENCE_DATETIME	VARCHAR(255)	基准日期(1950-01-01 00：00：00)
DATE_CREATION	VARCHAR(255)	创建时间
DATE_UPDATE	VARCHAR(255)	修改时间
QC_STATUS	CHAR	NMDIS 质控符，0 未质控，1 自动质控，4 人工审核
LOAD_DATE	datetime	入库时间
PROFILE_PRES_NMDIS_QC	CHAR	剖面压力总体质控符，ABCDEF
PROFILE_TEMP_NMDIS_QC	CHAR	剖面温度总体质控符，ABCDEF
PROFILE_SALI_NMDIS_QC	CHAR	剖面盐度总体质控符，ABCDEF
JULD_DATATIME	datetime	
OCEAN	VARCHAR(64)	剖面所在洋区
PROJECT_NAME	VARCHAR(64)	观测项目名称
PI_NAME	VARCHAR(64)	首席科学家名称
DATA_CENTRE	VARCHAR(2)	数据中心代码
INST_REFERENCE	VARCHAR(64)	
WMO_INST_TYPE	VARCHAR(4)	
POSITIONING_SYSTEM	VARCHAR(8)	定位系统

表 9-42　REALTIMEPROFDB 数据库 profdata_platform 的表结构

字段名称	字段类型	字段简介
ID	Int(11)	ID 号，主键，自动增加
CYCLE_NUMBER	Smallint(4)	周期号码

续表

字段名称	字段类型	字段简介
LEVEL_NUMBER	Int(11)	层序列
PRES	FLOAT	压力观测值，原始
PRES_QC	CHAR	压力观测质控符，原始
PRES_ADJUSTED	FLOAT	压力观测调整值，原始
PRES_ADJUSTED_QC	CHAR	压力观测调整值质控符
PRES_ADJUSTED_ERR	FLOAT	压力观测误差值，原始
TEMP	FLOAT	温度观测值，原始
TEMP_QC	CHAR	温度观测质控符，原始
TEMP_ADJUSTED	FLOAT	温度观测调整值，原始
TEMP_ADJUSTED_QC	CHAR	温度观测调整值质控符
TEMP_ADJUSTED_ERR	FLOAT	温度观测误差值，原始
SALI	FLOAT	盐度观测值，原始
SALI_QC	CHAR	盐度观测质控符，原始
SALI_ADJUSTED	FLOAT	盐度观测调整值，原始
SALI_ADJUSTED_QC	CHAR	盐度观测调整值质控符
SALI_ADJUSTED_ERR	FLOAT	盐度观测误差值，原始
CNDC	FLOAT	电导率观测值，原始
CNDC_QC	CHAR	电导率观测质控符，原始
CNDC_ADJUSTED	FLOAT	掉到率观测调整值，原始
CNDC_ADJUSTED_QC	CHAR	电导率观测调整值质控符
CNDC_ADJUSTED_ERR	FLOAT	电导率观测误差值，原始
PRES_NMDIS_QC	CHAR	压力观测值，NMDIS
TEMP_NMDIS_QC	CHAR	温度观测值，NMDIS
SALI_NMDIS_QC	CHAR	盐度观测值，NMDIS
CNDC_NMDIS_QC	CHAR	电导率观测值，NMDIS

表 9-43　REALTIMEPROFDB 数据库 calibdata_platform 的表结构

字段名称	字段类型	字段简介
ID	Int(11)	ID 号，主键，自动增加
CYCLE_NUMBER	Smallint(4)	周期号码
CALIB_NUMBER	Int(11)	
PARAMETER	VARCHAR(16)	
SCIENTIFIC_CALIB_EQUATION	TEXT	
SCIENTIFIC_CALIB_COEFFICIENT	TEXT	
SCIENTIFIC_CALIB_COMMENT	TEXT	
CALIBRATION_DATE	datetime	

9.2.3.11　REALTIMETECHDB

REALTIMETECHDB 数据库存储实时 Nc 技术文件解码后的数据。根据 Nc 技术文件的定义把数据统一存放于一个表内，对应的表名称为 tech_platform_info。此表的结构如表 9-44 所示。

表 9-44　REALTIMETECHDB 数据库 tech_platform_info 的表结构

字段名称	字段类型	字段简介
ID	Int(11)	ID 号，主键，自动增加
N_TECH_PARAM	Int(11)	技术信息维定义个数
PLATFORM_NUMBER	VARCHAR(255)	浮标号码
DATA_TYPE	VARCHAR(255)	数据类型
FORMAT_VER	VARCHAR(255)	格式版本
HANDBOOK_VER	VARCHAR(255)	手册版本
DATA_CENTRE	VARCHAR(255)	数据中心代码
DATE_CREATION	VARCHAR(255)	文件创建时间
DATA_UPDATE	VARCHAR(255)	数据修改时间
TECH_PARA_NAME	MEDIUMTEXT	技术信息要素名称
TECH_PARAM_VALUE	MIDIUMTEXT	技术信息要素值

9.2.3.12　REALTIMETRAJDB

REALTIMETRAJDB 数据库存储实时 Nc 轨迹文件解码后数据。根据 Nc 轨迹文件的定义把表格分为三种类型。

第一种属于在 Nc 轨迹文件中只存在一个的，这些数据统一放在一个数据表中存储，对应的数据表名称为 traj_platform_info。

第二种属于在一个 Nc 文件中存在多个的，即 N_MEASUREMENT 字段，对应的数据表名称为 traj_platform_measurement，此数据表为程序自动创建，其中 platform 为浮标号，每个浮标都有一个 measurement 数据表，存储浮标的测量数据。

第三种是 Nc 文件中以 N_CYCLE 维定义的字段，每个浮标存在一个此类型的数据表，命名规则为 traj_platform_cycle，其中 platform 为浮标号，存储 Nc 文件中的 CYCLE 数据。

诸结构如表 9-45 至表 9-47 所示。

表 9-45　REALTIMETRAJDB 数据库 traj_platform_info 的表结构

字段名称	字段类型	字段简介
ID	Int(11)	ID 号，主键，自动增加
CYCLE_NUMBER	Mediumint(9)	周期号码

续表

字段名称	字段类型	字段简介
MEAS_NUMBER	Int(11)	N_MEASUREMENT 维的值，采样数
PARA_NUMBER	Int(11)	Para 个数
FORMAT_VER	VARCHAR(255)	格式版本
HANDBOOK_VER	VARCHAR(255)	手册版本
REFERENCE_DATE_TIME	VARCHAR(255)	基准时间，参考时间
DATE_CREATION	VARCHAR(255)	创建时间
DATE_UPDATE	VARCHAR(255)	修改时间
PLATFORM_NUMBER	VARCHAR(255)	浮标号码
PROJECT_NAME	VARCHAR(255)	观测项目名称
PI_NAME	VARCHAR(255)	首席科学家名称
TRAJ_PARA	VARCHAR(255)	
DATA_CENTRE	VARCHAR(255)	数据中心代码
DATA_STATE_ID	VARCHAR(255)	
INST_REFERENCE	VARCHAR(255)	
WMO_INST_TYPE	VARCHAR(255)	
POSITION_SYSTEM	VARCHAR(255)	

表 9-46　REALTIMETRAJDB 数据库 traj_platform_measurement 的表结构

字段名称	字段类型	字段简介
N_MEAS	Int(11)	采样数
JULD	double	时间
JULD_QC	CHAR	时间质控符，原始
MY_JULD_QC	CHAR	时间质控符，NMDIS
LATITUDE	double	纬度坐标
LONGITUDE	double	经度坐标
POSITION_ACC	CHAR	位置 ACC
POSITION_QC	CHAR	位置质控符，原始
MY_POSITION_QC	CHAR	位置质控符，NMDIS
CYCLE_NUMBER	Int(11)	周期数
PRES	FLOAT	压力观测值，原始
PRES_QC	CHAR	压力观测质控符，原始
PRES_ADJ	FLOAT	压力调整值，原始
PRES_ADJ_QC	CHAR	压力调整质控符，原始
PRES_ADJ_ERR	FLOAT	压力调整误差，原始
TEMP	FLOAT	温度观测值，原始

续表

字段名称	字段类型	字段简介
TEMP_QC	CHAR	温度观测质控符，原始
TEMP_ADJ	FLOAT	温度调整值，原始
TEMP_ADJ_QC	CHAR	温度调整质控符，原始
TEMP_ADJ_ERR	FLOAT	温度调整误差，原始
SALI	FLOAT	盐度观测值，原始
SALI_QC	CHAR	盐度观测质控符，原始
SALI_ADJ	FLOAT	盐度调整值，原始
SALI_ADJ_QC	CHAR	盐度调整质控符，原始
SALI_ADJ_ERR	FLOAT	盐度调整误差，原始

表 9-47　REALTIMETRAJDB 数据库 traj_platform_cycle 的表结构

字段名称	字段类型	字段简介
N_CYCLE	Int(11)	周期数
JULD_ASCENT_START	Double	剖面上升开始时间
JULD_ASCENT_START_STATUS	CHAR	剖面上升开始状态
JULD_ASCENT_END	Double	剖面上升结束时间
JULD_ASCENT_END_STATUS	CHAR	剖面上升结束状态
JULD_DESCENT_START	Double	剖面下降开始时间
JULD_DESCENT_START_STATUS	CHAR	剖面下降开始状态
JULD_DESCENT_END	Double	剖面下降结束时间
JULD_DESCENT_END_STATUS	CHAR	剖面下降结束状态
JULD_START_TRANSMISSION	Double	数据开始传输时间
JULD_START_TRANSMISSION_STATUS	CHAR	数据开始传输状态

第二部分
地球科学大数据平台建设

第10章　地球科学大数据平台

10.1　大数据概述

10.1.1　大数据时代

20世纪80年代，为解决信息处理的问题，制定了个人计算机标准并普及开来，迎来了信息化的第一次浪潮；1995年前后，互联网的普及标志着第二次信息化浪潮的到来；随着数据信息的大发展，各类数据以数量级的速度爆发式增长，传统的数据计算处理方式已满足不了人们对数据的需求，21世纪初，出现了以物联网、云计算及大数据为标志的第三次信息化浪潮，大数据时代应运而生[7]。

“大数据”时代到来由全球知名咨询公司麦肯锡首次提出。麦肯锡称：“数据，已经渗透到当今每一个行业和业务职能领域，成为重要的生产因素。人们对于海量数据的挖掘和运用，预示着新一波生产率增长和消费者盈余浪潮的到来。”大数据在物理学、生物学、环境生态学等领域，以及军事、金融、通信等行业存在已有时日，却因为近年来互联网和信息行业的发展而引起人们的关注[8]。

信息科技发展到一定程度必然会产生质变，引起新一轮的技术变革，这就为大数据时代的到来提供了充足的技术支持。

10.1.1.1　存储设备的进化

存储设备的进化，使存储设备体积越来越小，存储的数据越来越多，数据存储的成本却在不断地降低。这样使不管是个人还是企业都可以将尽可能多的数据进行存储，以备后期进行详细的分析研究。

10.1.1.2　CPU处理能力大幅度提升

数据量的爆发式增长对计算机的处理能力有了很大的挑战，需要更加强大的CPU来处理与日俱增的数据。

CPU性能无非两种：频率和晶体管数量，现在频率难提升，只能从晶体管数量上想办法，所以就出现了双核、多核、八核等。

晶体管数量的不断提升使计算机的CPU处理能力出现质的飞跃。

10.1.1.3 网络带宽不断增加

大数据要求用极少的时间在海量的数据中筛选出有用的信息，这就对网络质量要求比较严格。近年来，网络质量提升，网络带宽增加，使数据的收集、筛选及处理变得更加迅速、更加便捷，也促成了大数据时代的到来。

技术的支持只是促成大数据时代的一方面原因，数据产生的方式也在发生着变化，这也成为大数据时代到来必不可少的一环。数据库时代，数据只能被动地进行增加；互联网的出现，使数据传播更加迅速快捷，特别是开始出现大量的原创内容，人们不再是单纯的浏览，而是真正地参与到数据的生产中，这就使数据量产生一个量的变化；物联网的发展，实现万物互联，数据开始自动生产传播，在短时间内生产出海量数据，使人类迅速进入“大数据时代”。

10.1.2 大数据的特点

大数据具有数据量大、数据类型繁多、处理速度快、价值密度低等特点，统称“4V”。大数据对科学研究、思维方式、社会发展、就业市场和人才培养等方面，都产生了重要的影响，深刻理解大数据的这些影响，有助于我们更好地把握学习和应用大数据的方向[9]。

10.1.2.1 数据量大(Volume)

从前，我们对数据容量认知单位仅限于KB、MB和GB，但现在业务中使用的数据动辄数TB，像百度、腾讯、阿里等网络公司已经达到ZB(1 ZB=1万亿GB)[10]。

10.1.2.2 种类繁多(Variety)

数据根据不同的划分方式可以被划分为多种类型。根据数据关系划分，有结构化数据、半结构化数据和非结构化数据；根据数据的来源划分，有社交媒体数据、传感器数据和系统数据；从数据格式上划分，有文本数据、图片数据、音频数据、视频数据等[10]。

10.1.2.3 数据处理和分析的速度快(Velocity)

数据的数量和类型都在不断增加，直接影响到的就是数据的处理速度。速度是大数据处理过程中不可忽视的一点，这是由数据的时效性造成的。现在很多互联网公司进行的不仅仅是数据的竞争，同时还是速度的竞争。要想在市场中占据主动地位，就必须要对拥有的数据进行快速的、实时的处理[10]。

10.1.2.4 价值密度低，最终商业价值高(Value)

基于物联网，各类传感器会收集并存储大量的数据，但数据的价值密度不高，需要通过复杂的机器算法更迅速地完成数据的价值“提纯”，也是大数据时代面临的一个难题[10]。

10. 1. 3　大数据的精髓

大数据时代的到来，让我们重新认识了数据对于我们的重要性，并且带给我们的三个颠覆性观念转变[11]。

10. 1. 3. 1　面向全体数据，不再局限于随机数据

过去，遇到量级庞大的数据，无法对全部数据进行分析加工，一般都是采取随机取样的方式进行分析处理。在大数据时代，我们可以分析更多的数据，有时候甚至可以处理和某个特别现象相关的所有数据，而不再依赖于随机采样[11]。

10. 1. 3. 2　结果更加注重宏观方向

过去研究数据，数据量小，在处理时更加追求结果的精确性及准确率。大数据时代面向的数据为全部数据，海量数据的处理如果只追求准确性，那将是一个漫长的处理过程。因此，我们不再只关注结果的精度，而是更加倾向于预测数据发展的趋势[11]。

10. 1. 3. 3　不是因果关系，而是相关关系

长期以来，我们研究事物现象时，都想知其然，更想知其所以然，喜欢探索事物间的因果关系；物联网环境下的大数据时代，事物间的因果关系被淡化，大家更热衷于了解事物间的相关关系[11]。

10. 2　地球科学大数据平台概述

10. 2. 1　建设背景

科学大数据在科学研究中是最基础的一个环节，地球科学数据是具有空间属性的、通过多种现代化手段和综合方式采集的、可以研究地球特征及发展演变的各类地球科学领域数据，包括大气数据、海洋温度、盐度等数据，以及前面提到的 Argo 数据，都是地球科学数据。这些数据是研究地球物质组成、结构构造以及演化规律的重要基础，它们具有海量、多源以及更精准、更科学、更及时的独特优势，是新型的国家战略资源。

地球科学数据类型多样，内容丰富，覆盖面广，数据量庞大，历年的积累数据不断堆积。这些数据对我们研究地球的历史及发展具有极高价值，但是数据的利用率却非常低。在陆地、海洋、气象、生态等多学科交叉、跨领域的背景下，单纯运用某一领域的数据挖掘分析方法进行数据研究，难以有效推动科学发现，这就需要有一个统一的平台进行多学科联合、系统和综合的研究。

同时，大数据时代也为地球科学大数据平台的建设提供了可能性：

(1) 云计算、资源的虚拟化管理使得地球科学相关的大数据唾手可得；

(2)以 Hadoop 平台为首的大数据平台，并行计算的实现使地球科学数据的海量计算成为可能；

(3)人工智能的发展提高了大数据的分析与理解能力；

(4)高性能计算的发展和应用已经使地球系统的模拟和预测从概念变为现实。

结合前面介绍的大数据的特点及相关知识，我们可以发挥大数据时代的优势，将这些庞大的数据进行整理利用，并且进行共享分析，建设一个地球科学大数据平台。用来对地球多学科数据进行系统地收集，并集成多学科的研究理论及方法对这些海量的数据进行分析研究，实现数据的集成融合及共享，建成具有全球影响力、国际化、开放式的国际地球大数据平台，有助于推动并实现地球大数据技术创新、重大科学发现和一站式全方位宏观决策支持。

10.2.2 建设意义

随着数据量的剧增，对数据的分析手段及方法也在不断发展，因此建立一个地球科学数据的共享平台可以将这些数据进行体系的管理与运维，同时运用大数据的技术对这些数据进行分析整合，对挖掘数据的内在联系和相关性、全球动力学研究、成岩成矿预测、地质灾害的预警预报等方面都具有重要的意义。

10.2.2.1 对地球动力学研究的意义

地球动力学的研究涉及地球各圈层的结构组成、岩石矿物的变形特征以及各圈层物质的运动机制等学科内容，需要进行地质学、地球物理、地球化学等跨学科研究及海量数据的分析。地球科学大数据平台可以打破各学科数据间的壁垒，融合分析不同领域的数据时，从时空拓展到整体地球构造演化模式，开展不一样的地球动力学研究。

10.2.2.2 对成矿研究的意义

长期以来，不管是陆地矿产还是海底矿产的研究，都离不开样品数据的分析，对于成矿靶区的圈定缺少系统的预测，地球科学大数据平台的建设，可以让我们在长期收集的矿床、岩石地球化学等数据的基础上，从时间、空间、成矿因素以及各矿点之间的关系进行数据挖掘分析，利用大数据的优势进行矿产资源的时空分布特征和规律，从而圈定成矿远景区。

10.2.2.3 对地质灾害预警的意义

结合收集到的地质灾害及其相关的历史数据，可以在大数据平台上进行海量数据的分析，并结合可视化技术展示地质灾害的分布特征，找出成灾规律，识别出地质灾害的易发区域，还可进行灾害预警及灾害评估。

10.2.2.4 对生命演化、古地理环境重建的意义

地球化学的各种数据对生命演化及古地理环境的研究具有重要的意义，将这些数

据在大数据平台进行集成分析展示，有利于促使古地理研究由定性走向定量。

地球科学大数据平台是以大数据、云计算和人工智能等技术为基础进行建设，有助于促进信息技术与地质研究的融合，消除地球科学研究中不同类型数据间的鸿沟，实现复杂地球系统数据的分析及预测，深化地球科学的基础研究和应用研究。

10.2.3　建设思想

对于地球科学大数据平台的建设要实现以下目标：

(1)实现不同类型海量地球科学数据的存储；

(2)对存储的地球科学大数据进行不同类型的高速处理；

(3)快速开发出并行服务；

(4)运行在廉价机器搭建的集群上，实现资金利用的最优化。

地球科学大数据平台在建设时需要考虑到很多因素。

(1)平台的稳定性。可以通过多台机器做数据和程序运行的备份，但服务器的质量和预算成本相应地会限制平台的稳定性。

(2)集群的可扩展性。大数据平台部署在多台机器上，如何在其基础上扩充新的机器是实际应用中经常会遇到的问题。

(3)数据的安全性。整个平台会集成历年获取的各种类型的地球科学数据，其数据的安全性也是在搭建平台时不可忽视的问题，在处理海量数据的过程中，要防止数据的丢失和泄漏。

Hadoop 平台可以实现数据存储和处理的高可靠性、集群配置的高扩展性、处理速度的高效性，并且具有高容错及低成本的特点；同时 Hadoop 分布式存储数据可通过多台机器做数据及程序运行备份以确保系统的稳定性。

第 11 章　地球科学大数据平台建设方案

11.1　平台架构

数据的存储与管理、数据的处理与分析是研究数据时面临的两大核心问题。大数据技术的分布式存储解决了海量数据的存储问题，分布式处理解决了海量数据的处理问题，称为大数据的两大核心技术。

数据的分布式存储主要由分布式文件系统和分布式数据库完成，但是数据在处理过程中，不同的数据处理需求需要不同的计算模式，有的数据需要进行批处理，有的数据需要进行实时计算，有的数据需要交互计算，这样使在进行大数据计算时不能只局限于一种计算模式。

大数据平台无非是要实现地球科学大数据的存储、数据的分析、查询及数据的挖掘等方面的需求，在这方面 Hadoop 包含的组件有足够的能力完成，Hadoop 的项目结构不断丰富发展，已经形成一个丰富的 Hadoop 生态系统。Hadoop 适合应用于大数据存储和大数据的分析应用，适合服务于几千台到几万台大的服务器的集群运行，支持 PB 级别的存储容量。Hadoop 家族还包含各种开源组件，比如 Yarn、ZooKeeper、HBase、Hive、Sqoop、Impala、Spark 等，可以搭建一个稳定性高、扩展性强、安全性大的地球科学大数据平台。地球科学大数据平台架构如图 11-1 所示，包括数据层、数据接入和预处理层、数据存储、数据计算和数据应用层。

11.2　数据功能

11.2.1　数据层

地球科学大数据包含了和地球有关的全部巨量数据集合，地球系统科学的所有相关数据，其实数据类型多样，有大量的机构化数据：关系型数据库内存储的数据，各类 TIF、Nc 等文件数据；有日志、点击流等半结构化数据；有文本、图片及视频等非结构化数据。

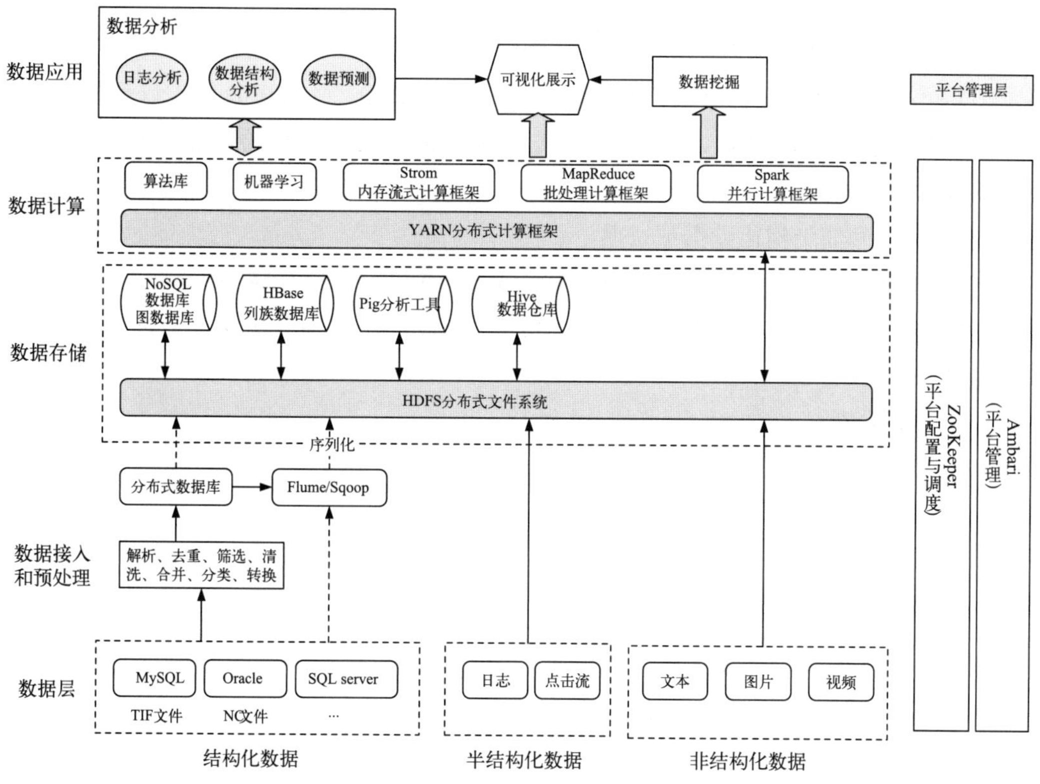

图 11-1　地球科学大数据平台架构

11.2.2　数据接入和预处理

数据接入就是将上面提到的各种类型的地球科学数据整合在一起，综合起来进行分析。数据接入常用的工具有 Flume、Sqoop 等，同时为保证数据的可靠性和一致性，使用分布式应用程序协调服务 ZooKeeper 来提供数据同步服务。

数据预处理是在海量的地球科学数据中提取出可用特征，建立宽表，创建数据仓库，目的是从大量杂乱无章、难以理解的数据中，抽取并推导出对解决问题有价值、有意义的数据。数据预处理对收集的地球科学大数据进行加工整理，形成适合数据分析的样式，是数据分析前必须经历的过程。

数据预处理要解决的问题：

(1)重复的数据处理；

(2)缺失的数据处理；

(3)格式不统一的数据处理；

(4)检查数据逻辑错误；

(5)需要进行计算的数据处理。

结构化数据的预处理：

(1)能够序列化的数据，直接存放到 HDFS 中；

(2)不能够序列化的数据，通过数据清洗整理后统一存放在分布式数据环境中，再经过序列化后存放到 HDFS 中；经清洗整理后还不能序列化的数据也直接存放到 HDFS 中。

半结构化和非结构化数据预处理：

(1)各种日志数据(通过序列化半结构化数据)直接存放到 HDFS 中；

(2)点击流和数据接口中的数据(通常序列化半结构化数据)，直接存放到 HDFS 中；

(3)非结构化的数据直接存放到 HDFS 中。

11.2.3 数据存储

Hadoop HDFS 分布式文件系统中存放海量的结构化和半结构化数据，需要运用合理化组织数据的存储：

(1)相关业务结构化数据和有一定格式关系的半结构数据存于 Hive 数据仓库中，并根据业务需求，根据特定的业务主体进行数据集市的构建。

(2)相关业务中半结构化的数据直接存放在 HDFS 分布式文件系统中，一定格式关系的半结构化数据存放于 Hadoop HBase 列数据库中和其他 NoSQL 数据库中。

数据存储除了 Hadoop 中已广泛应用于数据存储的 HDFS，常用的还有分布式、面向列的开源数据库 HBase，HBase 是一种 key/value 系统，部署在 HDFS 上，与 Hadoop 一样，HBase 的目标主要是依赖横向扩展，通过不断增加廉价的商用服务器，增加计算和存储能力。

Sqoop 是连接关系型数据库(MySQL、Oracle、Postgres 等)和 Hadoop 的桥梁，可实现数据的导入及导出。

11.2.4 数据计算

针对查询分析的实时性和延时性需求，可选择不同的大数据计算框架构建查询分析业务。

Storm：实时大数据分析，一个分布式、容错的、实时的内存流式计算系统。

Hadoop：离线大数据分析，大数据离线批处理系统，大量离线数据计算 MapReduce。

Spark：并行大数据计算，Hadoop MapReduce 的通用并行计算，拥有 MapReduce 所具有的优点，但不同于 MapReduce 的是 Job 中间输出结果可以保存在内存中，从而不再需要读写 HDFS，因此 Spark 能更好地适用于数据挖掘与机器学习等需要迭代的 MapReduce 算法。

11.2.5　数据应用

数据应用包括数据分析、数据挖掘及数据的可视化展示，数据分析不仅指运算数据，还包括全面了解数据分析的背景和环境，数据分析结果可以保存在多种结构中，也可以在不同的分布式集群间进行传输、复制和同步，数据分析的结果可以通过多种展现形式(表格、各种展示图)进行数据展示，用于决策分析。

11.3　环境部署

11.3.1　集群规划

集群节点机器的 CPU、内存、网络连接等之间的性能平衡决定着整个集群的性能，因此需要针对不同节点负责的工作选择对应合适的机器配置，才能发挥整个集群的功能最优化。在初期搭建时考虑到成本及可行性等因素，可以暂定 3 个节点的集群：一个 Master 节点，主要作为 NameNode，并且运行 ResourceManager 程序；两个 Slave 节点，用来作为 DataNode，并运行 NodeManager 程序。

后期会根据需要添加一台 Master 机器用来作为备用，以防止 Master 服务器宕机。

硬件方面：物理机安装 Redhat6.6 系统，由于使用 Spark 做分析引擎，对内存的要求比较高，具体规划如表 11-1 所示。

表 11-1　集群物理规划

主机名称	操作系统	内存	硬盘
Master	Redhat6.6	16 G	500 G
Slave1	Redhat6.6	16 G	500 G
Slave2	Redhat6.6	16 G	500 G

软件规划：集群软件方面可采用如表 11-2 所示的规划方案。

表 11-2　集群软件规划

用户名	Host-IP	HostName	HDFS	YARN	备注
Master	192.168.1.001	master	NameNode	ResourcesManager	集群主节点
Slave1	192.168.1.002	Slave1	DataNode	NodeManager	计算调度
Slave2	192.168.1.003	Slave2	DataNode	NodeManager	数据计算节点

网络拓扑结构方面：Hadoop 集群结构由一个两阶网络构成，每个机架(Rack)安排相应的服务器，后期也可进行扩展，但最多 30~40 台服务器，配置一个 1 GB 的交换机。

11.3.2 环境配置

在所有节点上安装 Linux 操作系统，选择的系统是 Redhat6.6。准备好 Redhat6.6 安装包后，可以按照下列步骤安装。

(1)光盘引导安装。

(2)选择安装或升级现有系统。

(3)验证安装介质的完整性，选择“skip”，如图 11-2 所示。

图 11-2 介质完整性验证界面

(4)进入欢迎界面，直接点“下一步”。

(5)选择系统安装语言，一般情况下选择“English”，点击“Next”，如图 11-3 所示。

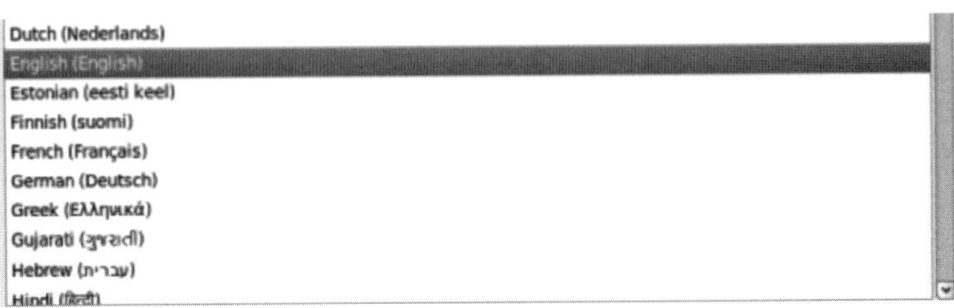

图 11-3 语言选择界面

(6)选择键盘布局“U. S. English”，如图 11-4 所示，点击“Next”。

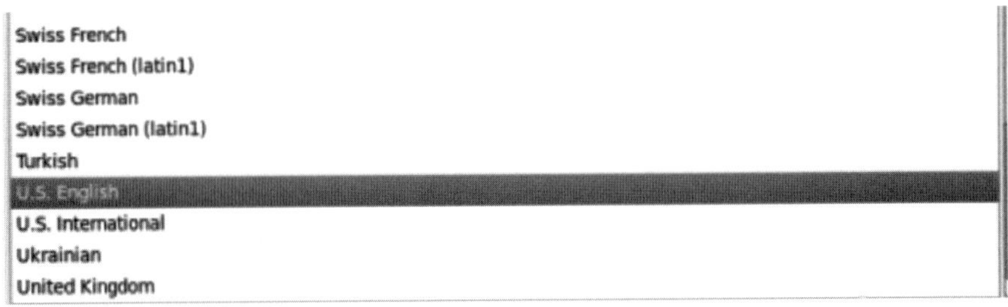

图 11-4 键盘布局选择界面

(7)存储类型选择“安装使用本地盘”，如图 11-5 所示。

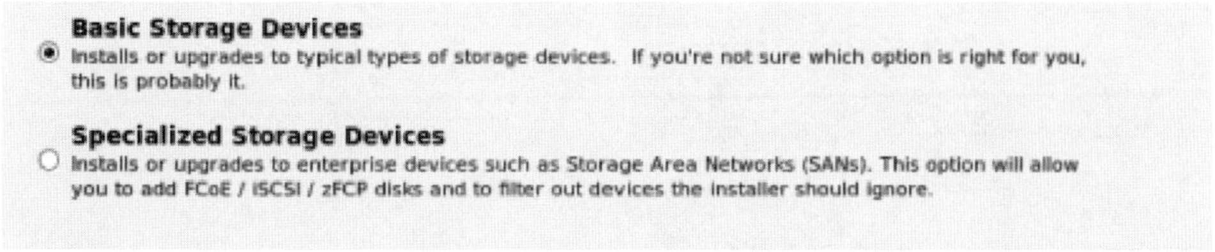

Basic Storage Devices
Installs or upgrades to typical types of storage devices. If you're not sure which option is right for you, this is probably it.

Specialized Storage Devices
Installs or upgrades to enterprise devices such as Storage Area Networks (SANs). This option will allow you to add FCoE / iSCSI / zFCP disks and to filter out devices the installer should ignore.

图 11-5　存储类型选择界面

(8)选择“Yes, discard any data”，丢弃磁盘上现有的数据。

(9)设置主机名，默认即可，如图 11-6 所示。

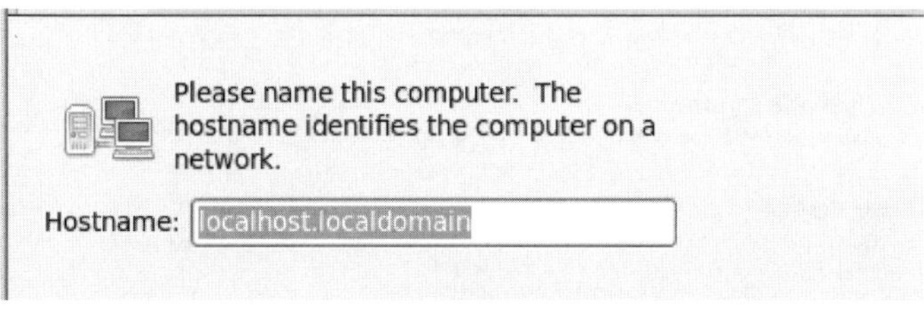

图 11-6　主机名设置界面

(10)选择时区，选择“Shanghai”，如图 11-7 所示。

图 11-7　时区选择界面

(11)设置 root 密码，如图 11-8 所示。

(12)存储分区划分，选择自定义分区，如图 11-9 所示。

(13)创建标准分区，如图 11-10 所示。

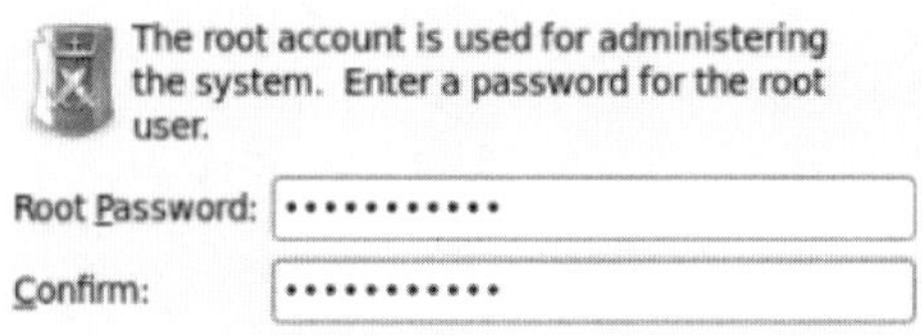

The root account is used for administering the system. Enter a password for the root user.
Root Password:
Confirm:

图 11-8　root 密码设置界面

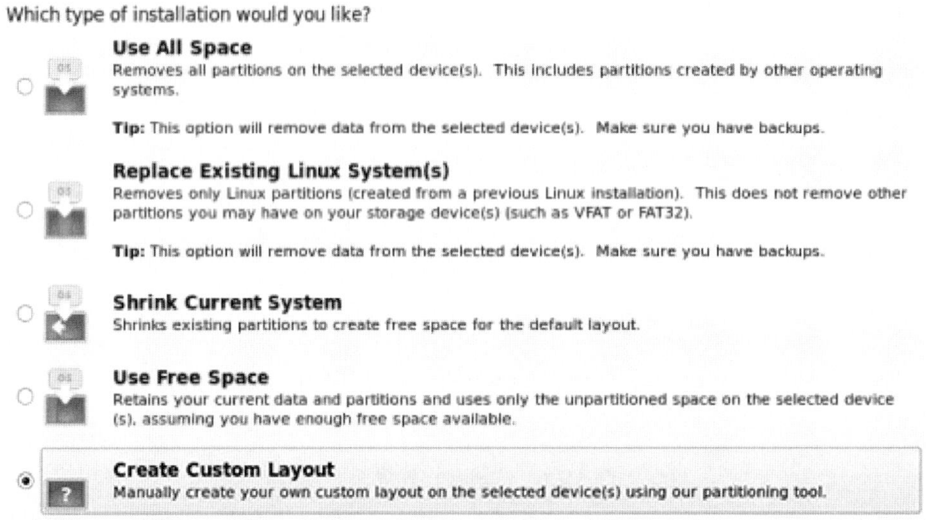

Which type of installation would you like?
Use All Space
Removes all partitions on the selected device(s). This includes partitions created by other operating systems.
Tip: This option will remove data from the selected device(s). Make sure you have backups.
Replace Existing Linux System(s)
Removes only Linux partitions (created from a previous Linux installation). This does not remove other partitions you may have on your storage device(s) (such as VFAT or FAT32).
Tip: This option will remove data from the selected device(s). Make sure you have backups.
Shrink Current System
Shrinks existing partitions to create free space for the default layout.
Use Free Space
Retains your current data and partitions and uses only the unpartitioned space on the selected device (s), assuming you have enough free space available.
Create Custom Layout
Manually create your own custom layout on the selected device(s) using our partitioning tool.

图 11-9　存储分区划分界面

Device
Size (MB)
Hard Drives
sda
Free
20473
Create Storage
Create Partition
Standard Partition
Create Software RAID
Information
RAID Partition
RAID Device
Create LVM
Information
LVM Volume Group
LVM Logical Volume
LVM Physical Volume
Cancel
Create
Delete
Reset

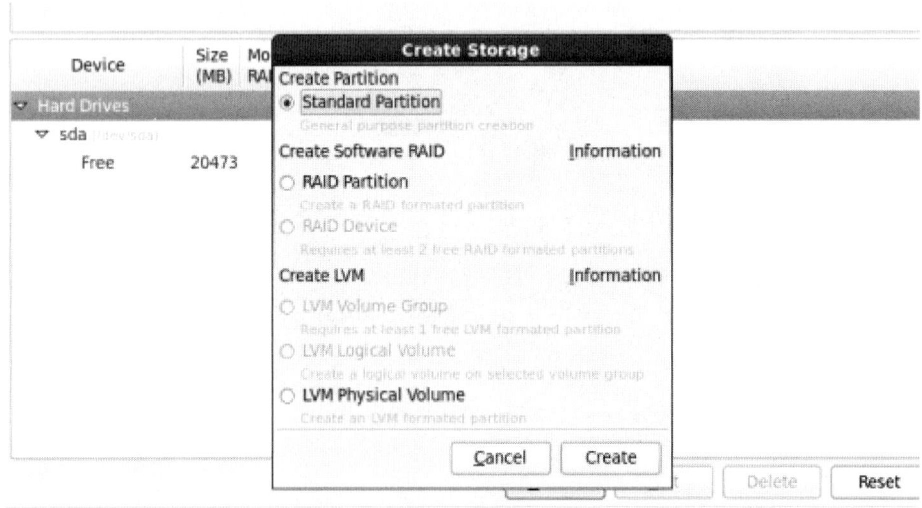

图 11-10　创建标准分区界面

(14)创建 boot，如图 11-11 所示。

(15)然后创建 swap，如图 11-12 所示。

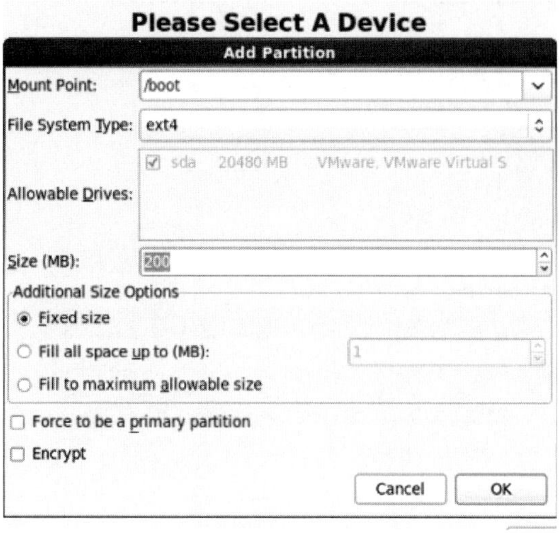

图 11-11　创建 boot 界面

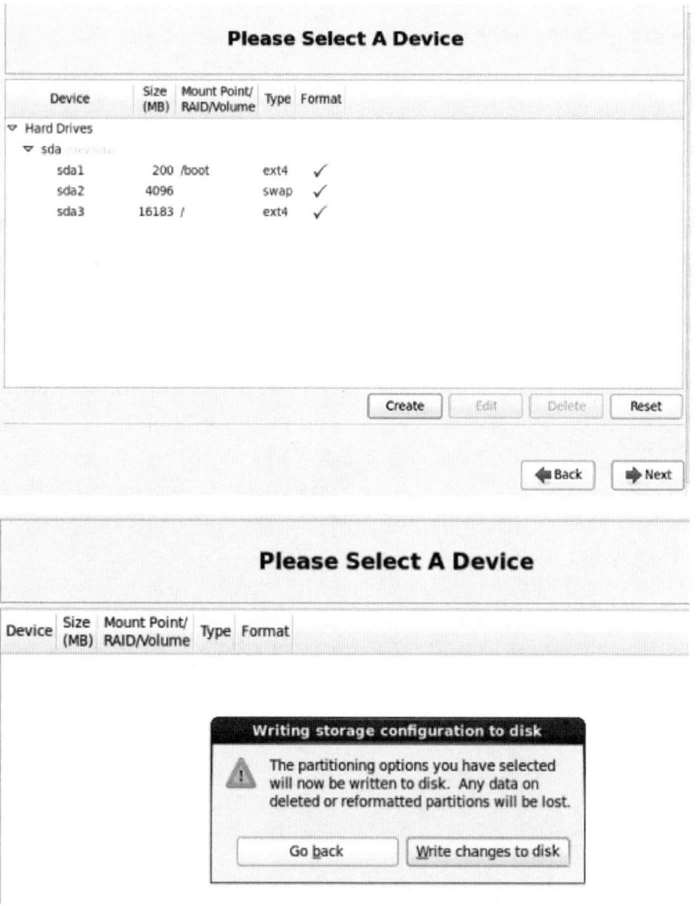

图 11-12　创建 swap 界面

(16)选择带有桌面的，选择系统自带的软件安装包和服务，如图 11-13 所示。

The default installation of Red Hat Enterprise Linux is a basic server install. You can optionally select a different set of software now.
Database Server
Web Server
Virtual Host
Desktop
Software Development Workstation
Minimal
Please select any additional repositories that you want to use for software installation.
High Availability
Load Balancer
Red Hat Enterprise Linux
Add additional software repositories
Modify repository
You can further customize the software selection now, or after install via the software management application.
Customize later
Customize now
Back
Next
Base System
Servers
Web Services
Databases
System Management
Virtualization
Desktops
Applications
Development
Desktop
Desktop Debugging and Perform
Desktop Platform
Fonts
General Purpose Desktop
Graphical Administration Tools
Input Methods
KDE Desktop
A minimal desktop that can also be used as a thin client.
Optional packages selected: 13 of 17
Optional packages
Back
Next

图 11-13　软件安装包和服务选择界面

(17)下一步开始安装，如图 11-14 所示。

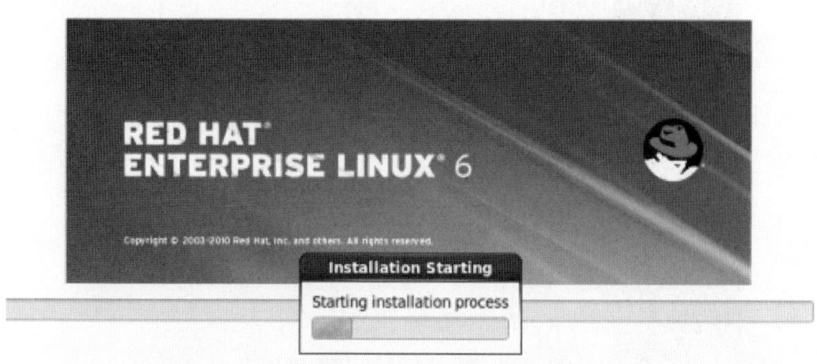

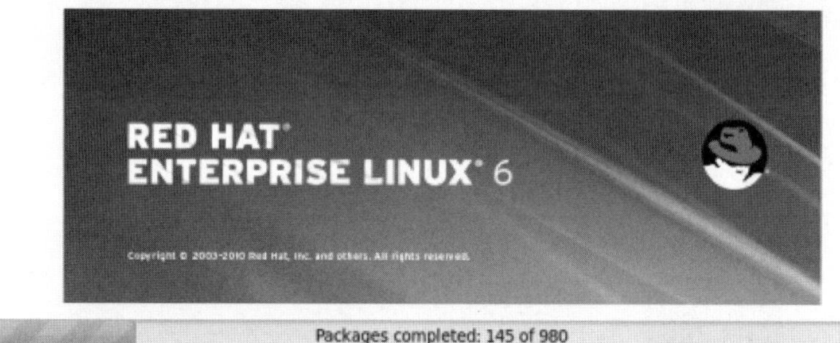

图 11-14　安装进程

(18)安装完成后会重启，如图 11-15 所示。

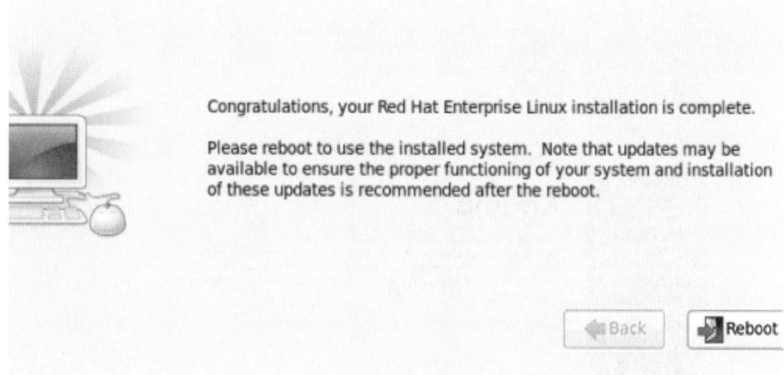

图 11-15　安装完成界面

(19)设置管理员用户密码，如图 11-16 所示。

(20)默认下一步，重启，如图 11-17 所示。

(21)输入 root 密码后就可以进入系统了，如图 11-18 所示。

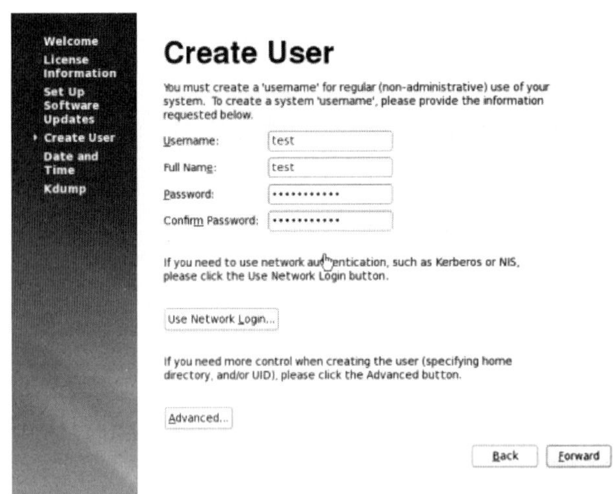

图 11-16　设置管理员用户密码

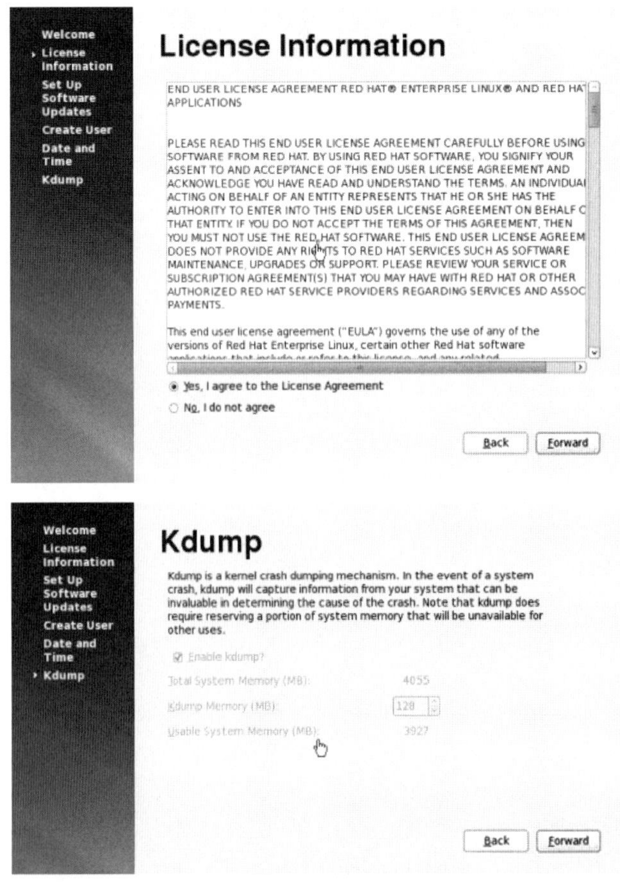

图 11-17　许可界面

图 11-18　登录系统界面

JDK 环境配置步骤如下。

(1)在所有节点安装 Oracle JDK 8，如图 11-19 所示。双击 JDK 安装包，点“下一步”。

图 11-19　JDK 安装向导

(2)选择安装路径，也可以默认安装。如果更改路径最好不要放在中文或者带空格的目录下，以免将来出现不必要的麻烦，如图 11-20 所示。

(3)点击“下一步”开始安装，如图 11-21 所示。

(4)安装成功，如图 11-22 所示。

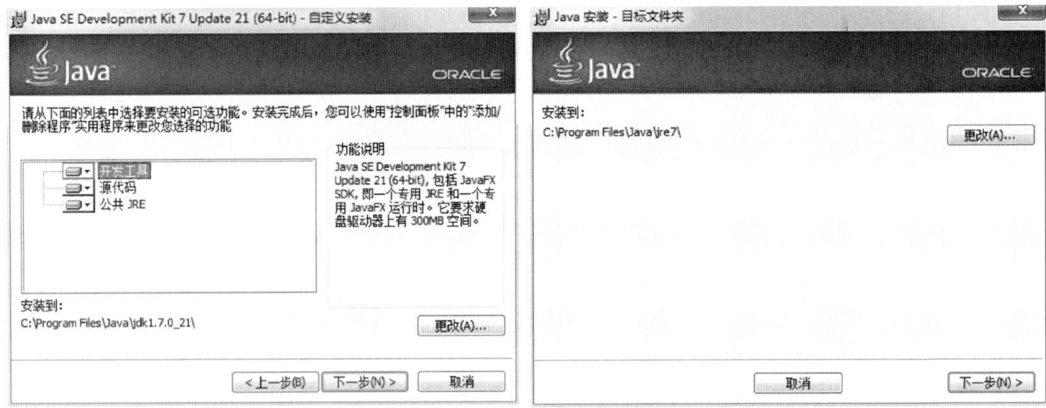

图 11-20　安装功能选择

图 11-21　安装路径选择

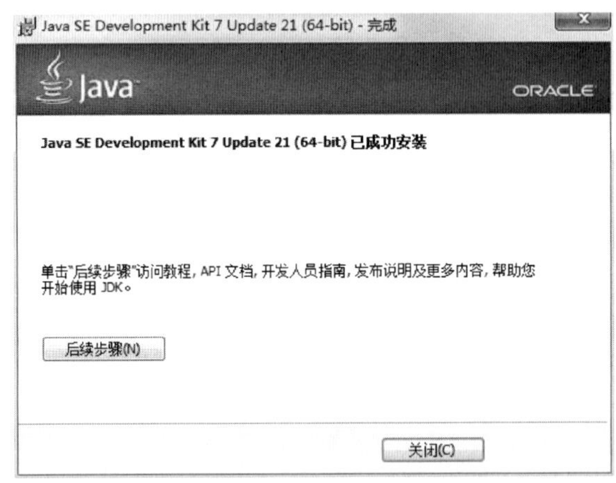

图 11-22　安装成功界面

(5)设置环境变量。

①右击计算机→属性→高级系统设置→高级→环境变量，如图 11-23 所示。

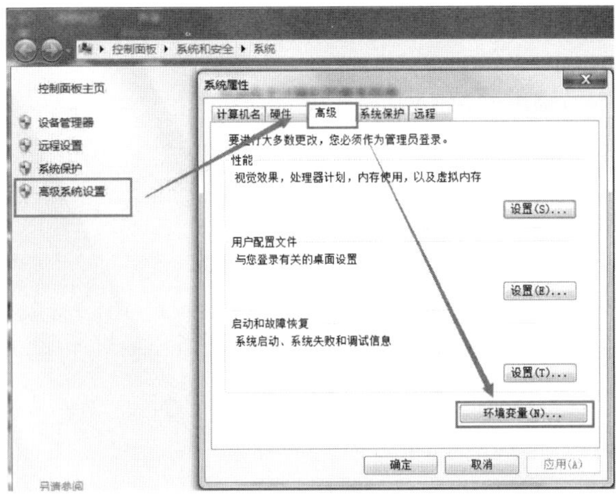

图 11-23　环境变量界面

②新建 JAVA_HOME 变量，变量值为 D：\ Program Files \ Java \ j2sdk1. 5. 0(JDK 的安装路径)，如图 11-24 所示。

图 11-24　JAVA_HOME 变量设置

③编辑 Path 变量，变量值为%JAVA_HOME% \ bin(注意原来 Path 的变量值末尾有没有“;”，如果没有，先输入“;”，再输入上面的代码)，如图 11-25 所示。

图 11-25　Path 变量编辑

④新建 CLASSPATH 变量，变量值为 . \ ;%JAVA_HOME% \ lib \ dt. jar; \ %JAVA_HOME% \ lib \ tools. jar;%JAVA_HOME% \ bin;（注意最前面有一个点号）。

(6)检验。

快捷键 win+R→输入 cmd，如图 11-26 所示。

图 11-26　启动命令窗口

输入 java-version 之后出现如图 11-27 所示的内容，表示设置成功。

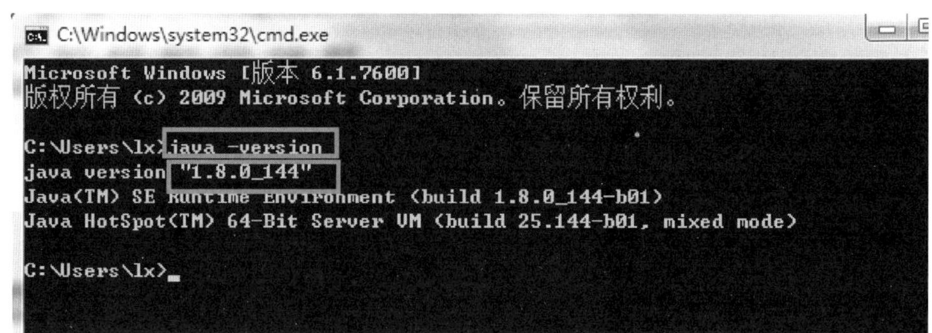

图 11-27　验证窗口

节点配置步骤如下。

(1)设置主机名及分配 IP 地址(/etc/hosts)，先在 master 机器上操作后复制到另外两台机上，如图 11-28 所示。

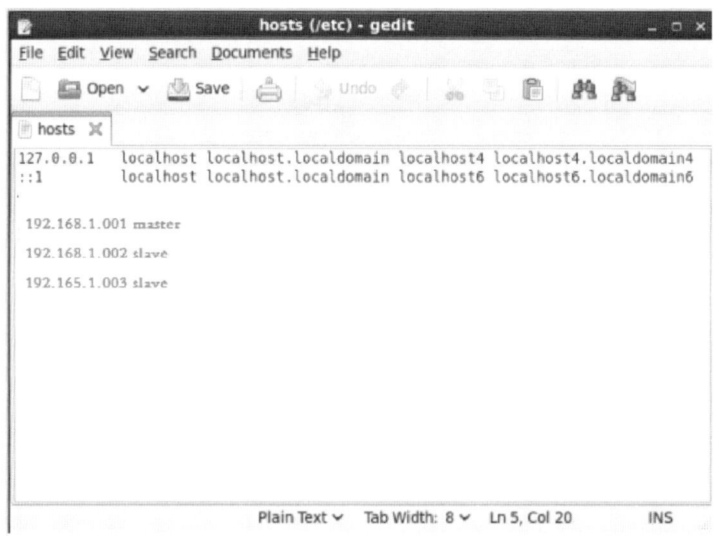


```
: causes include: the remote application did not send a reply, the message bus s
:curity policy blocked the reply, the reply timeout expired, or the network conn
:ction was broken.)
 root@master master]# scp /etc/hosts root@slave1:/etc/
'oot@slave1's password:
ıosts                                          100%  218     0.2KB/s   00:00
 root@master master]# scp /etc/hosts root@slave2:/etc/
'he authenticity of host 'slave2 (172.16.24.48)' can't be established.
.SA key fingerprint is d6:bf:3a:11:e0:dd:8f:fa:e6:a9:d4:47:cd:6b:e9:9d.
ıre you sure you want to continue connecting (yes/no)? yes
/arning: Permanently added 'slave2,172.16.24.48' (RSA) to the list of known host
;.
'oot@slave2's password:
ıosts                                          100%  218     0.2KB/s   00:00
 root@master master]#
```

图 11-28　主机名设置及分配

修改系统文件时需要以 root 用户登录

(2)创建 Hadoop 账户并为其设置密码(图 11-29 和图 11-30)，负责 Hadoop 相关业务的操作(图片以 master 机为例，另外两台机上做同样操作)。

[命令]

useradd Hadoop

```
[root@master master]# useradd hadoop
[root@master master]# cd ~
[root@master ~]# ls
anaconda-ks.cfg  install.log  install.log.syslog
[root@master ~]# cd /home
[root@master home]# ls
hadoop  master
[root@master home]# 
```

图 11-29　Hadoop 账户创建

用 root 创建用户会自动创建宿主目录

经过该步骤后，三台机器都用 root 创建了 Hadoop 用户(并且已默认创建了 Hadoop 账户的宿主目录)。

[命令]

passwd Hadoop

```
[hadoop@master home]$ su root
Password:
[root@master home]# passwd hadoop
Changing password for user hadoop.
New password:
Retype new password:
passwd: all authentication tokens updated successfully.
[root@master home]# 
```

图 11-30　Hadoop 密码设置

刚创建的用户需要用 root 用户为其设置密码

经过该步骤后，三台机器都用 root 设置了 Hadoop 的密码。

(3)设置三台机器之间的免密码登录(使用 Hadoop 用户)。

① 在 master 机器上使用 Hadoop 用户生成 master 机器节点的 Hadoop 账户密钥对，如图 11-31 所示。

[命令]

ssh-keygen － t rsa

可在~/. ssh 下查看生成的密钥对 id_rsa 和 id_rsa. pub。

```
+-----------------+
[hadoop@master ~]$ ls /home/hadoop/.ssh
id rsa  id rsa.pub  known hosts
[hadoop@master ~]$ 
```

图 11-31　ssh 免密登录设置

②继续在 master 机器上为 slave1 和 slave2 生成各自的密钥对，如图 11-32 所示。

［命令］

sshslave1 ssh-keygen －t rsa

sshslave2 ssh-keygen －t rsa

```
[hadoop@master ~]$ ssh-keygen -t rsa
Generating public/private rsa key pair.
Enter file in which to save the key (/home/hadoop/.ssh/id_rsa):
Enter passphrase (empty for no passphrase):
Enter same passphrase again:
Your identification has been saved in /home/hadoop/.ssh/id_rsa.
Your public key has been saved in /home/hadoop/.ssh/id_rsa.pub.
The key fingerprint is:
db:4b:4e:55:7a:f3:3e:3c:ee:80:eb:6c:a8:76:19:ff hadoop@master
The key's randomart image is:
+--[ RSA 2048]----+
|                 |
|                 |
|               . |
|              o  |
|         S   o o |
|          + ... o|
|         . O. .. .|
|        . B.+. .=|
|       ..o =+.Eoo+|
+-----------------+
[hadoop@master ~]$
```

```
hadoop@master:/home
File  Edit  View  Search  Terminal  Help
|         .o.   .  |
+-----------------+
[hadoop@master home]$ ssh slave2 ssh-keygen -t rsa
The authenticity of host 'slave2 (172.16.24.48)' can't be established.
RSA key fingerprint is d6:bf:3a:11:e0:dd:8f:fa:e6:a9:d4:47:cd:6b:e9:9d.
Are you sure you want to continue connecting (yes/no)? yes
Warning: Permanently added 'slave2,172.16.24.48' (RSA) to the list of known host
s.
hadoop@slave2's password:
Enter file in which to save the key (/home/hadoop/.ssh/id_rsa):
Enter passphrase (empty for no passphrase):
Enter same passphrase again:
Generating public/private rsa key pair.
Created directory '/home/hadoop/.ssh'.
Your identification has been saved in /home/hadoop/.ssh/id rsa.
Your public key has been saved in /home/hadoop/.ssh/id_rsa.pub.
The key fingerprint is:
78:28:25:8a:d0:df:aa:82:ce:ff:15:35:a0:c7:bd:f3 hadoop@slave2
The key's randomart image is:
+--[ RSA 2048]----+
|       .         |
| .     o o       |
|. . ...o +       |
|.. o +.o. o      |
|. . o +.So       |
|     o .. o      |
|.    .  .   E    |
|+   .  .         |
|.+o...           |
+-----------------+
[hadoop@master home]$
```

图 11-32　为 slave1 和 slave2 生成各自的密钥对

③将所有的公钥文件汇总到 master 机器上的一个总的授权 key 文件 authorized_keys 中，如图 11-33 所示。

［命令］

scpHadoop@ slave1：~/. ssh/id_rsa. pub ~/. ssh/slave1. pub

scpHadoop@ slave2：~/. ssh/id_rsa. pub ~/. ssh/slave2. pub

cat~/. ssh/ * . pub > /. ssh/authorized_keys

(查看文件命令)

cat ~/. ssh/authorized_keys

```
[hadoop@master ~]$ scp hadoop@slave1:~/.ssh/id_rsa.pub ~/.ssh/slave1.pub
hadoop@slave1's password:
id_rsa.pub                                   100%  395     0.4KB/s   00:00
[hadoop@master ~]$ scp hadoop@slave2:~/.ssh/id_rsa.pub ~/.ssh/slave2.pub
hadoop@slave2's password:
id_rsa.pub                                   100%  395     0.4KB/s   00:00
[hadoop@master ~]$ cat ~/.ssh/*.pub > ~/.ssh/authorized_keys
[hadoop@master ~]$ cat ~/.ssh/authorized_keys
ssh-rsa AAAAB3NzaC1yc2EAAAABIwAAAQEAuPdfKcPPkODONrxZgKnwxjign/hrGGx4GNMMIGGc0x5x
ytCZdQ2dcl01sX228ES2Bx9fGraVU3c9rKFfng5cR4nNw5kbMwNxe6KvwRBMpC5Mxcye0KTAa1qybS9o
DXuR05NzdeQ2e9XAKG+WkROsZlqGV9KxJOmwPSzR6dEBINvC4kUFdUn6ZWWg8KM/b7ecOU2nFaYVsXRr
i6GSR/paUtt/vApu2wM2czJ+aHuirivD9lN14XWLJlcFUgo9lizFSzr+l9Tg/QmXauFk5JbZym2vNcuu
uoa+D7CcwwL6h8UIUGSu8XThnG0illbgaQEDMDijCRZplca5TdCmYrkV+w== hadoop@master
ssh-rsa AAAAB3NzaC1yc2EAAAABIwAAAQEAsAPQjvEZwVBY1nlsSZhGcVID7Gr+rNHqdMFPXOb10b8E
RSAqynk/gPsb0CSM8OJGhjktNXeYEIE78R0lwOoBXgb1aPaoIOp1QJMh0LeLP+bzXQFNPMwuFRerrNzG
9G5DsEzco299fJLU99p3lQjITeQOMpFraLlvqNSI+6Hgc9Dpl0DqzmH2wLPZ6G5vyjq2OQr+EI5O4q1f
nwhQs1zCwsJfilGotT7MDC9JTZdqbrDRkHepYk4rDQxhxWR0Ts14QfEHtRmfF6P8uRJwi+H3/mqE6S/B
eLp8iIAR13bY3V6vPDADxxd0XKk1Lhvj7kZkQ1O8ZwYWLBp7pJyee1yZmQ== hadoop@slave1
ssh-rsa AAAAB3NzaC1yc2EAAAABIwAAAQEAv/UEcZqzKKG18eHL6lgVlTw3W2GS0wm06XOGSrgTQHQI
FxvghDAlf11T6dr4ENvAWzh8AR+nX8VrXObYfOVvv1etBPAPgVkTSlaFENLb1RwbBh1XDO6EvL4C1iSq
pNNZHnqeItd+IgRMlDzjyUfpLtNP+8ahr3Lp7pIvwF2GF7f0ZopCzU/6P5QmqywZftB+fJ47MgVYgI5S
KpZ0UchJIVPufeEyig5xJgYGEaxqCH9U3EBN6G5M6OYwisds1Z3C35CKWoCfMzf9kXIFzwVb/on3ObCs
X2T4Lm4MYY3N1RO/WpBewrW2S+AQ4CWafXGyFoR7hchlyT191NK4pMRbBw== hadoop@slave2
[hadoop@master ~]$
```

图 11-33　公钥文件汇总

④出于安全性考虑，将这个授权 key 文件 authorized_keys 赋予 600 权限，如图 11-34 所示。

［命令］

chmod 600 . ssh/authorized_keys

```
X2T4Lm4MYY3N1RO/WpBewrW2S+AQ4CWafXGyFoR7hchlyT191NK4pMRbBw== hadoop@slave2
[hadoop@master ~]$ chmod 600 .ssh/authorized_keys
[hadoop@master ~]$ ll .ssh/authorized_keys
-rw-------. 1 hadoop hadoop 1185 Apr 21 02:43 .ssh/authorized_keys
[hadoop@master ~]$
```

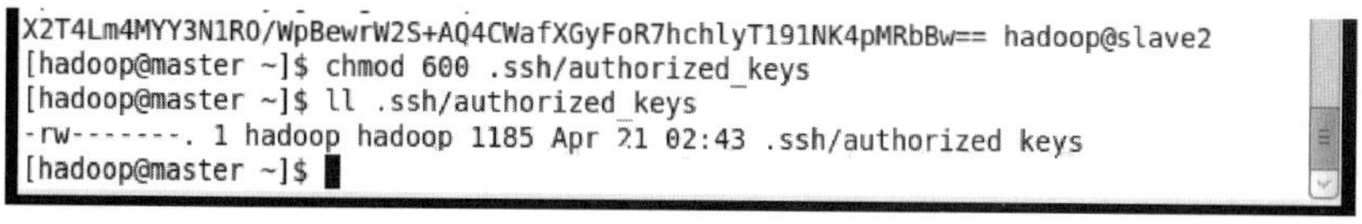

图 11-34　600 权限

⑤将这个包含了所有互信机器认证 authorized_keys 认证文件复制到所有节点主机的 ~/. ssh/目录中，并进行验证互信，如图 11-35 所示。

［命令］

scp ~/. ssh/authorized_keysHadoop@ slave1：~/. ssh

scp ~/. ssh/authorized_keysHadoop@ slave2：~/. ssh

（测试免密码链接）

ssh slave1

ssh slave2

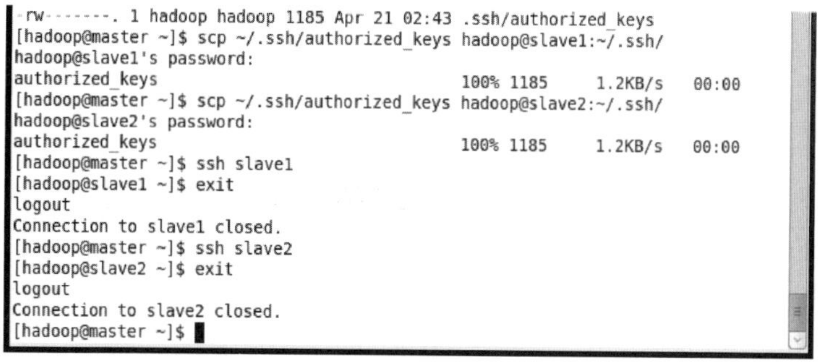

```
-rw-------. 1 hadoop hadoop 1185 Apr 21 02:43 .ssh/authorized_keys
[hadoop@master ~]$ scp ~/.ssh/authorized_keys hadoop@slave1:~/.ssh/
hadoop@slave1's password:
authorized_keys                              100% 1185     1.2KB/s   00:00
[hadoop@master ~]$ scp ~/.ssh/authorized_keys hadoop@slave2:~/.ssh/
hadoop@slave2's password:
authorized_keys                              100% 1185     1.2KB/s   00:00
[hadoop@master ~]$ ssh slave1
[hadoop@slave1 ~]$ exit
logout
Connection to slave1 closed.
[hadoop@master ~]$ ssh slave2
[hadoop@slave2 ~]$ exit
logout
Connection to slave2 closed.
[hadoop@master ~]$
```

图 11-35　免密连接测试

经过以上步骤后，三台机器可以免密码互相登录。

11. 3. 3　集群的建立与安装

安装 Hadoop 的步骤如下（使用版本为 Hadoop2. 7. 3）。

（1）解压 Hadoop 安装包。

（2）在 cHadoop 文件夹内新建一个 Hadoop 目录，用于放置 Hadoop 安装包解压后的文件。

［命令］

tar zxfHadoop 安装包

mkdir ~/cHadoop/Hadoop

mvHadoop 解压后文件 ~/cHadoop/Hadoop

(3)创建 Hadoop 相关的 tmp 目录和 dfs 目录(以及其下的 name 和 data 目录)，如图 11-36 所示。

[命令]

mkdir~/cHadoop/tmp

mkdir-p~/cHadoop/dfs/name ~/cHadoop/dfs/data

```
[hadoop@master chadoop]$ ls
dfs  hadoop  java  tmp
[hadoop@master chadoop]$ cd hadoop
[hadoop@master hadoop]$ ls
hadoop-2.7.3
[hadoop@master hadoop]$
```

图 11-36　创建 tmp 目录和 dfs 目录

(4)为 Hadoop 配置环境变量(~/. bash_profile)，如图 11-37 所示。

这一步已在 Java 配置环境变量时操作，具体见 3. 2. 2 节。

使用 Hadoop version 验证 Hadoop 是否安装成功。

[命令]

Hadoop version

```
[hadoop@master chadoop]$ . ~/.bash_profile
[hadoop@master chadoop]$ hadoop version
Hadoop 2.7.3
Subversion https://git-wip-us.apache.org/repos/asf/hadoop.git -r baa91f7c6bc9
2be5982de4719c1c8af91ccff
Compiled by root on 2016-08-18T01:41Z
Compiled with protoc 2.5.0
From source with checksum 2e4ce5f957ea4db193bce3734ff29ff4
This command was run using /home/hadoop/chadoop/hadoop/hadoop-2.7.3/share/hadoop
/common/hadoop-common-2.7.3.jar
[hadoop@master chadoop]$
```

图 11-37　配置 Hadoop 环境变量

至此，master 机器上已成功安装 Hadoop2. 7. 3 版本。

集群模式配置方法如下。

(1)配置文件修改。

需要修改以下配置文件：core-site. xml、hdfs-site. xml、mapred-site. xml、yarn-site. xml、Hadoop-env. sh、mapred-env. sh、yarn-env. sh 和 slaves，这些文件均存放于 $ Hadoop_HOME 下的/etc/Hadoop 文件夹内。

①core-site. xml 配置：

<configuration>

<property>

<name>fs. defaultFS</name>

<value>hdfs：//master：9000</value>

</property>

<property>

<name>Hadoop. tmp. dir</name>

<value>file：/home/Hadoop/cHadoop/tmp</value>

</property>

<property>

<name>io. file. buffer. size</name>

<value>131072</value>//如下配置是读写 sequence file 的 buffer size，可减少 I/O 次数。在大型的 Hadoop cluster，建议可设定为 65 536~131 072，默认值为 4096，按照教程配置 131 702。

</property>

</configuration>

②hdfs-site. xml 配置：

<configuration>

<property>

<name>dfs. NameNode. name. dir</name>

<value>/home/Hadoop/cHadoop/dfs/name</value>

<description>NameNode 的目录位置</description>

</property>

<property>

<name>dfs. DataNode. data. dir</name>

<value>/home/Hadoop/cHadoop/dfs/data</value>

<description>DataNode 的目录位置</description>

</property>

<property>

<name>dfs. replication</name>

<value>2</value>

<description>hdfs 系统的副本数量</description>

</property>

<property>

<name>dfs. NameNode. secondary. http-address</name>

<value>master：9001</value>

```
<description>备份 NameNode 的 http 地址</description>
</property>
<property>
<name>dfs. webhdfs. enabled</name>
<value>true</value>
<description>hdfs 文件系统的 webhdfs 使能标致</description>
</property>
</configuration>
```

③mapred-site. xml 配置：

应注意，mapred-site. xml 需要先复制模板生成配置文件后修改内容。

```
cp mapred-site. xml. templatemapred-site. xml
<configuration>
<property>
<name>mapreduce. framework. name</name>
<value>yarn</value>
<description>指明 MapRreduce 的调度框架为 yarn</description>
</property>
<property>
<name>mapreduce. jobhistory. address</name>
<value>master：10020</value>
<description>知名 MapReduce 的作业历史地址</description>
</property>
<property>
<name>mapreduce. jobhistory. webapp. address</name>
<value>master：19888</value>
<description>指明 MapReduce 的作业历史 web 地址</description>
</property>
</configuration>
```

④yarn-site. xml 配置：

```
<configuration>
<property>
<name>yarn. resourcemanager. address</name>
<value>master：18040</value>
</property>
```

```
<property>
<name>yarn. resourcemanager. scheduler. address</name>
<value>master：18030</value>
</property>
<property>
<name>yarn. resourcemanager. webapp. address</name>
<value>master：18088</value>
</property>
<property>
<name>yarn. resourcemanager. resource-tracker. address</name>
<value>master：18025</value>
</property>
<property>
<name>yarn. resourcemanager. admin. address</name>
<value>master：18141</value>
</property>
<property>
<name>yarn. nodemanager. aux-services</name>
<value>mapreduce_shuffle</value>
</property>
<property>
<name>yarn. nodemanager. aux-services. mapreduce. shuffle. class</name>
<value>org. apache. Hadoop. mapred. ShuffleHandler</value>
</property>
</configuration>
```

⑤Hadoop-env. sh 配置：

25 行左右加入 JAVA_HOME 位置。

将“export JAVA_HOME = ${JAVA_HOME}”改成“export JAVA_HOME =/opt/jdk”，如图 11-38 所示。

⑥mapred-env. sh 配置：

指明 JAVA_HOME 位置，如图 11-39 所示。

⑦yarn-env. sh 配置：

加入 JAVA_HOME 位置，如图 11-40 所示。

⑧slaves 配置：

加入两个节点的名称，如图 11-41 所示。

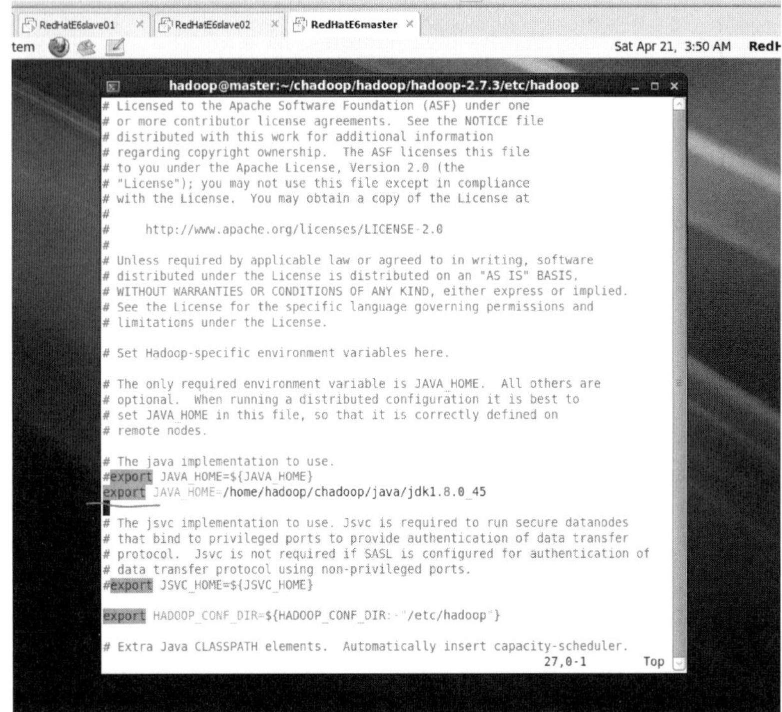

图 11-38　Hadoop-env. sh 配置

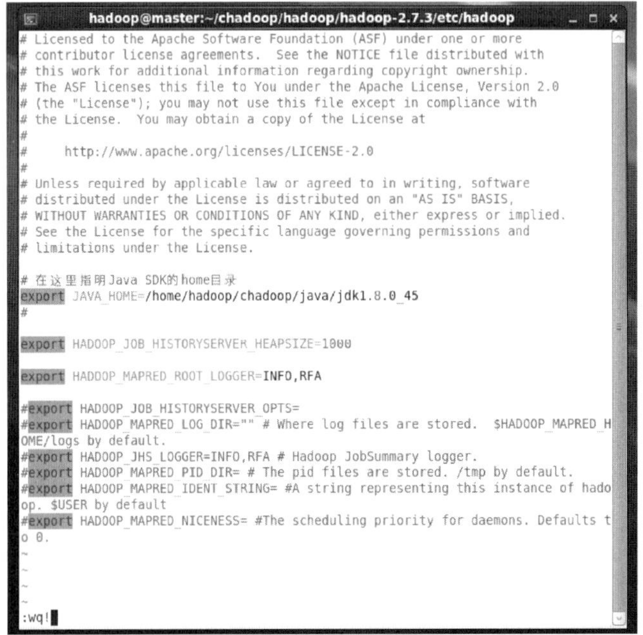

图 11-39　mapred-env. sh 配置

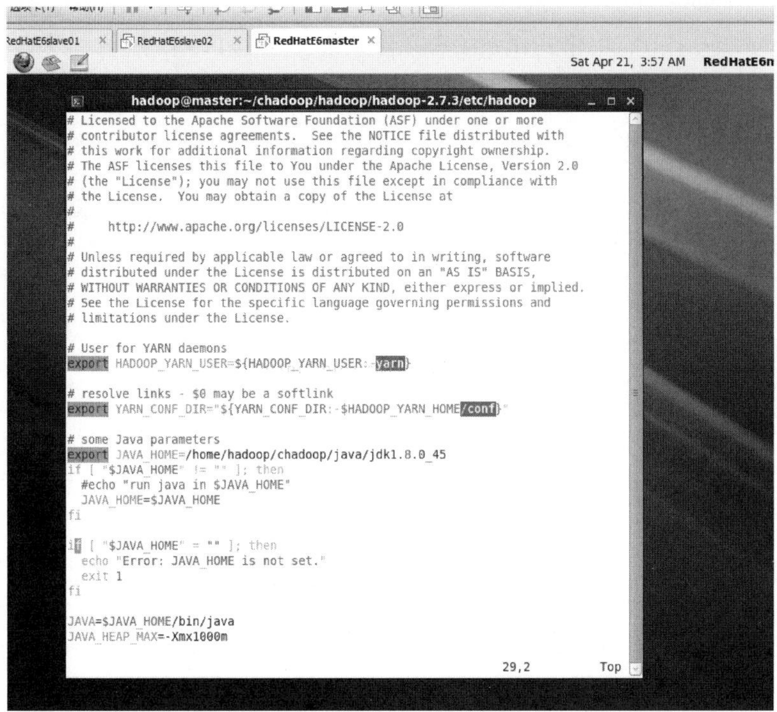

图 11-40　yarn-env. sh 配置

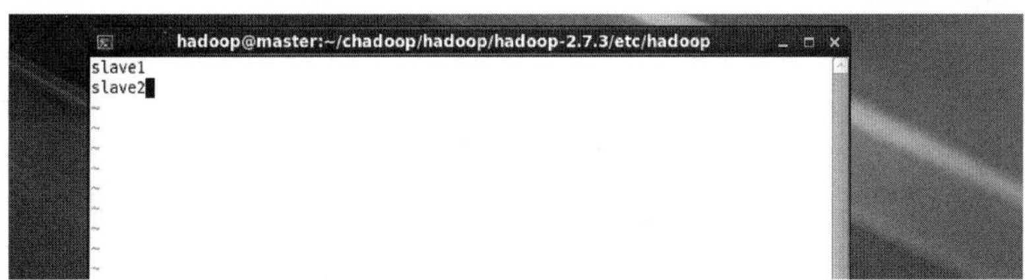

图 11-41　slaves 配置

(2)将 master 主节点以上的配置复制到 slave1、slave2 节点。

①复制环境变量文件并使用各节点对象进行环境变量生效。

[命令]

scp ~/. bash_profileHadoop@ slave1： ~/

scp ~/. bash_profileHadoop@ slave2： ~/

sshHadoop@ slave1. ~/. bash_profile

sshHadoop@ slave2. ~/. bash_profile

②复制 cHadoop 目录到 slave1 和 slave2 机器上。

[命令]

scp -r cHadoop/ Hadoop@ slave1： ~

scp -r cHadoop/ Hadoop@ slave2：~

(3)在 master 主节点上格式化 HDFS 文件系统，如图 11-42 所示。

[命令]

hdfsNameNode -format

```
StringUtils.hh                                    100% 2441     2.4KB/s   00:00
TemplateFactory.hh                                100% 3319     3.2KB/s   00:00
[hadoop@master ~]$ hdfs namenode -format
18/04/21 04:06:03 INFO namenode.NameNode: STARTUP_MSG:
/************************************************************
STARTUP_MSG: Starting NameNode
STARTUP_MSG:   host = master/172.16.24.38
STARTUP_MSG:   args = [-format]
STARTUP_MSG:   version = 2.7.3
STARTUP_MSG:   classpath = /home/hadoop/chadoop/hadoop/hadoop-2.7.3/etc/hadoop:/
home/hadoop/chadoop/hadoop/hadoop-2.7.3/share/hadoop/common/lib/jetty-6.1.26.jar
:/home/hadoop/chadoop/hadoop/hadoop-2.7.3/share/hadoop/common/lib/api-asn1 -api-1
.0.0-M20.jar:/home/hadoop/chadoop/hadoop/hadoop-2.7.3/share/hadoop/common/lib/ne
tty-3.6.2.Final.jar:/home/hadoop/chadoop/hadoop/hadoop-2.7.3/share/hadoop/common
/lib/zookeeper-3.4.6.jar:/home/hadoop/chadoop/hadoop/hadoop-2.7.3/share/hadoop/c
ommon/lib/gson-2.2.4.jar:/home/hadoop/chadoop/hadoop/hadoop-2.7.3/share/hadoop/c
ommon/lib/slf4j-log4j12-1.7.10.jar:/home/hadoop/chadoop/hadoop/hadoop-2.7.3/shar
e/hadoop/common/lib/commons-io-2.4.jar:/home/hadoop/chadoop/hadoop/hadoop-2.7.3/
share/hadoop/common/lib/jsch-0.1.42.jar:/home/hadoop/chadoop/hadoop/hadoop-2.7.3
/share/hadoop/common/lib/jersey-json-1.9.jar:/home/hadoop/chadoop/hadoop/hadoop-
2.7.3/share/hadoop/common/lib/slf4j-api-1.7.10.jar:/home/hadoop/chadoop/hadoop/h
adoop-2.7.3/share/hadoop/common/lib/servlet-api-2.5.jar:/home/hadoop/chadoop/had
```

```
18/04/21 04:06:04 INFO util.GSet: Computing capacity for map NameNodeRetryCache
18/04/21 04:06:04 INFO util.GSet: VM type       = 64-bit
18/04/21 04:06:04 INFO util.GSet: 0.029999999329447746% max memory 966.7 MB = 29
7.0 KB
18/04/21 04:06:04 INFO util.GSet: capacity      = 2^15 = 32768 entries
18/04/21 04:06:04 INFO namenode.FSImage: Allocated new BlockPoolId: BP-304055169
-172.16.24.38-1524308764036
18/04/21 04:06:04 INFO common.Storage: Storage directory /home/hadoop/chadoop/df
s/name has been successfully formatted.
18/04/21 04:06:04 INFO namenode.FSImageFormatProtobuf: Saving image file /home/h
adoop/chadoop/dfs/name/current/fsimage.ckpt_0000000000000000000 using no compres
sion
18/04/21 04:06:04 INFO namenode.FSImageFormatProtobuf: Image file /home/hadoop/c
hadoop/dfs/name/current/fsimage.ckpt_0000000000000000000 of size 353 bytes saved
 in 0 seconds.
18/04/21 04:06:04 INFO namenode.NNStorageRetentionManager: Going to retain 1 ima
ges with txid >= 0
18/04/21 04:06:04 INFO util.ExitUtil: Exiting with status 0
18/04/21 04:06:04 INFO namenode.NameNode: SHUTDOWN_MSG:
/************************************************************
SHUTDOWN_MSG: Shutting down NameNode at master/172.16.24.38
************************************************************/
[hadoop@master ~]$
```

图 11-42 在 master 主节点上格式化 HDFS 文件系统

(4)关闭防火墙，如图 11-43 所示。

先在主节点上使用 root 用户操作，关闭后再使用 ssh 命令进入另外两个节点中关闭其余节点防火墙。

[命令]

service iptablesstop

chkconfig iptablesoff

ssh slave1 进入后操作与 master 机器一样；

ssh slave2 进入后操作与 master 机器一样。

```
[hadoop@master ~]$ su
Password:
[root@master hadoop]# service iptables stop
iptables: Flushing firewall rules:                                [  OK  ]
iptables: Setting chains to policy ACCEPT: filter                 [  OK  ]
iptables: Unloading modules:                                      [  OK  ]
[root@master hadoop]# chkconfig iptables off
[root@master hadoop]#
```

```
[root@master hadoop]# ssh slave1
root@slave1's password:
[root@slave1 ~]# service iptables stop
iptables: Flushing firewall rules:                                [  OK  ]
iptables: Setting chains to policy ACCEPT: filter                 [  OK  ]
iptables: Unloading modules:                                      [  OK  ]
[root@slave1 ~]# chkconfig iptables off
[root@slave1 ~]# ssh slave2
root@slave2's password:
Last login: Fri  Apr 6 09:55:05 2018 from localhost
[root@slave2 ~]# service iptables stop
iptables: Flushing firewall rules:                                [  OK  ]
iptables: Setting chains to policy ACCEPT: filter                 [  OK  ]
iptables: Unloading modules:                                      [  OK  ]
[root@slave2 ~]# chkconfig iptables off
[root@slave2 ~]#
```

图 11-43　关闭防火墙

(5)在 master 机器上启动 Hadoop，并用 jps 检验 Hadoop 进程，如图 11-44 所示。

此时 master 主节点有 4 个 ResourceManager、Jps、NameNode、SecondaryNameNode，slave1 节点与 slave2 节点有 3 个 NodeManager、DataNode、Jps。

[命令]

start-all. sh

jps

```
[hadoop@master ~]$ jps
9136 SecondaryNameNode
8976 NameNode
9287 ResourceManager
9548 Jps
[hadoop@master ~]$ ssh slave1 jps
bash: jps: command not found
[hadoop@master ~]$ ssh slave1
Last login: Sat Apr 21 10:21:54 2018 from master
[hadoop@slave1 ~]$ jps
6355 Jps
6135 DataNode
6218 NodeManager
[hadoop@slave1 ~]$ ssh slave2
Last login: Sat Apr 21 08:58:30 2018 from slave1
[hadoop@slave2 ~]$ jps
5994 DataNode
6203 Jps
6077 NodeManager
```

图 11-44　在 master 机器上启动 Hadoop，并用 jps 检验 Hadoop 进程

(6) Hadoop 的停止，如图 11-45 所示。

［命令］

stop-all. sh

```
Last login: Sat Apr 21 08:15:58 2018 from slave1
[hadoop@master ~]$ stop-all.sh
This script is Deprecated. Instead use stop-dfs.sh and stop-yarn.sh
Stopping namenodes on [master]
master: stopping namenode
slave1: stopping datanode
slave2: stopping datanode
Stopping secondary namenodes [master]
master: stopping secondarynamenode
stopping yarn daemons
stopping resourcemanager
slave1: stopping nodemanager
slave2: stopping nodemanager
no proxyserver to stop
[hadoop@master ~]$
```

```
9
no proxyserver to stop
[hadoop@master ~]$ jps
8496 Jps
[hadoop@master ~]$ ssh slave1
Last login: Sat Apr 21 08:20:47 2018 from master
[hadoop@slave1 ~]$ jps
5840 Jps
[hadoop@slave1 ~]$ ssh slave2
Last login: Sat Apr 21 08:21:18 2018 from slave1
[hadoop@slave2 ~]$ jps
5798 Jps
[hadoop@slave2 ~]$
```

图 11-45　停止 Hadoop 进程

至此，Hadoop 集群搭建完成。

第 12 章　地球科学大数据平台数据方案

12.1　数据储存

存储方案的核心技术采用两种功能组件：高容错性分布式文件系统 HDFS；高性能分布式数据库 HBase。

12.1.1　分布式文件系统

HDFS 是 Hadoop 分布式文件系统(Hadoop Distributed File System)的简称。它的设计思想就是将大文件、大批量文件分别存放于不同的服务器上，采用分而治之的方法实现对海量数据的存储。分布式文件系统利用可扩展的系统结构，将数据以数据块的形式存储在多台设备上，分担传统存储服务器集中数据存储的负荷，提高系统的可靠性及存取效率，还便于后期扩展[18]。

HDFS 在同一时段使用冗杂数据存储和相应的数据存放、读取、复制等方法，以增加数据的可行性，提升整体系统的读写反应性能。同时，HDFS 对于硬件出错问题，设计了对应的错误恢复机制，以减少错误数据问题的情况出现。

可以说，HDFS 系统具有高度的容错性，并且适合在性价比较高的机器上使用，可以提供很大容量的数据下载、储存、上传，极其适用于大规模数据集。

HDFS 采用了主从式(Master/Slave)体系结构，如图 12-1 所示，一个 HDFS 集群包括一个名称节点(NameNode-Master)和若干个数据节点(DataNode-Slave)。名称节点作为中心服务器，负责管理文件系统的命名空间及客户端对文件的访问。集群中的数据节点一般是一个节点运行一个数据节点进程，负责处理文件系统客户端的读/写请求，在名称节点的统一调度下进行数据块的创建、删除和复制等操作。每个数据节点的数据实际上保存在本地 Linux 文件系统中[19]。

HDFS 的命名空间包含目录、文件和块。通信协议方面都是构建在 TCP/IP 协议基础之上的。HDFS 的体系结构存在一定的局限性，HDFS 只设置唯一的名称节点，这样会使系统的设计有所简化，但也会造成命名空间限制、性能瓶颈、隔离及集群的可用性等问题。

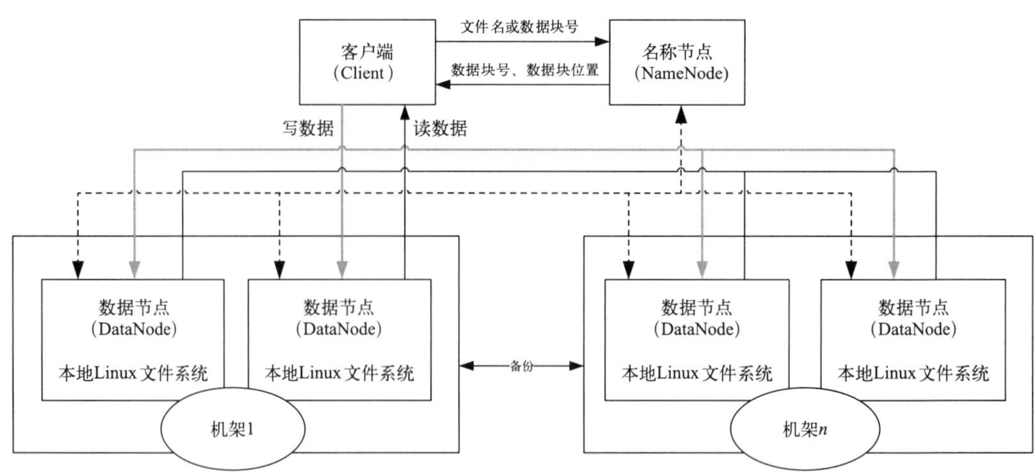

图 12-1 HDFS 体系结构

HDFS 的存储方面：其冗余数据保存的方式具有加快数据传输速度、方便检查数据错误及保证数据可靠性的优点。

HDFS 的数据存放策略如图 12-2 所示：第一个副本放置在上传文件的数据节点；第二个副本放置在与第一个副本不同的机架的节点上；第三个副本放置与第一个副本相同机架的其他节点上。更多副本放置在随机节点上。

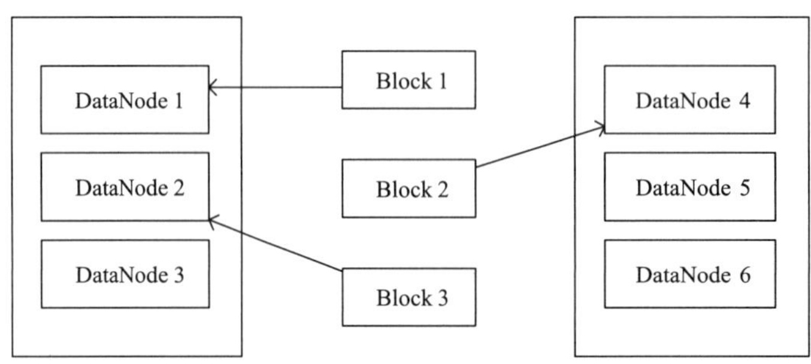

图 12-2 Block 的副本放置策略

HDFS 数据读写过程如下所示。

(1)读取文件：

```
import java.io.BufferedReader;
import java.io.InputStreamReader;
import org.apache.Hadoop.conf.Configuration;
import org.apache.Hadoop.fs.FileSystem;
import org.apache.Hadoop.fs.Path;
import org.apache.Hadoop.fs.FSDataInputStream;
```

```
public class Chapter3 {
        public static void main(String[ ] args) {
          try {
                Configuration conf=new Configuration( );
                conf. set( "fs. defaultFS" ," hdfs: //localhost: 9000" );
conf. set( "fs. hdfs. impl" ," org. apache. Hadoop. hdfs. DistributedFileSystem" );
                FileSystem fs=FileSystem. get( conf) ;
                Path file=new Path( "test" ) ;
                FSDataInputStream getIt=fs. open( file) ;
                BufferedReader d=new BufferedReader( new InputStreamReader( getIt) ) ;
                String content=d. readLine( ) ; //读取文件一行
                System. out. println( content) ;
                d. close( ) ; //关闭文件
                fs. close( ) ; //关闭 hdfs
    } catch (Exception e) {
              e. printStackTrace( ) ;
              }
        }
}
```

(2)写入文件:

```
import org. apache. Hadoop. conf. Configuration;
import org. apache. Hadoop. fs. FileSystem;
import org. apache. Hadoop. fs. FSDataOutputStream;
import org. apache. Hadoop. fs. Path;
public class Chapter3 {
      public static void main(String[ ] args) {
        try {
            Configuration conf=new Configuration( ) ;
            conf. set( "fs. defaultFS" ," hdfs: //localhost: 9000" ) ;
conf. set( "fs. hdfs. impl" ," org. apache. Hadoop. hdfs. DistributedFileSystem" ) ;
            FileSystem fs=FileSystem. get( conf) ;
            byte[ ] buff=" Hello world". getBytes( ) ; //要写入的内容
            String filename=" test" ; //要写入的文件名
```

```
            FSDataOutputStream os=fs.create(new Path(filename));
            os.write(buff, 0, buff.length);
            System.out.println("Create:"+filename);
            os.close();
            fs.close();
            } catch (Exception e) {
        e.printStackTrace();
        }
    }
}
```

FileSystem 可以被分布式文件系统继承，所有可能使用 Hadoop 文件系统的代码，都要使用这个类，Hadoop 为其抽象类提供多种实现。

FileSystem 可以在 HDFS 文件系统中使 DistributedFileSystem 具体实现。

FileSystem 的 open()方法返回的是一个输入流 FSDataInputStream 对象，在 HDFS 文件系统中，具体的输入流就是 DFSInputStream；FileSystem 中的 create()方法返回的是一个输出流 FSDataOutputStream 对象，在 HDFS 文件系统中，具体的输出流就是 DFSOutputStream[26]。

```
Configuration conf=new Configuration();
conf.set("fs.defaultFS","hdfs://localhost:9000");
conf.set("fs.hdfs.impl","org.apache.Hadoop.hdfs.DistributedFileSystem");
FileSystem fs=FileSystem.get(conf);
FSDataInputStream in=fs.open(new Path(uri));
FSDataOutputStream out=fs.create(new Path(uri))
```

12.1.2 分布式数据库

12.1.2.1 HBase 数据库概述

HBase 数据库是 BigTable 的开源实现，和 BigTable 一样，支持大规模海量数据，分布式并发数据处理效率极高，易于扩展且支持动态伸缩，适用于廉价设备[20]。

HBase 可以支持 Native Java API、HBase Shell、Thrift Gateway、REST Gateway、Pig、Hive 等多种访问接口，可以根据具体应用场合选择相应访问方式[21]。

HBase 实际上就是一个稀疏、多维、持久化存储的映射表，它采用行键、列键和时间戳进行索引，每个值都是未经解释的字符串。采用分区存储，一个大的表会被拆分成许多个 Region，这些 Region 会被分发到不同的服务器上实现分布式存储[22]。

HBase 的系统架构包括客户端、ZooKeeper 服务器、Master 主服务器、Region 服务器。客户端包含访问 HBase 的接口；ZooKeeper 服务器负责提供稳定可靠的协同服务；Master 主服务器主要负责表和 Region 的管理工作；Region 服务器负责维护分配给自己的 Region，并响应用户的读写请求[22]。

HBase 是一个高可靠、高性能、面向列、可伸缩的 NoSQL 数据库，主要用来存储非结构化和半结构化的松散数据。它不支持像传统数据库那样用 SQL 作为查询语言，它是一种分布式存储的数据库[23]。

(1) Hadoop 能很好地解决大规模数据的离线批量处理问题。但是，受限于 Hadoop MapReduce 编程框架的高延迟数据处理机制，Hadoop 无法满足大规模数据实时处理应用的需求[24]。

(2) HDFS 没有采用随机访问的模式，而是采用面向批量访问的模式。

(3) 在处理应对数据规模增长迅速而导致的系统扩展和性能等方面问题上，传统通用关系型数据库处理效果并不好。

(4) 传统关系数据库在结构变化时一般要停机维护，空列数据浪费存储空间。

因此，像 HBase 这样面向半结构化数据存储和处理的高可扩展、低写入/查询延迟的系统成功应用于互联网服务领域和传统行业的众多在线式数据分析处理系统中[25]。

HBase 与传统的关系数据库在数据类型、数据操作、存储模式、数据索引、数据维护及可伸缩性等方面都有区别，并在这几方面具有明显的优势。

12.1.2.2　HBase 数据库的访问接口

HBase 数据库的访问接口如表 12-1 所示。

表 12-1　HBase 数据库的访问接口

类型	特点	场合
Native Java API	最常规和高效的访问方式	适合 Hadoop MapReduce 作业并行批处理 HBase 表数据
HBase Shell	HBase 的命令行工具，最简单的接口	适合 HBase 管理使用
Thrift Gateway	利用 Thrift 序列化技术，支持 C++、PHP、Python 等多种语言	适合其他异构系统在线访问 HBasc 表数据
REST Gateway	解除了语言限制	支持 REST 风格的 Http API 访问 HBase
Pig	使用 Pig Latin 流式编程语言来处理 HBase 中的数据	适合做数据统计
Hive	简单	当需要以类似 SQL 语言方式来访问 HBase 的时候

12.1.2.3　HBase 的实现原理

对于 HBase 表来说，表中的行是根据相关字符来维护的。初始时，一个表中只有一个 Region，数据不断插入表中，Region 会不断增加，当增加到一定值后，就会分裂成两个新的 Region，随着表中的行数增加就会形成多个 Region。Master 主服务器把不同的 Region 分配到不同的 Region 服务器上。每个 Region 负责管理一个 Region 集合，但要保证客户端准确找到自己存储的数据，要设计一个 Region 定位机制，每个 Region 都有一个 RegionID 来标识唯一性。构建一个含有 Region 标识符和 Region 服务器标识的映射表，映射表之间建立相应关系，于是就知道 Region 被存储到哪个对应服务器[12]。

12.1.2.4 HBase 功能组件

HBase 的实现包括三个主要的功能组件：库函数，链接到每个客户端；一个 Master 主服务器；许多个 Region 服务器。

12.1.2.5 HBase 系统架构

HBase 的系统架构如图 12-3 所示。包括客户端；ZooKeeper 服务器；主服务器 Master，用于管理用户对表的增加、删除、修改、查询等操作，以实现不同 Region 服务器之间的负载均衡等功能；还有 Region 服务器，是 HBase 中最核心的模块，负责维护分配给自己的 Region，并响应用户的读写请求。

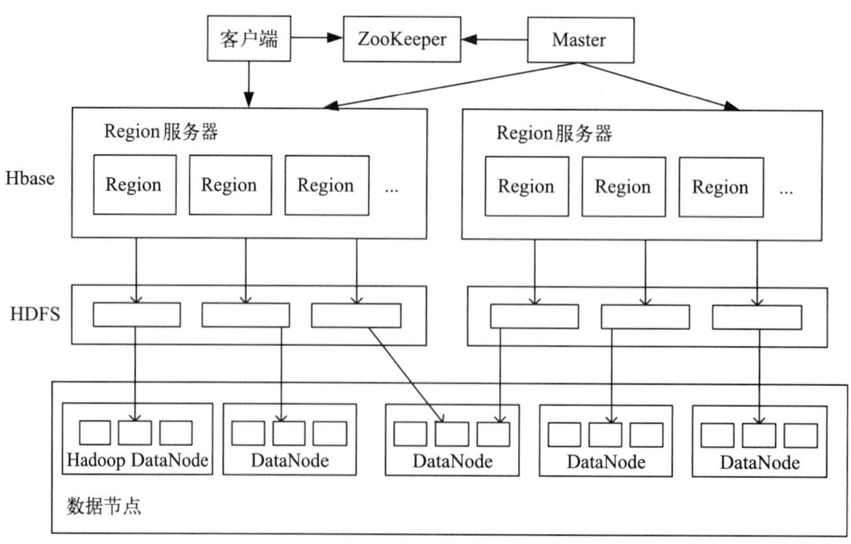

图 12-3 HBase 的系统架构

12.2 数据导入及规划

前面已经介绍了 HBase 相关知识，下面重点介绍 Hive 数据仓库的应用。

12.2.1 Hive 简介

Hive 是基于 Hadoop 构建的一套数据仓库分析系统，它提供了丰富的 SQL 查询方式来分析存储在 Hadoop 分布式文件系统中的数据：可以将结构化的数据文件映射为一张数据库表，并提供完整的 SQL 查询功能；可以将 SQL 语句转换为 MapReduce 任务运行，通过自己的 SQL 查询分析需要的内容，这套 SQL 简称为 Hive SQL，使不熟悉 MapReduce 的用户可以很方便地利用 SQL 语言查询、汇总和分析数据。而 MapReduce 开发人员可以把自己写的 mapper 和 reducer 作为插件来支持 Hive 做更复杂的数据分析。它与关系型数据库的 SQL 略有不同，但支持了绝大多数的语句，如 DDL、DML 以及常见的聚合函数、连接查询、条件查询。它还提供了一系列的工具进行数据提取转化加载，用来存储、查询和分析存储在 Hadoop 中的大规模数据集，并支持 UDF（User-Defined Function）、UDAF（User-Defined AggregateFunction）和 UDTF（User-Defined Table-Generating Function），也可以实现对 map 和 reduce 函数的定制，为数据操作提供了良好的伸缩性和可扩展性[27]。

Hive 使用 HDFS 存储数据，查询数据功能一般使用 MapReduce。

12.2.2 设计特征

Hive 是一种底层封装了 Hadoop 的数据仓库处理工具，使用类 SQL 的 HiveSQL 语言实现数据查询，所有 Hive 的数据都存储在 Hadoop 兼容的文件系统（如 Amazon S3、HDFS）中。Hive 在加载数据过程中不会对数据进行任何修改，只是将数据移动到 HDFS 中 Hive 设定的目录下，因此，Hive 不支持对数据的改写和添加，所有的数据都是在加载的时候确定的。Hive 的设计特点如下[28]。

（1）可以创建索引功能，以优化数据内容便于数据查询。

（2）具有各种不相同的存储类型，如纯文本文件、HBase 中的文件。

（3）将相关元数据存储保存在关系数据库中，极大地减少查询检查的需要时间。

（4）可直接在 Hadoop 文件系统中存储相关数据。

（5）内置大量用户函数 UDF 来操作时间、字符串和其他的数据挖掘工具，支持用户扩展 UDF 函数来完成内置函数无法实现的操作[29]。

（6）类 SQL 的查询方式，将 SQL 查询转换为 MapReduce 的 job 在 Hadoop 集群上执行[29]。

12.2.3 体系结构

主要分为以下几个部分。

（1）用户接口。用户接口主要有三个：CLI、Client 和 WUI。其中最常用的是 CLI，CLI 启动的时候，会同时启动一个 Hive 副本。Client 是 Hive 的客户端，用户连接至 Hive Server。在启动 Client 模式的时候，需要指出 Hive Server 所在节点，并且在该节点启动 Hive Server。WUI 通过浏览器访问 Hive[30]。

(2)元数据存储。Hive 将元数据存储在数据库中，如 mysql、derby。Hive 中的元数据包括表的名字，表的列和分区及其属性，表的属性(是否为外部表等)，表的数据所在目录等[31]。

(3)解释器、编译器、优化器、执行器。解释器、编译器、优化器完成 HQL 查询语句从词法分析、语法分析、编译、优化以及查询计划的生成。生成的查询计划存储在 HDFS 中，并在随后由 MapReduce 调用执行[32]。

(4)Hadoop。Hive 的 HDFS 具有数据存储功能，MapReduce 可完成大部分查询功能。

12.2.4 数据存储模型

Hive 中包含以下四类数据模型：表(Table)、外部表(External Table)、分区(Partition)、桶(Bucket)。

(1)Hive 中的 Table 和数据库中的 Table 在概念上是类似的。在 Hive 中每一个 Table 都有一个相应的目录存储数据[33]。

(2)外部表是一个已经存储在 HDFS 中，并具有一定格式的数据。使用外部表意味着 Hive 表内的数据不在 Hive 的数据仓库内，它会到仓库目录以外的位置访问数据。

外部表和普通表的操作不同，创建普通表的操作分为两个步骤，即表的创建步骤和数据装入步骤(可以分开也可以同时完成)。在数据的装入过程中，实际数据会移动到数据表所在的 Hive 数据仓库文件目录中，其后对该数据表的访问将直接访问装入所对应文件目录中的数据。删除表时，该表的元数据和在数据仓库目录下的实际数据将同时删除[34]。

外部表的创建只有一个步骤，创建表和装入数据同时完成。外部表的实际数据存储在创建语句 LOCATION 参数指定的外部 HDFS 文件路径中，但这个数据并不会移动到 Hive 数据仓库的文件目录中。删除外部表时，仅删除其元数据，保存在外部 HDFS 文件目录中的数据不会被删除[35]。

(3)分区对应于数据库中的分区列的密集索引，但是 Hive 中分区的组织方式和数据库中的很不相同。在 Hive 中，表中的一个分区对应于表下的一个目录，所有的分区数据都存储在对应的目录中[36]。

(4)为达到数据文件并行目的，即每一个桶对应一个文件，利用指定列进行哈希(hash)计算，根据其哈希值切分数据。

12.2.5 数据导入

在搭建大数据平台的过程中，要将传统数据库中的数据信息导入 Hadoop 中，需要使用 Sqoop 组件。

Sqoop 是连接 Hadoop 和关系型数据库(MySQL、Oracle、Postgres 等)的重要连接渠道，主要功能有两方面(导入和导出)：

(1)将关系型数据库的数据导入到 Hadoop 及其相关的系统中，如 Hive 和 HBase。

(2)将数据从 Hadoop 系统里抽取并导出到关系型数据库[37]。

Sqoop 支持多种关系型数据库，如 Mysql、orcale 等数据库，可以高效、可控地利用资源，可以通过调整任务数来控制任务的并发度。并且可以自动完成数据映射和转换。由于导入数据库是有类型的，它可以自动根据数据库中的类型转换到 Hadoop 中，当然用户也可以自定义它们之间的映射关系[37]。

Sqoop 的工作机制是将导入或导出命令翻译成 MapReduce 程序来实现。在翻译出的 MapReduce 中主要是对 InputFormat 和 OutputFormat 进行定制[38]。

12.3　数据计算架构

针对查询分析的实时性和延时性需求，对大数据的计算有几种类型：批处理计算、流计算、图计算等。地球科学大数据平台建设中，为了能同时进行批处理与流处理采用“MapReduce+Storm+Spark”架构。MapReduce、Storm 及 Spark 框架部署在资源管理框架 YARN 之上，接受统一的资源管理和调度，并共享底层的数据存储(HDFS、HBase 等)[39]。

不同的计算框架统一运行在 YARN 中，可以带来如下好处：

(1)所计算数据资源按照要求伸缩处理；

(2)避免负载占用应用空间，集合度、利用率高；

(3)底层存储功能可共享使用，防止出现数据跨集群迁移的情况。

MapReduce：离线大数据分析，大数据离线批处理系统，大量离线数据计算[39]。

Storm：实时大数据分析，一个分布式、容错的、实时的内存流式计算系统[39]。

Spark：并行大数据计算，Hadoop MapReduce 的通用并行计算，拥有 MapReduce 所具有的优点，但不同于 MapReduce 的是 Job 中间输出结果可以保存在内存中，从而不再需要读写 HDFS，因此 Spark 能更好地适用于数据挖掘与机器学习等需要迭代的 MapReduce 算法[39]。

12.3.1　离线批处理框架：MapReduce

MapReduce 模型将复杂的、运行于大规模集群上的并行计算过程高度抽象到两个函数：Map 和 Reduce，采用“分而治之”策略，一个存储在分布式文件系统中的大规模数据集，被切分成许多独立的分片(split)，这些分片可以被多个 Map 任务并行处理[40]。

Slave 上运行 TaskTracker。

(1) Map 和 Reduce 函数。表 12-2 是 Map 和 Reduce 函数。

表 12-2　Map 和 Reduce 函数

函数	输入	输出	说明
Map	<k1, v1> 如: <行号, “a b c”>	List(<k2, v2>) 如: <“a”, 1> <“b”, 1> <“c”, 1>	①将小数据集进一步解析成一批<key, value>对，输入 Map 函数中进行处理; ②每一个输入的<k1, v1>会输出一批<k2, v2>。<k2, v2>是计算的中间结果
Reduce	<k2, List(v2)> 如: <“a”, <1, 1, 1>>	<k3, v3> <“a”, 3>	输入的中间结果<k2, List(v2)>中的 List(v2) 表示是一批属于同一个 k2 的 value

(2) MapReduce 体系结构。MapReduce 体系结构如图 12-4 所示。包括 Client，用以帮助用户提交自己编写的程序；JobTracker，负责资源监控和作业调度；还有 TaskTracker，将资源情况及任务进度进行汇报；以及分为 Map Task 和 Reduce Task 的 Task。

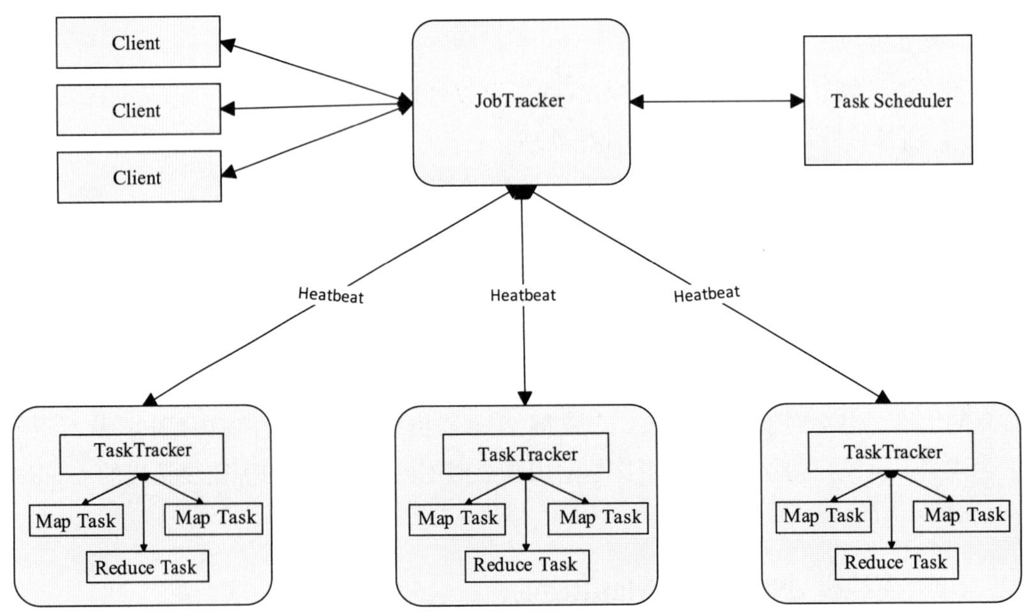

图 12-4　MapReduce 体系结构

(3) 工作流程概述。MapReduce 的工作流程如图 12-5 所示。

①不同的 Map 任务之间不会进行通信；

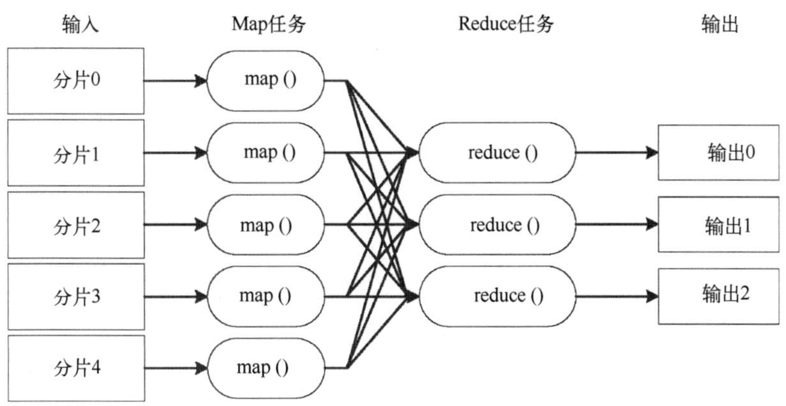

图 12-5　MapReduce 工作流程

②不同的 Reduce 任务之间没有发生数据信息交换的可能；

③用户不能直接从一台机器发送信息至另一台机器；

④MapReduce 框架自身可以实现所有的数据交换功能。

(4)Shuffle 过程详解。Shuffle 过程如图 12-6 所示。

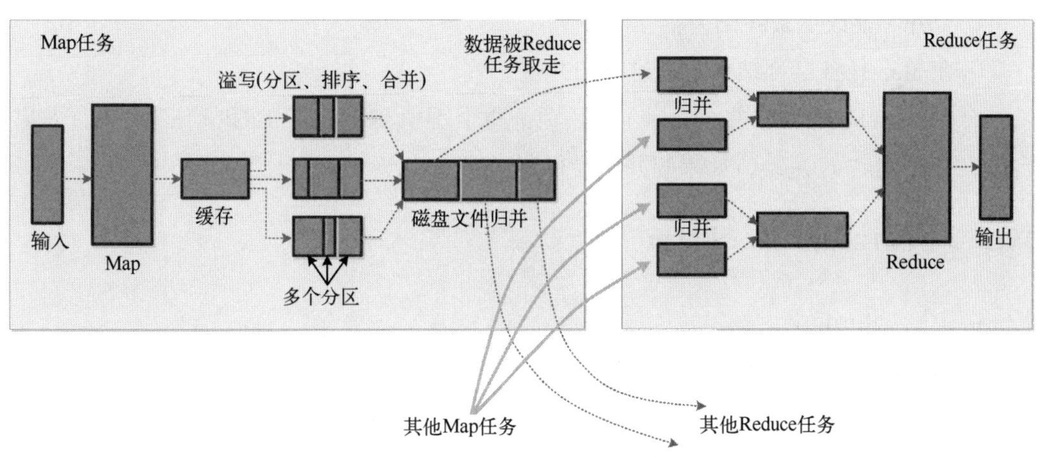

图 12-6　Shufflc 过程

Map 端的 Shuffle 过程如图 12-7 所示。

①每个 Map 任务分配一个缓存；

②MapReduce 默认 100 MB 缓存；

③设置溢写比例 0.8；

④分区默认采用哈希函数；

⑤排序是默认的操作；

⑥排序后可以合并(Combine)；

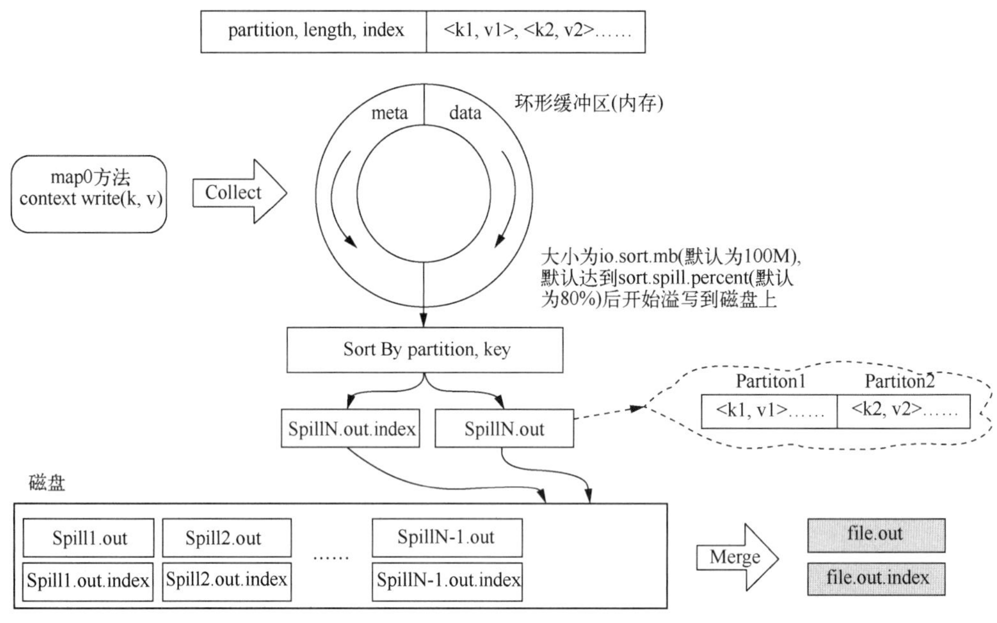

图 12-7　Map 端的 Shuffle 过程

⑦合并不能改变最终结果；

⑧在 Map 任务全部结束之前进行归并。

合并(Combine)和归并(Merge)的区别：两个键值对<“a”，1>和<“a”，1>，如果合并，会得到<“a”，2>，如果归并，会得到<“a”，<1，1>>。

12.3.2　流计算框架：Storm

12.3.2.1　Storm 简介

Twitter 的分层数据处理架构如图 12-8 所示。Twitter Storm 是一个免费、开源的分布式实时计算系统，Storm 对于实时计算的意义类似于 Hadoop 对于批处理的意义，Storm 可以简单、高效、可靠地处理流数据，并支持多种编程语言[43]。

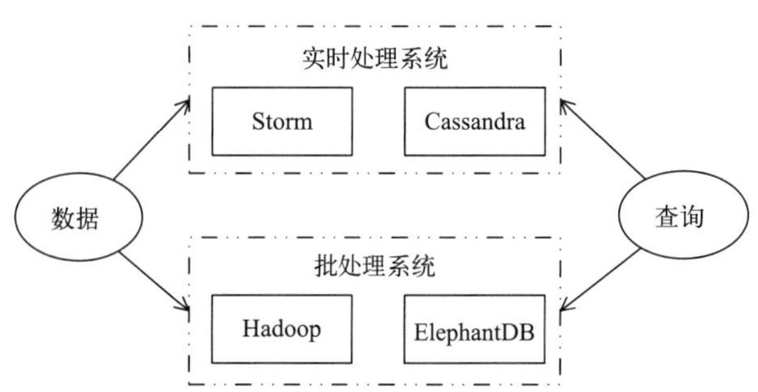

图 12-8　Twitter 的分层数据处理架构

Storm 框架可以方便地与数据库系统进行整合，从而开发出强大的实时计算系统[43]。

Twitter 是全球访问量最大的社交网站之一，Twitter 开发 Storm 流处理框架也是为了应对其不断增长的流数据实时处理需求[43]。

12.3.2.2　Storm 框架设计

Storm 运行任务的方式与 Hadoop 类似：Hadoop 运行的是 MapReduce 作业，而 Storm 运行的是“Topology”。

但两者的任务大不相同，主要的不同是：MapReduce 作业最终会完成计算并结束运行，而 Topology 将持续处理消息(直到人为终止)。

Storm 集群采用“Master—Worker”的节点方式：

(1)Master 节点运行名为“Nimbus”的后台程序(类似 Hadoop 中的“JobTracker”)，负责在集群范围内分发代码、为 Worker 分配任务和监测故障；

(2)Worker 节点运行名为“Supervisor”的后台程序，负责监听所在机器的工作，即根据 Nimbus 分配的任务来决定启动或停止 Worker 进程，一个 Worker 节点上同时运行若干个 Worker 进程。

Storm 使用 ZooKeeper 来作为分布式协调组件，负责 Nimbus 和多个 Supervisor 之间的所有协调工作。借助于 ZooKeeper，若 Nimbus 进程或 Supervisor 进程意外终止，重启时也能读取、恢复之前的状态并继续工作，使得 Storm 极其稳定。

12.3.2.3　流计算处理流程

传统的数据处理流程(图 12-9)，首先需要进行数据采集并存储在数据管理系统中，便于用户进行数据查询。

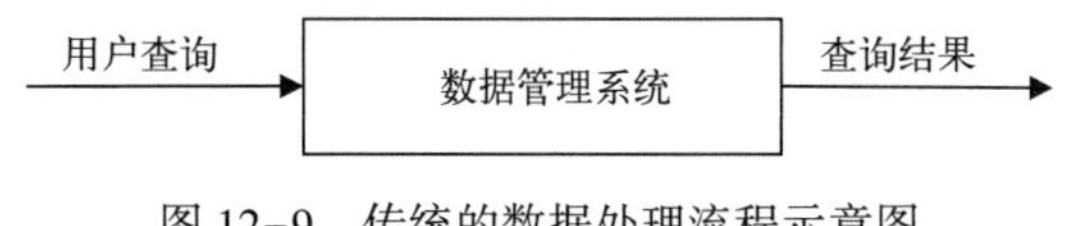

图 12-9　传统的数据处理流程示意图

传统的数据处理流程隐含了两个前提：

(1)存储的数据是未更新的，此类数据是过去某时刻的数据状态，并不具备时效性；

(2)需要用户主动发出查询来获取结果。

如图 12-10 所示，流计算的处理流程一般包含三个阶段：数据实时采集、数据实时计算、实时查询服务。

数据采集系统的基本架构一般有以下三个部分：

(1)Agent，可实现主动采集数据信息并把相关数据输送到 Collector 部分的功能；

(2)Collector，可接收多数量的 Agent 数据，并有序、高效、稳定的转发；

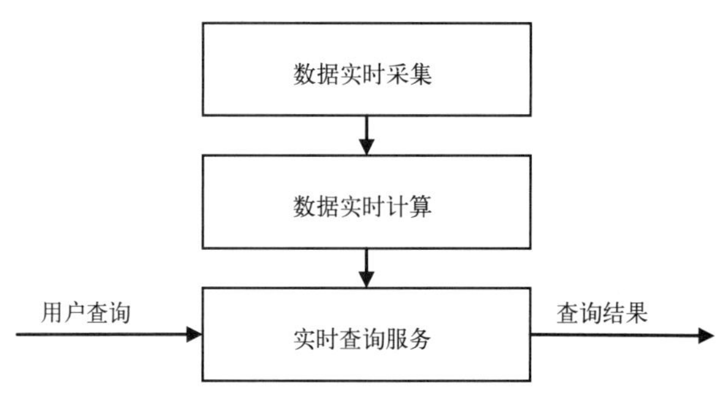

图 12-10　流计算处理流程示意图

(3)Store，对于 Collector 转发的数据进行存储。

数据实时计算阶段对采集的数据进行实时的分析和计算，并反馈实时结果。

经流处理系统处理后的数据，可视情况进行存储，以便之后再进行分析计算。在时效性要求较高的场景中，处理之后的数据也可以直接丢弃[44]。

实时查询服务：经由流计算框架得出的结果可供用户进行实时查询、展示或储存[44]。

传统的数据处理流程，用户需要主动发出查询才能获得想要的结果。而在流处理流程中，实时查询服务可以不断更新结果，并将用户所需的结果实时推送给用户[44]。

虽然通过对传统的数据处理系统进行定时查询，也可以实现不断地更新结果和结果推送，但通过这样的方式获取的结果，仍然是根据过去某一时刻的数据得到的结果，与实时结果有着本质区别[44]。

12.3.3　并行大数据计算框架：Spark

地球科学大数据平台需要对海量的历史数据以及不断存入的新数据进行不断地批处理，以达到我们预期的效果，但是在数据批处理方面，Hadoop 并不是最优的选择，这是因为 Hadoop 是基于磁盘的数据处理，存在表达能力有限、磁盘 IO 开销大、延迟高等局限性。

12.3.3.1　Spark 运行架构

Spark 运行架构如图 12-11 所示，包括集群资源管理器(Cluster Manager)、运行作业任务的工作节点(Worker Node)、每个应用的任务控制节点(Driver)和每个工作节点上负责具体任务的执行进程(Executor)[41]。

一个 Application 由一个 Driver 和若干个 Job 构成，一个 Job 由多个 Stage 构成，一个 Stage 由多个没有 Shuffle 关系的 Task 组成[42]。

如图 12-12 所示，当执行一个 Application 时，Driver 会向集群管理器申请资源，启动 Executor，并向 Executor 发送应用程序代码和文件，然后在 Executor 上执行 Task，运行结束后，执行结果会返回给 Driver，或写到 HDFS 或其他数据库中[42]。

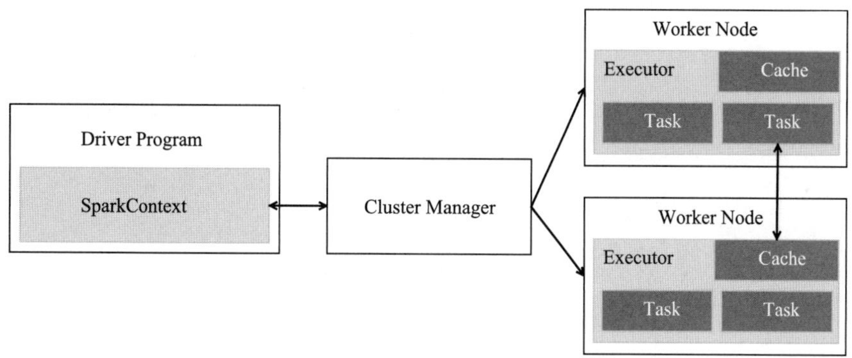

图 12-11　Spark 运行架构

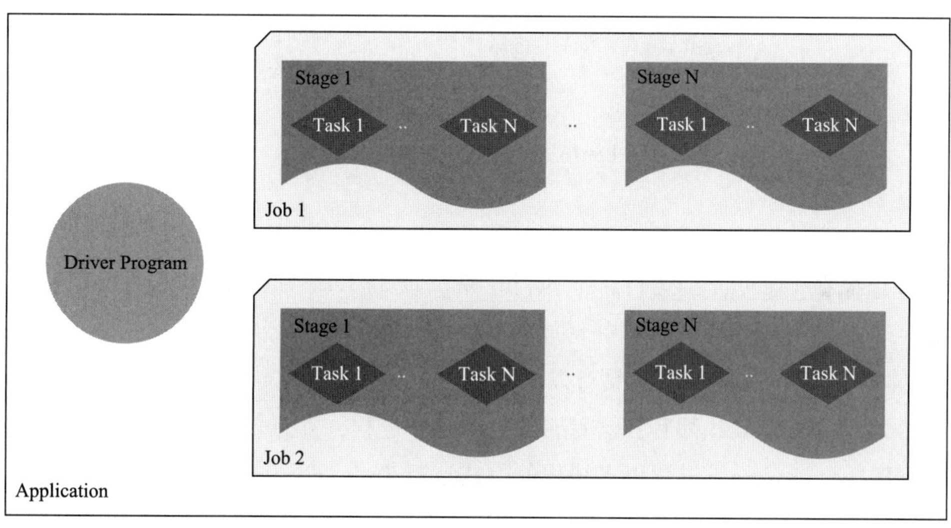

图 12-12　Spark 中各种概念之间的相互关系

12.3.3.2　Spark 运行基本流程

Spark 运行基本流程如图 12-13 所示。

(1)当一个 Spark 应用被提交时，由 Driver 创建一个 SparkContext，进行资源的申请、任务的分配和监控。SparkContext 向资源管理器注册并申请运行 Executor 的资源[42]。

(2)资源管理器为 Executor 分配资源，并启动 Executor 进程。Executor 运行情况通过“心跳”发送给资源管理器[42]。

(3)SparkContext 根据 RDD 的依赖关系构建 DAG 图，DAG 图提交给 DAGScheduler 解析成 Stage，然后把一个个 TaskSet 提交给底层调度器 TaskScheduler 处理；Executor 向 SparkContext 申请 Task，Task Scheduler 将 Task 发放给 Executor 运行，并提供应用程序

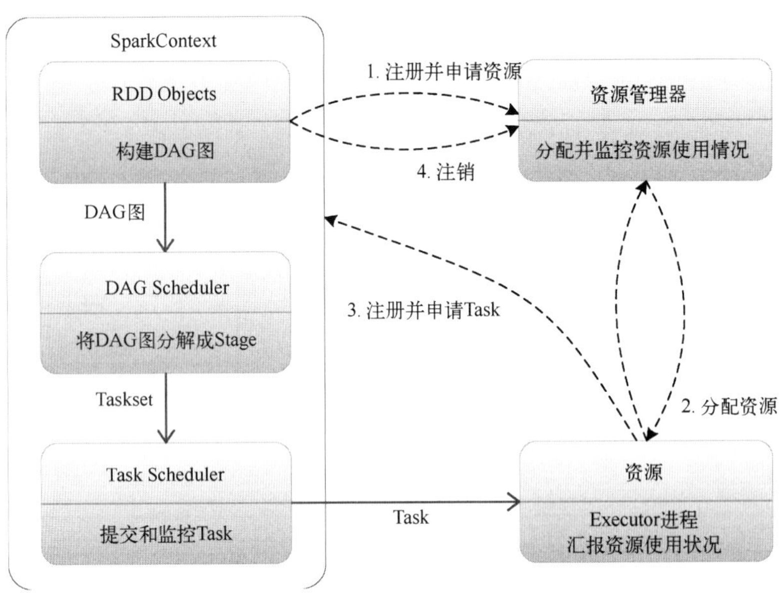

图 12-13　Spark 运行基本流程图

代码[42]。

(4)Task 在 Executor 上运行，把执行结果反馈给 TaskScheduler，然后反馈给 DAG-Scheduler，运行完毕后写入数据并释放所有资源[42]。

总体而言，Spark 运行架构具有以下特点：

(1)每个 Application 都有自己专属的 Executor 进程，并且该进程在 Application 运行期间一直驻留，Executor 进程以多线程的方式运行 Task[42]；

(2)Spark 运行过程与资源管理器无关，只要能够获取 Executor 进程并保持通信即可[42]；

(3)Task 采用了数据本地性和推测执行等优化机制[42]。

12.3.4　图计算框架：Pregel

许多大数据都是以大规模图或网络的形式呈现，如社交网络、传染病传播途径、交通事故对路网的影响。许多非图结构的大数据，也常常会被转换为图模型后进行分析[45]。

传统的图计算解决方案无法解决大型的图计算问题，包括 Pregel 在内的各种图计算框架脱颖而出。Pregel 并没有采用远程数据读取或者共享内存的方式，而是采用了纯消息传递模型，来实现不同顶点之间的信息交换。Pregel 的计算过程是由一系列被称为“超步”的迭代组成的，每次迭代对应了 BSP 模型中的一个超步[45]。

Pregel 是为执行大规模图计算而设计的，通常运行在由多台廉价服务器构成的集群上。一个图计算任务会被分解到多台机器上同时执行，Pregel 采用检查点机制来实现容错。Pregel 作为分布式图计算的计算框架，主要用于图遍历、最短路径、PageRank 计算等[45]。

12.3.5　新一代资源管理调度框架：YARN

Apache Hadoop YARN(Yet Another Resource Negotiator，另一种资源协调者)是一种新的 Hadoop 资源管理器，它是一个通用资源管理系统。

12.4　数据可视化

可视化一般是对结果或部分原始数据做展示。一般有两种情况，行数据展示和列查找展示。在这里，要基于大数据平台做展示，会需要用到 ElasticSearch 和 HBase。ElasticSearch 可以实现列索引，提供快速列查找，HBase 提供快速 ms 级别的行查找。同时需要各种数据类型的可视化工具做展示[46]。

12.4.1　ElasticSearch

ElasticSearch 是一个分布式、高扩展、高实时的搜索与数据分析引擎。它能很方便地使大量数据具有搜索、分析和探索能力。充分利用 ElasticSearch 的水平伸缩性，可以使数据在生产环境变得更有价值。ElasticSearch 的实现原理主要分为以下几个步骤，首先用户将数据提交到 ElasticSearch 数据库中，然后通过分词控制器去将对应的语句分词，将其权重和分词结果一并存入数据，当用户搜索数据时，再根据权重将结果排名打分，最后将返回结果呈现给用户[47]。

ElasticSearch 可以用于搜索各种文档。它提供可扩展的搜索，具有接近实时的搜索，并支持多租户。ElasticSearch 是分布式的，这意味着索引可以被分成分片，每个分片可以有 0 个或多个副本。每个节点托管一个或多个分片，并充当协调器将操作委托给正确的分片。再平衡和路由是自动完成的。相关数据通常存储在同一个索引中，该索引由一个或多个主分片和零个或多个复制分片组成。一旦创建了索引，就不能更改主分片的数量[47]。

ElasticSearch 使用 Lucene，并试图通过 JSON 和 Java API 提供其所有特性。它支持 facetting 和 percolating，如果新文档与注册查询匹配，这对于通知非常有用。另一个特性被称为“网关”，处理索引的长期持久性；例如，在服务器崩溃的情况下，可以从网关恢复索引。ElasticSearch 支持实时 GET 请求，适合作为 NoSQL 数据存储，但缺少分布式事务[47]。

ElasticSearch 是一个分布式可扩展的实时搜索和分析引擎，一个建立在全文搜索引擎 Apache Lucene(TM) 基础上的搜索引擎。当然 ElasticSearch 并不仅仅是 Lucene 那么简单，它不仅包括了全文搜索功能，还可以进行以下工作[47]：

(1)按照分布式实时进行文件存储，并实现文字可被搜索功能；

(2)实现分布式搜索引擎的实时分析功能；

(3)扩展服务器数量，处理 PB 级别的结构化或者非机构化数据。

12.4.2 可视化工具

12.4.2.1 信息图表工具

信息图表是信息、数据、知识等的视觉化表达，它利用人脑对于图形信息相对于文字信息更容易理解的特点，更高效、直观、清晰地传递信息，在计算机科学、数学以及统计学领域有着广泛的应用[48]。

Google Chart API：谷歌公司开发的制图服务接口，可为所统计数据生成图片，实现数据可视化。D3：目前市场最常用的可视化数据库之一，主要功能有网页作图、生成相关函数的互动图形等。Visual. ly：是一款非常流行的信息图制作工具。Tableau：是桌面系统中智能工具软件，适合企业和部门进行日常数据报表和数据可视化分析工作。大数据魔镜：是一款国产数据分析软件，它丰富的数据公式和算法可以让用户真正理解探索分析数据，用户只要通过一个直观的拖放界面就可创造交互式的图表和数据挖掘模型。

12.4.2.2 地图工具

地图工具在数据可视化中较为常见，它在展现数据基于空间或地理分布上有很强的表现力，可以直观地展现各分析指标的分布、区域等特征。当指标数据要表达的主题跟地域有关联时，就可以选择以地图作为大背景，从而帮助用户更加直观地了解整体的数据情况，同时也可以根据地理位置快速地定位到某一地区来查看详细数据[49]。

Google Fusion Tables：让一般使用者也可以轻松制作出专业的统计地图。该工具可以让数据表呈现为图表、图形和地图，从而帮助发现一些隐藏在数据背后的模式和趋势[49]。Modest Maps：是一个小型、可扩展、交互式的免费库，提供了一套查看卫星地图的 API，只有 10 kB 大小，是目前最小的可用地图库，它也是一个开源项目，有强大的社区支持，是在网站中整合地图应用的理想选择[49]。Leaflet：是依据自身小型、轻量的特点满足相关移动网页需求的地图框架。

12.4.2.3 时间线工具

时间线是表现数据在时间维度的演变的有效方式，它通过互联网技术，依据时间顺序，把一方面或多方面的事件串联起来，形成相对完整的记录体系，再运用图文的形式呈现给用户。时间线可以运用于不同领域，最大的作用就是把过去的事物系统化、完整化、精确化。自 2012 年 Facebook 在 F8 大会上发布了以时间线格式组织内容的功能后，时间线工具在国内外社交网站中开始大面积流行[49]。Xtimeline 是一个具有更多社会化、群组功能的时间线绘制工具网站。

12.4.2.4　高级分析工具

R：常用于统计计算和制图模块，免费、开源但操作复杂。Weka：是一款基于 Java 环境的、开源的机器学习以及数据挖掘软件，可以进行数据分析，生成图表。Gephi：主要用于社交图谱数据可视化分析，可以生成相关的可视化图形。

参 考 文 献

[1] 谢基平．利用 Argo 浮标提取中层海流信息研究[D]. 南京信息工程大学，2005.

[2] 各类数据库简介[EB/OL]. [2022-10-15]. https://blog.csdn.net/weixin_30591551/article/details/96412947.

[3] 基于 JAVA 的图书管理系统设计[EB/OL]. [2021-06-05]. https://wenku.baidu.com/view/a789ecbad05abe 23482fb4daa58 da0116c171f3a.html.

[4] Oracle 程序两种接口 ADD 与 OCI 对比[EB/OL]. [2021-06-05]. https://wenku.baidu.com/view/40c00ec 64028915f804dc 2fa.html.

[5] 两种 Oracle 应用程序开发接口之简要分析[EB/OL]. [2021-06-05]. https://blog.csdn.net/noter/article/details/1639371.

[6] OCCI 编程简介[EB/OL]. [2021-09-20]. http://www.doc88.com/p-3107850240543.html.

[7] 人力资源管理中的大数据应用之道[EB/OL]. [2021-09-20]. https://blog.csdn.net/wangyiyungw/article/details/81664869.

[8] 兰春梅，鲍正德，李晨曦，等．大数据与大学生思想政治教育创新研究[J]. 智库时代，2019，000(010)：3-5.

[9] 大数据技术原理与应用[EB/OL]. [2022-03-15]. https://www.doc88.com/p-7798962590965.html.

[10] 大数据基本特性[EB/OL]. [2022-03-15]. https://wenku.baidu.com/view/9224ac8a2a160b4e767f5acfa1c 7aa00b42a9d13.html.

[11] 大数据应用案例分析[EB/OL]. [2022-03-15]. https://www.docin.com/p-2352461466.html.

[12] 卓铁农．大数据下的分布式数据库 HBase[J]. 计算机产品与流通，2019(02)：102.

[13] 余立中，商红梅，张少永．Argo 浮标技术研究初探[J]. 海洋技术，2001(03)：34-40.

[14] 苏京志，王东晓，张人禾，等．南海 Argo 浮标观测结果初步分析[J]. 海洋与湖沼，2008(02)：97-104.

[15] 金澈清，钱卫宁，周敏奇，等．数据管理系统评测基准：从传统数据库到新兴大数据[J]. 计算机学报，2015，38(01)：18-34.

[16] 彭宇，庞景月，刘大同，等．大数据：内涵、技术体系与展望[J]. 电子测量与仪器学报，2015，29(04)：469-482.

[17] 李绍俊，杨海军，黄耀欢，等．基于 NoSQL 数据库的空间大数据分布式存储策略[J]. 武汉大学学报(信息科学版)，2017，42(02)：163-169.

[18] Hadoop Distributed File System 一个分布式文件系统[EB/OL]. [2021-10-20]. https://blog.csdn.net/weixin_33856370/article/details/92965329.

[19] 分布式文件系统 HDFS[EB/OL]. [2022-09-17]. https://blog.csdn.net/weixin_30663471/article/details/96957351.

[20] 一文读懂分布式数据库 Hbase [EB/OL]. [2022-09-17]. https://blog.csdn.net/qq_31780525/article/details/53415251.

[21] 分布式数据库 HBase[EB/OL]. [2022-09-17]. https://www.docin.com/p-2158344752.html.

[22] 大数据技术原理与应用 PPT [EB/OL]. [2022-09-17]. http://www.doc88.com/p-53573116873415.html.

[23] HBase 概述[EB/OL]. [2022-09-17]. https://blog.csdn.net/PeixinYe/article/details/79541328.

[24] 大数据技术原理与应用——分布式文件系统 HDFS [EB/OL]. [2022-09-17]. https://blog.csdn.net/wolfchenxing/article/details/89153052.

[25] Hbase 特性介绍 [EB/OL]. [2022-09-18]. https://blog.csdn.net/u012129558/article/details/81911908.

[26] 大数据技术原理与应用——分布式文件系统 HDFS [EB/OL]. [2022-09-18]. https://blog.csdn.net/wolfchenxing/article/details/89153052.

[27] hive 常见的命令[EB/OL]. [2022-09-18]. https://blog.csdn.net/lzlnd/article/details/85096985.

[28] hive(01)、基于 hadoop 集群的数据仓库 Hive 搭建实践[EB/OL]. [2022-09-18]. https://blog.csdn.net/weixin_34363171/article/details/91928276.

[29] hive(数据仓库工具)[EB/OL]. [2022-09-18]. https://baike.baidu.com/item/hive/67986? fr=aladdin.

[30] hive 知识大全[EB/OL]. [2022-09-18]. https://blog.csdn.net/paulfrank_zhang/article/details/80983933.

[31] Hadoop 核心架构体系(HDFS+MapReduce+Hbase+Hive+Yarn)[EB/OL]. [2022-09-18]. https://blog.csdn.net/qq_20805103/article/details/78035032.

[32] 百度百科 -hive [EB/OL]. [2022-10-18]. https://blog.csdn.net/weixin_34124577/article/details/92101468.

[33] 【网络资料 URL】—— hive [EB/OL]. [2022-10-18]. https://blog.51cto.com/houjt/1607477.

[34] 大数据扫盲! 详解 Hadoop 核心架构[EB/OL]. [2022-10-18]. https://blog.csdn.net/weixin_44233163/article/details/88842774.

[35] Hive 简介[EB/OL]. [2022-10-18]. https://blog.csdn.net/devtao/article/details/14434487.

[36] Hive 体系结构(一)架构与基本组成[EB/OL]. [2022-10-18]. https://blog.csdn.net/Lnho2015/article/details/51383717? locationNum=10&fps=1.

[37] sqoop 的使用[EB/OL]. [2022-10-18]. https://blog.51cto.com/gldbhome/1768409.

[38] 数据仓库与元数据[EB/OL]. [2022-10-18]. https://blog.csdn.net/WalleIT/article/

details/88657715.

[39] Spark 大数据处理框架入门——包括生态系统、运行流程以及部署方式[EB/OL]. [2022-10-18]. https://blog.csdn.net/u014285607/article/details/100110990.

[40] 互联网智慧建筑的发展[EB/OL]. [2022-10-20]. http://www.doc88.com/p-9025603327927.html.

[41] 大数据架构之 Hadoop 生态圈[EB/OL]. [2022-09-17]. https://blog.csdn.net/TT15751097576/article/details/101034357.

[42] Spark 基本架构及运行原理[EB/OL]. [2022-09-17]. https://blog.csdn.net/zxc123e/article/details/79912343.

[43] Storm 流数据框架——学习笔记[EB/OL]. [2022-09-17]. https://blog.csdn.net/peixinye/article/details/79672342.

[44] 大数据总结(第十章：流计算)[EB/OL]. [2022-11-05]. https://blog.csdn.net/qq_43925089/article/details/106687687.

[45] 大数据技术原理与应用——大数据概述[EB/OL]. [2022-11-05]. https://blog.csdn.net/weixin_30374009/article/details/98804798.

[46] 大数据平台的建设[EB/OL]. [2022-11-05]. https://wenku.baidu.com/view/4fc2c61c26fff705cd170aa8.html.

[47] ElasticSearch 简介[EB/OL]. [2022-11-05]. https://blog.csdn.net/qq_36154832/article/details/96431003.

[48] 大数据技术原理及应用[EB/OL]. [2022-11-05]. https://wenku.baidu.com/view/ddc2b383d7bbfd0a79563c1ec5da50e2524dd115.html.

[49] 大数据技术原理与应用——数据可视化[EB/OL]. [2022-11-05]. https://wenku.baidu.com/view/b5d6c9a35122aaea998fcc22bcd126fff7055db4.html.

附录1　术语与缩略语

名称	说明
Apache	Apache是世界使用排名第一的Web服务器软件。它可以运行在几乎所有的计算机平台上。Apache源于NCSAhttpd服务器，经过多次修改，成为世界上最流行的Web服务器软件之一。Apache取自“a patchy server”的读音，意思是充满补丁的服务器。因为它是自由软件，所以不断有人来为它开发新的功能、新的特性、修改原来的缺陷。Apache的特点是简单、速度快、性能稳定，并可作为代理服务器使用
Argo	Argo是英文“Array for Real-time Geostrophic Oceanographic”的缩写，其中文含义为“地转海洋学实时观测阵”。另说，Argo源于希腊神话中英雄Jason所乘的船的名字
Argos	Argos是专门用于研究和保护地球环境的全球卫星定位和数据收集系统。由法国和美国合作建立，包括： CNES（法国国家空间研究中心）； NOAA（美国国家海洋大气局），由NASA（美国国家航空航天局）提供支持； CLS（采集定位卫星公司），系统的操作者。 2006年，Eumetsat（欧洲气象学组织）加入了工作委员会。 其工作原理如下： （1）Argos发射机自动发送信息，信息由地球低轨道极轨卫星接收； （2）卫星转送信息到地面接收站（将近50个站点从卫星上接收实时数据并将其转发至处理中心，这个遍布全球范围的L波段天线网是Argos服务的关键因素）； （3）地面站传送信息到处理中心，一个在美国华盛顿附近，另一个在法国的图卢兹。这些中心计算发射机的位置并处理每一个传感器的数据； （4）用户从就近的处理中心访问其结果。 故一般人感觉有时指浮标数据采集系统，有时特指其发送系统或定位系统
Argos_ID	Argos_ID是Argos发射机的识别码，由7个16进制的字符组成。这个参数必须置定到Argos提供的参数表中。 如果是旧版Argos_ID，可以将其变成5个16进制字符，再在后面加上两个0。 例如，“090808”可能就是旧版Argos_ID。 每种Argos发射机用20位或28位组成的独特识别数进行编程。后8位视为“28 bits Argos ID complement”（28位Argos ID识别补充码）。 CLS是唯一被授权分配Argos识别码的组织
CADC	China Argo Data Center之缩写，即“中国Argo资料中心”

续表

名称	说明
CGI	Common Gateway Interface，通用网关接口(程序)
CLS	法国 Coriolis 公司的简称。法国人 Coriolis(科里奥利)曾发现地球自转对运动物体的影响。 CLS 指采集和定位卫星。CLS 是 Argos 卫星系统世界范围的操作者。从该系统，CLS 提供平台定位和科学数据收集
CRC	Cyclic Redundancy Check 之缩写，循环冗余校验
CTD 测量	即电导率(Conductivity)、温度(Temperature)、深度(Depth)三项测量，简称“CTD 测量”
DACs	Data Assembly Center (s)，即数据中心，或数据集成中心
dbar 与海深米数	海水密度一般取 1030 kg/m^3，赤道附近的重力加速度 g 一般取 9.780 m/s^2，二者的乘积为 10 073。 1 dbar = 10 000 Pa = 10 000 N/m^2 1 m 海水深处之压强 = mg/m^2 = (1030 kg×9.78 m/s^2)/m^2 = 10 073 N/m^2 = 1.007 3 dbar 可见，海面下的压强 dbar 数与海水的深度米数是十分接近的。故可将海面下的压强 dbar 数等同于海水的深度米数
FTP	Files Transfer Protocol，即文件传输协议。它是电子文档在 TCP/IP 网传输的通信协议，用于在计算机间传送文件
GDACs	GDACs，Global DAta Centres 之缩写，即 Argo 全球数据中心。 因特网址是： http://www.usgodae.org/argo/argo.html http://www.argodatamgt.org FTP 地址是： ftp://usgodae1.fnmoc.navy.mil/pub/outgoing/argo ftp://ftp.ifremer.fr/ifremer/argo 两个 GDACs 提供相同的实时数据镜像的数据集
GDI	GDI 是 Graphics Device Interface 的缩写，含义是图形设备接口。它的主要任务是负责系统与绘图程序之间的信息交换，处理所有 Windows 程序的图形输出。在 Windows 操作系统下，绝大多数具备图形界面的应用程序都离不开 GDI。利用 GDI 所提供的众多函数就可以方便地在屏幕、打印机及其他输出设备上输出图形、文本等操作。GDI 的出现使程序员不需要关心硬件设备及设备驱动，就可以将应用程序的输出转化为硬件设备上的输出，实现了程序开发者与硬件设备的隔离，大大方便了开发工作
GDI+	GDI+是 Windows XP 中的一个子系统。它主要负责在显示屏幕和打印设备输出有关信息。它是一组通过 C++类实现的应用程序编程接口。顾名思义，GDI+是以前版本 GDI 的继承者。出于兼容性考虑，Windows XP 仍然支持以前版本的 GDI，但是在开发新应用程序时，开发人员为了满足图形输出需要而使用 GDI+，因为 GDI+对以前的 Windows 版本中 GDI 进行了优化，并添加了许多新的功能

续表

名称	说明
GODAE	Global Ocean Data Assimilation Experiment 之缩写，美国全球海洋数据同化实验室
GTS	Global Telecommunication System 之缩写，世界气象组织((World Meteorological Organization, WMO)属下的全球通信系统。用于来自 WMO GTS network 的数据。 参与世界天气监视网(WWW)的所有国家的气象台使用的数据交换网
HTML	Hyper Text Mark-up Language，即超文本标记语言或超文本链接标示语言，是目前网络上应用最为广泛的语言，也是构成网页文档的主要语言
HTTP	Hyper Text Transfer Protocol，即超文本传送协议
IFREMER	法国海洋开发研究院。它是 CLS 主要的股东之一
IGOSS	Integrated Global Ocean Server System 之缩写，综合性全球海洋服务系统
IGOSS scale	综合性全球海洋服务系统范围内
JCOMM	The Joint WMO/IOC Technical Commission for Oceanography and Marine Meteorology 之缩写，海洋学和海洋气象学联合技术委员会，是一个由海洋学和海洋气象学领域的技术专家组成的政府间机构，其任务是编制与海洋观测系统、资料管理及服务有关的规章制度(成员方必须做的)和指导性的(成员方应该做的)材料
JULD	Julian day 之缩写。Julian，朱利安，男子名，取自古罗马独裁者儒略恺撒(Julius Caesar)。 JULD 是定位或测量的儒略历(即当前使用的阳历)日期及时间。整数部分相应于天，分数部分相应于时间。建议的儒略历的参考(基准)时间为 1950 年 1 月 1 日 00:00:00
MFC	Microsoft Foundation Classes，是一个微软公司提供的类库(class libraries)，以 C++类的形式封装了 Windows 的 API，并且包含一个应用程序框架，以减少应用程序开发人员的工作量。其中包含大量 Windows 句柄封装类和很多 Windows 的内建控件和组件的封装类
MySQL	整个“Argo 数据处理与地球科学大数据平台”的后台数据库系统采用甲骨文(Oracle)公司面向开放源代码社区的数据库引擎 MySQL，当前 MySQL 最新最稳定的版本为 5.5。 采用 MySQL 的好处主要有以下几个方面： (1)对于个人用户或者非商业应用由系统管理员安装的，MySQL 完全免费； (2)MySQL 是一个真正的多用户、多线程 SQL 数据库服务器，SQL(结构化查询语言)是世界上最流行的和标准化的数据库语言，MySQL 是以一个客户机/服务器结构的实现，它由一个服务器守护程序 mysqld 和很多不同的客户程序和库组成
Nc 文件	NetCDF 是 Network Common Data Format 之缩写，即网络通用数据格式。 其中，Argo Nc 的变量有着严格定义的标准名称
NMDIS	国家海洋信息中心

续表

名称	说明
PHP	PHP，是英文超文本预处理语言 Hypertext Preprocessor 的缩写。PHP 是一种 HTML 内嵌式的语言，是一种在服务器端执行的嵌入 HTML 文档的脚本语言，语言的风格类似于 C 语言，被广泛地运用。 PHP 独特的语法混合了 C、Java、Perl 以及 PHP 自创新的语法。它以比 CGI 或者 Perl 更快速地执行动态网页。用 PHP 做出的动态页面与其他的编程语言相比，PHP 是将程序嵌入到 HTML 文档中去执行，执行效率比完全生成 HTML 标记的 CGI 要高许多；PHP 还可以执行编译后代码，编译可以达到加密和优化代码运行，使代码运行更快。PHP 具有非常强大的功能，所有的 CGI 的功能 PHP 都能实现，而且支持几乎所有流行的数据库以及操作系统。最重要的是 PHP 可以用 C、C++进行程序的扩展
PI	Principal Investigator 之缩写，主要研究者
Platform number	Platform number(STRING8)即平台识别码，是平台唯一的识别者。例如“2901626”7 位数字
PTT	Platform Terminal Transmitter 之缩写，是平台终端发射机。例如“23978”5 位数字。 浮标的 PTT 编号与 WMO(世界气象组织)编号应当一一对应。PTT 编号等同浮标通讯号(Argos_ID)
QC	Quality Control 之缩写，质量控制，简称“质控”
RTC	Real Time Clock 之缩写，实时时钟控制
SOA 浮标	即我国国家海洋局管理的浮标，也就是实时数据中的浮标
SQL	Structured Query Language，结构化查询语言，是世界上最流行的和标准化的数据库查询和程序设计语言，用于存取数据以及查询、更新和管理关系数据库系统
TESAC	TESAC 原是一种 ASCII 数码格式，用于往 GTS 上发送浮标数据。GTS 中的这些数据便称作 GTS TESAC 报文(公报)。其他的数码格式还有 BUFR(一种二进制格式)，以及 SHIP、BUOY、BATHY
TRANS_SYSTEM_ID	TRANS_SYSTEM_ID 也是发射机的识别码，例如“14281”5 位数字。 示例： PLATFORM_NUMBER　××××× or ×××××××　PLATFORM_ NUMBER=“5900077”； PTT　不空　PTT=“23978”； TRANS_ SYSTEM_ ID　不空　TRANS_ SYSTEM_ ID=“14281”
TRUNCOM	北京正航科技有限公司

续表

名称	说明
UNESCO	联合国教科文组织
UTC，GMT	UTC是协调世界时(Universal Time Coordinates)的英文缩写。UTC是由国际无线电咨询委员会规定和推荐，并由国际时间局(BIH)负责保持的以秒为基础的时间标度。UTC相当于本初子午线(即经度0°)上的平均太阳时，过去曾用格林尼治平均时(GMT)来表示。北京时间比UTC时间早8 h，以1999年1月1日0000UTC为例，UTC时间是零点，北京时间为1999年1月1日早上8点整
VS2010	Visual Studio 2010，微软公司最新开发平台，开发Windows程序最强大的集成开发环境
WAMP	WAMP系统是网站运行环境广泛流行的开源解决方案。 “W”是指操作系统采用Windows系列； “A”表示Web服务器用Apache； “M”表示数据库采用MySQL数据库服务器； “P”表示脚本语言采用PHP脚本语言。 应用此方案能够做到不用花费一分钱即可完成网站平台的搭建，并且性能能够达到用户的需求
WMO code	WMO float identifier是世界气象组织的编码。按照惯例，平台识别码就是WMO编码
XBT	XBT为抛弃式温深仪
服务	Microsoft Windows服务(即以前的NT服务)，使用户能够创建在Windows会话中可长时间运行的可执行应用程序。服务非常适合在服务器上使用。或任何时候，为了不影响在同一台计算机上工作的其他用户，需要长时间运行功能时使用
漂浮与漂流	二者虽都可用，但一篇文章中最好统一。将二者统一为漂流为宜
实时数据	在本书中是指由自然资源部负责的Argo浮标经由CLS公司实时传送至国家海洋信息中心FTP服务器(ftp：//ftp. coi. gov. cn)上的数据。在此，实时的限界为不超过24 h。其后经下载处理过的这部分数据也统称为实时数据。 延时数据中以”R”开头的数据不在此例
线程	Thread，有时被称为轻量级进程(Light Weight Process，LWP)，是程序执行流的最小单元。一个标准的线程由线程ID、当前指令指针(PC)、寄存器集合和堆栈组成
压力与压强	二者虽都可用，但一篇文章中最好统一。将二者统一为压强为宜
延时数据	泛指除实时数据之外的所有Argo数据(包括准实时数据和延时订正数据)。延时数据从法国国际Argo资料中心服务器（ftp：// ftp. ifremer. fr)进行下载
原始数据包	在本书中是指原始数据文件中的数据结构，包括若干数据块和卫星收到数据块的时间
原始数据块	在本书中是指Argo浮标采集的数据经过自身处理后形成的数据结构。长度为31个字节，248位

附录 2　Argo 剖面资料实时质控方法与流程

一、总的原则

(1)压强错则温度和盐度一定错。

(2)温度错则盐度一定错。

(3)方法 1~8 及方法 19 的检验质控符号只有“1”和“4”两种；方法 9~18 的检验，若没有特别说明，若未通过则质控符号在原有基础上加“1”(不超过“4”)。

(4)后面的质控检验标志的质控符号不能小于之前的质控检验。比如第 11 项检验，将某层温度质控标志为“4”，则第 14 项检验不能将其标志为“3”。

(5)质控符号标志为“4”和“3”的数据在质量控制检验中予以忽略。

(6)在某一检验中被标志出错(质控符号为“4”)的数据不参与其后面的检验。

(7)在做质量控制之前，所有信息默认为正确，即质控符号为 1。

(8)质量控制流程严格按照下面的步骤进行。

二、质控方法与流程

1. 平台识别码检验

方法：检测浮标的 PTT 编号与正确的 WMO 编号是否一致。浮标的 PTT 编号与其对应的 WMO 编号在配置文件中有记录。

原则：如果不一致，则浮标全部数据无效，全部的质控符号都标志为“4”。

作用：可以检测浮标 PTT 编号与正确的 WMO 编号是否一致。

说明：浮标的 PTT 编号与其对应的 WMO 编号在配置文件中有记录，需要留有修改配置文件的接口。

2. 不可能的日期检验

方法：剖面上升日期必须符合要求。

具体为：

(1)年份大于 1997；

(2)月份在 1 和 12 之间；

(3)日期在月份的天数之间；

(4)小时在 0 到 23 之间；

(5)分在 0 到 59 之间。

原则：如果不满足以上条件，则时间数据错误，时间质控符号标志为“4”，但剖面数据质控符号不变。

作用：可以检测出不可能的日期。

说明：参数可以固化。

3. 不可能的浮标位置检验

方法：剖面位置(即上浮到海面后的第一个位置信息)必须符合要求。

具体为：

(1)纬度范围为-90°—90°；

(2)经度范围为-180°—180°。

原则：如果不满足以上条件，则位置数据错误，位置质控符号标志为“4”，但剖面数据质控符号不变。

作用：可以检测出不可能的位置。

说明：参数可以固化。

4. 陆上位置检验

方法：将浮标位置与全球陆地位置进行比较，如果浮标的位置不在海上，浮标位置视为无效。

原则：如果浮标位置在陆地上，则位置数据错误，位置质控符号标志为“4”，但剖面数据质控符号不变。

作用：可以检测出浮标的位置是否在海上。

说明：需要留有接口，可以设定陆地范围(海洋范围)，一般为一个文件。

5. 不可能的速度检验

方法：使用浮标剖面位置信息进行计算。

具体为：

由浮标当前周期的剖面位置与前一个有正确位置的剖面位置计算出距离，然后再计算出两个位置对应的时间差，距离除以时间差求出平均速度。

原则：如果平均速度大于 3 m/s，则速度不正确，位置质控符号标志为“4”。

作用：检测出时间和位置是否合理。

说明：需要留有接口，设置最大速度。

6. 全球范围检验

方法：逐个层次逐个要素进行检验。

具体为：

(1)温度范围为-2.5~40.0℃;

(2)盐度范围为2~41.0。

原则：如果超出此范围，则不能通过该检验，将错误的层次的要素质控符号标志为“4”。

作用：可以检测温度值和盐度值是否合理。

说明：需要留有接口，设置温度和盐度范围。

7. 区域范围检验

方法：本检验适用于有更为严格的制约条件的特殊区域。暂时只针对红海和地中海区域。

具体为：

(1)红海：温度范围为21.7~40.0℃，盐度范围为2~41.0;

(2)地中海：温度范围为10.0~40.0℃，盐度范围为2~40.0。

如果浮标位于上述两个区域，则逐个层次、逐个要素进行此检验。

原则：如果超出此范围，则不能通过该检验，将错误的层次的要素质控符号标志为“4”。

作用：可以检测特殊区域的温度值和盐度值是否合理。

说明：需要留有接口，设置特殊区域的范围和温度、盐度的范围。

8. 气候学检验

方法：将需要检测的温度(或盐度)数据，与年平均温度(或盐度)数据以及偏差数据进行比较，然后做出一定的判断。

原则：假设需要检测的数据为a，年平均温度为b，温度偏差为c，允许偏差的倍数为d，如果$(b-c\times d)\leqslant a\leqslant(b+c\times d)$，则待检测数据通过该检验，将质量控制符标记为“1”；否则待检测数据不能通过该检验，将质量控制符标志为“3”。

作用：可以检测温度值和盐度值是否合理。

说明：需要留有接口，修改检验参数。

9. 压强递增检验

方法：将压强排序，依次比较相邻两层的压强。

原则：如果相邻两层压强相等，只留第一个压强及该层次上的温度和盐度值，其余相同的压强及其所有要素质控符号均为“4”。

作用：主要用来检测同一个剖面中是否有相同的压强。

说明：没有其他参数。

10. 尖峰检验

方法：当剖面按照压强值排序后计算温度与盐度是否为尖峰值。

具体方法为：假设当前温度值为 T(t)，与其相邻的第一个正确温度值分别为 T(t-1)，T(t+1)，同理盐度值为 S(t)，S(t-1)，S(t+1)。

(1)温度：检验值=fabs{ T(t)-[T(t+1)+ T(t-1)] /2} -fabs{[T(t+1)-T(t-1)]/2}。

如果 t 时刻对应的压强值小于 500 dbar，当检验值超过 6.0℃时，T(t)不能通过该检验。

如果 t 时刻对应的压强值大于等于 500 dbar，当检验值超过 2.0℃时，T(t)不能通过该检验。

(2)盐度：检验值=fabs{S(t)-[S(t+1)+ S(t-1)]/2} -fabs{[S(t+1)-S(t-1)]/2}。

如果 t 时刻对应的压强值小于 500 dbar，当检验值超过 0.9 时，S(t)不能通过该检验。

如果 t 时刻对应的压强值大于等于 500 dbar，当检验值超过 0.3 时，S(t)不能通过该检验。

原则：如果不通过检验，要素质控符号加 1。

作用：检测剖面中的温度和盐度是否有尖峰值。

说明：需要留有接口，修改检验参数。

11. 剖面顶部和底部的尖峰检验

弃用。

12. 梯度检验

方法：当剖面按照压强值排序后计算温度与盐度是否通过梯度检验。

具体方法为：假设当前温度值为 T(t)，与其相邻的第一个正确温度值分别为 T(t-1)，T(t+1)，同理盐度值为 S(t)，S(t-1)，S(t+1)。

(1)温度：检验值=fabs{T(t)-[T(t+1)+ T(t-1)]/2}。

如果 t 时刻对应的压强值小于 500 dbar，当检验值超过 9.0℃时，T(t)不能通过该检验。

如果 t 时刻对应的压强值大于等于 500 dbar，当检验值超过 3.0℃时，T(t)不能通过该检验。

(2)盐度：检验值=fabs{S(t)-[S(t+1)+ S(t-1)]/2}。

如果 t 时刻对应的压强值小于 500 dbar，当检验值超过 1.5 时，S(t)不能通过该检验。

如果 t 时刻对应的压强值大于等于 500 dbar，当检验值超过 0.5 时，S(t)不能通过该检验。

原则：如果不通过检验，要素质控符号加 1。

作用：可以检验垂向相邻的两次观测值相差是否太大。

说明：需要留有接口，修改检验参数。

13. 数位翻转检验

方法：当剖面按照压强值排序后计算温度与盐度是否通过数位翻转测试。

具体方法为：假设当前温度值为T(t)，与其相邻的上一个正确温度值为T(t-1)，同理盐度值为S(t)，S(t-1)。

(1)温度：检验值=fabs[T(t)-T(t-1)]。

当检验值超过10.0℃时，T(t)不能通过该检验。

(2)盐度：检验值=fabs[S(t)-S(t-1)]。

当检验值超过5时，S(t)不能通过该检验。

原则：如果不通过检验，要素质控符号加1。

作用：可以检验数值是否超出最大值而溢出。

说明：需要留有接口，修改检验参数。

14. 黏滞检验(嵌入值测试)

方法：首先找出一个剖面中的盐度最大值SMAX和盐度最小值SMIN以及温度最大值TMAX和温度最小值TMIN，分别计算盐度差和温度差。

盐度差=SMAX-SMIN

温度差=TMAX-TMIN

原则：如果盐度差小于0.1，则不能通过检验，整个剖面盐度质控符号全部为“4”。

如果温度差小于0.1℃，则不能通过检验，整个剖面温度质控符号全部为“4”。

作用：可以检验剖面的温度和盐度是否不发生变化或变化很小。

说明：需要留有接口，修改检验参数。

15. 密度翻转检验

方法：计算出每层的密度，总的原则是压强大对应的密度大。按照两个方向计算，取错误数据层次较少的顺序进行检验。

具体步骤为：

(1)先正向进行计算，从压强最小的层开始。将下一层的密度与上一正确层的密度进行比较，如果下一层的密度小于上一层的密度，则认定为不能通过该检验，错误数ZN加1，最后统计出出错的层数ZN。

(2)再反向进行计算，从压强最大的层开始。将上一层的密度与下一正确层的密度进行比较，如果上一层的密度大于下一层的密度，则认定为不能通过该检验，错误数FN加1，最后统计出出错的层数FN。

(3)比较ZN与FN的大小，以错误数少的顺序为准再次执行步骤(1)或者步骤(2)，同时将出错的层中的温度和盐度质控符号加 1。

作用：可以通过检测密度值是否合理推导出温度值和盐度值是否合理。

说明：没有其他参数。

16. 灰度检验

暂时不用(延时质控使用，根据列表判断，在列表中的浮标的指定日期范围的数据弃用)。

17. 盐度和温度传感器漂移

方法：计算当前剖面最后 100 dbar 内的温度和盐度的平均值，与前一个正确剖面的最后 100 dbar 的温度和盐度平均值进行比较，如果两个剖面温度平均值差异大于 1℃，盐度平均值大于 0.5，则不能通过该检验。

原则：如果温度不能通过该检验，将整个剖面温度质控符和盐度质控符小于 3 的质控符号标志为 3；如果盐度不能通过该检验，将整个剖面盐度质控符小于 3 的质控符号标志为 3。

作用：该检验用于检测突然或者显著的传感器漂移。

说明：需要留有接口，修改检验参数。

18. 可视化检验

需要显示剖面的温度和盐度的图形，显示每层相应参数的最终质控符号，提供接口对质控符号和参数数值进行修改并且产生修改日志。可以列出浮标所有的经纬度和时间信息以供选择。可以撤销修改。

作用：显示自动质控的结果以及其他一些相关信息并且提供接口供用户修改质控符号以及参数值。

19. 相同剖面检测

方法：计算每个剖面每 50 dbar 的温度平均值和盐度平均值。假设检验剖面的温度平均值为 T(nlvl)，盐度平均值为 S(nlvl)；其前一个正确剖面的温度平均值与盐度平均值分别为 PRET(nlvl)和 PRES(nlvl)。具体步骤为：

(1)分剖面分层分别计算 T(nlvl)，S(nlvl)，PRET(nlvl)，PRES(nlvl)。

(2)计算两个剖面每个层次的温度平均值和盐度平均值的差的绝对值。即

deltaT(nlvl)= abs[T(nlvl)-PRET(nlvl)]

deltaS(nlvl)= abs[S(nlvl)-PRES(nlvl)]

(3)推出温度和盐度绝对差异的最大值、最小值和平均值。

mean[deltaT(nlvl)]，max[deltaT(nlvl)]，min[deltaT(nlvl)]

mean[deltaS(nlvl)]，max[deltaS(nlvl)]，min[deltaS(nlvl)]

(4)出现以下情况，则表明未能通过检验：

max[deltaT(nlvl)]<0.3℃

min[deltaT(nlvl)]<0.001℃

mean[deltaT(nlvl)]<0.02℃

max[deltaS(nlvl)]<0.3

min[deltaS(nlvl)]<0.001

mean[deltaS(nlvl)]<0.004

原则：如果剖面未能通过检验，则对该参数的所有测量结果质控符号都要标记为“4”，如果连续5次未通过检验，则将浮标加入灰色表中。

作用：该检验可以检测出浮标是否反复产生同一剖面(只有极小的偏差)。

说明：需要留有接口，修改检验参数。

20. 最大压强检验

方法：逐层压强检验，比较每层的压强是否超过最大压强的1.1倍。最大压强来自浮标的元数据文件。

原则：如果比较层的压强超过最大压强的1.1倍，则压强不正确，对应压强质控符号位标志为“4”，同时，对应层次的温度和盐度都标志为“4”；如果比较层的压强不超过最大压强的1.1倍，则压强正确。

作用：可以检测出不正确的压强。

说明：最大压强来自浮标的元数据文件。

三、要求

(1)最大压强要从元数据中读取。

(2)若未特别说明，每个方法中的参数值都需要提供接口供后期修正。

(3)人工浏览审核时，可列出浮标所有的经纬度和时间供选择。

(4)实时质量控制注明输入、输出。

附录 3　数据库目录

一、Argo 数据处理与地球科学大数据平台数据库/表及功能

Argo 数据处理与地球科学大数据平台数据库有两种：SQLite 和 MySQL。

SQLite 有 4 个数据库，计 7 个表。

MySQL 有 12 个数据库，计 39 个表。

Argo 数据处理与地球科学大数据平台数据库/表及功能如附表 3-1 所示。

附表 3-1　Argo 数据处理与地球科学大数据平台数据库/表及功能

SQLite 数据库	表	所属模块
Downlist. s3db	download	ArgosServer. exe
Decodebackup. db	BACKArgoSID_<CYCLE>	DataDecode. exe
Ncdata. db	NcFileData	DataDecode. exe
NcDatabase. db	realtime_decode_asc	ArgoNcExport. exe
	realtime_decode_desc	
	realtime_decode_drift	
	realtime_decode_tech	
MySQL 数据库	**表**	**说明**
ArgoDB	argo_float_info	浮标总体剖面信息表
	argopostion	浮标最新位置表
	argoputinfo	浮标投放信息表
	ncorigfile	原始文件临时数据表
	ncorigfilefinal	原始文件最终数据表
	ncorigfileindex	已下载的原始文件索引表
ArgoLOGDB	ID_name	存放不同编号对应的模块名称
	flag_describe	存放每个模块的不同日志编号对应的日志类型
	running_log	存放运行日志
	workload_log	存放工作量日志
	log_platform_<浮标号>	存放每个浮标的日志信息

续表

SQLite 数据库	表	所属模块
ArgoMETADB	meta_platform_info meta_platform_measurement meta_platform_param	存储 Nc 元数据解码后数据表
ArgoPROFDB	platform_profile profdata_platform calibdata_platform historydata_platform	存储 Nc 剖面数据解码后数据表
ArgoQCPARDB	Argogreylist qc_rangedescribe qc_xy qc_pts 气候学检验参数数据表结构	存放自动质量控制的部分质控参数
ArgoTECHDB	tech_platform_info	存储 Nc 技术信息数据解码后的数据表
ArgoTRAJDB	traj_platform_info traj_platform_measurement traj_platform_cycle	存储 Nc 轨迹文件解码后的数据
REALTIMEDB	OrigFile VerifyFile	存储未经人工审核的原始 Nc 文件 存储经过人工审核以后可以发布的 Nc 文件
REALTIMEMETADB	meta_platform_info meta_platform_measurement meta_platform_param	存储实时 Nc 元数据文件解码后的数据
REALTIMEPROFDB	platform_profile profdata_platform calibdata_platform	存储实时 Nc 剖面文件解码后的数据
REALTIMETECHDB	tech_platform_info	存储实时 Nc 技术文件解码后的数据
REALTIMETRAJDB	traj_platform_info traj_platform_measurement traj_platform_cycle	存储实时 Nc 轨迹文件解码后数据

二、MySQL 数据库目录结构

MySQL 数据库目录结构示意如附图 3-1 所示。

其中，“127. 0. 0. 1”为登录地址名称。

ArgoDB、ArgoMETADB、ArgoPROFDB、ArgoTECHDB、ArgoTRAJDB 为数据库名称。其中后 4 个为延时数据库。

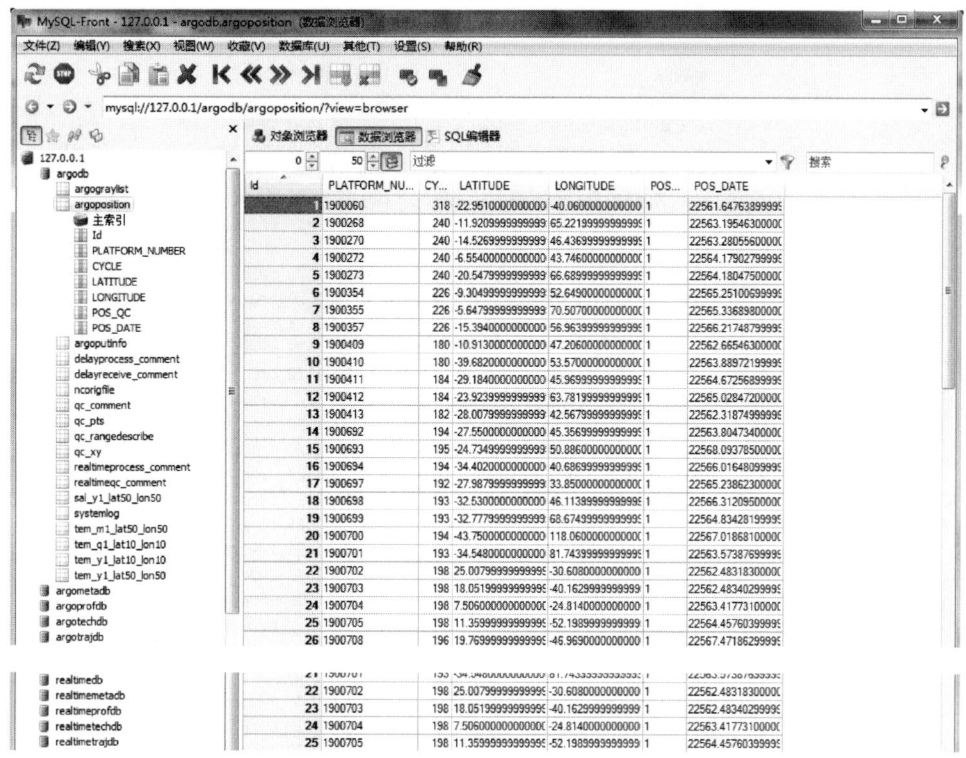

附图 3-1　MySQL 数据库结构

ArgoLOGDB、ArgoQCPARDB 数据库暂缺

“ncorigfile”为接收下来并生成的原始 Nc 文件所在表名录。

“qc_pts”为数据库中的表名。

冠以“qc”的三个表与质控有关：

表“qc_pts”为全球、地中海和红海的每一压强层面的最低/最高温度以及最低/最高盐度。

表“qc_rangedescribe”为质控范围说明，“global”为全球范围，“region_1”指红海，“region_2”指地中海。

表“qc_xy”为红海和地中海范围的经纬度界定。

以“_comment”为结尾的表为运行日志文件。

表“sal_y1_lat50_lon50”为经度 5°、纬度 5°方格内盐度的年均值。

表“tem_y1_lat50_lon50”为经度 5°、纬度 5°方格内温度的年均值。

另外 5 个是实时数据库 realtimedb、realtimemetadb、realtimeprofdb、realtimetechdb、realtimetrajdb，它们及其所属部分表如附图 3-2 所示。

其中，表 origfile 包含的是原始 Nc 文件所在表名录。

表 verifyfile 包含的是经人工审核的 Nc 文件名录。

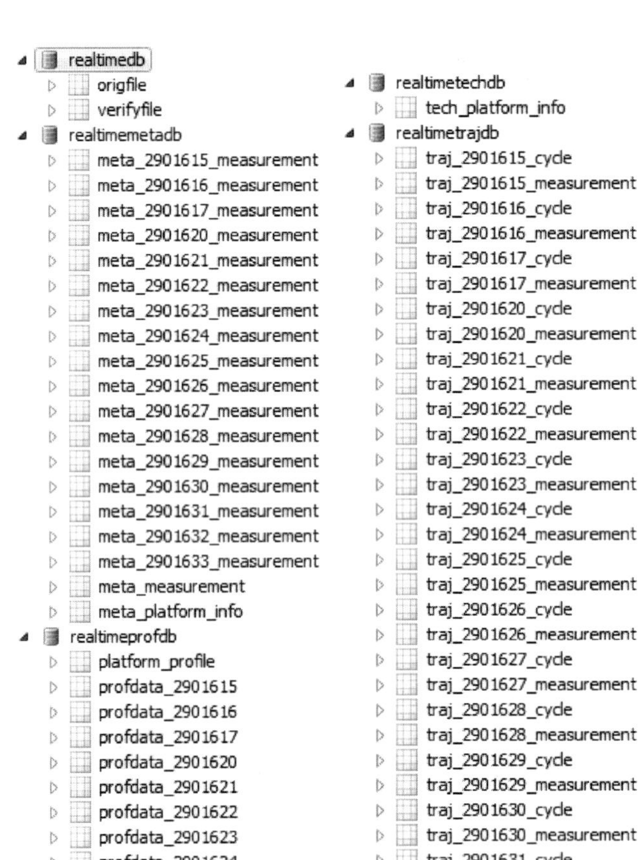

附图 3-2　三个实时数据库及其所属表

附录 4　法国处理的 Data 文件格式

Argo 中的 CLS 格式 Data 文件现在已废弃不使用了，此处所列仅为参考。

说明：

(1)文档原内容为编号为 2901625 浮标第 0 个周期的 Data 文件信息。

(2)原内容在文档中以宋体 10 号字体表示，在原内容的参数信息正下方加上解释内容，用来解释对应的参数的含义以及参数的来源。每个解释都有两行内容，上面一行代表参数的含义，下面一行代表参数的来源。解释参数含义的文字用宋体 10 号斜字体表示，解释参数来源的文件用黑体 10 号字体表示。

(3)在 Data 文件中浮标不同周期文件的数据格式是一致的，而第 0 个周期与其他周期只有极个别参数的来源不同。所以文档中的信息来源并不只为了说明第 0 个周期此参数的信息来源，而是为了适应所有周期的文件进行的说明。

(4)处理软件为 CORIOLIS PROFILER DECODER V4. 4。

#CORIOLIS PROFILER DECODER V4. 4, 2010/06/17 06:21, www. coriolis. eu. org

数据处理程序版本	*数据处理日期*	*网站*
定义	统计	定义

#Type	Version	Name	WMO code	Parameters	Float cycle
PROVOR	4. 20	PROVOR Profiling Float	2901625	PTSD	0 *仪器类型*
仪器版本	*仪器名称*	*仪器编号*	*测量参数*	*浮标周期数*	定义
定义	定义	查询	定义	计算	

#DESCENDING VERTICAL PROFILE

#Date	Time	Date QC	Latitude	Longitude	Pos. QC	Mes. Nb	Max Press.
#yyyy/mm/dd	hh24:mi:ss	IGOSS scale	S:-, N:+	W:-, E:+	IGOSS scale		dBar
2010/05/11	11:16:00	1	-0. 1000	83. 0400	1	52	1003
下降开始日期	*下降开始时间*	*时间质控*	*下降时纬度*	*下降时经度*	*定位质控*	*信息数量*	*最大采样压强*
计算	统计剖面信息	定义	投放时经纬度或上一周期最后经纬度		定义	统计剖面信息	统计剖面信息

#Date	Time	Pressure	Temperature	Salinity	Density
#yyyy/mm/dd	hh24:mi:ss	dBar	degree	P. S. U.	kg/dm^3
2010/05/11	11:16:00	14	30. 259	31. 378	1. 018986
采集日期	*采集时间*	*压强*	*温度*	*盐度*	*密度*
计算	技术信息与剖面信息	剖面信息	剖面信息	剖面信息	计算得出
2010/05/11	11:17:00	25	30. 256	34. 862	1. 021642
		34	30. 259	34. 862	1. 021679

		45	30. 255	34. 863	1. 021728
		55	30. 213	34. 867	1. 021788
		65	28. 468	35. 078	1. 022578
		75	26. 305	35. 352	1. 023526
		85	25. 735	35. 408	1. 023789
		95	24. 142	35. 369	1. 024289
		105	22. 511	35. 344	1. 024790
		115	21. 667	35. 391	1. 025107
		125	20. 609	35. 386	1. 025438
2010/05/11	12:16:00	134	19. 282	35. 328	1. 025785
2010/05/11	12::18:00	145	18. 280	35. 276	1. 026049
		155	17. 534	35. 248	1. 026257
		165	16. 978	35. 221	1. 026415
		175	15. 536	35. 172	1. 026759
		185	14. 538	35. 152	1. 027011
		194	14. 116	35. 144	1. 027136
		213	13. 368	35. 125	1. 027364
		236	12. 871	35. 110	1. 027557
		262	12. 390	35. 089	1. 027754
		288	12. 113	35. 079	1. 027917
		313	11. 715	35. 062	1. 028093
2010/05/11	13:36:00	337	11. 484	35. 046	1. 028233
2010/05/11	13:43:00	363	11. 205	35. 026	1. 028387
		387	10. 953	35. 022	1. 028538
		413	10. 772	35. 010	1. 028679
		438	10. 633	35. 002	1. 028811
		462	10. 493	35. 000	1. 028942
		487	10. 279	34. 990	1. 029086
		513	10. 051	34. 998	1. 029250
		538	9. 814	34. 995	1. 029403
		562	9. 728	34. 990	1. 029522
		588	9. 646	34. 992	1. 029654
		612	9. 513	34. 984	1. 029779
		638	9. 319	34. 977	1. 029925
		663	9. 026	34. 972	1. 030084
2010/05/11	15:58:00	688	8. 654	34. 977	1. 030264
2010/05/11	16:06:00	712	8. 537	34. 988	1. 030401
		738	8. 368	34. 987	1. 030545
		763	8. 159	34. 987	1. 030693
		788	8. 048	34. 989	1. 030825
		811	7. 963	34. 992	1. 030945
		838	7. 829	34. 987	1. 031084

862	7.665	34.987	1.031219
887	7.516	34.979	1.031350
913	7.397	34.974	1.031482
937	7.030	34.952	1.031632
962	6.743	34.939	1.031780
988	6.618	34.931	1.031910
1003	6.533	34.926	1.031987

#ASCENDING VERTICAL PROFILE

#Date	Time	Date QC	Latitude	Longitude	Pos. QC	Mes. Nb	Max Press.
#yyyy/mm/dd	hh24:mi:ss	IGOSS scale	S:-, N:+	W:-, E:+	IGOSS scale		dBar
2010/05/14	04:40:00	1	-0.1000	83.0410	1	80	1982
上浮结束日期	*上浮结束时间*	*时间质控*	*上浮后纬度*	*上浮后经度*	*定位质控*	*信息数量*	*最大采样压强*
计算	技术信息	定义	上浮到水面后第一个经纬度信息		定义	统计剖面信息	统计剖面信息

#Date	Time	Pressure	Temperature	Salinity	Density
#yyyy/mm/dd	hh24:mi:ss	dBardegree	P. S. U.	kg/dm^3	
2010/05/13	22:58:00	1982	2.752	34.772	1.036826
采集日期	*采集时间*	*压强*	*温度*	*盐度*	*密度*
计算	技术信息与剖面信息	剖面信息	剖面信息	剖面信息	计算得出
		1938	2.929	34.780	1.036610
		1889	3.045	34.784	1.036376
		1839	3.200	34.790	1.036134
		1788	3.405	34.799	1.035883
		1738	3.527	34.804	1.035645
		1689	3.650	34.809	1.035411
2010/05/13	23:51:00	1639	3.778	34.813	1.035171
2010/05/13	23:55:00	1613	3.885	34.819	1.035044
		1588	3.986	34.823	1.034920
		1563	4.073	34.827	1.034798
		1538	4.102	34.826	1.034680
		1513	4.135	34.828	1.034565
		1488	4.244	34.830	1.034438
		1463	4.533	34.841	1.034292
		1438	4.680	34.847	1.034163
		1413	4.795	34.853	1.034038
		1388	4.901	34.861	1.033917
		1364	4.959	34.864	1.033802
		1338	5.105	34.864	1.033664
		1313	5.244	34.873	1.033538
2010/05/14	00:51:00	1289	5.298	34.875	1.033423
2010/05/14	00:55:00	1263	5.438	34.881	1.033290
		1238	5.632	34.889	1.033154

		1214	5.749	34.895	1.033033
		1188	5.820	34.899	1.032908
		1163	5.874	34.902	1.032790
		1138	5.915	34.903	1.032672
		1114	5.976	34.906	1.032557
		1088	6.071	34.911	1.032429
		1063	6.235	34.915	1.032295
		1039	6.516	34.926	1.032152
		1014	6.662	34.935	1.032023
		988	6.736	34.938	1.031897
		964	7.003	34.947	1.031754
2010/05/14	01:48:00	938	7.467	34.977	1.031585
2010/05/14	01:52:00	913	7.681	34.988	1.031446
		888	7.713	34.990	1.031330
		863	7.766	34.987	1.031207
		839	7.897	34.989	1.031079
		813	8.065	34.994	1.030938
		788	8.187	34.990	1.030802
		763	8.460	34.998	1.030650
		738	8.635	34.998	1.030508
		714	8.828	34.977	1.030351
		689	9.075	34.971	1.030191
		664	9.259	34.978	1.030052
		639	9.356	34.979	1.029924
		613	9.574	34.990	1.029777
2010/05/14	02:45:00	588	9.653	34.991	1.029652
2010/05/14	02:49:00	565	9.738	34.995	1.029537
		539	10.063	34.998	1.029364
		513	10.222	34.989	1.029212
		488	10.514	35.002	1.029056
		463	10.611	35.000	1.028925
		438	10.748	35.014	1.028799
		413	10.908	35.028	1.028668
		388	11.239	35.029	1.028494
		363	11.541	35.048	1.028339
		338	11.783	35.064	1.028193
		314	12.102	35.077	1.028033
		288	12.183	35.078	1.027902
		263	12.533	35.094	1.027733
2010/05/14	03:46:00	214	13.313	35.119	1.027375
		186	14.898	35.153	1.026936
		165	17.604	35.239	1.026277

		146	18.827	35.284	1.025921
		126	21.655	35.383	1.025152
		106	24.123	35.373	1.024345
2010/05/14	04:06:00	95	26.670	35.344	1.023490
2010/05/14	04:09:00	87	28.710	35.092	1.022602
		76	29.592	35.040	1.022219
		66	29.925	35.021	1.022049
		56	29.965	35.001	1.021978
		46	29.965	34.998	1.021933
		36	29.963	34.997	1.021890
		26	29.960	34.996	1.021848
		16	29.958	34.996	1.021806
		6	29.960	34.995	1.021762
		0	29.958	34.996	1.021738

#IMMERSION DRIFT

#Start date	Time	Date QC	Mes. Nb
#yyyy/mm/dd	hh24:mi:ss	IGOSS scale	2010/05/11
20:10:00	1	3	
水下漂流开始日期	*时间*	*时间质控*	*采集信息数量*
计算	技术信息	定义	统计漂流信息

#Date	Time	Pressure	Temperature	Salinity	Density
#yyyy/mm/dd	hh24:mi:ss	dBar	degree	P. S. U.	kg/dm3
2010/05/12	07:58:00	1011	6.540	34.926	1.032022
漂流数据采集日期	*时间*	*压强*	*温度*	*盐度*	*密度*
计算	漂流信息	漂流信息	漂流信息	漂流信息	计算得出
2010/05/12	19:58:00	1013	6.532	34.929	1.032035
2010/05/13	07:58:00	1008	6.472	34.927	1.032020

#SURFACE DRIFT

#Mes. Nb

6

水面漂流定位信息数量

统计

#Date	Time	Latitude	Longitude	Pos. QC
yyyy/mm/dd	hh24:mi:ss	S:-, N:+	W:-, E:+	Argos scale
日期	*时间*	*纬度*	*经度*	*定位等级*
文件	文件	文件	文件	文件
2010/05/14	07:39:15			
2010/05/14	08:12:58	-0.1000	83.0410	2
2010/05/14	09:26:47	-0.1120	83.0740	2
2010/05/14	09:54:30	-0.1150	83.0870	1
2010/05/14	10:42:57	-0.1140	83.1240	2

2010/05/14　　10:50:02

#Argo TRAJECTORY INFORMATION

#Descent information

#Start date	Start time	Start status	End date	End time	End status
2010/05/11	11:16:00	2-Transmitted	2010/05/11	20:10:00	2-Transmitted
下降开始日期	*时间*		*下降结束日期*	*结束时间*	
计算	技术信息		计算	技术信息	

#Ascent information

#Start date	Start time	Start status	End date	End time	End status
2010/05/13	22:58:00	2-Transmitted	2010/05/14	04:40:00	2-Transmitted
上浮开始日期	*时间*		*上浮结束日期*	*时间*	
计算	技术信息		计算	技术信息	

#Transmission information

#Start date	Start time	Start status
2010/05/14	08:12:58	2-Transmitted
第一次定位日期	*时间*	
文件	文件	

#Reception information

#Start date	Start time	Start status	End date	End time	End status
2010/05/14	07:39:15	2-Transmitted	2010/05/14	10:50:02	2-Transmitted
收到第一个数据包	*日期/时间*		*收到最后一个数据包*	*日期/时间*	
文件	文件		文件	文件	

#Miscellaneous information

#Grounded

No

是否触底

技术信息

#TECHNICAL STATUS

#Time correction:

#Internal #time	Argos time	Time correction
#hh24:mi:ss	hh24:mi:ss	mi:ss
07:43:06	07:41:13	1:53
内部时间	*Argos 时间*	*时间校正*
技术信息	文件	计算

#Sensors:

#Pressure　　Internal

#offset	pressure
#dBar	mBar
3	≤725
压强传感器偏移	*内部压强*
技术信息	技术信息

#Descent float control:

#Start time	End time	Surface valve	First stab.	First stab.	Depth valve	Depth pump	Max	Entries in
#		actions	time	pressure	actions	actions	pressure	gap order
#hh24:mi	hh24:mi		hh24:mi	dBar			dBar	
11:16	20:10	61	11:40	80	10	0	1000	1
下降开始时间	*结束时间*	*表面下降时阀数*	*下降稳定时间*	*下降稳定压强*	*深水下降时阀数*	*深水下降时泵数*	*下降停止压强*	
技术信息	技术信息	技术信息	技术信息	技术信息	技术信息	技术信息	技术信息	

#Immersion drift float control:

#Depth	Min	Max	Grounded
#corrections	pressure	pressure	
#	dBar	dBar	
0	1000	1010	No
	漂流最小压强	*最大压强*	*是否触底*
	技术信息	技术信息	技术信息

#Descent to profile float control:

#Start time	End time	Depth valve	Depth pump	Depth	Max	Battery	RTC	Entries in
#		actions	actions	corrections	pressure	voltage	state	gap order
#hh24:mi	hh24:mi				dBar			
12:58	20:40	7	0	0	1980	9.9	Ok	1
下降到上升剖面	*开始/结束时间*	*运行阀数*	*运行泵数*		*最大压强*	*电池电压*	*时间状态信息*	
技术信息	技术信息	技术信息	技术信息		技术信息	技术信息	技术信息	技术信息

#Ascent float control:

#Start time	End time	Depth pump
#		actions
#hh24:mi	hh24:mi	
22:58	04:40	11
浮剖面开始	*结束时间*	*运行泵数*
技术信息	技术信息	技术信息

#Descending profile reduction:

#NTS	NTF
19	33

下降剖面浅水/深水测量 数量

技术信息	技术信息

#Ascending profile reduction:

#NTS	NTF
21	72
上浮剖面浅水/深水测量	*数量*
技术信息	技术信息

#Descending profile temperature measurements:

#Profile	Profile	Profile
#total	relative	absolute
52	29	23
下降剖面温度测量总数	*相对值*	*绝对值*
统计	统计	统计

#Descending profile salinity measurements:

#Profile	Profile	Profile
#total	relative	absolute
52	39	13
下降剖面盐度测量总数	*相对值*	*绝对值*
统计	统计	统计

#Immersion drift temperature measurements:

#Internal	Drift	Drift	Drift
#counter	total	relative	absolute
3	3	2	1
漂流温度采集总数	*收到的漂流温度总数*	*相对值*	*绝对值*
技术信息	统计	统计	统计

#Immersion drift salinity measurements:

#Internal	Drift	Drift	Drift
#counter	total	relative	absolute
3	3	2	1
漂流盐度采集总数	*收到的漂流盐度总数*	*相对值*	*绝对值*
技术信息	统计	统计	统计

#Ascending profile temperature measurements:

#Profile	Profile	Profile
#total	relative	absolute
80	61	19
上升剖面温度测量总数	*相对值*	*绝对值*
统计	统计	统计

#Ascending profile salinity measurements：

#Profile	Profile	Profile
#total	relative	absolute
80	64	16
上升剖面盐度测量总数	*相对值*	*绝对值*
统计	统计	统计

#Positionning（Argos message）：

#Total	Class 3	Class 2	Class 1	Class 0	Class A	Class B	Class Z
5	0	3	1	0	0	0	1
定位数据总数	*等级 3 的数量*	*等级 2 的数量*	*等级 1 的数量*	*等级 0 的数量*	*等级 A 的数量*	*等级 B 的数量*	*等级 Z 的数量*
统计	统计	统计	统计	统计	统计	统计	

#Total transmission（Profiler frames）：

#Received	Complete	CRC OK	Recombined	Technical fr.	Technical OK
73	73	52	0	5	4
接收的包数	*完整的包数*	*通过 CRC 校验的包数*	*重组的包数*	*技术信息包数*	*通过 CRC 校验技术信息包数*
统计	统计	统计	未使用	统计	统计

#Descending profile transmission（Profiler frames）：

#Received	Complete	CRC OK	Recombined	Distinct	Emitted
24	24	18	0	8	8
下降剖面接收	*完整的包数*	*通过 CRC 校验包数*	*重组的包数*	*接收到的不同包数*	*发行的包数*
统计	统计	统计	未使用	统计	技术信息

#Immersion drift transmission（Profiler frames）：

#Received	Complete	CRC OK	Recombined	Distinct	Emitted
4	4	2	0	1	1
漂流接收	*完整的包数*	*通过 CRC 校验包数*	*重组的包数*	*接收到的不同包数*	*发行的包数*
统计	统计	统计	未使用	统计	技术信息

#Ascending profile transmission（Profiler frames）：

#Received	Complete	CRC OK	Recombined	Distinct	Emitted
40	40	28	0	12	14
上浮剖面接收	*完整的包数*	*通过 CRC 校验包数*	*重组的包数*	*接收到的不同包数*	*发行的包数*
统计	统计	统计	未使用	统计	技术信息

#Decoder version number：

CO010102 V4.4

译码器版本号

定义

附录 5　我国处理的 Dat 文件格式

我国处理的 CADC 格式 Dat 文件格式简短、紧凑、明晰，其内容由以下五部分组成。

(1)版本号；

(2)文件头：PROFILE HEADER；

(3)压力剖面数据及质控标识：PRES；

(4)温度剖面数据及质控标识：TEMP；

(5)盐度剖面数据及质控标识：PSAL。

一个文件名为“R2901625_006. TXT”的实例如下。

```
CADC Argo DATA FORMAT VERSION 1.0 (2006)
-------------PROFILE HEADER -------------
    PLATFORM_NUMBER          = 2901625
    CYCLE_NUMBER             = 6
    DIRECTION                = A
    JULD                     = 22108.19431713
    REFERENCE_DATE_TIME      = 19500101000000
    OBSERVATION_DATE_TIME    = 20100713043949
    JULD_QC                  = 11
    LATITUDE                 = -1.842
    LONGITUDE                = 86.473
    POSITION_QC              = 11
    N_PARAM                  = 3
    STATION_PARAMETERS       = PRES, TEMP, PSAL
    N_LEVELS                 = 79
    DATA_MODE                = R
    DATA_CENTRE              = NM

------------------PRES ------------------
PROFILE_PRES_QC=AA
    PRES     QC      ADJUSTED     QC      ADJUST_ERR
    0.0      11      99999.0      9       99999.0
    6.0      11      99999.0      9       99999.0
    16.0     11      99999.0      9       99999.0
    26.0     11      99999.0      9       99999.0
    36.0     11      99999.0      9       99999.0
```

46.0	11	99999.0	9	99999.0
56.0	11	99999.0	9	99999.0
65.0	11	99999.0	9	99999.0
76.0	11	99999.0	9	99999.0
96.0	11	99999.0	9	99999.0
115.0	11	99999.0	9	99999.0
136.0	11	99999.0	9	99999.0
156.0	11	99999.0	9	99999.0
176.0	11	99999.0	9	99999.0
196.0	11	99999.0	9	99999.0
238.0	11	99999.0	9	99999.0
264.0	11	99999.0	9	99999.0
288.0	11	99999.0	9	99999.0
313.0	11	99999.0	9	99999.0
339.0	11	99999.0	9	99999.0
363.0	11	99999.0	9	99999.0
388.0	11	99999.0	9	99999.0
413.0	11	99999.0	9	99999.0
438.0	11	99999.0	9	99999.0
463.0	11	99999.0	9	99999.0
488.0	11	99999.0	9	99999.0
515.0	11	99999.0	9	99999.0
538.0	11	99999.0	9	99999.0
563.0	11	99999.0	9	99999.0
589.0	11	99999.0	9	99999.0
614.0	11	99999.0	9	99999.0
638.0	11	99999.0	9	99999.0
663.0	11	99999.0	9	99999.0
688.0	11	99999.0	9	99999.0
714.0	11	99999.0	9	99999.0
738.0	11	99999.0	9	99999.0
764.0	11	99999.0	9	99999.0
789.0	11	99999.0	9	99999.0
813.0	11	99999.0	9	99999.0
838.0	11	99999.0	9	99999.0
863.0	11	99999.0	9	99999.0
888.0	11	99999.0	9	99999.0
913.0	11	99999.0	9	99999.0
938.0	11	99999.0	9	99999.0
964.0	11	99999.0	9	99999.0
988.0	11	99999.0	9	99999.0
1013.0	11	99999.0	9	99999.0

```
1038. 0     11     99999. 0     9     99999. 0
1064. 0     11     99999. 0     9     99999. 0
1088. 0     11     99999. 0     9     99999. 0
1113. 0     11     99999. 0     9     99999. 0
1139. 0     11     99999. 0     9     99999. 0
1163. 0     11     99999. 0     9     99999. 0
1188. 0     11     99999. 0     9     99999. 0
1213. 0     11     99999. 0     9     99999. 0
1238. 0     11     99999. 0     9     99999. 0
1263. 0     11     99999. 0     9     99999. 0
1288. 0     11     99999. 0     9     99999. 0
1314. 0     11     99999. 0     9     99999. 0
1339. 0     11     99999. 0     9     99999. 0
1364. 0     11     99999. 0     9     99999. 0
1388. 0     11     99999. 0     9     99999. 0
1414. 0     11     99999. 0     9     99999. 0
1439. 0     11     99999. 0     9     99999. 0
1464. 0     11     99999. 0     9     99999. 0
1489. 0     11     99999. 0     9     99999. 0
1514. 0     11     99999. 0     9     99999. 0
1538. 0     11     99999. 0     9     99999. 0
1563. 0     11     99999. 0     9     99999. 0
1588. 0     11     99999. 0     9     99999. 0
1613. 0     11     99999. 0     9     99999. 0
1639. 0     11     99999. 0     9     99999. 0
1688. 0     11     99999. 0     9     99999. 0
1739. 0     11     99999. 0     9     99999. 0
1788. 0     11     99999. 0     9     99999. 0
1838. 0     11     99999. 0     9     99999. 0
1889. 0     11     99999. 0     9     99999. 0
1938. 0     11     99999. 0     9     99999. 0
1985. 0     11     99999. 0     9     99999. 0

------------------TEMP ------------------
PROFILE_TEMP_QC = AA
    TEMP      QC     ADJUSTED       QC     ADJUST_ERR
    29. 337   11     99999. 000     9      99999. 000
    29. 245   11     99999. 000     9      99999. 000
    29. 231   11     99999. 000     9      99999. 000
    29. 234   11     99999. 000     9      99999. 000
    29. 245   11     99999. 000     9      99999. 000
    29. 246   11     99999. 000     9      99999. 000
```

28. 957	11	99999. 000	9	99999. 000
27. 416	11	99999. 000	9	99999. 000
25. 323	11	99999. 000	9	99999. 000
20. 092	11	99999. 000	9	99999. 000
18. 014	11	99999. 000	9	99999. 000
16. 679	11	99999. 000	9	99999. 000
16. 208	11	99999. 000	9	99999. 000
15. 090	11	99999. 000	9	99999. 000
14. 286	11	99999. 000	9	99999. 000
12. 764	11	99999. 000	9	99999. 000
11. 932	11	99999. 000	9	99999. 000
11. 681	11	99999. 000	9	99999. 000
11. 299	11	99999. 000	9	99999. 000
10. 910	11	99999. 000	9	99999. 000
10. 683	11	99999. 000	9	99999. 000
10. 396	11	99999. 000	9	99999. 000
10. 187	11	99999. 000	9	99999. 000
9. 984	11	99999. 000	9	99999. 000
9. 691	11	99999. 000	9	99999. 000
9. 572	11	99999. 000	9	99999. 000
9. 315	11	99999. 000	9	99999. 000
9. 162	11	99999. 000	9	99999. 000
9. 106	11	99999. 000	9	99999. 000
8. 957	11	99999. 000	9	99999. 000
8. 837	11	99999. 000	9	99999. 000
8. 678	11	99999. 000	9	99999. 000
8. 578	11	99999. 000	9	99999. 000
8. 267	11	99999. 000	9	99999. 000
7. 919	11	99999. 000	9	99999. 000
7. 686	11	99999. 000	9	99999. 000
7. 512	11	99999. 000	9	99999. 000
7. 328	11	99999. 000	9	99999. 000
7. 122	11	99999. 000	9	99999. 000
7. 106	11	99999. 000	9	99999. 000
7. 010	11	99999. 000	9	99999. 000
6. 873	11	99999. 000	9	99999. 000
6. 732	11	99999. 000	9	99999. 000
6. 617	11	99999. 000	9	99999. 000
6. 558	11	99999. 000	9	99999. 000
6. 520	11	99999. 000	9	99999. 000
6. 439	11	99999. 000	9	99999. 000
6. 301	11	99999. 000	9	99999. 000

```
    6.154      11      99999.000      9      99999.000
    6.118      11      99999.000      9      99999.000
    6.040      11      99999.000      9      99999.000
    5.926      11      99999.000      9      99999.000
    5.818      11      99999.000      9      99999.000
    5.680      11      99999.000      9      99999.000
    5.549      11      99999.000      9      99999.000
    5.405      11      99999.000      9      99999.000
    5.316      11      99999.000      9      99999.000
    5.246      11      99999.000      9      99999.000
    5.137      11      99999.000      9      99999.000
    5.039      11      99999.000      9      99999.000
    4.984      11      99999.000      9      99999.000
    4.903      11      99999.000      9      99999.000
    4.806      11      99999.000      9      99999.000
    4.694      11      99999.000      9      99999.000
    4.601      11      99999.000      9      99999.000
    4.496      11      99999.000      9      99999.000
    4.380      11      99999.000      9      99999.000
    4.268      11      99999.000      9      99999.000
    4.179      11      99999.000      9      99999.000
    4.098      11      99999.000      9      99999.000
    3.977      11      99999.000      9      99999.000
    3.805      11      99999.000      9      99999.000
    3.642      11      99999.000      9      99999.000
    3.472      11      99999.000      9      99999.000
    3.215      11      99999.000      9      99999.000
    3.086      11      99999.000      9      99999.000
    3.007      11      99999.000      9      99999.000
    2.885      11      99999.000      9      99999.000
    2.752      11      99999.000      9      99999.000
-------------------PSAL ------------------
PROFILE_PSAL_QC=AA
    PSAL       QC      ADJUSTED       QC     ADJUST_ERR
    34.977     11      99999.000      9      99999.000
    35.000     11      99999.000      9      99999.000
    35.003     11      99999.000      9      99999.000
    35.009     11      99999.000      9      99999.000
    35.024     11      99999.000      9      99999.000
    35.175     11      99999.000      9      99999.000
    35.231     11      99999.000      9      99999.000
    35.316     11      99999.000      9      99999.000
```

35.313	11	99999.000	9	99999.000
35.254	11	99999.000	9	99999.000
35.152	11	99999.000	9	99999.000
35.121	11	99999.000	9	99999.000
35.132	11	99999.000	9	99999.000
35.126	11	99999.000	9	99999.000
35.110	11	99999.000	9	99999.000
35.078	11	99999.000	9	99999.000
35.053	11	99999.000	9	99999.000
35.037	11	99999.000	9	99999.000
35.002	11	99999.000	9	99999.000
34.976	11	99999.000	9	99999.000
34.974	11	99999.000	9	99999.000
34.958	11	99999.000	9	99999.000
34.944	11	99999.000	9	99999.000
34.932	11	99999.000	9	99999.000
34.916	11	99999.000	9	99999.000
34.914	11	99999.000	9	99999.000
34.905	11	99999.000	9	99999.000
34.917	11	99999.000	9	99999.000
34.923	11	99999.000	9	99999.000
34.933	11	99999.000	9	99999.000
34.943	11	99999.000	9	99999.000
34.946	11	99999.000	9	99999.000
34.951	11	99999.000	9	99999.000
34.948	11	99999.000	9	99999.000
34.936	11	99999.000	9	99999.000
34.930	11	99999.000	9	99999.000
34.925	11	99999.000	9	99999.000
34.916	11	99999.000	9	99999.000
34.910	11	99999.000	9	99999.000
34.936	11	99999.000	9	99999.000
34.943	11	99999.000	9	99999.000
34.939	11	99999.000	9	99999.000
34.935	11	99999.000	9	99999.000
34.932	11	99999.000	9	99999.000
34.932	11	99999.000	9	99999.000
34.931	11	99999.000	9	99999.000
34.927	11	99999.000	9	99999.000
34.920	11	99999.000	9	99999.000
34.914	11	99999.000	9	99999.000
34.913	11	99999.000	9	99999.000

34.909	11	99999.000	9	99999.000
34.902	11	99999.000	9	99999.000
34.896	11	99999.000	9	99999.000
34.888	11	99999.000	9	99999.000
34.879	11	99999.000	9	99999.000
34.874	11	99999.000	9	99999.000
34.872	11	99999.000	9	99999.000
34.871	11	99999.000	9	99999.000
34.862	11	99999.000	9	99999.000
34.854	11	99999.000	9	99999.000
34.853	11	99999.000	9	99999.000
34.849	11	99999.000	9	99999.000
34.844	11	99999.000	9	99999.000
34.835	11	99999.000	9	99999.000
34.831	11	99999.000	9	99999.000
34.826	11	99999.000	9	99999.000
34.822	11	99999.000	9	99999.000
34.823	11	99999.000	9	99999.000
34.818	11	99999.000	9	99999.000
34.817	11	99999.000	9	99999.000
34.813	11	99999.000	9	99999.000
34.806	11	99999.000	9	99999.000
34.801	11	99999.000	9	99999.000
34.796	11	99999.000	9	99999.000
34.787	11	99999.000	9	99999.000
34.783	11	99999.000	9	99999.000
34.779	11	99999.000	9	99999.000
34.776	11	99999.000	9	99999.000
34.772	11	99999.000	9	99999.000

关于质量标识的说明，请参见3.4.3.3小节。关于调整值的说明，请参见4.3.5小节。

带有未调整数据的一个实时数据文件，会有一个带有填充值的被调整部分：<PARAM>_ADJUSTED，<PARAM>_ADJUSTED_QC及<PARAM>_ADJUSTED_ERROR。